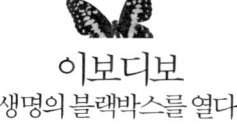

이보디보
생명의 블랙박스를 열다

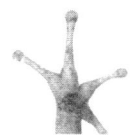

이보디보
생명의 블랙박스를 열다

션 B. 캐럴 지음 | 김명남 옮김

EVO DEVO

지호

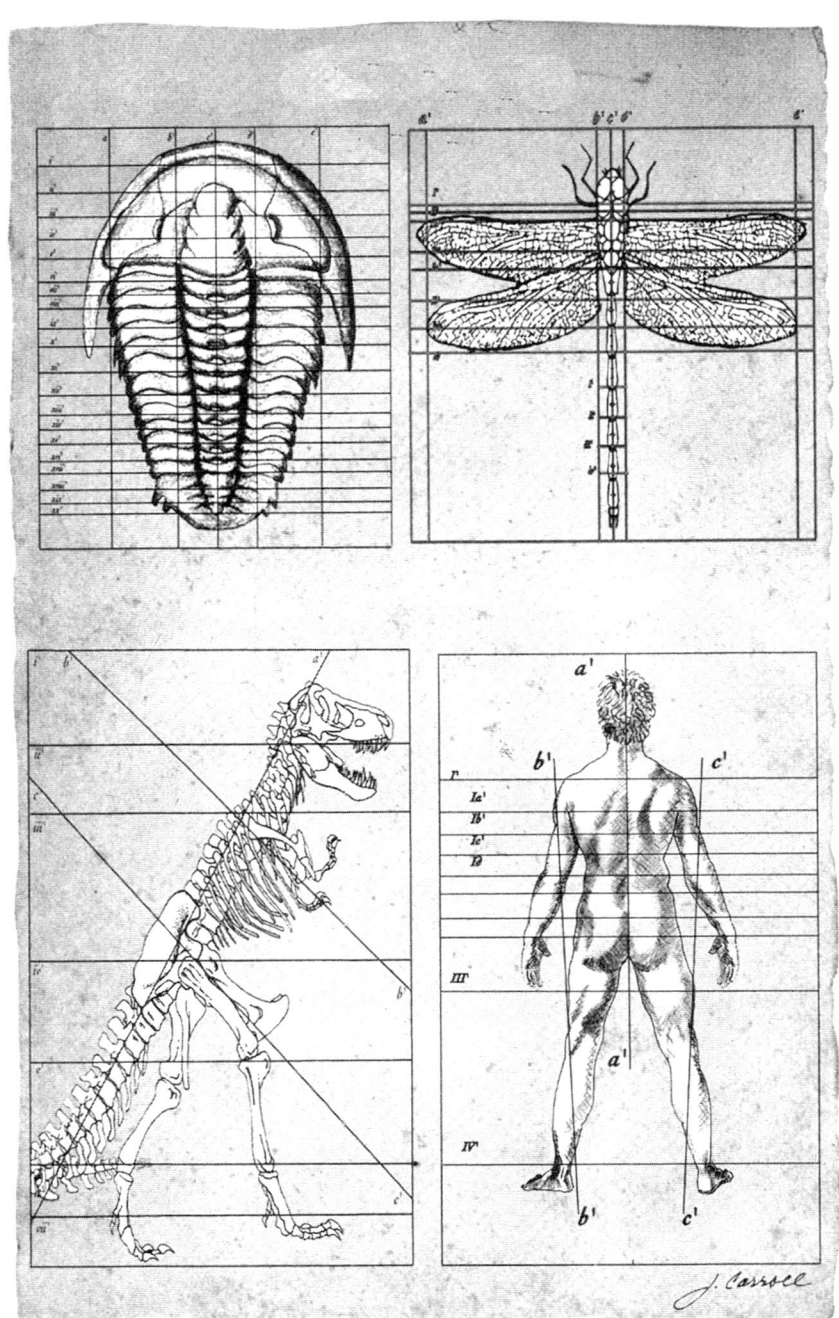

제이미, 윌, 패트릭, 크리스, 그리고 조시에게

| 차례 |

1부 동물 만들기

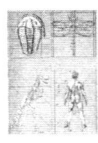

2부 화석, 유전자, 그리고 동물 다양성의 탄생

이보디보 :
미래 생물학의 메가트렌드

장대익(미국 터프츠 대학 인지연구소 방문연구원)

지난 2백여 년 동안의 과학사에서 가장 극적인 드라마가 펼쳐진 분야는 어디일까? 틀림없이 많은 이들이 아인슈타인을 떠올리며 상대성 이론과 양자역학이 출현한 물리학 분야를 지목할 것이다. 하지만 생물학도 만만치 않다. 다윈의 진화론, 멘델의 유전학, 왓슨과 크릭의 분자생물학처럼 생물학에도 아인슈타인 못지않은 영웅들이 있었고 혁명이랄 만한 큰 변화들이 일어났기 때문이다. 오히려 지난 십여 년 동안의 성과들을 보면 물리학이 생물학에 과학의 대표선수 자리를 물려주고 있는 느낌이 들 정도이다. 생물학의 놀라운 연구 성과들이 각종 매체를 통해 흘러나오는 주기는 시간이 갈수록 점점 더 짧아지고 있다. 가히 '생물학의 시대'이다. 왜 이런 폭발적인 성장이 생물학계에서 유독 두드러지게 나타나는 것일까?

현대 생물학의 역사를 살펴보면 왜 최근 들어 생물학의 꽃봉오리가 활짝 펼쳐지고 있는지 짐작할 수 있다. 한마디로 말하면 생물학 분야에서 '새로운 종합(new synthesis)'이 일어나고 있기 때문이다. 어떤 이들은 이것을 '통섭(統攝, consilience)'으로, 다른 이들은 '통합(unification)', '융합(融合)', '수렴(convergence)', 심지어 '잡종(hybrid)'으로 부르기도 하지만, 어떤 용어든 상관은 없다. 중요한 것은, 서로 다른 전통 속에서 진화해온 생물학의 세부 분야들이 무엇 때문인지 최근 십여 년 전부터 서로에게 적극적으로 손을 내밀고 있다는 사실이다.

'이보디보(Evo Devo)'는 이런 통섭 흐름을 주도하는 새로운 브랜드이다. 진화발생생물학(evolutionary developmental biology)의 애칭인 '이보디보'는 표면적으로는 발생생물학과 진화생물학이 만나서 생긴 하나의 잡종 정도로 여겨질 수 있지만, 사실상은 현대의 거의 모든 생물학 분야를 진화와 발생의 두 용매로 녹인 '통합생물학'적 성격을 강하게 띠고 있다. 예를 들어 유전학, 세포생물학, 생리학, 내분비학, 면역학, 신경생물학, 생화학, 생물물리학 등 생명 현상의 물리화학적 메커니즘을 밝히는 기능생물학 분야와 행동생물학, 생태학, 진화학, 계통분류학, 고생물학, 집단유전학 등을 포함하는 진화생물학 분야, 그리고 최근에 새롭게 등장한 생물정보학도 이보디보의 자원들이다.

사실 진화와 발생의 결합으로 생기는 이런 시너지 효과는 그리 놀랄 만한 것은 아니다. 왜냐하면 발생생물학이 개체의 일생 동안 벌어지는 변화를, 진화생물학이 계통의 일생 동안 벌어지는 변화를 탐구하는 것이라면, 이 둘의 결합은 생명체의 모든 변화에 어떤 메커니즘이 있는지를 탐구하는 것이 될 테니까 말이다. 그렇다면 그동안은 이 둘을 연결시켜 설명하지 못했다는 말인가?

진화와 발생의 행복한 결합

이런 맥락에서 혹시 현대 진화론에 익숙한 독자들은 이 '이보디보'라는 낯선 이름 옆에 '통합'이나 '종합'이라는 좋은 용어들이 거론되는 것이 의아스럽게 느껴질 수도 있을 것이다. 어쩌면 좀 불편하기조차 할지 모른다. 이미 1930~40년대의 이른바 '근대적 종합(Modern Synthesis)' 혹은, '신다윈주의(Neo-Darwinism)'라는 큰 틀에서 생물학 자체가 한번 종합·정리되지 않았던가? 도대체 지금 또 다시 '종합'이니 '통합'이니 하는 용어들이 필요한 이유가 무엇인가 말이다.

20세기 생물학사의 놀라운 비밀 중 하나는 이 '근대적 종합'이 반쪽짜리였다는 사실이다. 당시의 발생학은 막 등장하기 시작한 유전학의 막강한 힘에 밀려 생물학계의 통합 흐름에 당당한 일원이 되지 못했다. 20세기 초의 대표적 유전학자인 모건(T. H. Morgan)은, "낡아빠진 사유를 통해 자연사 문제를 다루는 식으로는 진화를 객관적이게 만들 수 없다"면서 발생학을 '낡은 학파'로 몰아세웠다. 그는 유전학을 하나의 독립된 분과로 확립시키는 과정에서 발생학을 필요 이상으로 폄훼했다. 표면적인 이유는 발생학이 정량적이지 않고 추상적이며 심지어 철학적이기까지 하다는 것이었다. 그도 그럴 것이, 당시 발생학의 주요 개념 중 하나였던 '형태형성장(morphogenetic field)'은 경험과 수학으로 포착하기 어려운 추상적 대상이었다. 반면 유전학은 수학적 모형화가 가능하고 정확한 경험적 연구 프로그램이었다. 실제로 당시는 유전학이 통계 및 확률론의 도움으로 수학적인 장치를 장착시킨 집단유전학으로 거듭나고 있던 시기이다.

모건의 제자였던 도브잔스키(T. Dobzhansky)는 스승의 생각을 더욱 발전시켜 진화를 '대립유전자 빈도의 변화'로 재정의하기에 이른다. 이것은 진화론이 더 이상 화석 형태, 배아 구조, 그리고 특정 환경에 적응적인 구조를 만드는 변이 등을 분석하는 작업이 아니라, 집단유전학의 일환이 되어버렸다는 것을 의미한다. 이른바 '근대적 종합'은 다윈의 자연선택론과 집단유전학의 만남일 뿐이고, 거기에는 발생학이 비집고 들어갈 만한 자리가 없었다. 근대적 종합에 따르면, 생명의 진화는 다양한 성체 변이들에 작용하는 자연선택에 의해서 진행된다. 그리고 하나의 수정체가 어떻게 성체로 발생하는지, 그리고 이런 발생 메커니즘 자체가 어떻게 진화해왔는지는 그들의 관심사가 아니었다. 이렇게 근대적 종합은 역설적으로 진화론과 발생학의 결별을 뜻하기도 한다.

놀랍게도 그 후 40년이 지나도록 이런 결별을 불평하는 이들은 거의 없었다. 오히려 발생학을 배제한 집단유전학적 진화론이 생물학계의 주류를 이루었고, 그 결과 변이를 생산하는 발생 메커니즘은 거의 반세기 동안 마치 블랙박스처럼 취급될 수밖에 없었다. 그러던 것이 1970년대 후반부터 변화의 바람을 타기 시작한다. 드디어 발생이라는 블랙박스를 열기 시작한 것이다. 그런데 역설적이게도 여기에 가장 큰 공헌을 한 분야 또한 유전학이었다. 물론 그것은 집단유전학일 수는 없었으며 정확히 말하면 분자생물학의 엄청난 성공에 힘입은 (분자)발생유전학이었다.

이보디보, 진정한 통섭을 이끌다

발생유전학의 가장 극적인 성공은 아마도 호메오박스의 발견일 것이다. 미국의 생물학자 루이스(E. B. Lewis)는 1940년대부터 초파리의 체절 형성을 조절하는 호메오 유전자를 연구했는데, 1970년대 후반기에 이르러 두 명의 독일 생물학자가 그 염기서열(호메오박스)을 밝혀냈다. 그 이후로 연구자들은 이 호메오박스(180개의 염기로 구성된 특정 DNA 단편)가 초파리의 모든 세포 내에서 전사(transcription) 과정의 스위치를 정교하게 작동시킴으로써 세포의 운명을 결정하는 마스터 스위치 역할을 담당한다는 사실을 알게 되었다. 루이스와 두 명의 독일 생물학자는 호메오박스 유전자를 발견한 공로로 1995년에 노벨 생리·의학상을 수상했다.

더욱 놀라운 것은 똑같은 호메오박스들이 초파리에서뿐만 아니라 심지어 쥐와 인간과 같은 척추동물에서도 발견된다는 사실이었다. 이런 발견들은 1980년대부터 그야말로 봇물처럼 쏟아져 나오기 시작한다. 예를 들어 초파리의 발생 과정에서 배아의 전후 축을 결정하는 염기서열은 포유류의 척추와 골격 형성에 관여하는 유전자에도 같은 형태로 보존되어 있다는 사실이 밝혀졌다. 즉 유사한 염기서열이 계통적으로 아주 동떨어진 종에서도 매우 유사한 기능을 하게끔 보존되어 있다는 것이다.

하지만 이른바 대칭동물에서 발견된 호메오 유전자인 혹스 유전자는 우리를 또 한 번 놀라게 한다. 초파리의 혹스 유전자를 생쥐의 배아에 이식하게 되면 과연 어떤 일이 벌어질까? 항상 그런 것은 아니지만 어떤 혹스 유전자들은 생쥐에 들어가서도 생쥐의 정상적인 혹스 유전자들이 담당해야 할 몫을 잘 수행한다.

이런 점에서 Pax-6 유전자는 더욱 흥미롭다. 눈 발생을 조절하는 유전자는 척추동물에서는 Pax-6이고 초파리의 경우에는 아이리스(Eyeless)이다. 물론 곤충의 눈은 겹눈으로서 척추동물의 눈과는 구조, 구성 재료, 그리고 작동 방식에서 엄청난 차이를 갖고 있다. 그런데 만일 초파리의 아이리스 유전자를 생쥐의 배아에 이식시키거나 반대로 생쥐의 Pax-6를 초파리의 배아에 이식시키면 어떤 현상이 발생할까? 놀랍게도 두 경우 모두 정상적인 눈이 발생한다. 즉 생쥐의 배아에서는 생쥐의 눈이, 초파리의 배아에서는 초파리의 눈이 정상적으로 발생한다. 심지어 사람의 Pax-6 유전자를 거미의 배아에 삽입하면 그 배아는 거미의 정상적인 눈을 발생시킬 것이다.

도대체 어떻게 이런 일이 가능할까? Pax-6와 아이리스 유전자가 배아 발생의 꼭대기에서 미분화된 세포의 운명을 조절하는 스위치 역할을 하기 때문이다. Pax-6 유전자를 발견하는 데 큰 공헌을 한 스위스의 발생학자 게링(W. J. Gehring)은 이런 유형의 유전자를 '마스터 조절 유전자(master control genes)'라고 명명했다. 곤충과 척추동물의 심장 발생을 동일한 방식으로 관장하고 있는 틴먼 유전자도 그런 마스터 조절 유전자들 중 하나이다.

물론 하나의 수정란에서부터 어떻게 복잡한 성체가 발생할 수 있는지는 생물학의 오랜 수수께끼이며 아직도 완전히 풀린 것은 아니다. 하지만 20여 년 전부터 발전하기 시작한 발생유전학의 도움으로 혹스 유전자와 같은 조절 유전자(regulatory gene)들이 하나둘씩 밝혀지게 되면서 발생의 문제는 전통적인 발생학의 영역을 훌쩍 넘어 버렸다. 우선 유전자 발현 메커니즘에 대한 분자생물학·세포생물학·발생유전학적 지식들이 필수적으로 들어오고, 염기서열을 확인하기 위한 유전체학(genomics)과 그 발현 과정을 연구하는 단백질학(proteomics)도 필요하며, 상이한 문들(phyla) 간의 상동성(homology)를 따져보기 위한 계통학(phylogenetics)도 개입될 수밖에 없다. 물론 이런 상동성은 진화생물학에 의해서 설명된다.

게다가 고생물학은 생명이 진화의 역사를 거치면서 어떻게 새로운 몸형성 계획(bauplan)과 참신한 형질들(novelties)을 획득하게 되었는지에 초점을 맞춤으로써 발생의 수수께끼를 다른 각도에서 바라보게 되었다. 예컨대 고생물학자들은 화석 연구를 통해 초기의 사지동물의 발가락이 5개가 아니라 8개라는 사실을 발견했는데, 이런 발견들은 조상의 사지가 과연 어떻게 생겨났으며 사지의 발생이 어떻게 진화했는지에 대한 새로운 실마리를 제공한다. 이보디보는 이 모든 분야들을 진화와 발생이라는 키워드로 묶어 생명체의 모든 변화에 대한 통합적 설명을 시도한다.

생물학을 뒤흔드는 이보디보의 힘

이렇게 이보디보는 최근 20년 사이에 벌어진 생물학의 통섭 흐름을 대변해주는 매력적인 이름이다. 위스콘신 대학(메디슨 소재)의 생물학 교수이며 하워드 휴즈 의학연구소의 대표 연구자이기도 한 션 캐럴은 이 책에서 지난 20년간 축적된 이보디보의 놀라운 연구 성과들을 대중의 눈높이에서 친절하고 정확하게 소개해주고 있다. 그는 초파리의 날개 위에 생기는 점들이 어떻게 발생하고 진화하는 지를 연구해온 발생유전학자로서 지난 수년 동안 이보디보 분야의 개척자와 대변인 역할을 해온 탁월한 학자이다. 그의 연구는 『사이 언스』, 『네이처』, 『셀』 등 세계 최고의 과학 학술지에 자주 실릴 만큼 탄탄하다. 말하자면 이 책은 이보디보의 세계적 석학이 그에 관해 쓴 세계 최초의 대중서인 셈이다.

대개 석학이 쓴 대중서는 독자들의 가독력과 재미를 떨어뜨리지 만, 이 책은 예외이다. 세심한 독자들이라면, 난해하고 복잡하기로 악명 높은 발생생물학의 지식들이 어떻게 이렇게 체계적이고 이해 가능하도록 정리될 수 있는지에 대해 감탄할지도 모른다. 이 책에서 그가 '이보디보'라는 새로운 과학에 대해 말하고자 하는 바는 다음 의 세 가지로 요약될 수 있다. 첫째는, 생명체의 중요한 발생 과정을 조절하는 '툴킷 유전자(tool kit gene)' — 이 유전자는 위에서처럼 '마스터 조절 유전자'로 불리기도 하며 혹스 유전자가 대표적인 사 례이다 — 들이 전혀 다른 동물들 사이(가령 개미와 인간)에서도 보 존되어 있다는 사실이고, 둘째는, 그 유전자들은 단백질 합성에 관 여하는 통상적인 '구조 유전자(structural genes)'와는 달리 발생 과 정을 조절하는 일종의 스위치 역할을 한다는 것이며, 셋째는, 그 스 위치 체계가 변하는 것이 바로 진화라는 주장이다.

이런 메시지는 언뜻 보면 대수롭지 않게 보일 수도 있다. '중요한 유전자들이 계속 발견되고 있는가보다'라는 정도로 받아들일 수도 있다. 하지만 저자가 책의 곳곳에서 이보디보의 혁명성을 언급하는 부분과 그의 메시지를 중첩시키면 그 진폭은 의외로 커진다. 왜냐하면 이보디보는 진화를 '유전자의 빈도 변화'보다는 '유전자 발현의 변화'로 해석함으로써 근대적 종합 이후에 주류로 확고하게 자리를 잡은 집단유전학적 진화론을 재고하게 만들기 때문이다. 이런 맥락에서 캐럴이 진화를 '스위치의 변화'로 표현한 것은 비유 이상이다. 그는 그동안 진화생물학자들이 단백질 합성에 관여하는 유전자('구조 유전자')에만 주로 관심을 쏟았다고 비판하며, 이런 합성에는 관여하지 않지만 스위치 장치를 만들어 발생의 전 과정을 통제하는 '조절 유전자(regulatory gene)'가 오히려 진화의 핵심이라고 주장한다. 그는 "진화는 오래된 유전자에게 새로운 기교를 가르치는 것"이라고 말하며, 진화를 근본적으로 '구조 유전자의 변화'가 아니라 '이미 존재하는 구조 유전자를 통제하는 조절 유전자(스위치)의 변화'로 이해한다.

저자의 이런 '스위치론'은 생명의 통일성과 다양성을 동시에 설명하고자 하는 일종의 통합 이론이다. 재즈 음악을 듣다보면 어디서 많이 들어본 곡 같긴 한데 매우 다른 느낌을 받는 경우가 있다. 그렇게 들리는 것은 그 곡의 주제 리듬이 친숙한 곡의 그것과 똑같지만('통일성') 그때마다 다른 방식으로 변주('다양성')가 이뤄지기 때문이다. 마찬가지로 생명의 진화는 공유된 툴킷 유전자(스위치)들의 변화로 설명될 수 있다.

이보디보가 과연 생물학의 새로운 '혁명'을 몰고 올 것인지 아닌지를 판단하기에는 아직 이르다. 정확히 말해 스무 살이 채 안 된 어린 학문이기 때문이다. 하지만 이보디보가 생물학을 새롭게 종합할 수 있는 엄청난 잠재력을 가지고 있다는 사실을 부인하기에는 지금까지의 연구 성과가 너무도 대단하다.

미래 지식의 새로운 트렌드를 만나다

개인적인 이야기를 덧붙이자면, 이보디보와 이 책의 저자인 캐럴은 내 지적 인생에 매우 각별한 존재이다. 2001년 봄, 나는 방문연구학생의 자격으로 한 학기 동안 영국 런던정경대학의 '다윈 세미나'라는 모임에 참여하고 있었다. 진화심리학의 메카이기도 한 이 모임에서는 진화학자들이 현대 진화론의 쟁점들을 토론하기도 하고, 그 중 일부를 시리즈물로 출판하기도 한다. 나는 그 곳에서 『생명을 고안하기 Shaping Life』라는 제목의 소책자를 발견했다. 그 책은 현대 진화생물학의 거장이며 진화게임 이론의 창시자라 할 수 있는 메이너드 스미스(J. Maynard Smith)가 쓴 생명의 발생과 진화의 관계에 관한 에세이였다. 부끄럽게도 나는 그때까지만 해도 발생과 진화를 연결시키려는 시도에 대해서 말 그대로 아무런 생각이 없었다. 발생 과정이란 그저 변이를 일으키는 과정 정도로만 이해했었고, 언젠가 들쳐본 발생생물학 책의 방대한 내용에 공부해볼 엄두도 못 내고 있었던 때였다. 하지만 나는 그 얇은 책을 읽으면서 현대 진화론의 대가가 말년을 발생의 문제에 천착하고 있는 모습에서 깊은 인상을 받았다. 발생학의 기초가 없었기에 내용을 완전히 소화하긴 힘들었지만, 어쨌든 진화를 온전히 이해하기 위해서라도 발생을 제대로 알아야 한다는 메시지를 얻었던 것 같다.

한국에 돌아온 나는 그해 가을, 발생에 대한 궁금증을 더 이상 참지 못하고 이미 진행 중이었던 박사학위 논문 연구를 잠시(?) 미루고야 말았다. 그리고 여느 때처럼 독학 모드로 들어갔다. 그때 손에 넣었던 것이 『DNA에서 다양성까지 *From DNA to Diversity*』라는 컬러풀한 책이다. 캐럴과 그의 동료 둘이 함께 집필한 이보디보에 관한 책이었는데, 딱딱하기 이를 데 없는 전형적인 교과서 형식의 글이었다. 하지만 희한하게도 그 당시 나는 마이클 클라이튼의 소설보다 그 책이 더 재밌게 느껴졌다. 머릿속에서 헛돌고 있었던 진화와 발생의 톱니바퀴가 그 책을 통해 비로소 착 맞물렸기 때문이리라.

이보디보에 매료된 나는 급기야 학위 논문 주제를 바꾸는 모험을 단행했고, 그로부터 4년 뒤에야 「이보디보의 관점에서 본 유전자, 선택, 그리고 마음: 모듈론적 접근」이라는 희한한 제목의 학위 논문으로 대학원 생활을 마감할 수 있었다. 물론 이보디보는 아직도 나를 설레게 하는 이름이다. 어디 나뿐이랴! 전 세계에는 이보디보라는 깃발을 내걸고 생명의 진화와 발생, 통일성과 다양성, 소진화와 대진화, 단순성과 복잡성 등을 탐구하는 연구자들이 점점 늘어나고 있다. 최근에는 동물의 이보디보에 자극받은 식물학자들이 꽃의 개화 메커니즘과 같은 식물의 이보디보 연구에 뛰어들어 괄목할 만한 성과들을 내고 있다.

이보디보에 자극받은 일군의 생물학자들이 자신들의 연구 조직마저도 시대에 맞게 재편시킨 경우들도 있다. 예컨대 버클리 소재 캘리포니아 대학은 여러 세부 분야들로 나뉘어 있는 기존의 생물학 학과들을 통폐합하여 통합생물학과(Department of Integrative

Biology)를 출범시킨 바 있고, 하버드 대학도 정식 학과는 아니지만 따로 통합생물학 그룹을 만들어 본격적으로 연구에 뛰어들었다. 이제 진화와 발생 중 하나만 알아서는 현대 생물학의 통섭 흐름에서 뒤쳐질 수밖에 없는 시대가 돼가고 있다.

캐럴은 이 책에서 그의 전작인 『DNA에서 다양성까지』에 살을 붙이고 역사를 입혀 대중들의 눈높이까지 내려왔다. 이 한 권에서 우리는 거의 모든 생명의 변화에 대한 통합 이론을 만나게 될 것이다. 게다가 밀월(다윈 당대), 결별(근대적 종합 시기), 그리고 재결합(이보디보의 출현)으로 이어진 발생학과 진화론의 내밀한 관계사도 자연스럽게 알게 될 것이다.

'통섭'이 미래 지식의 메가트렌드가 된다고들 한다. 하지만 통섭이 구체적으로 어떤 풍경일까를 물으면 대개 공허한 울림만이 되돌아온다. 이 책은 감히 통섭의 한 사례라고 말할 수 있다. 이보디보는 생물학 분야에서 머지않아 오게 될 미래 지식의 가장 유력한 후보이다.

레벌루션 넘버 3

혁명을 일으키고 싶다고?
글쎄, 너도 알다시피
누구나 세상을 바꾸길 바라지.
그게 바로 진화라고?
글쎄, 너도 알다시피
누구나 세상을 바꾸길 바라지……
진짜 해결책을 갖고 있다고?
글쎄, 너도 알다시피
우리 모두 그 계획을 보고 싶어 한다지……
:: 존 레논과 폴 매카트니, 〈레벌루션 1〉(1968)

노벨상을 받은 물리학자 장 페랭은 과학 발전의 실마리에 대해 이렇게 말한 적이 있다. "눈에 보이는 복잡한 것을 눈에 보이지 않는 단순한 것들로 설명해내는 일." 생물학 최고의 혁명을 꼽자면 두 가지, 진화론과 유전학의 혁명을 들 수 있는데, 이들 역시 그러한 통찰로 이루어졌다. 다윈은 억겁의 세월에 걸친 자연선택의 산물이라는 개념을 도입해 화석으로 남은 무수한 종들의 존재와 현생 생명체의 다양성을 설명했다. 분자생물학은 고작 네 가지 구성요소로 이루어진 DNA라는 분자 속에 어떻게 모든 생물종의 유전암호가 간직되어 있는지 설명했다. 고대 삼엽충의 생김새에서부터 갈라파고스 제도 핀치들의 부리 모양에 이르기까지, 눈에 보이는 여러 복잡한 **형태들**의 기원을 설명해내는 점에 있어서는 무척 뛰어난 통찰이었지만, 그것만으로는 충분하지 않았다. 자연선택이나 DNA만으로는 **어떻게** 개개의 형태들이 생겨나는지, 어떻게 그들이 진화했는지 설명할 수 없다.

형태를 이해하려면 **발생**에서 단서를 찾아야 한다. 단세포인 수정란이 자라서 수십억 개의 세포로 이루어진 복잡한 동물이 되는 과정이 발생이다. 2백 년에 가까운 생물학의 역사에서 가장 풀기 힘든 미스터리 중 하나로 여겨져온, 굉장한 현상이다. 생명체 형태의 변화는 배아의 변화를 통해 이루어지기 때문에 발생은 진화와도 밀접한 연관이 있다. 지난 20년간 생물학계는 새로운 혁명을 경험했다. 발생생물학 및 진화발생생물학('이보디보Evo Devo'라 불린다)의 발전 덕분에 동물의 형태와 진화를 좌우하는 몇 가지 간단한 규칙들과 다수의 숨겨진 유전자들을 찾아내게 된 것이다. 새로 알게 된 사실들 중 대부분이 누구도 예상치 못한 충격적인 내용들이어서, 우리는 진화의 작동 방식에 대한 기존의 시각을 뿌리부터 바꾸어야 했다. 이를테면 곤충의 몸과 내부 기관 형성을 통제하는 바로 그 유전자들이 인간의 몸 형성도 통제하고 있으리라 짐작한 생물학자는 한 명도 없었다.

나는 그 새로운 혁명 이야기를 하고자 한다. 어떤 통찰을 가지고 동물계의 진화를 설명해내는 혁명인지 알아볼 것이다. 동물이 만들어지는 과정을 생생하게 그려 보이는 것, 그 과정에서 일어난 여러 가지 변화들이 어떻게 동물들 간의 차이를 빚어내어 화석으로 남았거나 현존하는 다양한 종들을 탄생시켰는지 알려주는 것이 이 책의 목표이다.

나는 여러 독자층을 염두에 두고 썼다. 첫째로 자연과 자연사에 관심이 많은 독자들이다. 우림, 산호초, 사바나에 사는 동물들, 혹은 화석층에 담긴 동물들을 좋아하는 독자라면 과거와 현재를 통틀어 가장 매력적인 몇몇 동물들의 형성과 진화 과정을 즐길 수 있을 것이다. 둘째로 자연과학자, 공학자, 컴퓨터 과학자, 그밖에 복잡성의 기원에 흥미가 있는 독자들이다. 이 책은 적은 수의 공통 재료를 요리조리 결합하는 것만으로 어마어마한 다양성이 탄생할 수 있음을 알려준다. 세번째 독자층은 학생과 교육자들이다. 나는 진화발생생물학의 참신한 통찰들을 제대로 이해한다면 진화를 한층 생생히 경험하게 되리라 믿는다. 기존에 배우던 것보다 훨씬 흡인력 있고 선명한 시각으로 진화를 보게 될 것이다. 네번째 독자는 '나는 어디서 왔을까?'를 늘 고민하는 모든 사람이다. 이 책은 우리의 역사에 대한 책이기도 하다. 한편으로 우리 각자가 수정란에서 성인이 된 과정을, 다른 한편으로 인류가 모든 동물의 기원으로부터 인간종의 직계 조상까지 오게 된 긴 여정을 그릴 것이기 때문이다.

열 살 어린이 크리스토퍼 헤르의 그림(미국 위스콘신 주 매디슨 시 이글 초등학교).

나비, 얼룩말
그리고 배아

그녀는 구름 속을 누비듯 꿈에 잠겨 있지
머릿속은 서커스처럼 뱅글뱅글 돌아
나비와 얼룩말,
달빛과 요정 이야기,
그녀는 온통 그런 것들만 생각하지……
:: **지미 헨드릭스**, 〈작은 날개〉(1967)

최근 내 아이가 다니는 초등학교를 방문했을 때, 나는 복도에 장식된 학생들의 그림을 즐겁게 감상했다. 풍경화들과 인물화들 사이에 동물을 그린 그림도 많았다. 아이들이 대상으로 삼을 동물이 수천 종이 넘을 텐데도 포유류 중에 유독 얼룩말이 자주 등장하는 것이 눈에 띄었다. 또한 종류를 불문하고 가장 자주 등장하는 동물은 나비였다. 나는 위스콘신에 살고 있고 당시는 한겨울이었으니 아이들이 창밖에 보이는 동물을 그린 것은 아닌 게 분명하다. 하필이면 왜 나비와 얼룩말일까?

나는 아이들이 동물의 형태, 즉 동물의 겉모양, 무늬, 색깔에 깊은 인상을 받는다는 점을 그림들이 보여준다고 확신한다. 우리는 누구나 그런 감정을 느낀다. 그 때문에 동물원에 가서 이국적인 동물들을 구경하고, 나비 우리라는 새로운 볼거리에 몰려들고, 수족관에 가고, 개, 고양이, 새, 물고기 같은 동물 친구들을 위해 돈을 펑펑 쓰는 것이다. 동물이나 품종을 고를 때 우리는 미적 관점에서 평가한다. 한편 극도로 특이한 형태의 동물에게도 쉽사리 매료되며, 때로는 공포를 느끼기도 한다. 가령 거대 오징어, 육식 공룡, 새를 잡아먹는 거미 등등 말이다.

수백 년간 위대한 박물학자들의 마음을 자극한 것도 바로 그런 동물 형태에 대한 호기심과 이끌림이었다. 빅토리아 시대 이전, 춥고 칙칙하고 척척한 영국에서 자란 찰스 다윈은 어린 시절에 알렉산더 폰 훔볼트의 『개인적 경험담』이라는 책을 읽었다. 남아메리카 여행을 기록한 2천 쪽 분량의 책이다. 훗날 다윈은 그 책에 푹 빠져서 날마다 훔볼트가 묘사한 열대의 풍경을 어떻게 직접 볼까 계획하는 일만 생각하고 말하고 꿈꿨다고 회상했다. 다윈은 1831년에 비글 호에 승선할 기회가 찾아오자 냉큼 수락했다. 다윈은 나중에 훔볼트에게 쓴 편지에서 "제 인생 경로는 어려서 당신의 개인적 경험담을 거듭 읽음으로써 형성되었습니다"라고 말했다. 해외를 돌아다니며 새로운 종을 수집하는 꿈을 꾼 영국인은 다윈 말고도 둘 더 있었다. 스물두 살의 사환이자 열성적 곤충 수집가였던 헨리 월터 베이츠, 그리고 베이츠의 친구이자 독학으로 박물학을 배운 알프레드 러셀 월리스였다. 베이츠와 월리스는 브라질 여행을 기록한 한 미국인의 책을 읽은 뒤 당장 그리로 달려가기로 했다(1848년이었다). 다윈의 여행은 5년 걸렸고, 베이츠는 열대 지방에 11년 머물렀으며, 월리스는 두 차례의 여행을 합쳐 모두 14년을 보냈다. 이 몽상가들이, 직접 보고 수집한 수천 종의 표본을 토대로 생물학에 첫번째 혁명을 일으키게 되는 장본인들이다.

북반구의 기후에 살다보면 열대에 뭔가 환상을 품게 되는 법인가보다. 나는 오하이오 주 톨레도에서 자랐다. 공원과 농장에 둘러싸인 도시로, 수량이 풍부하다고 할 수 없는 이리 호 연안에 있는 곳이다. 나는 흑백텔레비전에서 방영되는 〈동물의 왕국〉 같은 프로그램이나 잡지를 보면서 낙원에 대한 꿈을 키웠다. 몇십 년이 지난 뒤에 운 좋게도 아프리카의 사바나, 중앙아메리카의 정글, 오스트레일리아와 벨리즈의 산호초 보초에 사는 동물들을 직접 볼 수 있었다(하지만 솔직히 밝히건대 용감한 탐험가로서가 아니라 여행자로서였다). 동물들과의 만남은 상상보다 더 가슴 벅찬 경험이었다.

케냐의 탁 트인 초지에는 얼룩말 떼와 코끼리들이 한가로이 풀을 뜯는 가운데 무리 짓지 않은 기린들, 타조들, 치타들이 어슬렁거렸다. 줄무늬가 진 말, 코가 1.8미터나 되는 거대한 회색 포유동물, 지프차를 능가하는 속력으로 달리는 점박이 고양이? 실제로 존재하기에 망정이지, 그러지 않으면 믿기 힘들 정도로 기묘한 존재들 아닌가.

으림에는 한결 작은 생명체들이 풍부하다. 하늘을 뒤덮은 나뭇잎 틈으로 얼룩덜룩 빛이 스며드는 공간에, 붉고 노란 헬리코니우스속 나비나 반짝이는 금속 질감의 푸른빛을 띤 모르포 나비처럼 알록달록한 나비들이 춤춘다. 발아래 나무뿌리에는 적록 반점을 지닌 독화살개구리가 울음을 울고, 선명한 초록색의 가위개미들이 제 몸집보다 한참 큰 나뭇잎들을 수확하느라 분주하다. 큰 포식자들은 밤에 나온다. 나는 칠흑처럼 캄캄하고 완벽하게 고요한 벨리즈의 정글에서 길이 2미터짜리 큰삼각머리독사를 만났을 때의 전율을 평생 못 잊을 것이다. 재규어가 많이 사는 정글이었다(재규어는 생긴 지 얼마 안 된 발자국을 보았을 뿐이지만 그 정도도 충분했다!).

바다에는 더욱 기이하고 멋진 형태들이 산다. 오스트레일리아 산호섬의 얕은 물에 몸을 던지면 다종다양한 물고기, 산호, 조가비들이 말 그대로 얼굴에 와 부딪친다. 형광 색깔, 온갖 형태와 크기, 환상적인 기하학적 설계들이 지천이다. 때때로 거대한 바다거북이나 문어, 돌진하는 상어를 맞닥뜨릴지도 모른다.

그토록 다양한 동물 몸체의 크기, 형태, 조직, 색깔을 보고 있노라면 동물 형태의 기원에 대한 심오한 질문들이 자연스레 떠오른다. 각각의 형태는 어떻게 생겨났을까? 어떻게 그토록 다양한 형태들이 진화했을까? 다윈, 월리스, 베이츠의 시대나 심지어 그 이전까지 거슬러 올라가는 아주 오래된 생물학의 질문들이지만 그에 대한 깊이 있는 대답은 최근에야 등장하기 시작했다. 매우 놀랍고 심오한 그 대답들은 동물계의 형성과 그 속에서 인간의 자리에 대한 우리의 시각을 혁명적으로 뒤집는다. 이야기의 처음에 우리는 우리 모두가 동물 형태에 매력을 느낀다는 사실에서 출발했다. 하지만 이 책의 목표는 **어떻게** 형태가 창조되는가 하는 문제에까지 놀라움과 매혹을 확장하는 것이다. 즉 동물 설계의 다양한 형태들을 만들어내는 생물학적 과정을 새롭게 이해하는 데까지 나아가는 것이다. 눈에 보이는 동물 형태의 여러 요소들 이면에는 경이로운 형성 과정이 숨겨져 있다. 자그만 하나의 세포가 크고 복잡하고 조직적이고 패턴화된 생명체로 바뀌어가는 과정, 오랜 시간을 거쳐 수백만 가지 서로 다른 설계들로 동물계를 채워온 과정, 그 과정들은 그 자체로 너무나 아름답다.

배아와 진화

박물학자들은 다양한 동물들을 어떻게든 다루기 위해서 제일 먼저 몇 가지 집단으로 동물을 나누었다. 척추동물(어류, 양서류, 파충류, 조류, 포유류)이나 절지동물(곤충류, 갑각류, 거미류 등등) 등의 집단이다. 하지만 집단들 사이뿐 아니라 집단 내부의 동물들끼리도 서로 차이가 많다. 물고기는 어째서 도롱뇽과 다를까? 곤충과 거미는 왜 다를까? 세세히 살펴보면 표범도 일종의 고양이라 할 수 있지만 그래도 왜, 평범한 집고양이와 다를까? 멀리 갈 것도 없이, 우리는 왜 사촌인 침팬지와 다를까?

이런 질문들에 답하려면 먼저 모든 동물 형태는 두 가지 과정의 결과로 생겼음을 깨달아야 한다. 수정란으로부터 발생하는 과정, 그리고 선조로부터 진화하는 과정이다. 수많은 동물 형태들의 기원을 이해하기 위해서는 두 가지 과정 각각을 이해해야 함은 물론이고 서로의 관계가 어떤지도 알아야 한다. 간단히 말하면 이렇다. 발생은 수정란을 배아로 성장시키고 결국 성체 형태로 자라게 하는 과정이다. 그런데 그 형태의 진화는 발생 과정의 변화를 통해 이루어진다.

숨 막힐 정도로 놀라운 과정들이다. 하나의 세포, 수정란으로부터 복잡한 전체 생명체가 발생하는 것을 상상해보라. 하루(파리 구더기), 몇 주(생쥐), 몇 달(사람) 만에 하나의 수정란이 수백만 개, 수십억 개, 아니 사람의 경우에는 대략 십조 개의 세포로 자라 몸체와 각종 기관, 조직들을 이룬다고 생각해보라. 수정란이 배아를 거쳐 완전한 동물로 변하는 과정만큼 경이로운 자연현상은 거의 없다. 역사를 통틀어 가장 위대한 생물학자 중 하나로 꼽히며 다윈의 절친한 동맹자이기도 했던 토머스 H. 헉슬리는 이렇게 말했다.

자연을 공부하는 학생이 자연의 작동 방식을 하나씩 배워갈수록
감탄은 커지고 놀라움은 적어진다. 자연이 탐구자에게 끊임없이 제
공하는 많은 기적들 중 가장 경탄할 만한 것이라면 식물이나 동물이
배아로부터 발생하는 과정일 것이다.

—『금언과 명상』(1907)

생물학자들은 오래전부터 발생과 진화의 밀접한 관계를 깨닫고
있었다. 다윈은 『종의 기원』(1859)과 『인간의 유래』(1871)에서, 헉
슬리는 짧은 걸작인 『자연에서의 인간의 위치』(1863)에서 인간을 동
물계와 연결 짓는 근거로, 또한 논박의 여지없이 분명한 진화의 증
거로 (19세기 중반까지 밝혀진) 발생학의 사실들을 풍부하게 거론했
다. 다윈은 독자에게 이렇게 생각해보라고 주문했다. 서로 다른 시
점에 몸의 서로 다른 부분에 생겨난 자그만 변화들이 수천 수백만
세대를 거치고 아마도 수만 년에서 수백만 년을 지나며 축적된 끝
에, 서로 다른 환경에 적합하도록 제각기 독특한 능력을 지닌 서로
다른 형태들이 만들어지는 것이다. 이야말로 간결하게 설명한 진화
의 모든 것이다.

헉슬리는 이론의 요지가 더없이 간단하다고 보았다. 우리는 수정
란이 성체가 되는 과정을 볼 때 경이로움을 느끼긴 하지만 상당히
일상적인 현상으로 받아들인다. 그렇다면 이 과정에서의 변화들이
인간이 경험할 수 있는 시간보다 훨씬 긴 세월 동안이 축적된다면
다양한 생명체들이 빚어지는 것도 당연하지 않겠는가? 이것을 깨달

지 못하는 것은 상상력이 부족하기 때문이다. 진화는 발생만큼이나 자연스런 현상이다.

　　진화는 씨앗에서 나무가, 알에서 닭이 발생하는 과정만큼이나 자연적인 현상으로서, 어떠한 종류의 초자연적 힘의 개입도, 창조론 드 필요로 하지 않는다.

—『금언과 명상』(1907)

　　발생을 진화의 실마리로 파악한 다윈과 헉슬리의 의견은 옳았다. 그러나 그들의 중요한 연구가 발표된 후로 백 년 이상, 과학자들은 발생의 신비를 푸는 데서 거의 진전을 이루지 못했다. 어떻게 하나의 단순한 수정란이 복잡한 개체로 자라느냐 하는 수수께끼는 여전히 생물학에서 가장 난해한 질문으로 남았다. 발생은 절망적으로 복잡한 과정이요, 서로 다른 종류의 동물들은 서로 전혀 다른 해답을 가질 것이라고 추측하는 사람들이 많았다. 백 년 전만 해도 한데 얽혀 생물학적 사고의 핵심을 이루었던 세 학문 영역, 즉 발생, 유전 이론, 진화는 어려운 과제 앞에 서로 갈라져 별개의 분야가 되었고 저마다의 원칙들을 정립해갔다.

　　특히 발생학은 오래도록 정체를 면치 못했다. 1930년대와 1940년대에 펼쳐진 이른바 진화 이론의 '현대적 종합(Modern Synthesis)' 과정에도 아무 기여를 하지 못했다. 다윈 이후 수십 년 동안 생물학자들은 진화의 메커니즘을 이해하기 위해 애썼다. 『종의 기원』이 출간된 때에는 형질 유전의 메커니즘이 알려져 있지 않았다. 그레고르 멘델의 연구는 수십 년 뒤에야 재발견되었고, 유전학은 1900년대 들어서도 한참 뒤에야 융성하기 시작했다. 서로 다른 유형의 생물학자들이 극단적으로 서로 다른 차원에서 진화 문제에 접근하고 있었다. 고생물학자들은 제일 긴 시간 단위를 갖고서 화석 기록과 상위 분류에서의 진화에 초점을 맞췄다. 분류학자들은 종의 속성과 종 분화에 관심을 가졌다. 유전학자들은 보통 몇몇 한정된 종을 대상으로 종내 형질 변이를 연구했다. 학제들 간에 교류가 없었을뿐더러 누가 진화생물학에 가장 가치 있는 공헌을 하느냐를 두고 다투기까지 했다. 그러다 진화에 대한 서로 다른 차원의 시각들이 통합되면서 서서히 조화가 생겨났다. 줄리안 헉슬리의『진화 : 현대적 종합』(1942)은 대통합을 예고하고, 앞으로 널리 받아들여질 두 가지 핵심 개념을 소개한 책이다. 첫번째 개념은 작은 유전적 변화들로 점진적 진화를 설명할 수 있으며, 유전적 변화가 빚어내는 변이에 자연선택이 적용된다는 생각이다. 두번째 개념은 점진적 진화 과정이 오래 지속되면 상위 분류군에 해당하는 더 큰 규모의 진화가 가능해진다는 생각이다.

우리가 지난 60년간 진화생물학에 대해 배우고 토론한 내용은 모두 이 현대적 종합 이론의 토대 위에 구축된 것이다. 하지만 이름부터 '현대적'이고 '종합적'이라는 이 이론도 완전하지는 않았다. 이론의 형성 이래 극히 최근까지, 우리는 형태가 실제로 변화하며 자연선택이 영향을 발휘한다고는 말할 수 있지만 형태가 **어떻게** 변하는지, 이를테면 화석으로 남아 똑똑히 눈에 보이는 극적인 진화가 어떻게 일어났는지 꼬집어 설명할 수는 없었다. 현대적 종합 이론은 발생을 '블랙박스'처럼 취급했다. 어떤 메커니즘인지는 몰라도 하여간 그 속에서 유전 정보가 기능적인 삼차원 동물로 변형되는 과정이라 보았다.

답답한 상황은 수십 년 동안 풀리지 않았다. 발생학은 몇몇 종의 난자나 배아를 조작하여 확인할 수 있는 현상으로만 관심을 국한하였다. 발생학의 시야에서 진화라는 틀은 희미해졌다. 진화생물학은 유전자와 형태의 관계에는 무지한 채 개체군 내의 유전적 변이만 다루었다. 심지어 진화생물학을 연구하는 몇몇 그룹들은 발생학은 먼지 날리는 박물관으로나 물러날 학문이라고 폄훼하였다.

이런 상황이 지속되다가 1970년대에 비로소 발생학과 진화생물학의 결합을 요구하는 목소리들이 높아지기 시작했다. 선봉은 스티븐 제이 굴드였다. 굴드의 책 『개체발생과 계통발생』은 발생 과정의 변형이 진화에 영향을 끼치는 게 아닐까 하는 토론을 재개시켰다. 굴드는 진화생물학 분야도 뒤흔들었다. 나일즈 엘드리지와 함께 화석을 해석하는 새로운 시각을 제시하여 단속평형(punctuated equilibria)이라는 개념을 내놓았다. 진화 과정은 대체로 장기간의 정체기(평형기)로 이루어져 있고 간간이 급격한 변화(중단)의 시기가 끼어든다는 개념이다. 굴드는 이 책을 포함한 여러 저술을 통해 진화생물학에서 '큰 그림'을 보고자 했으며 미제로 남은 중대한 질문들을 다시금 강조했다. 굴드에게 자극을 받은 젊은 과학자들이 한둘이 아니다. 나도 그랬다.

나를 비롯한 여러 과학자들은 분자생물학이 유전자 작동 방식을 성공적으로 설명해낸 것을 막 목격한 터였기에 발생학 및 진화생물학 분야의 상황이 성에 차지 않았다. 그러나 이는 엄청난 기회들이 존재한다는 뜻이기도 했다. 형태 진화를 진화생물학적으로 설명하려는 노력이 자꾸 쓸모없는 사변으로 빠지는 이유는 발생학적 지식이 부족하기 때문인 듯했다. 애초에 형태가 어떻게 만들어지는지 과학적으로 설명하지 못하면서 어찌 형태 진화에 관한 질문들에 답할 수 있겠는가? 집단유전학은 유전자 변화 때문에 진화가 이뤄진다는 원칙을 성공적으로 정립했으나 이는 사례 없는 원칙이었다. 동물의 형태나 진화에 영향을 미치는 유전자를 구체적으로 밝힌 예가 없었다. 발생학에서 돌파구를 찾아야만 진화를 새롭게 통찰할 수 있을 터였다.

진화발생생물학 혁명

발생의 신비든 진화의 신비든 한가운데 유전자가 있다는 사실은 명백했다. 얼룩말이 얼룩말 모양이고 나비가 나비 모양이고 사람이 사람 모양인 것은 다 각자의 유전자 때문이다. 문제는 발생을 담당하는 유전자들이 정확히 어느 것인지 찾을 단서가 없다시피 하다는 점이었다.

마침내 몇몇 뛰어난 유전학자들이 등장하여 발생학의 기나긴 슬럼프를 극복했다. 그들은 초파리의 발생을 통제하는 유전자들을 밝혀냈다. 초파리는 80년 전부터 유전학의 핵심 일꾼이었다. 과학자들은 초파리 발생유전자들을 실제 발견하고 1980년대 내내 연구함으로써 발생에 대해 흥미로운 전망을 열었다. 또한 형태 형성에는 논리와 질서가 존재한다는 것을 밝혀냈다.

몇몇 초파리 유전자들의 속성이 밝혀진 직후, 진화생물학에 새로운 혁명을 일으킬 충격적인 사실이 알려졌다. 근 백 년 넘게 생물학자들은 상이한 동물들의 유전자는 서로 완전히 다르게 구성되어 있으리라 짐작해왔다. 형태의 차이가 클수록 유전자 차원에서 두 동물의 발생 과정은 공통점이 적을 것이다. 현대적 종합의 창시자 중 한 명인 에른스트 마이어는 '매우 가까운 친족관계가 아니고서야 상동 유전자를 찾아봤자 소용없을 것'이라고 했다. 하지만 **어떤** 생물학자도 예측하지 못했던 결과가 나왔다. 초파리 몸 조직 과정의 중요 부분을 관장하는 것으로 밝혀진 유전자들 대부분과 흡사한 유전자가 사람을 포함한 다른 동물들에도 존재하며, 기능도 같았던 것이다. 뒤이어 또 다른 사실이 발견되었다. 눈, 사지, 심장처럼 동물마다 구조가 달라 완전히 다른 방식으로 진화했으리라 보았던 여러 기관들의 발생이 동물에 상관없이 동일한 유전자들로 통제된다는 것이다. 여러 종의 발생유전자들을 비교하는 작업은 발생학과 진화생물학의 접점에서 수행할 수 있는 새로운 학제가 되었다. 그것이 진화발생생물학, 줄여서 '이보디보'이다.

이보디보 혁명의 첫 개가는 외형이나 생리의 큰 차이에도 불구하고 모든 복잡한 동물이 공통의 '마스터(master)' 유전자들로 된 '툴킷(tool kit, 도구상자)'을 갖고 있음을 밝힌 것이다. 마스터 유전자는 몸 전체나 일부를 형성하고 무늬를 결정하는 유전자인데, 파리든 딱새든, 공룡이든 삼엽충이든, 나비든 얼룩말이든 혹은 사람이든 간에 모두 같은 것을 지닌 것이다. 툴킷의 발견과 이 유전자들의 놀라운 속성에 대해서는 3장에서 설명하겠다. 여기서 알아두어야 할 점은 그 발견 때문에 동물의 친족관계에 대한 기존의 개념, 동물 간의 차이에 대한 기존의 생각이 산산이 부서졌으며, 진화를 완전히 새롭게 바라보는 길이 열렸다는 사실이다.

현재 우리는 특정 종의 DNA 전체(게놈)의 염기서열을 분석할 수 있다. 파리와 사람이 일군의 발생유전자들을 공유한다는 사실 외에도 쥐와 사람이 약 2만 9천 개의 거의 동일한 유전자들을 공유한다는 사실, 침팬지와 사람의 DNA는 99퍼센트 가까이 같다는 사실도 안다. 인간이 동물계를 넘어선 존재이며 동물계로부터 진화한 게 아니라고 생각하는 사람은 이 수치들 앞에서 겸허해질 필요가 있다. 코미디언 루이스 블랙의 견해를 많은 사람들이 받아들였으면 좋겠다. 블랙은 진화론을 비방하는 자들과는 토론할 필요도 없다고 했다. 이유는 이렇다. "우리한테는 화석이 있으니까, 우리가 이기죠." 절묘한 표현이다. 하지만 화석 이외의 증거도 많다는 사실을 블랙에게 알려드리고 싶다.

아직도 중간 형태의 효용이나 복잡한 구조의 진화 가능성에 대해 진부한 비난을 늘어놓는 반진화론자들이 있다. 발생학과 이보디보에서 생겨난 새로운 증거와 통찰은 끈질기게 남은 이런 비판마저 확실히 깨뜨리고 있다. 우리는 이제 어떻게 하나의 세포로부터 복잡성이 솟아나 온전한 동물이 되는지 알고 있다. 강력한 최신 기법들을 동원함으로써 발생 중의 변이가 어떻게 복잡성을 증가시키고 다양성을 늘리는지 알게 되었다. 오래된 공통의 유전자 툴킷이 존재한다는 사실은 모든 동물이 하나의 공통 선조에서 출발하여 변해온 것임을 보여주는 막강한 증거다. 사람도 예외가 아니다. 이보디보는 기나긴 진화의 시기 동안 이루어진 구조의 변형을 추적할 수 있다. 어떻게 어류의 지느러미가 변형되어 육상 척추동물의 사지가 되었는지, 튜브처럼 단순하게 생긴 걷는다리(보각)가 어떤 혁신과 변형의 반복을 거침으로써 구기(口器), 독 발톱, 헤엄다리, 섭식 부속지, 아가미, 날개가 되었는지, 처음에 감광성 세포들의 집합으로 시작한 기관이 얼마나 다양한 종류의 눈으로 발전했는지 **볼** 수 있게 됐다.

이보디보가 풍부하게 내놓는 참신한 자료들을 통해 우리는 동물 형태들이 어떻게 만들어지고 진화하는지 생생하게 그릴 수 있다.

툴킷 역설과 다양성의 기원

공통의 신체 형성 유전자들이 존재한다는 사실, 인간의 게놈이 다른 동물들의 게놈과 비슷하다는 사실이 차차 대중에게도 알려지고 있다. 그런데 공통의 툴킷과 게놈 유사성을 발견함으로써 우리가 한 가지 역설에 직면하게 되었다는 사실은 비교적 덜 알려져 있다. 자, 공통으로 갖는 유전자가 그렇게 많다면, 대체 차이는 무엇 때문에 발생하는가? 이 역설을 해결하고 그 안에 함축된 의미를 알아보는 것이 이 책의 주제다. 상이한 종 사이의 유전자 유사성이라는 역설을 해결하기 위해 나는 두 가지 주요 개념을 제시하고, 책 전반에 걸쳐 줄곧 반복할 것이다. 이 개념들은 한 동물을 만드는 그 종의 설계드가 어떤 식으로 DNA에 암호화되어 있는지 또 어떻게 형태가 생겨나고 진화하는지 이해하기 위한 핵심 내용들이다. 대중매체는 아직 별 관심을 쏟지 않지만, 이 개념들은 이미 자연사의 굵직한 일화들을 이해하는 데 심대한 영향을 미쳤다. 가령 캄브리아기에 일어난 동물 형태의 폭발적 증가, 나비나 딱정벌레나 핀치 같은 집단 내부에 생겨난 다양성, 인간과 침팬지와 고릴라의 공통 선조로부터 현재의 인류가 진화한 사건 등의 설명이 새로워졌다.

첫번째 개념은 다양성은 동물의 툴킷에 든 유전자들의 구성 문제라기보다 에릭 클랩턴의 노래 가사마따나 그것을 '사용하는 방식에 달린 문제'라는 것이다. 형태 발달은 발생 과정 중 어떤 시기와 장소에서 유전자들을 켜고 끌 것인가에 달린 문제다. 유전자의 사용 시기와 위치가 진화적으로 변화할 때 형태의 차이가 생겨난다. 특히 신체부속의 수, 모양, 크기에 영향을 미치는 유전자들 말이다. 앞으로 유전자 사용 방식을 변경하는 데도 여러 가지 방법이 있다는 것, 그렇기 때문에 개별 구조의 패턴과 신체 설계가 엄청나게 다양할 수 있다는 것을 보게 될 것이다.

두번째 개념은 게놈 어느 부분에서 형태 진화에 대한 '결정적 증거'를 찾을 수 있나 하는 문제의 답이다. 놀랍게도 지난 40년간 과학자들이 주로 탐색했던 지점들이 아니었다. 기다란 DNA 사슬인 유전자에 담긴 암호가 어떤 보편적 과정을 통해 해독되어 단백질을 생성하는지, 그 단백질들이 세포와 신체에서 어떻게 실제 업무를 처리하는지 우리가 안 지는 오래되었다. 스물두 개 단어로 이루어진 단백질 생성 유전암호를 밝힌 것도 벌써 40년 전의 일이다. 이제는 DNA 염기서열을 그에 해당하는 단백질로 해독하는 일도 식은 죽 먹기다. 잘 알려져 있지 않은 사실 중 하나는, 우리 DNA의 극히 일부분, 약 1.5퍼센트만이 2만 5천 개에 달하는 신체 내 단백질들을 암호화하고 있다는 것이다. 나머지 엄청난 양의 DNA에는 무엇이 있을까? 그중 약 3퍼센트에 해당하는 대략 1억 개의 염기들은 **조절기능**을 담당한다. 유전자한테 언제, 어디서, 어떻게 생산물을 만들어내도록 시킬지 결정하는 것이다. 조절 DNA가 작은 기기처럼 활동하며 배아에서의 위치 정보와 발생 시기 정보를 얼마나 환상적으로 통합해내는지를 뒤에서 설명하겠다. 조절 DNA는 신체 구조 형성을 지시하는 지침들을 담고 있기에, 조절 DNA에 생겨난 진화적 변화가 형태의 다양성으로 귀결된다.

　조절 DNA가 진화에서 갖는 역할과 의의를 이해하기 위해서는 몇 가지 기초적인 내용들을 알아야 한다. 우선 동물이 어떻게 만들어지는지, 배아 발생에서 유전자의 역할이 무엇인지 알아야 한다. 책 전반부에서는 그것을 알아보겠다. 그 자체로도 배울 것이 많다. 먼저 상이한 동물들이 공유하는 몇 가지 일반적인 구조 형태, 신체 설계 진화에 나타나는 추세를 살펴보겠다(1장). 그리고 발생을 조절하는 마스터 유전자 툴킷을 발견하도록 도와준 특별한 돌연변이 형태들을 살펴보겠다(2장과 3장). 툴킷 유전자들이 활동하는 방식, 그들이 어떤 논리와 질서에 따라 신체의 복잡한 패턴들을 구축해가는지 알아보고(4장), 게놈의 어느 부분이 신체 구조 형성의 지침을 담고 있는지 짚어볼 것이다(5장).

　후반부에서는 화석, 유전자, 배아에 대한 지식을 한데 묶어 동물 다양성 형성이라는 문제에 적용할 것이다. 진화 역사에서 가장 중요하고, 재미있고, 인상적인 일화 몇 가지를 상세히 소개할 텐데 이 이야기들이 어떻게 자연이 소수의 구성요소들로부터 무수한 설계들을 빚어냈는지 잘 보여줄 것이다. 현생 동물 종류와 신체 구조의 기초 대부분이 처음 생겨난 캄브리아기 대폭발을 유전적으로, 발생학적으로 점검해보겠다(6장과 7장). 오래된 유전자들에게 새 기술을 가르쳐 새로운 발명을 해내는 자연의 능력을 잘 보여주는 예로서, 나비 날개 무늬의 기원을 꼼꼼히 살펴보자(8장). 섬에 사는 새들의 깃털 및 포유류 털의 색깔 진화에 대한 이야기도 하겠다(9장). 만족스러우면서 미학적으로도 아름다운 이야기들로서 진화에 대한 깊은 통찰을 제공해줄 것이다. 게다가 보다 직접적인 의미도 있는데, 인간의 기원을 형성한 진화 과정을 알려줄 사례들이기 때문이다. 우리 종의 형성에 대한 이야기는 마지막 장에서 하겠다. 어떤 물리적 형질들보다 중요한 '아름다운 마음'의 탄생에 집중한 이야기다(10장). 유인원에 가까웠던 6백만 년 전의 선조가 어떤 물리적, 발생적 변화를 겪으며 호모사피엔스가 되었는지, 그 과정을 따라가보겠다. 인간 진화를 수놓은 유전적 변화들의 범위와 종류를 살펴볼 것이며, 특히 인간에게 고유하다고 여겨지는 형질들의 진화에 어떤 유전적 변화들이 관련되어 있는지 알아볼 것이다.

보다 현대적인 종합의 장대함: 제3막

면면히 이어진 진화론의 역사는 최소한 삼 막으로 이루어진 연극이다. 1막은 약 150년 전에 시작되었다. 다윈이 생물학 역사상 가장 중요한 책을 맺으면서 독자들에게 새로운 자연관의 장대함을 느껴보라 촉구한 때였다. 어떻게 '그토록 단순한 한 시작으로부터, 최고로 아름답고 무수히 다양한 형태들이 진화해왔는지, 그리고 진화하고 있는지' 생각해보게 한 것이다. 2막은 현대적 종합의 기획자들이 최소한 세 개의 학제를 융합함으로서 당당하게 통합을 이뤄낸 때이다. 지금 소개할 3막 또한 특별하고 장대하다. 발생학 및 진화발생생물학의 참신한 시각이 동물 형태와 다양성의 형성을 어떻게 설명하는가 하는 이야기다. 3막은 시각적인 면도 있다. 이제 우리는 무수히 다양한 여러 동물 형태들이 실제 어떻게 발달하는 것인지 눈으로 볼 수 있다.

아름다움은 피부 한 꺼풀의 문제라고들 하지만 과학에서는 그렇지 않다. 아름다움은 그보다 깊은 무엇이다. 훌륭한 과학은 감성적인 면과 지적인 면을 통합한 산물이다. 이른바 '좌뇌'의 일(추론)과 '우뇌'의 일(감정/예술)을 종합한 결과이다. 과학에서 위대한 깨달음의 순간들은 감각적 미학과 개념적 통찰을 결합한 데서 온다. 물리학자(이자 피아니스트) 빅토르 바이스코프는 이렇게 말했다. "과학의 아름다움은 베토벤 음악의 아름다움과 같다. 종잡을 수 없게 흩어진 사건들 속에서 불현듯 연결고리를 발견한다. 당신의 마음 깊은 곳에 가 닿는 생각들, 언제나 당신 안에 있었지만 전에는 한데 묶지 못했던 생각들이 사람만이 만들 수 있는 하나의 복합체가 되어 표현되는 것이다."

한마디로, 훌륭한 과학은 훌륭한 책이나 영화와 다를 바 없는 경험을 제공한다. 사람들은 추리물을 읽거나 드라마를 볼 때 쉽게 몰입한다. 훌륭한 작품이라면 이야기를 끝까지 따라간 뒤에 어떤 깨달음을 얻게 되는데, 그런 깨달음은 세상을 좀더 선명하게 바라보고 이해하게 한다. 과학자가 겪는 제약이라면 진실의 테두리 안에서 이야기해야 한다는 점이다. 과학이라는 논픽션의 세계가 상상력 가득한 픽션의 세계만큼 우리를 자극하고 즐겁게 할 수 있을까?

백 년 전, 루드야드 키플링은 『바로 그 이야기들』이라는 책을 썼다. 인도에서의 경험을 바탕으로 쓴 동화 모음집으로 이제는 고전이 된 책이다. 키플링의 매력적인 이야기들은 「표범의 얼룩무늬는 어떻게 생겨났을까」 「낙타의 혹은 어떻게 생겨났을까」 「발을 구르는 나비」 같은 제목을 달았는데, 우리가 좋아하는 특이한 생명체들이 어떻게 독특한 외모를 갖게 되었는지 자유롭게 상상한 내용이다. 얼룩무늬, 줄무늬, 혹, 뿔이 어떻게 생겨났는지『바로 그 이야기들』식으로 설명해보는 것도 즐거운 일이겠으나, 생물학은 나비, 얼룩말, 표범에 대해 그보다 정확한 이야기를 들려줄 수 있다. 나는 생물학의 이야기가 키플링의 동화만큼이나 속속들이 매력적이리라고 자신한다. 나아가 동물의 형태에 대한 이해를 깊게 해줄, 간단하면서도 우아한 몇몇 진실들까지 알려주는 것이다. 이것이 인간에게도 적용되는 이야기임은 물론이다.

1부

동물 만들기

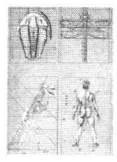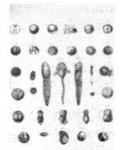

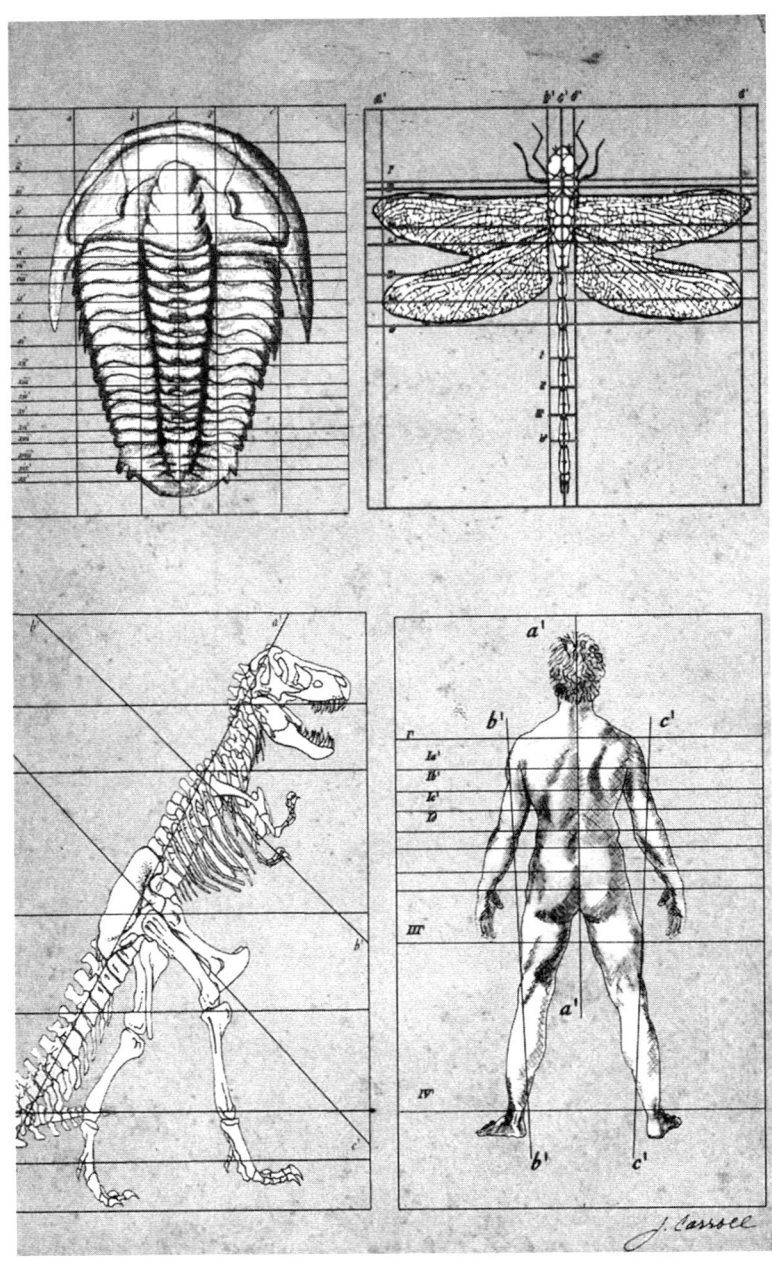

현재의 동물과 고대의 동물 구조. 그림_ 제이미 캐럴.

동물의 구조:
현재의 형태, 고대의 설계

유기체 형태의 신비와 아름다움이야말로
우리의 진정한 숙제다.
:: 로스 해리슨, 발생학자(1913)

　엄청나게 다양한 동물들의 형태는 육지와 바다의 동물에서 그치지 않는다. 모래 밑 몇십 센티미터든 바위 아래 몇백 미터든, 땅속에도 6억 년에 달하는 동물 역사의 이야기가 묻혀 있다. 캐나다 버제스세일에 보존된 수수께끼의 동물 형태들, 미국 서부 협곡이나 산에 묻혀 있는 커다란 덩치의 공룡들, 동아프리카 지구대에 간직된 우리 이족보행 선조들의 두개골과 이빨 조각들. 땅에 묻힌 동물들 중 어떤 것들은 땅 위에서 숨 쉬는 것들에 비교할 때 깜짝 놀랄 만한 형태를 하고 있기도 하다.

　나는 최근에 그 사실을 여러 곳, 특히 플로리다에서 몸소 체험했다. 태양과 오락과 여유를 찾는 휴가객이나 은퇴자들이 최고로 꼽는 장소, 곧 플로리다는 야자수, 부드러운 모래 해변, 우아한 펠리컨과 물수리, 점잖은 매너티와 돌고래, 플레이드 체크 바지를 입은 호모 사피엔스들의 땅이다. 그런데 또한 몸길이 2미터의 아르마딜로, 엄니가 큰 마스토돈, 2미터 길이의 상어, 낙타, 코뿔소, 재규어, 검치고양이의 땅이기도 하다고?

사실이다. 뭐, 어디를 찾아보느냐에 따라 다르긴 하지만.

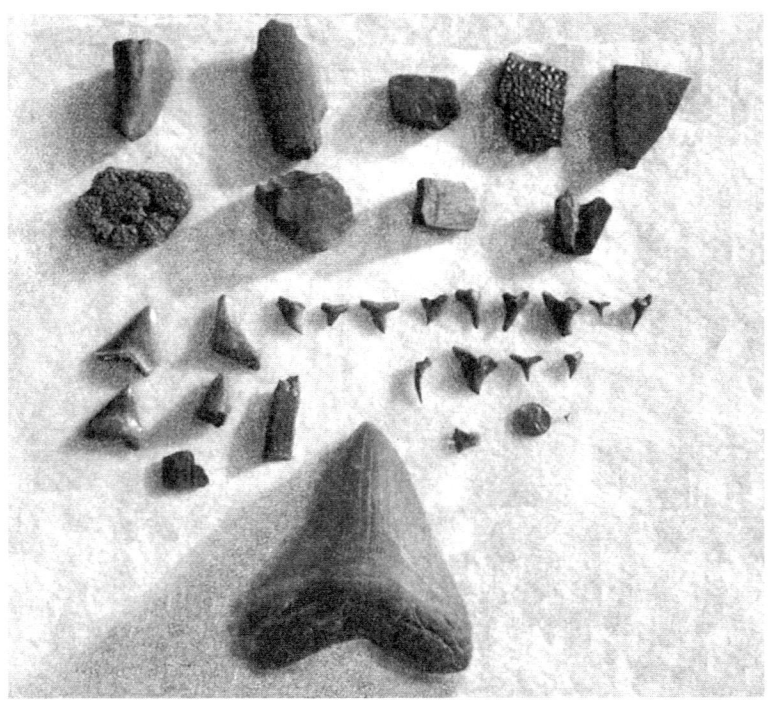

[그림1-1] **플로리다 강바닥에서 건진 화석들.** 포유류의 뼈, 거북의 등딱지 조각, 상어의 이빨 등이 많다. 모양과 크기가 무척 다양하다. 가장 큰 이빨은 거대한 상어류인 카르카라돈 메갈로돈의 것이다. 화석 수집 및 사진_ 패트릭 캐럴.

모래가 깔린 강을 따라 내륙으로 거슬러 가며 강바닥에서 자갈을 한 삽 떠보면, 모르긴 몰라도 열 종쯤 되는 상어들의 이빨이 담겨 있을 것이다. 섬세한 톱니 모양 이빨에서 크게 구부러진 뻐드렁니까지 다양하다. 오래전에 멸종한 카르카라돈 메갈로돈이라는 거대한 짐승의 송곳니도 있을지 모른다. 먹잇감의 살을 찢었을 15센티미터 길이 이빨은 정말 무시무시하다[그림1-1]. 지질학적 시간 척도로 최근에 속하는 동물들의 뼈도 있을 것이다. 테이퍼, 나무늘보, 낙타, 말, 글립토돈, 마스토돈, 듀공, 그리고 그 밖의 사라진 동물들.

한 장소에서도 현생 생명체나 화석 생명체가 이토록 다양한 것을 보노라면 두 가지 핵심적인 의문이 번뜩 떠오른다. 각각의 형태들은 어떻게 만들어졌을까? 어떻게 그렇게 상이한 형태들이 진화하게 된 걸까?

처음에는 엄청난 다양성 앞에서 압도되는 기분이 든다. 하지만 동물의 설계에는 오래도록 지속되어온 몇 가지 일반적 추세가 존재하며, 우리는 그것을 충분히 알아낼 수 있다. 이 장에서는 동물 구조와 진화에 관한 일반적 사항들을 살펴보겠다. 이 사항들을 통해 난감하기 그지없는 다양성을 몇 가지 기초적 주제로 환원할 수 있다.

블록 쌓기

플로리다 강바닥 자갈에서 찾아낸 뼈나 이빨 조각을 놓고 궁리하다보면 동물 설계에 적용되는 가장 기초적인 방식 한 가지를 생생히 느낄 수 있다. 화석이 어느 종의 어느 부위에 속하는지 좀처럼 알아낼 수가 없다. 왜 그렇게 어려울까? 여기서 동물 설계의 첫번째 원칙을 깨달을 수 있다. 서로 연관관계에 있는 동물들(가령 척추동물군)의 몸은 엇비슷한 부속들로 구성되어 있다.

전문가의 도움을 받아서 뼛조각이 듀공(바다소의 일종인 멸종동물)의 것임을 알아냈다고 하자. 좋다, 듀공의 갈비뼈인 건 알겠는데, 그렇다면 어느 갈비뼈인가? 멸종한 말의 발굽 뼈를 발견했다고 하면, 대체 어느 발굽인가? 개개의 뼛조각만 놓고는 정말 판별하기 힘들다. 왜 그런가 생각하다보면 동물 설계의 두번째 원칙을 깨닫게 된다. 동물은 같은 종류의 부속들이 여러 개 반복된 몸 구조를 지니고 있다. 몇 가지의 기본적인 레고 블록들로 장난감 집을 짓듯이 말이다.

기본 부속은 발가락 뼈 하나하나처럼 작은 것일 수도, 몇몇 척추동물의 등뼈(척추)처럼 거대한 것일 수도 있다. 기본 요소들 자체는 아주 오래된 것이고 몸 규모에 대한 크기 비율은 동물마다 다르다. 커다란 초식공룡이든 작디작은 쥐라기 시대(1억 5천만 년 전) 도롱뇽이든 척추동물 특유의 반복적 모듈 구조를 드러낸다는 점은 마찬가지다[그림1-2].

모듈 식 설계는 척추동물에만 한정된 이야기가 아니다. 유명한 버제스 셰일에 담긴 화석들 중에서 5억 년 전 캄브리아기 바다에 번성했던 복잡하고 큰 동물들의 경우, 현생 동물들처럼 다양한 모듈식 신체 설계를 드러낸다[그림1-3].

화석에 마음이 끌리는 이유는 여러 가지다. 사라진 세상을 살았던 멸종 야수들을 보고 만질 수 있다는 건 틀림없이 가슴 떨리고 감동적인 일이다. 그렇지만 우리는 그들의 **형태**에도 마음이 끌린다. 화석을 보면 진화가 부속들을 반복 사용하는 모듈 구조를 폭넓게 채택함으로써 설계를 발전시켜왔음을 알게 된다.

[그림1-2] **척추동물의 모듈 식 구조.** 위: 길이 10센티미터의 쥐라기 도롱뇽. 아래: 길이 6미터에 가까운 쥐라기의 초식공룡 카마라사우루스. 도롱뇽 사진 출처_ 시카고 대학 닐 슈빈, 카마라사우루스 사진 출처_ 카네기 자연사박물관.

거개 신체부속도 모듈 식 설계에 맞는 특성을 보여준다. 일례로 사람의 팔과 다리는 비슷한 모듈 식 설계로 되어 있다. 팔다리 각각 이 여러 조각으로 구성되어 있으며(다리는 허벅지와 종아리와 발, 팔 은 위팔, 아래팔, 손) 손과 발도 다섯 개씩의 엇비슷한 조각들로 이루

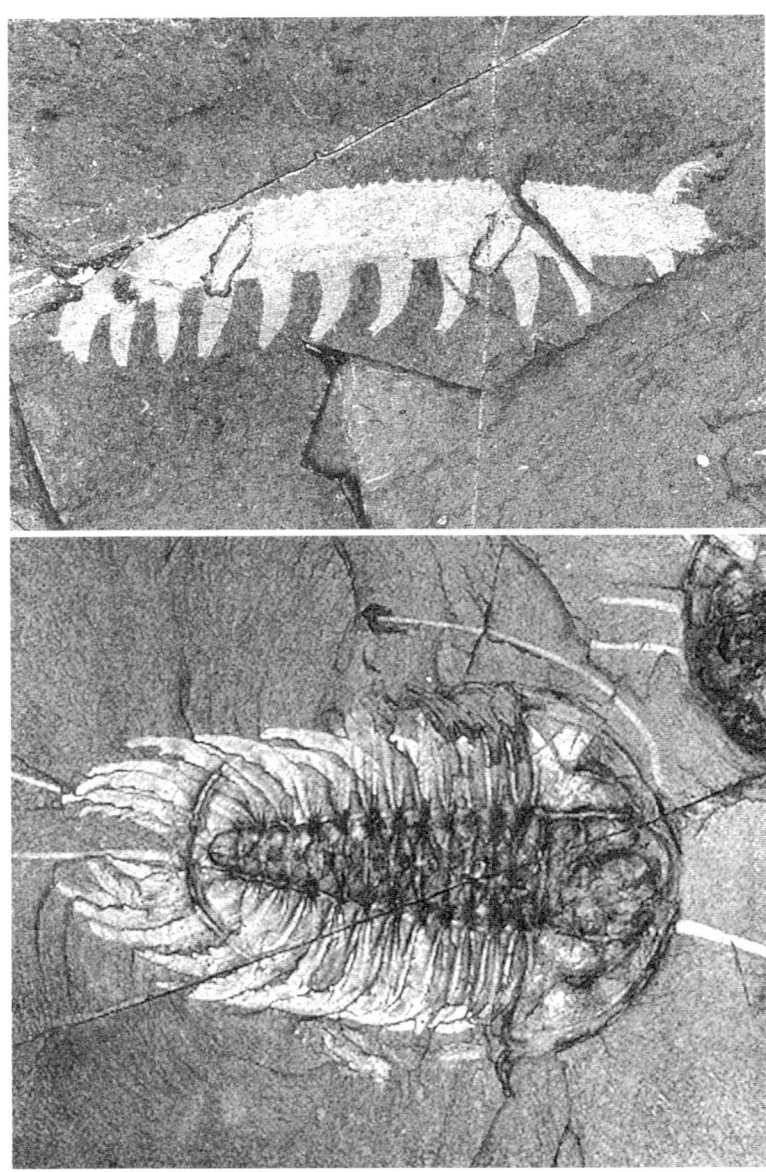

[그림1-3] **캄브리아기 동물들의 모듈 식 구조.** 엽족동물인 아이셰아이아 페둔쿨라타(위)와 삼엽
충류인 올레노이데스 세라투스(아래)는 반복적으로 조직된 모듈 식 신체 형태를 보여준다. 사진_
스미스소니언 박물관 칩 클라크.

어져 있다[그림1-4]. 네발 척추동물의 팔다리가 모듈 식 구조인 것은
고대부터 변함없는 일이었다. 쥐라기 화석들에서도 이런 구조는 똑
똑히 드러난다.

첫눈에는 모듈 식 구조 설계가 잘 파악되지 않을지 모른다. 나비
날개의 복잡한 무늬는 언뜻 혼란스러워 보인다. 하지만 면밀히 관찰
하면 몇 가지 반복적인 모티프들로 전체 무늬가 구성되어 있음을 알
게 된다. 푸른 모르포 나비의 날개 뒷면에는 직선, 쐐기무늬, 점박들
이 반복적으로 수놓여 있는데, 가만 보면 날개맥(脈)들이 개개 요소

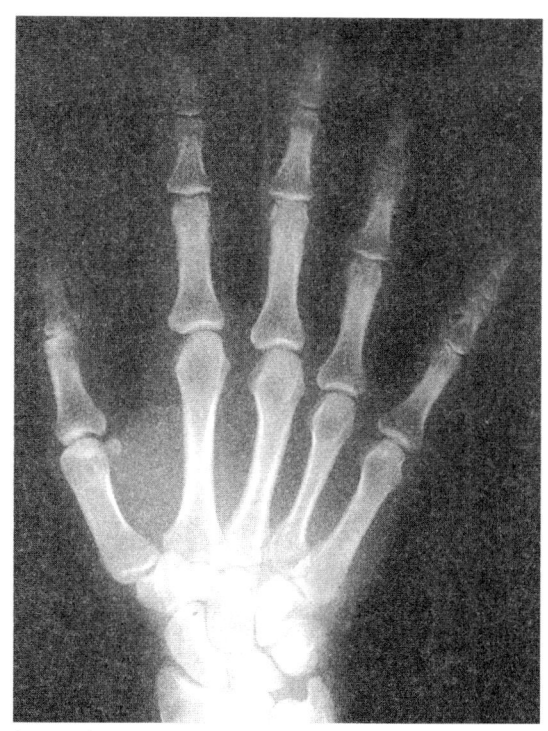

[그림1-4] **사람 손의 모듈 식 설계.** X선 촬영으로 손가락뼈를 보면
나란히 반복되는 구조를 알 수 있다. 사진_ 제이미 캐럴.

들을 나누어 구획 짓고 있다[그림1-5]. 날개맥으로 둘러싸인 공간이 하나의 단위라는 뜻이다. 전체 무늬는 이 모듈이 반복된 결과이며, 각 모듈의 선이나 쐐기무늬나 점박의 크기와 형태에는 나름의 변이가 가해져 있다.

신체 구조의 반복 형태가 극히 미세한 수준에서 전개되어 맨눈에는 보이지 않을 수도 있다. 아름다운 나비 날개무늬도 실은 자그만 인편(비늘)들이 모여 만들어진다. 인편은 각각이 툭 튀어나온 하나의 세포이고 많은 수가 나란히 줄을 지어 날개를 채운다. 각각의 인편은 점묘화의 한 점처럼 단 한 가지 색을 띠며, 그런 인편들이 수천 수백만 개 늘어서서 아름다운 전체 무늬를 이룬다. 물고기, 뱀, 도마뱀의 몸도 이처럼 규칙적인 기하학 패턴을 따르는 비늘로 구성되어

[그림1-5] **연속적으로 반복되는 나비 날개의 무늬.** 모르포 나비의 안쪽 면에서 잘 드러난다. 날개에는 두 줄의 날개맥과 날개 끄트머리로 구획되는 하부 단위들이 반복된다. 각 하부 단위마다 눈꼴무늬, 줄무늬, 쐐기무늬 등 공통의 요소들이 보이지만 제각기 조금씩 변형된 형태다. 나비 표본 제공_ 니팜 파텔, 사진_ 제이미 캐럴.

있다(나비 인편과는 다르지만 말이다). 인편이 빛을 반사하거나 굴절
시키는 정도는 더 미세한 세포 수준 구조에서 어떤 파장을 흡수하거
나 반사하느냐에 달려 있다[그림1-6].

몇 가지 사항을 살펴본 것만으로도 발생의 임무가 얼마나 막중한
지 짐작할 수 있다. 자그만 하나의 세포로부터 커다랗고 복잡한 동
물을 만들어내야 하는 것이다. 신경 써야 할 세부사항들이 수백만
가지나 있을 테고, 세부사항 하나하나가 몹시 중요할 것이다. 초기
과정에서 작은 변이라도 일어나면 그 파급력은 엄청나서 후에는 커
다란 문제가 될 것이다. 발생 과정은 대체 어떤 것이기에 집채만 한
공룡을 만들 줄도 알고, 나비 날개의 한 점 같은 섬세한 세부를 그릴
줄도 아는 걸까?

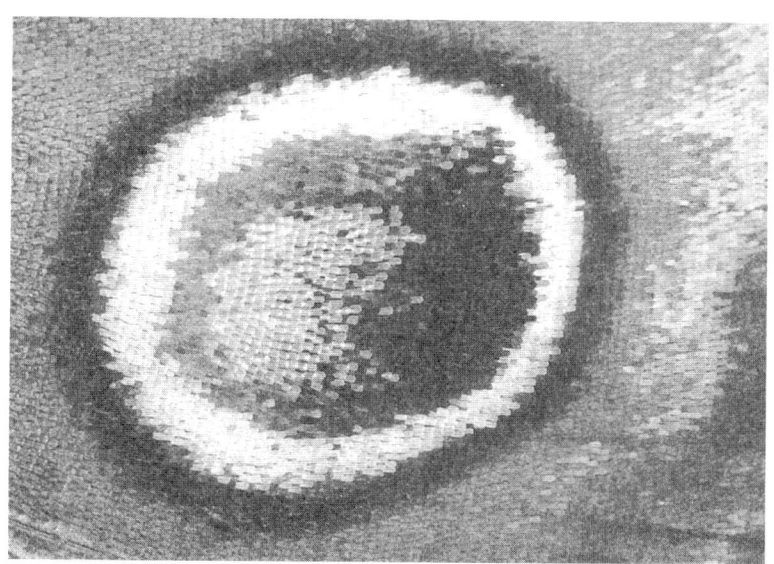

[그림¯-6] **미시적인 반복 구조.** 나비 날개의 인편은 점묘화의 한 점에 해당한다. 각각의 붓질이 특
정한 색을 띤 하나의 인편이다. 모두 합할 때 기하학적인 무늬 요소로 나타난다. 사진_ 스티브 패독.

규모의 차이가 엄청나고 동물들의 형태도 말도 못하게 다양하다 보니, 분자생물학자 군터 스텐트가 20년 전에 말한 대로 '하나하나 일일이 분류해야 하는 거의 무한에 가깝게 다양한 개별자들'이라는 표현이 발생에 적용되는 것 아닌가 싶다. 하지만 알고 보니 형태에 는 일반적인 원칙들이 있었다. 일반적 사항들은 겉모습에만 적용되 는 게 아니라 훨씬 깊숙이, 발생의 유전적 메커니즘에까지 미치고 있었다. 생물학자들은 이 사실에 무척 놀라고 기뻐했다. 이 장에서 는 우선 외모의 유사성을 살펴보고, 다음 두 장에서는 그 작업을 해 내는 유전자들을 알아보겠다.

수와 종류의 차이

동물의 설계가 모듈 식이고 반복적이라는 사실은 동물 형태에 어 떤 질서가 있음을 반영한다. 해부학자들은 겉모습이 천차만별이라 도 그 신체와 부속들은 몇 가지 확연한 주제에 따라 구축되어 있다 는 사실을 오래전부터 알고 있었다. 영국 생물학자 윌리엄 베이트슨 은 백 년 전에 그러한 주제 중 몇몇을 구체적으로 정의했다. 베이트 슨의 관점은 동물 설계 논리를 검토하는 과정에서 기초 주제들이 어 떤 식으로 진화하며 변해왔는지 알아보는 데 유용한 틀거리다.

베이트슨은 큰 동물의 몸은 반복 부속으로 이루어져 있고, 각 부 속들 또한 반복적인 하부 단위로 이루어져 있음을 깨달았다. 특정 군의 동물을 대상으로 할 때, 구성원들 사이의 주된 차이는 반복 구 조의 **수**와 **종류**에 있는 것 같았다. 가령 모든 척추동물의 등뼈는 다

수의 척추들로 구성된 모듈 식 설계다. 그런데 서로 다른 척추동물
은 서로 다른 종류의 척추를 서로 다른 수만큼 갖는다. 머리에서 꼬
리까지 나열된 척추의 수는 동물마다 차이가 커서 적게는 열두 개가
안 되는 개구리부터 많게는 서른세 개인 사람도 있고, 극단적으로는
수백 개에 달하는 뱀도 있다[그림1-7]. 척추의 종류도 다양하다. 경추
(목), 흉추, 요추, 천추, 미추(꼬리)가 있다. 모든 척추동물은 이런 척
추를 갖되, 차이라면 그 크기와 모양이 다르고, 갈비뼈 같은 추가로
딸리는 구조들이 있느냐 없느냐 하는 점이다. 또한 각 종류들을 몇
개씩 갖느냐 하는 점도 동물마다 다르다.

절지동물의 형태와 다양성에도 비슷한 패턴이 존재한다. 절지동
물의 몸은 여러 개의 체절로 이루어진다. 몸통(머리 뒤)만 따지면 곤
충류처럼 열한 개 체절을 갖는 것부터 지네류나 노래기류처럼 수십
개의 체절을 갖는 것까지 있다. 체절끼리는(가령 가슴 체절과 배 체
절) 크기와 모양, 특히 달린 부속지에 따라 구분된다(가령 곤충의 가

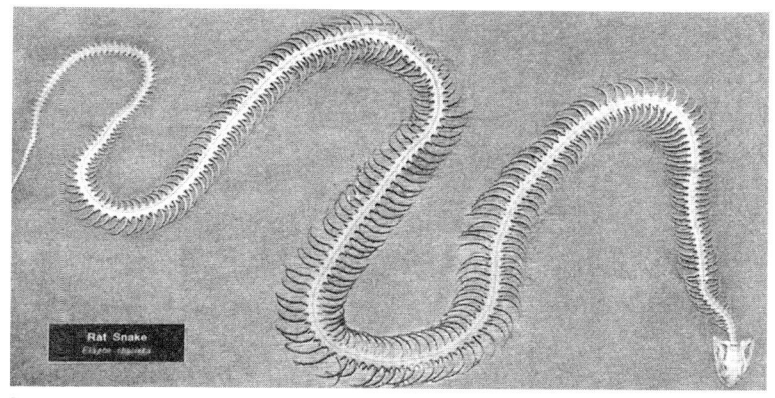

[그림1-7] **뱀의 골격.** 뱀의 형태는 수백 개의 척추와 갈비뼈가 반복되어 이루어진다. 사진_ 위스
콘신 다학 커트 슬라드키 박사.

슴 체절에는 한 쌍의 다리가 달린 반면 배 체절에는 다리가 없다).

척추동물과 절지동물은 지구의 모든 환경(물, 땅, 하늘)에 성공적으로 적응했고 해부 구조나 행태로 볼 때도 가장 복잡한 동물들이다. 두 집단 모두 엇비슷한 부속들이 반복적으로 짜 맞춰진 몸 구조를 가졌다. 모듈 식 설계와 성공적인 진화적 다양화 사이에 관련이 있는 걸까? 나는 분명히 그렇다고 본다. 생물학자의 과제는 이 동물들이 하나의 세포에서 출발해 어떻게 만들어지는지, 어떻게 신체 설계가 이토록 다양하게 진화해왔는지 알아내는 것이다. 척추동물과 절지동물이 모듈 식 구조를 따른다는 것, 모듈의 수와 종류에 변이가 존재한다는 것은 그 과정을 알아내는 데 중요한 단서다.

비슷한 단위들로 구성된 모듈 식 부속이 여러 종에 공통될 때, 차이는 주로 부속의 수와 종류에 있다. 네발 척추동물(사지동물)의 팔다리에는 손발가락이 보통 하나에서 다섯 개까지 있다. 우리 손에도 다섯 개의 서로 구별되는 손가락들이 달려 있고(엄지, 집게손가락 등등) 발도 마찬가지다. 손가락들은 딱 봐도 서로 닮았다. 크기와 모양이 조금씩 다를 뿐이다. 사지동물의 팔다리는 다양한 설계들 속에서 여러 기능을 수행하도록 각기 적응된 형태이다. 다섯 개의 손발가락이라는 기본 설계는 3억 5천만 년 전부터 지금까지 유지되지만, 각 동물의 손발가락 수는 하나부터 다섯 개 사이에서 자유롭게 진화했다(이를테면 낙타의 발가락은 두 개이고 코뿔소의 발가락은 세 개이다). 사지동물 내부의 변이가 얼마나 다채로운가는 여러 동물들의 X선 사진만 봐도 알 수 있다[그림1-8]. 근연관계의 동물끼리도 차이가 크다는 점이 흥미롭다. 속한 종들의 발가락 수가 모두 다른 군도 있다.

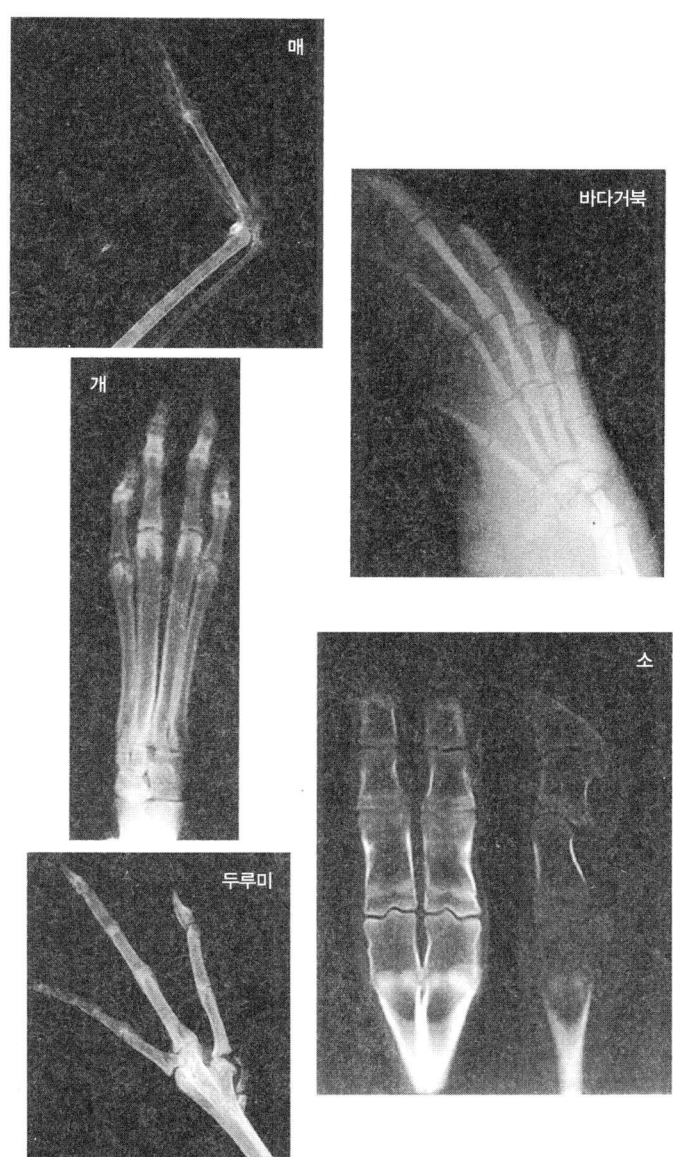

[그림1-8] **다양한 척추동물 손발가락 형태.** 모든 척추동물의 팔다리는 공통의 설계를 따르고 있으나 구성 요소(손발가락 등)의 수, 크기, 모양에 차이가 있다. 사진_ 위스콘신 대학 커트 슬라드키 박사, 바다거북 사진_ 노스캐롤라이나 주립대학 크레이그 함즈 박사.

상동성, 연속 상동성, 윌리스턴의 법칙

다른 종의 신체부속끼리 비교할 때는 처음에 같은 부위였지만 시간에 따라 다르게 변화한 것들인지, 아니면 일대일 연관관계가 분명치 않은 연속 부위들이 엇갈려 있는 것인지 정확히 파악해야 한다. 예를 들어보자. 도롱뇽, 초식공룡, 쥐의 앞다리와 사람의 팔은 **상동기관**(homolog)들이다. 동일한 구조가 각 종에 맞게 다른 식으로 변형되었다는 뜻이다. 모두 공통 선조의 앞발로부터 진화한 것이다. 뒷발, 즉 사람의 다리나 네발 척추동물의 뒷다리 역시 상동기관들이다. 그런데 앞다리와 뒷다리는 서로 **연속 상동기관**(serial homolog)이다. 한 구조가 반복해서 나타났다는 뜻이며, 변형 정도는 동물마다 다르다. 척추와 연관 구조들(갈비뼈), 사지동물의 앞다리와 뒷다리, 손발가락들, 이빨들, 절지동물의 구기와 더듬이와 걷는다리, 곤충의 앞날개와 뒷날개가 서로 연속 상동기관들이다.

연속 상동기관의 수와 종류가 변하는 것이야말로 동물 진화에서 제일 중요한 주제이다. 철저히 이해하기 위해 우리에게 익숙한 구조의 예를 한두 가지 들어보자. 해산물을 좋아하는 사람이라면 한 번쯤 바다가재를 해부해본 적 있을 것이다. 바다가재를 절단하는 동안 모듈 식 설계를 눈치 챘거나 부속지들이 다양하다는 사실에 경탄했을지도 모르겠다[그림1-9]. 바다가재의 몸 구성에는 모듈성과 연속 상동성이라는 일반적 주제들이 잘 드러난다. 첫째, 몸은 머리(눈과 구기가 붙어 있다), 가슴(걷는다리들이 달렸다), 기다란 꼬리(맛있다!)로 이루어진다. 둘째, 마디마다 특정 부속지들을 여러 개 거느리고 있다(더듬이, 집게다리, 걷는다리, 헤엄다리 등). 셋째, 관절이 있는 부속지는 그 자체가 또 지절로 나뉘어 있고, 부속지마다 지절의 수가 다르다(집게다리와 걷는다리를 비교해보라). 탐구심이 강해서 곤충이나 게를 해부해본 적 있는 독자라면 이들의 몸 조직, 체절, 부속지들이 사뭇 비슷하다는 것을 눈치 챘을 텐데, 역시나 연속적 상동 구조들의 수나 종류에는 차이가 있다.

그 바다가재를 자르고 씹는 데 사용하는 우리 이빨 역시 연속 상동 구조의 또 다른 사례이다. 턱에 달린 이빨의 종류는 다양하다(송곳니, 앞어금니, 앞니, 어금니 등). 척추동물들 사이에 확연하게 드러

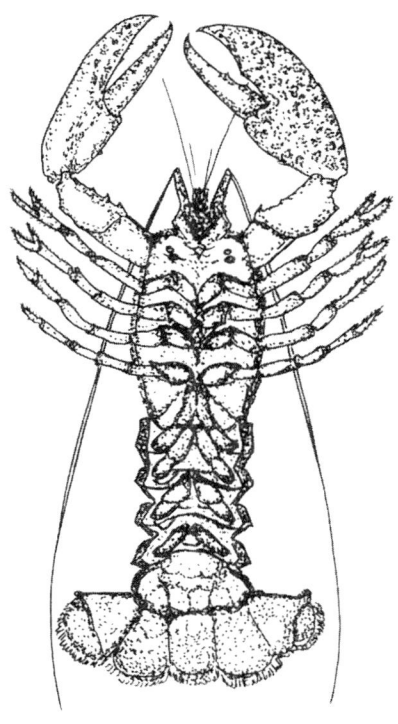

[그림1-9] **연속적으로 반복되는 다양한 부속지들을 지닌 바다가재.** 더듬이, 집게다리, 걷는다리, 헤엄다리, 꼬리 구조 등은 모두 공통의 부속지 설계로부터 변형된 것이다. 그림_ 제이미 캐럴.

나는 차이는 역시 이빨의 수와 종류이다. 거대한 해양 생물체 같은 원시적 파충류들의 입에 잔뜩 달린 이빨들은 모조리 비슷한 모양이다. 하지만 이후의 종들은 다양한 종류의 이빨을 진화시켜 물고, 찢고, 씹는 데 알맞게 적응시켰다. 치열의 차이는 식성의 차이를 반영한다. 육식동물은 앞니와 송곳니가 있고, 초식동물은 어금니가 많다[그림1-10]. 우리와 영장류 친척들의 치열도 다르다[그림1-11]. 이빨은 딱딱해서 화석으로 남기 쉽고, 그 화석이 인류 선조들의 성격과 생활방식을 헤아리는 데 중심적인 역할을 맡곤 한다는 사실은 잘 알려져 있다.

반복 구조의 수와 종류가 변하는 과정에는 틀림없이 모종의 경향이 있다. 그래서 고생물학자 새뮤얼 윌리스턴은 1914년에 이렇게 단언했다. "유기체 신체부속들의 수가 줄어드는 방향으로, 줄어든 부위들이 기능 면에서는 훨씬 전문화되는 방향으로 진화한다는 것이 [또 하나의] 법칙이다." 윌리스턴은 고대 해양 파충류를 연구하는 중이었다. 초기 동물군에는 비슷한 부속들이 다수 반복되는 반면, 후대 동물군에는 부속의 수가 줄고 구조마다 한결 전문화된 형태라는 사실을 알아차린 것이다. 게다가 전문화된 패턴이 일반적인 형태로 되돌아가는 일은 좀처럼 없었다. 흥미로운 사례를 한 가지 들면, 처음에 사지동물에게 발가락이 등장했을 때는 한 발에 여덟 개까지 발가락이 있었다. 하지만 여덟 개라 해도 종류로 나누면 다섯 가지에 불과했으므로 결국에는 다섯 개의 발가락만 남게 되었다. 후대 종들의 발가락은 더욱 전문화되었으며 더 수가 준 경우도 생겼다. 사실 생물학에는 법칙이 드문 편이다. 대담하게 제안된 법칙이 있다 해도 생각지도 못했던 몇몇 생명체들 때문에 깨지고 마는 경우가 대

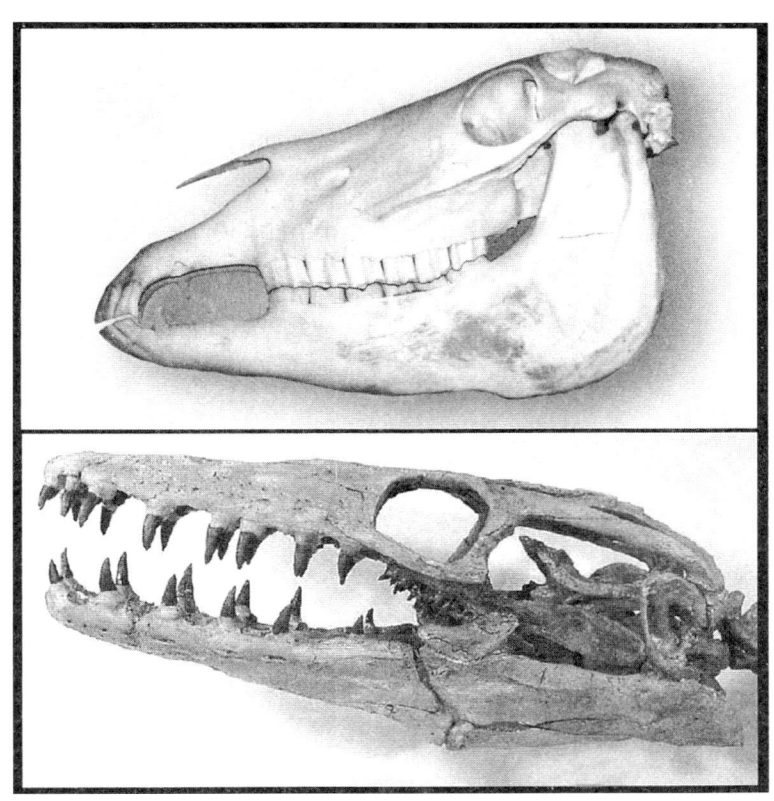

[그림1-10] **원시 척추동물의 이빨.** 모사사우르스류(아래)의 이빨은 전부 비슷하게 생긴 반면 후대 척추동물(위, 말의 두개골)의 이빨은 구별되는 몇 가지 종류가 있다. 플라테카르푸스 플라이프론스의 두개골 재구성_ '캔자스 고생물학'(Oceans of Kansas Paleontology) 웹사이트의 마이크 에버하트.

부분이다. 하지만 윌리스턴의 법칙은 그의 연구 대상인 고대 해양 파충류를 뛰어넘어 폭넓게 적용되는 경향으로서, 매우 유용한 관찰인 듯하다. 한마디로 충분한 수를 확보한 연속 상동기관들은 기능의 전문화와 수의 감소를 향해 간다는 것이다. 척추, 이빨, 척추동물 손발가락의 형태, 절지동물의 다리와 날개 등이 전문화된 과정을 보면 실제로 대개 반복 구조의 수가 줄어들었다. 윌리스턴과 베이트슨은

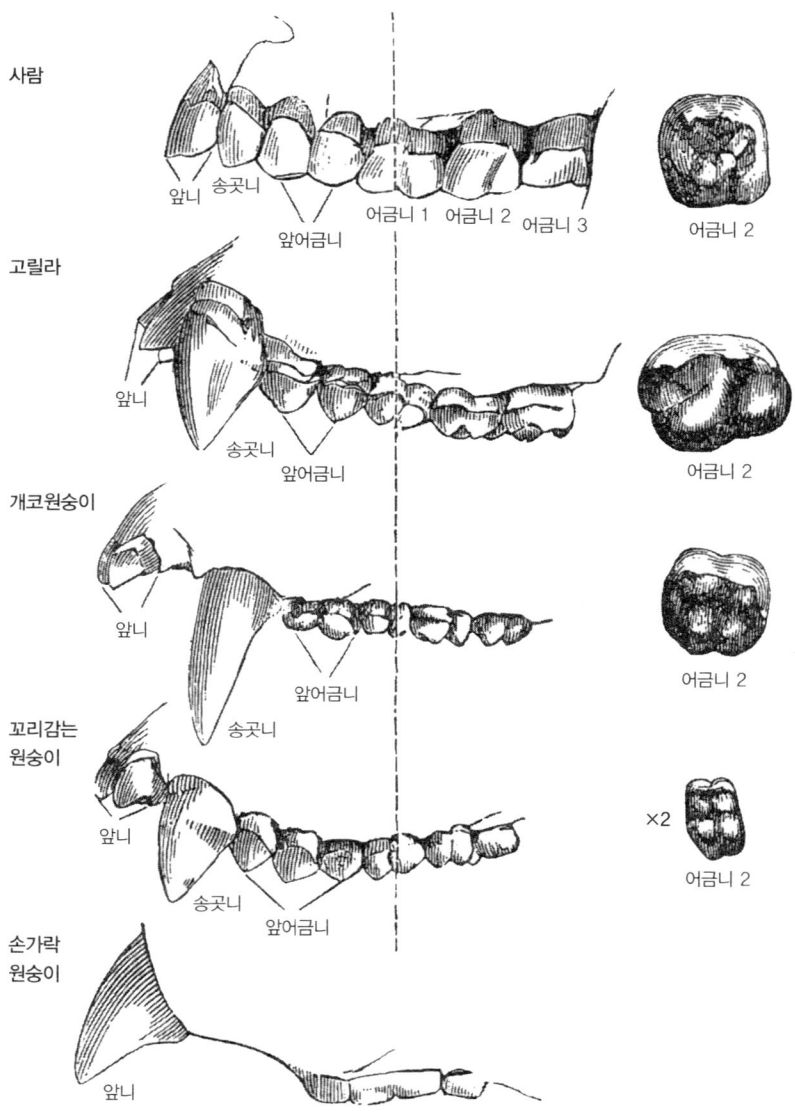

사람

앞니　송곳니

앞어금니

어금니 1　어금니 2　어금니 3

어금니 2

고릴라

앞니

송곳니

앞어금니

어금니 2

개코원숭이

앞니

앞어금니

어금니 2

꼬리감는
원숭이

앞니

송곳니

송곳니

앞어금니

×2

어금니 2

손가락
원숭이

앞니

[그림1-11] **영장류들의 다양한 치아 구조.** 송곳니, 앞어금니, 어금니의 수와 모양은 영장류마다 다르다. 그림＿ T. H. 헉슬리의 『자연에서의 인간의 위치』(1863) 중에서.

동물 설계 및 진화에 대한 깔끔한 진리를 파악해낸 것이다. 덕분에 우리는 가장 넓고 다양한 몇몇 동물군이 드러내는 엄청난 다양성과 방대한 역사를 몇 가지 일반적 주제들로 요약할 수 있게 되었다.

대칭성과 극성

모듈들이 반복된다는 것 외에도 동물 신체와 부속에 일반적으로 적용된다 할 특징이 두 가지 더 있다. **대칭성**과 **극성**이다. 우리가 친숙한 대부분의 동물은 좌우대칭형이다. 몸의 중앙을 가르는 기다란 중심축을 기준으로 왼편과 오른편이 대칭한다. 이런 설계를 채택한 동물은 앞/뒤 방위도 갖게 되는데, 덕분에 여러 효과적인 이동 방식들이 진화했다. 좌우가 아닌 대칭형을 갖는 동물도 있다. 가령 구멍연잎성게 같은 성게류 등 신기하고 다양한 종들이 속해 있는 극피동물은 5방사대칭형이다[그림1-12]. 대칭축을 찾아보는 것은 동물이 형성된 방식을 알 수 있는 단서가 된다.

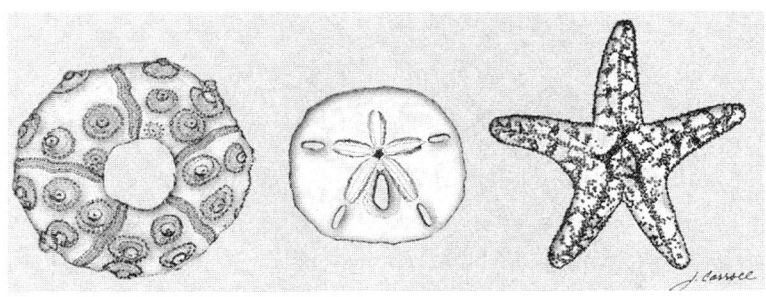

[그림1-12] **기타 대칭적인 동물 형태들.** 성게(왼쪽), 구멍연잎성게(가운데), 불가사리(오른쪽) 같은 극피동물들은 방사대칭이다. 그림_ 제이미 캐럴.

동물 신체와 부속의 극성(極性, Polarity)도 마찬가지다. 대부분의 동물은 극성을 나타내는 축이 세 개가 있다. 머리에서 꼬리까지, 몸 위에서 아래까지(직립한 사람의 경우에는 등에서 몸 앞까지가 된다), 몸에 가까운 쪽에서 먼 쪽까지(몸통에 수직으로 붙어 있는 팔다리처럼 몸체에서 튀어나온 구조들에 적용된다)이다. 부속 구조들 각각도 극성이 있다. 손을 보자. 엄지에서 새끼손가락까지, 손등에서 손바닥까지, 손목에서 손가락 끝 방향으로 세 축이 있다.

형태는 어떤 식으로 게놈에 암호화되어 있는가?

모듈성, 대칭성, 극성은 거의 모든 동물 설계에 적용되는 보편적 특징이다. 나비나 얼룩말처럼 크고 복잡한 동물도 예외가 아니다. 이런 특징에 더불어 월리스턴과 베이트슨이 지적한 진화적 추세까지 고려하자면, 동물 구조에는 나름의 질서와 논리가 존재한다고 할 수 있다. 형태가 엄청나게 다양할지 몰라도 동물이 만들어지고 진화하는 과정에 적용되는 일반적인 '규칙들'을 찾아낼 수 있으리라 생각하게 된다.

우리가 집중하여 다룰 질문은 네 가지이다.

1. 동물 형태를 빚어내는 주요한 '규칙들'은 무엇무엇인가?
2. 특정 동물을 만드는 데 필요한 종 고유 정보는 어떻게 암호화되어 있는가?
3. 다양성은 어떻게 진화하는가?

4. 대규모의 진화, 예를 들어 반복 구조의 수와 기능이 변하는 일
   등은 어떻게 설명할 수 있는가?

이런 규칙과 지침을 찾으려면 어디로 눈을 돌려야 할까? DNA이
다. 한 종의 온전한 DNA 전체(게놈)에는 그 동물을 만드는 모든 정
보가 담겨 있다. 다섯 개의 손가락, 두 개의 눈꼴무늬, 여섯 개의 다
리, 흑백 줄무늬 등등을 만드는 지침은 그 형질을 지니는 종의 게놈
속에 어떻게든 암호화되어 있다. 그러면 손가락 유전자, 눈꼴무늬
유전자, 줄무늬 유전자 등이 있단 말인가? 책 전반부에서 내가 설명
하고자 하는 내용이 바로 어떤 스으로 게놈 속에 해부 구조 정보가
암호화되어 있는가 하는 점이다.

그 다음 후반부에서는 진화적 다양성의 문제를 다룰 것이다. 서
로 다른 종들, 손가락이 세 개인 동물과 네 개인 동물, 눈꼴무늬가
두 개인 동물과 일곱 개인 동물, 다리가 여섯 개인 동물과 여덟 개인
동물, 몸통이 까만 동물과 하얀 등물은 DNA에 암호화된 지침이 서
로 다를 수밖에 없다. 따라서 형태의 진화는 유전학의 문제로 귀결
된다. 하지만 가슴 벅차게 아름다운 이 동물들을 유전자가 어떻게
조각해내는가 알기 위해서, 먼저 괴물들을 만나보자. 괴물들이야말
로 우리에게 결정적인 단서를 제공할 것이기 때문이다.

영화 〈사이클롭스〉(1956)의 포스터. 자료_ B & H 프로덕션.

괴물, 돌연변이 그리고
마스터 유전자

"저도 항상 유니콘은 전설 속의 괴물이라고 생각했던 거 아세요?
살아 있는 유니콘을 보는 게 처음이거든요!"
"그래 그러면, 이제 우리가 서로를 보았으니까,
네가 내 존재를 믿는다면 나도 너를 믿을게. 어떠니?"
:: 루이스 캐럴, 『거울 나라의 앨리스』(1872)

〈괴이한 창조물들〉이라고, 니가 어릴 적 토요일 오후마다 텔레비전에서 방영되던 프로그램이 있다. 당시 내 단짝 데이브는 그 프로그램에 중독되어 있었다. 데이브는 자기 집 지하실에 처박혀 커튼을 죄다 내리고, 불을 끄고, 야구 방망이를 옆에 두고, 프로그램에 소개된 괴물들이 불시에 나타날 때를 대비해 문과 창문에 갖가지 장치들을 설치한 뒤, 텔레비전을 보았다. 고질라, 드라큘라, 미라, 그 밖의 끔찍한 괴물 이야기를 몇 시간이고 시청했다. 데이브는 나중에 친구들에게 이야기 줄거리를 들려주면서 온갖 야수들의 특징과 상대적 능력 차를 주워섬기곤 했다 왕성한 상상력 덕분에 창조물들은 데이브의 마음에서 **실재**나 다름없는 존재가 되었다. 물론 데이브가 항시 즐겼던 20리터짜리 깡통에 든 팝콘과 베티 크로커 프로스팅 탓도 있었겠지만 말이다.

우리가 괴물을 두려워하면서도 매료되는 것은 아주 오래된, 보편적 현상이다. 그리스 신화에서 B급 영화에 이르기까지 작가들은 온갖 종류의 거인들, 잡종들, 엽기적인 창조물들을 상상해냈다. 나로 말하면 괴수 영화에 대한 데이브의 취향을 (또한 프로스팅 군것질에 대한 취향도) 함께 하진 않았다. 하지만 괴물들은 발생학이 발전하는 과정에 늘 중요한 역할을 맡았다. 동물 형태의 발생을 정확하게 알아보는 방법 중에서도 가장 성공적인 접근법은 신체부속의 수나 위치가 이상한 기괴한 괴물들을 연구하는 일이었다. 인위적으로 만들어낸 형태도 있고 사고나 잉태 중의 손상으로 만들어진 존재, 드물지만 자연적으로 돌연변이를 일으켜 탄생한 존재도 있다. 이런 괴물들을 연구하면서 얻은 통찰이 최근 하나로 모아짐으로써 동물 신체와 부속의 조립과정이 어떤 메커니즘으로 이루어지는지 알 수 있게 되었다.

외눈박이에 얽힌 신화와 진실

나는 시체들이 살아나고, 사람이 박쥐나 파리로 변하고, 고층건물만 한 거대한 고릴라, 절반은 사람이고 절반은 말, 염소, 뱀, 물고기, 기타 등등인 존재, 불을 뿜는 사람, 투명인간 등이 등장하는 이야기에 빠져본 적이 없다. 나는 그런 이야기들은 모두 음울한 동화의 일종으로 한데 묶어 생각했다. 눈이 하나인 괴물에 대해서도 마

찬가지로 생각해서 그런 창조물은 있을 수 없다 생각했는데, 알고
보니 성급한 판단이었다.

막연하게나마 외눈박이 신화(키클롭스)에 대해서는 알고 있었지만
얼굴 중앙에 눈이 하나인 동물들이 과학계에도 잘 알려져 있다는 사실
은 미처 몰랐다. 한때 미국 유타 주에서는 새끼 양의 5에서 7퍼센트가
외눈증을 안고 태어났다. 얼굴 중앙에 눈이 하나 있을 뿐 코나 턱 구조
가 없다시피 하고, 뇌 반구들이 제대로 발달하지 못하는 치명적 기형
이었다[그림2-1]. 공식 병명은 통앞뇌증(전전뇌증, holoprosencephaly)
이다. 전뇌가 하나라는 뜻이다. 전뇌와 눈이 쌍으로 된 대칭 구조로

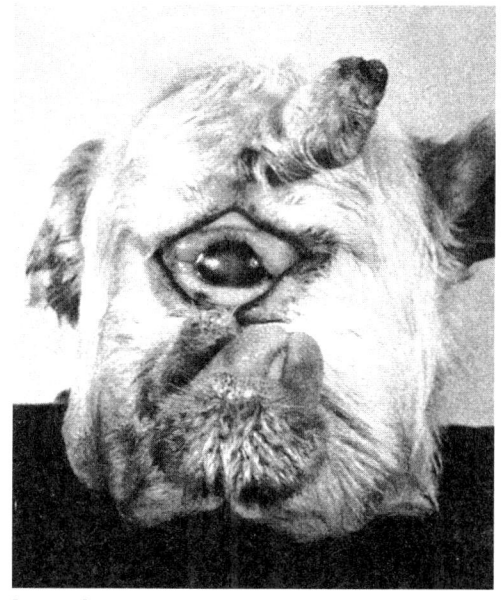

[그림2-1] **외눈박이 새끼 양.** 임신 중인 어미가 결정적 시기
에 사이클로파민에 노출됨으로써 생긴 현상이다. 사이클로파민
은 베라트룸 칼리포르니쿰이라는 백합과 식물에서 만들어지는
독소다. 사진_ 유타 주 로건의 독성식물연구소 린 제임스 박사.

나뉘는 데 실패하는 것이 주된 결함이다.

조사 결과 양들에 외눈증이 흔해진 것은 어미들이 풀 뜯는 초원에 자라난 베라트룸 칼리포르니쿰이라는 백합과 식물 때문이었다. 임신 기간 중 어떤 시기에(잉태 후 14일경) 이 식물을 섭취한 것이 결정적 요인이었다. 식물이 만들어내는 사이클로파민이라는 화합물이 기형발생물질(teratogen, 이 말은 괴물을 뜻하는 그리스어 'teras'에서 왔다)이라 발생 중 배아에 영향을 미친 것이다.

사이클로파민은 무수한 기형발생물질들 중 하나일 뿐이다. 배아 발생에 악영향을 미치는 화합물은 수도 없이 많다. 가장 악명 높은 것으로 탈리도마이드라는 약품이 있다. 입덧 처방제로 개발된 이 물질은 1950년대 후반과 1960년대 초반에 걸쳐 수천 명의 태아들에 기형을 일으켰다. 과학자들은 수십 년 동안 어떤 분자들이 기형발생물질인지 알긴 했으되 정확한 활동 방식은 알지 못했다. 최근 들어 발생학이 분자생물학과 통합되고서야 길이 열렸다. 매우 특별한 실험들을 통해 이뤄진 발전이었는데, 바로 배아와 유전자를 조작하는 실험들이다.

다섯 손가락 병아리

지난 세기 생물학자들은 메스, 바늘, 족집게 등 온갖 종류의 도구를 동원해 배아를 자르고, 묶고, 태우고, 으깨고, 회전시키고, 찔러서 동물 형성의 규칙들을 발견하려 했다. 발생학의 선구자들은 세포를 옮기거나 제거한 후 배아에 어떤 일이 벌어지는지 관찰하는 물리적 기법에 전적으로 의존했다. 조잡한 고문 과정에서 충격적인 모습을 한 극적인 괴물들이 몇 탄생했고, 이들은 발생 중인 동물의 조직에 대한 중대한 원칙들을 우리에게 알려주었다.

한스 슈페만은 선구자들 중에서도 으뜸이었다. 슈페만은 최초의 발생학자였음은 물론이고 노벨상을 받은 유일한 발생학자라는 이름을 거의 60년 이상 보유했다(하지만 최근 들어서는 여러 발생학자들이 노벨상을 받게 되었다). 발생학 초기에 슈페만이 수행한 번득이는 실험들 중에서도 뛰어난 것은 첫번째 분열로 두 개가 된 영원의 배아 세포들이 서로 비슷한 속성을 지녔는지 다른 속성을 지녔는지 알아본 실험이다. 슈페만은 어린 딸의 가느다란 머리카락으로 배아를 묶어 두 세포를 싹둑 나눠버렸다. 그러자 매듭으로 나뉜 양쪽 세포는 각각이 정상적인 영원 올챙이로 자랐다. 발생 첫 단계 양서류 배아의 절반씩이 완전히 동일한 두 마리 동물로 자랄 수 있음을 보여준 것이다.

다음에 슈페만은 두 배아 세포 사이에 난 골과 수직이 되게 매듭을 묶었다. 그러자 극적으로 상반된 결과가 나왔다. 한쪽은 정상적인 올챙이로 자랐으나 다른 쪽은 엉망진창의 배 조직 덩어리가 된 것이다. 이로써 배아에는 원구 상순부라는 지역이 있어서 배아의 조직에 결정적인 역할을 한다는 사실이 밝혀졌다. 원구 상순부가 제거된 배아는 통상적으로 동물 몸의 등쪽(상부)에 해당하는 구조가 결여돈 무의미한 조직 덩어리로 자란다. 더 놀라운 것은, 발생 중인 다른 배아의 배쪽 영역에 원구 상순부를 이식할 경우 배아에 추가의 체축이 생겨서 몸이 붙은 꼴로 **두 개**의 배아가 자란다는 사실이다[그림2-2]! 슈페만은 이 부위에 '형성체(organizer)'라는 이름을 붙였다. 이것이 배아의 상부를 신경 구조로 형성시킴으로써 배아 축 발생을 개시한다고 해석했다.

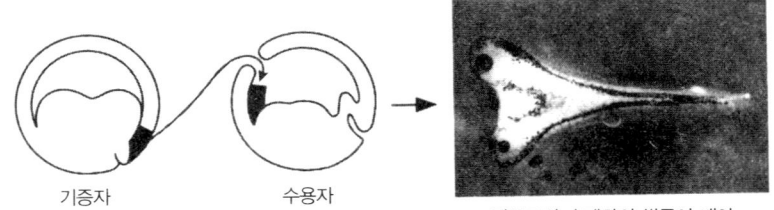

기증자   수용자   만골트와 슈페만의 쌍둥이 배아

[그림2-2] **두번째 축이 유도된 올챙이 배아.** '형성체' 조직을 다른 장소에 이식하면 몸이 붙은 꼴의 배아가 유도된다.   사진_ UCLA 히로키 쿠로다와 에디 드 로베르티스.

슈페만 형성체의 극적인 효과를 보고 알 수 있는 사실은, 배아의 한 부분이 다른 부분들과 상호작용함으로써 발생에 질서가 부여된 다는 점이다. 이후 마찬가지로 극적인 다른 형성체들도 여럿 발견되 어 이 원칙이 발생의 여러 차원에 적용되는 것임이 증명되었다. 배 아 전체에 적용되는 것도, 개별 신체부속에 적용되는 것도, 아주 세 세한 패턴에 곧장 적용되는 것도 있다. 극적인 활약을 보이는 형성 체를 두 가지만 더 소개하겠다.

사지의 형성은 예전부터 발생학자들을 매료시켰다. 발생 초기에 배아 옆구리에 툭 튀어나온 작은 싹 모양 아체(芽體, bud)였던 것이 여러 단계를 거치며 꼴을 갖춰간다. 삼일 된 닭 배아의 아체는 길이 와 폭이 1밀리미터에 불과하지만 병아리가 부화할 즈음이면 천 배 가까이 자란다. 그 사이에 자그만 조직 뭉치는 바깥으로 자라며 길어 지고, 뼈, 연골, 근육, 힘줄, 손발가락, 깃털을 발달시킨다. 질서 있고 아름답게 발생 과정을 펼쳐간다. 이 과정에서 가장 놀라운 현상은 연 골 요소들이 가지런히 형성되는 일이다(이 자리에 나중에 뼈가 들어 선다). 연골은 세포들이 응집된 부분에 형성되는데 어깨에서 시작하 여 손발목을 따라 마지막으로 손발가락까지, 반드시 순서대로 놓인

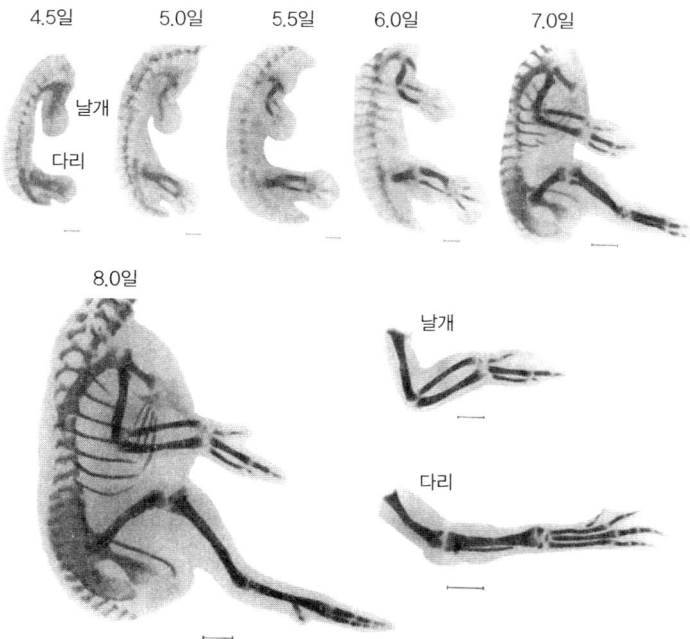

4.5일 5.0일 5.5일 6.0일 7.0일

날개
다리

8.0일

날개

다리

[그림2-3] **닭의 사지 형성.** 날개와 다리 아체는 배아 발생 며칠 만에 극적으로 성장한다. 특별한 염료로 착색하면 뼈가 놓이기 전에 등장하는 연골의 형성 과정을 볼 수 있다. 과정은 사지 윗부분에서부터 발가락 쪽으로 차례차례 진행된다. 사진_ 위스콘신 대학 해부학과 조셉 J. 랑먼과 존 팔론.

다. 특별한 염료를 쓰면 전 과정을 시각적으로 볼 수 있다[그림2-3]. 사지 발생에 순서가 있는 것, 손발가락에 극성이 있는 것을 보면 배아 전체와 마찬가지로 부속 차원에도 체계적인 신호가 존재해서 세포들의 운명을 지시함을 알 수 있다.

한편 존 손더스라는 또 다른 선구적 발생학자는 몇십 년 전에 병아리 배아의 날개 아체에서 극성을 통제하는 형성체를 발견했다. 병아리 날개에는 보통 세 개의 발가락이 있는데 크기와 모양에 따라 2번, 3번, 4번으로 구별한다(날개 앞쪽에서 뒤쪽 순서이며 1번과 5번

발가락은 날개에서는 형성되지 않는다). 손더스가 성장 중인 아체의 뒷부분(4번 발가락이 생기는 근처)에서 조직 덩어리를 떼어내어 앞부분(정상적으로라면 2번 발가락이 나는 부분)에 이식하자 잉여 발가락을 지닌 날개가 만들어졌다. 그런데 발가락들은 정상적인 형태의 거울상을 취했다. 즉 발가락들이 2, 3, 4의 순서로 생기는 대신 4, 3, 2, 3, 4의 순서로 생긴 것이다[그림2-4]. 극성이 거울상 대칭으로 만들어졌다는 것은 아체 뒷부분의 세포들이 발가락 순서(4, 3, 2)의 극성을 조직하는 임무를 지녔다는 뜻이다. 그래서 다른 장소로 옮겨져서도 4, 3, 2라는 순서를 유도해낸 것이다.

슈페만 형성체나 병아리 사지의 극성화 활성대(ZPA, zone of polarizing activity)는 상당히 너른 영역에 영향을 미치는 편이다. 전체 배아나 신체부위에서 큰 부분의 발생을 담당한다. 반면 훨씬 미시적인 규모로 활동하는 형성체도 많이 있다. 1980년 듀크 대학의 프레드 네이하우트는 나비 날개의 눈꼴무늬 역시 한 형성체가 유도해내는 것임을 밝혔다. 네이하우트가 눈꼴무늬 정중앙의 세포들을 조금 죽이자 무늬가 생기지 않았다. 더 흥미로운 것은 네이하우트가 번데기가 된 첫날째인 발생 도중의 나비 날개에서 이 세포 집단을 떼어내어 날개 다른 곳에 이식하자 이번에는 없던 무늬가 생겨났다는 사실이다[그림2-5]. 미래에 눈꼴무늬 중앙에 위치하게 될 세포들만 이 속성을 지녔다. 네이하우트는 눈꼴무늬 형성체에 '포커스'라는 이름을 붙였다.

형성체들은 조직이나 세포에 영향을 미쳐 어떠한 패턴을 형성시킨다는 특징이 있다. 다시 말해 형태발생(morphogenesis)을 유도한다. 형성체의 활동을 단순하게 해석하면 그들이 모종의 물질을 생성함으로써 주변 세포들의 발생에 영향을 미친다고 설명할 수 있다.

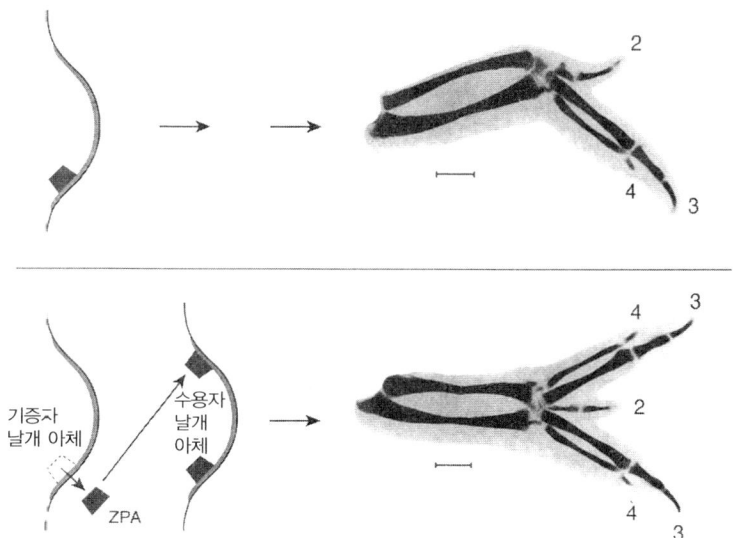

[그림2-4] **닭에 다지증을 유도하는 과정.** 원래 발생 중인 날개 아체의 뒷부분에 존재하는 극성화 활성대를 앞부분에도 하나 더 붙이면 정상적인 발가락 모양과 대칭적 극성을 보이는 추가의 발가락들이 생겨난다. 사진_ 위스콘신 대학 해부학과 조셉 J. 랑먼과 존 팔론.

그런 물질을 형태발생인자(morphogen)라 한다. 형성체의 영향은 대상 세포들과의 거리에 따라 다르다. 영원 배아나 병아리 날개 아체, 나비 날개에서 형성체 세포들에 가까이 있는 세포들일수록 가장 크게 영향을 받고 멀리 있을수록 덜 받는다(또는 받지 않는다). 특정 위치에 생성된 형태발생인자는 멀어질수록 농도가 떨어지는 농도기울기(concentration gradients)를 만든다. 인자를 둘러싼 주변 세포들은 자기에게 와 닿는 인자의 농도에 따라 영향을 받는다. 가령 병아리 날개 아체에서 ZPA에 가까운 세포들은 뒤쪽 발가락(4번 발가락)을 발생시키고, ZPA에 멀수록 앞쪽 발가락을 발생시킨다(순서대로 3번과 2번을 형성한다). 나비 무늬에서 동심원들의 색깔이 다른

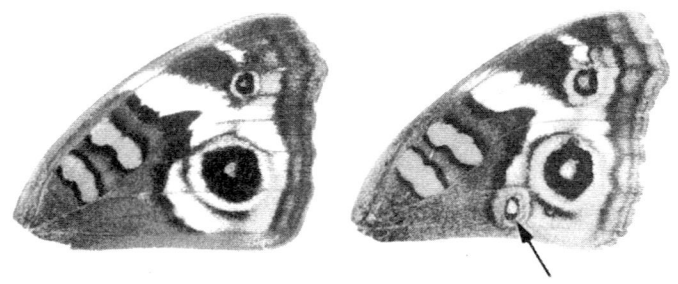

[그림2-5] **나비의 눈꼴무늬 유도.** 발생 중인 눈꼴무늬 중앙의 세포들을 역시 발생 중인 날개의 다른 위치로 이식하면 그곳에 새 무늬가 유도된다. 사진_ H. 프레더릭 네이하우트 「나비 날개 무늬의 발생과 진화」에서, 스미스소니언 연구소 출판부.

것도 '포커스'에 있는 형태발생인자와 인편들 사이의 거리가 서로 달라 서로 다른 농도에 대해 서로 다르게 반응했기 때문이다.

발생학자들은 형성체의 활동을 담당하는 형태발생인자들을 '성배'를 찾듯이 열심히 찾아다녔다. 그런데도 후속 연구가 더뎠던 것은 형성체 활동이 수많은 세포들의 집합적 활동인 탓이 크다. 세포 하나가 수천 가지 물질들을 만드는 데다가 형성체 활동에 한 가지 이상의 물질이 관여할 가능성도 높다. 이식 실험은 강력한 도구이긴 해도 충분치 않았다. 발생학자들은 세포의 생화학이라는 복잡하고 뿌연 안개 속에서 형태발생인자들을 가려낼 새로운 방법이 필요했다. 그래서 수십 년을 기다려야 했다.

바람직한 괴물들

슈페만, 손더스, 네이하우트가 창조한 동물들은 축이 여러 개이거나 발가락이 추가로 생겼거나 날개 무늬가 바뀐 인위적 괴물들이었

76

다. 자연에도 이런 기형들이 없지 않다. 베이트슨은 1894년의 저서 『변이 연구 자료』에서 신체 일부가 잉여로 있거나, 없거나, 변형된 온갖 동물계의 '괴물들'을 풍성하게 모아 나열하고 묘사하였다. 베이트슨은 유럽 전역의 박물관, 수집가들, 해부학과를 다니며 괴이한 동물들을 모았다. 이런 녀석들이다. 왼쪽 더듬이 대신 다리가 자란 잎벌과 뒝벌, 수란관이 추가로 있는 가재, 눈꼴무늬가 없어졌거나 추가로 있는 나비, 잉여 척추가 있거나 척추 종류가 변형된 개구리 등등[그림2-6].

베이트슨은 기형들을 두 가지 기초적인 분류로 나누었다. 반복 부속의 수가 달라진 것, 그리고 부속 중 하나가 다른 부속과 비슷한 모양으로 변형된 것이다. 베이트슨은 후자의 변이에 호메오(homeotic, 그리스어로 같거나 비슷하다는 뜻인 'homeos'에서 땄다) 변이라는 이름을 붙였는데, 이 용어는 매우 중요하니 기억해두는 게 좋다. 베이트슨이 기이한 생물들을 수집한 까닭은 자연에서도 형태의 도약이 얼마든지 일어날 수 있으며, 그것이 진화적 변화의 기초가 될 수 있음을 보여주기 위해서였다. 하지만 베이트슨의 추론이 언뜻 직관적이며 설득력 있게 보일지 몰라도, 실은 그렇지 않다는 사실을 밝혀둬야겠다. 생물학자들은 여러 증거를 보았을 때 진화에서 단번에 그런 엄청난 도약이 이루어지기란 불가능에 가까울 정도로 드물다고 생각한다. 변이형이 생겨난다 해서 곧 새로운 종류나 종의 창시자가 되는 것도 아니다. 현재의 지식으로 미루어보면 오히려 반대다. 괴물들은 형질을 전파하지 못한 채 자연선택의 힘에 휩쓸려 사라질 부적합한 형태일 가능성이 매우 높다. 그런데도 단번에 새로운 형태를 만들어내는 '바람직한 괴물'이라는 개념은 사람들 머릿속에서 좀처럼 사라지지 않는다. 특히 대중과학매체는 유독 그렇다(BBC 방송도 몇 년 전에

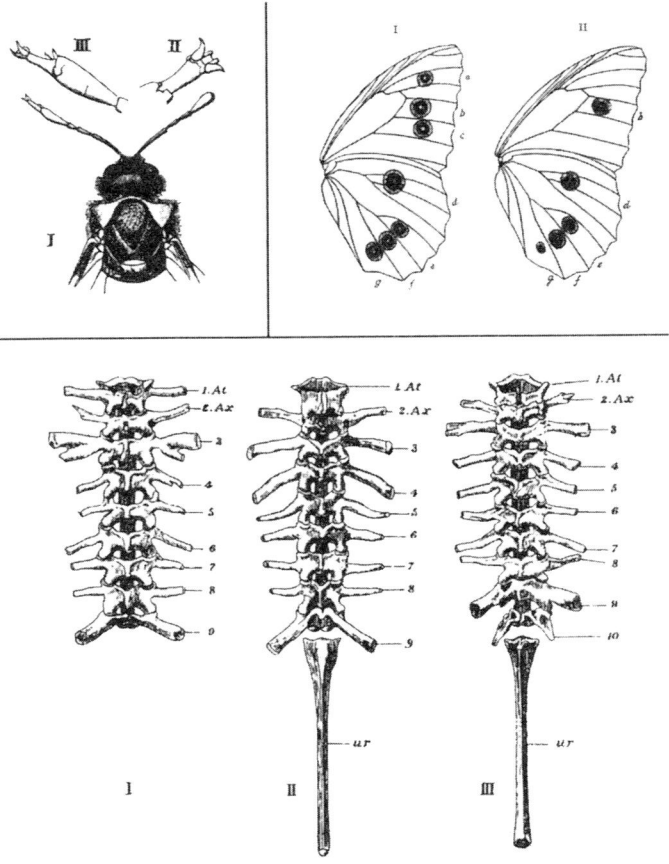

[그림2-6] **베이트슨이 소개한 괴물들.** 왼쪽 위: 잎벌이 호메오 변이를 일으켜 더듬이 하나가 다리로 변했다. 오른쪽 위: 나비 날개에서 눈꼴무늬가 사라졌다. 아래: 개구리의 척추 및 척추 돌출부에 나타난 변이들. 그림_ W. 베이트슨 『변이 연구 자료』(1894).

이 제목을 단 프로그램을 만든 적 있는데, 내가 믿을 수 없는 개념이라고 제작자를 설득해봤지만 소용없었다). 물론 끌리는 개념이긴 하지만 별 가치는 없다. 이 책을 읽다보면 바람직한 괴물들을 진화의 주인공으로 추정할 아무런 근거도, 필요도 없다는 것을 알게 될 것이다.

베이트슨의 괴물 목록에 드러난 뚜렷한 한계라면 대부분의 사례들에서 결함이 한 쌍의 구조 중 한쪽에만 나타난다는 사실이다. 극히 예외적이라 박물관에 진열될 만한 이런 사례들은 호기심을 일으키긴 하지만 너무 드문 경우이며 원인도 알 수 없었다. 유전되는 형질인지, 배아 형성 중에 물리적 손상을 입은 결과인지(따라서 유전되지 않는지) 알아야 했다. 베이트슨의 괴물들은 풍부한 정보를 담고 있다. 하지만 진화의 참 원인을 알려주는 정보라기보다 진화에 관련된 발생 과정에 대해 통찰을 주는 정도의 정보이다. 내가 굉장히 좋아하는 스티븐 제이 굴드의 에세이가 하나 있다. 덕분에 내가 초기에 전공 방향을 바꾸었을 정도로 크게 영향 받은 에세이인데, 거기서 굴드는 베이트슨의 괴물들을 가리켜 말하기를, 과학 발전을 위해서는 '바람직'하나 개체의 운명은 절망적인 사례들이라 했다.

손가락은 몇 개? 앤 불린에서 메이저리그 투수까지

베이트슨이 수집한 변이 중에는 사람도 있다. 갈비뼈가 하나 더 있는 사람들, 하나 또는 두 개의 젖꼭지가 추가로 달린 남자들, 왼손에 여덟 개의 손가락이 거울상 대칭으로 달린 놀라운 경우, 한 손이나 양손 모두에 손가락이 추가로 달린 사람들이다[그림2-7]. 마지막 경우를 다지증이라고 하는데 사실 그리 드문 경우도 아니다. 신생아 1만 명 중 5명에서 17명 정도가 다지증이다.

다지증도 사람마다 정도의 차이가 크다. 새끼손가락이나 엄지 옆에 살덩어리가 늘어졌거나 피부 조직이 살짝 튀어나온 경우부터 손톱이 하나 더 있거나 뼈가 하나 더 있거나 온전한 손가락이 하나 더 있는 경우까지 있다. 잉여의 손가락은 다른 손가락들에 붙어 있을 수도, 떨어져 있을 수도 있다. 붙어 있는 경우는 합다지증이라 한다. 양손과 양발이 모두 좌우대칭인 경우도 있다[그림2-8].

손가락이 더 있어도 큰 문제될 것은 없다. 역사에서도 유명한 사례를 찾아볼 수 있는데, 가령 영국 왕 헨리 8세의 부인이었던 앤 불린도 한쪽 손에 손톱이 하나 더 있었다. 프랑스의 샤를 8세와 윈스턴 처칠도 다지증이었을지 모른다고 한다. 2003년 월드 시리즈 챔피언인 플로리다 말린스 팀의 구원투수 안토니오 알폰세카는 손가락 발가락이 6개씩이다. 손가락이 하나 더 있다고 야구공 그립이 달라지진 않기에 알폰세카가 마운드에서 성공하는 것도 문제없었다. 오히려 그에게는 심리적으로 이득이 되는 것 같다. 상대 타자들이 알폰

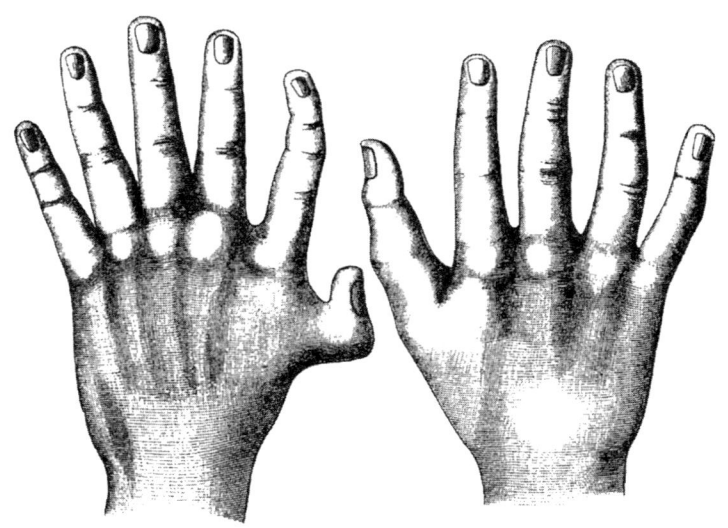

[그림2-7] **다지증인 사람의 손.** 그림_ W. 베이트슨 『변이 연구 자료』(1894).

세카의 공을 치는 것을 '여섯 손가락 사나이와의 대결'이라 부르며 긴장하는 걸 보면 말이다.

다지증은 유전되곤 하기 때문에 가계에 걸쳐 다지증을 보이는 집안도 있다. 터키 에페수스 근처 알티파르막이라는 지역에는 알티파르막이라는 성을 가진 집안들이 있다는데, 그 뜻이 여섯 손가락의 사람이라고 한다.

다지증은 척추동물에 널리 나타난다. 특히 고양이, 쥐, 닭에 흔하다. 사람을 포함하여 서로 다른 동물들 사이에 비슷한 손발가락 형태가 나타난다는 것은 놀라운 일이다. 실험실에서 조작하여 유도할 수 있고 유전될 때가 있다는 점도 마찬가지다. 그러므로 사람의 잉여 손가락이나 닭의 잉여 발가락을 형성하는 메커니즘에는 공통 요소가 있다고 추측할 수 있다. 하지만 손가락 수나 형태를 담당하는 메커니즘을 밝히는 작업에는 좀처럼 진전이 없었다. 길이 열린 것은 놀랍게도 생물학자들이 손가락도 발가락도 없는 동물의 돌연변이를 이해하고 나서였다. 바로 평범한 초파리이다.

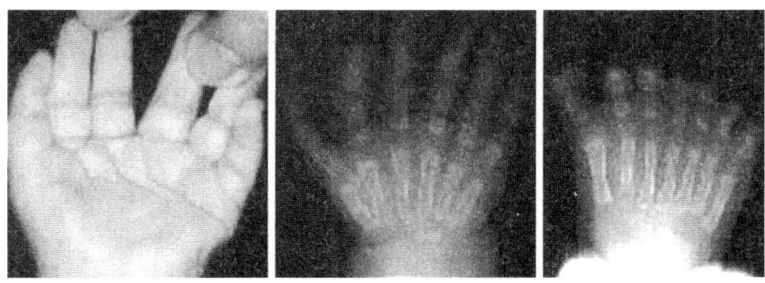

[그림2-8] 양손과 발의 다지증. 이 환자는 양손에 손가락 여섯 개씩, 양발에 발가락 일곱 개씩을 갖고 있다. 사진_ 스코틀랜드 에든버러의 영국 의학연구위원회(MRC) 인간유전학 부서 로버트 힐 박사, 『미국국립과학원 회보』 99(2002) 7,548쪽에서.

프랑켄슈타인 파리

괴물을 통해 발생의 규칙을 알아내기 위해서는 비정상적 기형들을 끊임없이 확보해야 했다. 실험실에서 형질을 순종으로 길러내어 직계 후손과 이후 세대들이 동일한 특징을 보이도록 해야 했다. 1915년, 유전학자 캘빈 브리지스는 드로소필라 멜라노가스테르라는 초파리 종의 호메오 돌연변이 개체를 최초로 순종으로 얻어냈다. 이후 초파리는 유전학 연구에서 주도적인 역할을 맡는 주인공이 된다. 브리지스가 분리해낸 것은 자연발생적 돌연변이로, 초파리의 작은 뒷날개가 커다란 앞날개처럼 발달한 기형이었다. 브리지스는 돌연변이에 바이소락스(bithorax, 가슴thorax이 두 개라는 뜻/옮긴이)라는 이름을 붙였다. 뒤이어 여러 초파리 호메오 돌연변이들이 발견되었다. 일례로 더듬이가 자라야 할 곳에 다리가 발달한 안테나피디아(Antennapedia, 더듬이라는 뜻의 antenna와 발을 뜻하는 pedi가 합쳐진 말/옮긴이)라는 자못 충격적인 돌연변이도 있다[그림2-9].

호메오 돌연변이를 보노라면 하나의 구조가 다른 구조로 어쩌면 그렇게 완벽하게 바뀔 수 있는지 놀라울 따름이다. 발달이 뒤처지거나 실패한 것이 아니고 구조 전체의 운명이 바뀐 것이다. 그래서 신체부속이 엉뚱한 장소에 생기거나 엉뚱한 수만큼 생긴 것이다. 주지해야 할 점은, 변화가 연속 상동기관들 사이에서 일어난다는 사실이다(더듬이가 다리로, 뒷날개가 앞날개로). 변형의 원인이 **단 하나**의 유전자에 일어난 돌연변이 때문이라는 점도 흥미롭다. 초파리의 경우 '호메오' 유전자, 즉 돌연변이를 일으킬 경우 호메오 형태를 일으키는 유전자들의 수가 아주 적다. 그러니까 몇 개 안 되는 '마스터' 유

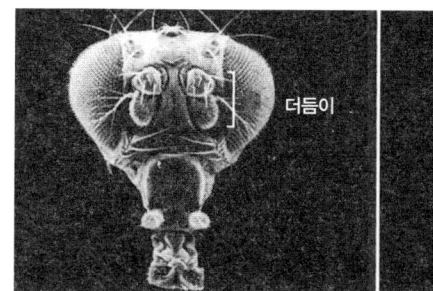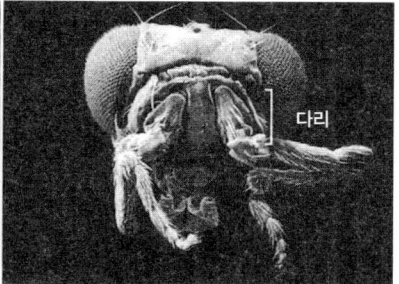

[그림2-9] 호메오 돌연변이 초파리. 왼쪽: 더듬이가 달린 정상적인 파리 머리. 오른쪽: 더듬이가 다리로 변형된 안테나피디아 돌연변이 파리. 사진_ 인디애나 대학 루디 터너 박사.

전자들이 파리 연속 상동기관들의 분화를 모두 담당한다는 뜻이다.

호메오 돌연변이의 극적인 현상에서 영감을 얻은 과학자들은 덕분에 발생학의 혁명을, 다음에는 진화생물학의 혁명을 열어나갔다. 하지만 그 의미와 통찰의 내용을 제대로 음미하기 위해서, 우리는 마스터 유전자의 작동방식을 깊이 이해할 필요가 있다. 어떻게 하나의 유전자가 한 부속에는 송두리째 영향을 미치면서 다른 구조에는 전혀 영향을 미치지 않을 수 있을까? 신체에 그토록 큰 영향을 미치다니, 그 유전자들에는 무엇이 암호화되어 있을까? 어쩌면 이런 반응을 보이는 독자도 있겠다. "초파리라고? 초파리 따위에 흥분할 필요가 있을까?" 질문들에 대한 대답은 DNA 및 유전자 작동방식에 대해 알아가다보면 자연히 따라 나온다. 또한 그 과정에서 우리는 서로 다른 동물의 게놈 구성에 숨어 있는 몇 가지 깜짝 놀랄 만한 발견을 하게 될 것이다.

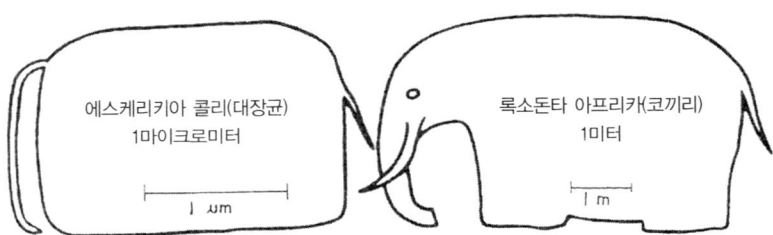

에스케리키아 콜리(대장균)
1마이크로미터

록소돈타 아프리캐(코끼리)
1미터

1 ㎛

1 m

모노의 유명한 경구를 기발하게 표현한 그림. 그림_ 일리노이-시카고 대학 사이먼 실버 박사.

대장균에서 코끼리까지

대장균에게 적용되는 것은 코끼리에게도 적용된다.
:: 자크 모노, 노벨상 수상자

"우리는 디옥시리보핵산(DNA)염의 구조를 제시하고자 한다. 새로이 밝혀진 이 구조의 특징들은 생물학적으로도 상당히 의미가 있는 것이다." 제임스 왓슨과 프랜시스 크릭의 1953년 논문은 이렇게 시작한다. 유전 물질의 구조에 대한 새롭고 정확한 모형을 선언하는 논문이었다. DNA는 유기체의 여섯 계, 즉 세균, 고세균, 원생생물, 균류, 식물, 동물에 두루 존재하는 보편자로서, 유전 현상의 기초이다. DNA의 구조가 밝혀지고 약 십 년이 지나 이번에는 또 하나의 보편자인 유전암호의 수수께끼가 풀렸다. 자, 아직 발견되지 않은 보편자들이 더 있을까?

각 계의 구성원들은 세포, 조직, 기관(존재하는 경우) 면에서 매우 중요한 큰 차이들을 보인다. 하나의 계 내부에도 다양성이 상당하다. 가령 동물이라고 하면 자그마한 플랑크톤 종에서부터 거대한 해양 포유류나 육상 포유류까지 천차만별이다. 유기체를 분류하는 방식, 즉 비슷한 것과 비슷하지 않은 것을 구별하는 기법에는 형태에 대한 고려가 큰 영향을 미쳤다. 그래서인지 형태가 상이한 종일 경우 유전자 수준에서 공통점이 전무하거나 있더라도 조금일 것이라는 예측이 오래전부터 있었다.

그러나 이 장을 끝까지 읽고 나면 외모에만 의지했다가는 속기 쉽다는 것을 깨달을 것이다. 수없이 '아하' 하고 감탄할 이야기가 이 장에 들어 있다. 동물 진화에 관한 시각을 형성해준, 나아가 교정해준 강력하고 실로 아름다운 발견들의 이야기이다. 거듭 등장하는 주제는, 상이한 형태들 사이에 예기치 못했던 긴밀한 관계가 존재한다는 점이다. 우선 단순한 초소형 박테리아가 알려준 교훈이 어떻게 유전논리의 기초를 밝혀주었는지 살펴보자. 다음에 복잡한 동물들과 초파리의 호메오 유전자를 살펴보고, 마지막으로 동물계 전체로 이야기를 확장해보겠다.

단백질, DNA 그리고 유전논리

우리 몸 여러 종류의 세포들, 그들이 하는 일, 그들이 일을 해내는 방식을 상상해보라. 적혈구는 온몸의 조직으로 산소를 나르고, 소화기관의 세포는 음식물을 처리하며, 뉴런은 신경계 내부에서 전기 신호를 전달하고, 근육은 신체부속을 움직인다. 다양한 종류의 세포들이 이처럼 전문화할 수 있는 것은 **단백질**을 선택적으로 생산하기 때문이다. 단백질은 신체 내부에서 온갖 일을 도맡아 하는 분자 집단이다. 적혈구는 산소와 결합하는 단백질인 헤모글로빈을 대량 생산하고, 췌장 세포는 음식물을 분해하여 유용한 성분으로 바꾸는 트립신 등 여러 단백질을 뿜어내고, 뉴런은 전위를 조정하는 단백질들을 만들고, 근육 세포는 기다랗게 늘어진 섬유가 되어 수축할 때 힘을 내는 단백질들을 만든다. 세포들은 자신의 전문적 임무에 각기 충실하지만 모두 동일한 유전 정보를 간직하고 있다. 동일한 DNA 분자들을 갖고 있는 것이다. 그런데 서로 다른 종류의 세포가 되는 까닭은 저마다 어떤 단백질은 만들면서 어떤 단백질은 만들지 않기 때문이다. 특정 위치, 특정 시기에만 선택적으로 단백질을 생산하는 현상은 복잡한 유기체의 형성에 바탕이 되는 기법이다.

생물학자들은 어떻게 다양한 세포들이 만들어지는지 알아내기 전에 우선 어떻게 유전 정보가 저장되고, 복제되고, 해독되는가 하는 기초적인 수수께끼를 풀어야 했다. 그래서 장내 박테리아인 에스케리키아 콜리(대장균)처럼 단순한 유기체의 경우는 어떤지 알아보았다. 대장균은 균주가 여러 가지여서 우리 몸에 좋은 것도, 굉장히 위험한 것도 있다. 대장균은 분자생물학자들에게는 사랑스런 동맹이나 마찬가지다. 유전자 및 단백질의 작동방식과 논리에 대해 수많은 법칙들을 가르쳐준 친구이기 때문이다. 연구자들은 이 단순한 박테리아가 알려준 사실들을 탄탄한 기반으로 삼아 후에 더 복잡한 생명체들의 발생과 진화를 탐구할 수 있었다.

생물학자들이 대장균에 관심을 갖게 된 것은 효소 유도라는 신비로운 현상 때문이었다. 대장균은 글루코오스라는 단순한 당을 좋아한다. 하지만 글루코오스가 없으면 다른 당이라도 분해하여 섭취한다. 역시 당의 일종인 락토오스는 베타-갈락토시다아제라는 효소에 분해되어 글루코오스와 갈락토오스가 된다. 글루코오스나 기타 탄소원이 풍부한 곳에서 자라는 대장균은 베타-갈락토시다아제를 거의 만들지 않는다. 아주 천천히, 탐지하기도 힘들 정도로만 조금씩 생산한다. 필요도 없고 어차피 쓸 수도 없는 효소를 만드는 데 에너지를 낭비하지 않는 것이다. 그런데 박테리아가 자라는 배양액에 글루코오스 대신 락토오스만 있는 상황이면 효소 생산 속도는 천 배 가까이 황급히 늘어난다. 단 3분 만에 효소의 농도를 탐지할 수 있을 정도이다. 어떻게 그러는지 몰라도 박테리아가 락토오스의 존재를 감지하고, 필요한 효소를 만들도록 유도된 것이다. 그토록 단순한 하나의 세포가 어떻게 어떤 효소를 만들지 '알게' 된 걸까? 어떻게 해서 분해해야 할 성분이 등장하는 그 순간 알맞은 효소가 유도되는 것일까?

질문에 대답한 것은 프랑수아 자콥과 자크 모노였다. 이들은 이 발견 덕분에 1965년에 앙드레 르보프와 공동으로 노벨상을 받았다. 세 사람은 상아탑에 갇힌 이론가들이 아니었다. 자콥과 모노는 제2차 세계대전 직후에 파스퇴르 연구소에서 공동 연구를 시작했는데, 모노는 전쟁 중에 프랑스 레지스탕스 지휘자였고, 르보프는 첩보를 수집하거나 때때로 격추된 조종사들을 자기 아파트에 숨겨주는 일을 했으며, 자콥은 자유 프랑스의 위생병으로 아프리카 원정에 참가한 데다가 1944년 8월의 노르망디 전투에서 심한 부상을 입은 전력도 있었다. 연구가 시작될 무렵의 역사적 정황, 발견에 담긴 심오하고 중요한 의미, 특이한 세 사람의 성격이 어우러져 박테리아의 효소 유도 및 유전논리 이야기는 현대 생물학사에서 가장 극적인 일화들 중 하나로 남게 됐다.

효소 유도가 어떻게 일어나는지, 보다 복잡한 유기체에게는 어떤 의미를 지니는 현상인지 이해하기 위해 먼저 DNA, RNA, 단백질의 구조 및 기능에 대해 짧게 살펴보자. 낯설고 골치 아픈 이야기일지 몰라도 생물학의 논리를 체득하기 위해서는 이 요소들이 활동하는 모습을 머릿속에 그릴 수 있어야 하며, 각각의 역할과 상호작용 내용을 이해해야 한다. 게다가 앞으로 읽게 될 몹시 대단한 발견들의 가치를 음미하기 위해서도 필요하다. 그 발견들의 충격은 살아 있는 유기체의 몸을 구성하는 여러 분자들에 대해 잘 알수록 커진다.

DNA, RNA, 단백질의 관계는 이렇다. DNA는 RNA를 만드는 주형이며 RNA는 단백질을 만드는 주형이다. DNA에 저장된 유전 정보는 두 단계를 거쳐 단백질로 해독되는 셈인데, 세포와 신체 내에서 실제 업무를 해내는 것은 단백질들이다.

먼저 염색체, 유전자, DNA의 관계를 알아보자[그림3-1]. 세포 안에 들어 있는 굉장히 기다란 DNA 분자를 **염색체**라고 한다. 그 DNA 분자 위에는 띄엄띄엄 간격을 두고 각각의 유전자가 자리하고 있다. DNA는 뉴클레오티드라는 구성 요소들이 두 개의 기다란 가닥을 이룬 형태로 만들어져 있다. 각 뉴클레오티드는 A, C, G, T라는 약자로 불리는 네 가지 염기들 중 하나를 갖는다. 두 개의 DNA 가닥이 한데 얽혀 있는 것은 양쪽 가닥에 있는 염기들이 서로 쌍을 이루어 강하게 결합하기 때문이다. 염색체의 수는 적은 경우에는 하나일 수도 있고(대장균), 훨씬 많을 수도 있다(사람은 23쌍이 있다). 유전자가 저마다 독특한 정보를 담을 수 있는 것은 DNA 염기서열이 저마

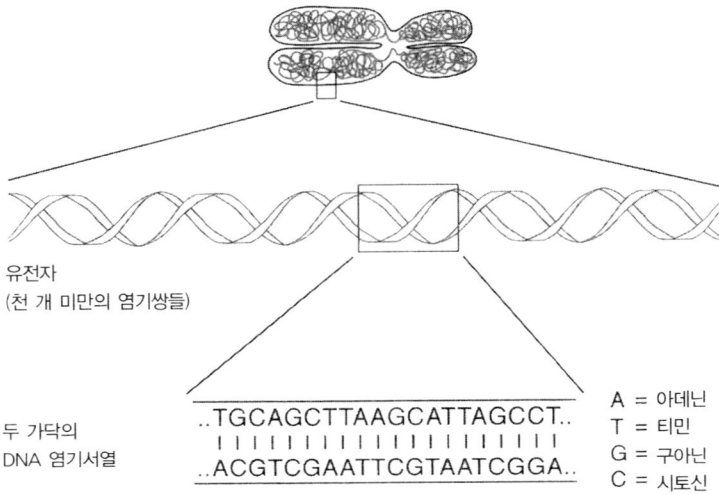

염색체
(수천 개의 유전자들, 수백만 개의 DNA 염기들)

유전자
(천 개 미만의 염기쌍들)

두 가닥의
DNA 염기서열

..TGCAGCTTAAGCATTAGCCT..
| | | | | | | | | | | | | | | | | | | |
..ACGTCGAATTCGTAATCGGA..

A = 아데닌
T = 티민
G = 구아닌
C = 시토신

[그림3-1] **염색체, DNA, 유전자.** 염색체는 커다란 DNA 분자이며 천 개 남짓의 유전자들을 갖고 있다. DNA는 두 가닥의 뉴클레오티드들(A, C, G, T) 사슬로 만들어져 있으며 마주 보는 염기쌍 사이의 결합력 덕분에 하나로 얽혀 있다. 유전자는 암호를 담고 있는 특정 DNA 염기서열을 말하는데 길이는 다양하다. 그림_ 리앤 올즈.

다 독특한 순서이기 때문이다(가령 ACGTCGAATT……).

이제 DNA의 정보가 어떻게 해독되는지 알아보자.

유전자 정보를 해독하는 첫 단계는 **전사** 과정으로, '메신저 RNA'(mRNA)가 DNA 분자 중 한 가닥과 상보하는 염기서열을 전사한다. 두번째 단계는 그렇게 만들어진 mRNA가 단백질로 해독되는 과정으로서, 번역이라고 불린다[그림3-2]. RNA 염기서열을 단백질 서열로 번역하는 데는 보편적인 유전암호가 또 존재한다. 단백질은 아미노산이라는 조각들이 모여 긴 사슬을 이룸으로써 만들어진다. 그러므로 DNA 염기서열과 단백질 아미노산 서열에는 직접적인 대응관계가

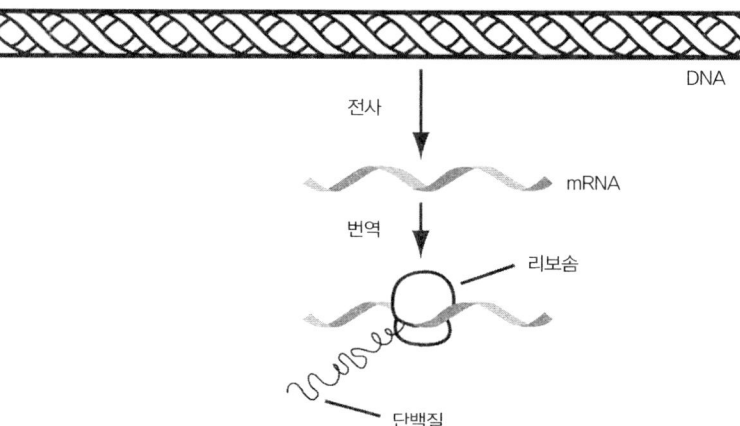

DNA

전사

mRNA

번역

리보솜

단백질

[그림3-2] **두 단계로 이뤄지는 DNA 정보 해독.** 첫 단계는 메신저 RNA(mRNA) 분자가 전사되는 과정이다. 두번째 단계는 RNA 분자가 단백질 분자로 번역되는 과정이다. 그림_ 조시 클라이스.

있다. 아미노산 서열의 내용은 단백질의 모양과 화학적 속성을 결정한다. 산소를 나를지, 근섬유를 만들지, 락토오스를 분해할지 등을 정하는 것이다.

대장균의 효소 유도현상으로 돌아가보자. 어떻게 박테리아가 락토오스가 있을 때만 베타-갈락토시다아제를 생산하는지 교묘한 기술을 배워보자. 자콥과 모노는 효소생산을 통제하는 것이 베타-갈락토시다아제 유전자에 존재하는 어떤 스위치의 역할임을 알아냈다. 스위치는 락토오스가 없으면 꺼져 있지만 락토오스가 등장하면 바로 켜진다. 스위치는 두 가지 요소로 이루어져 있다. 락토오스 억제물질이라는 단백질, 그리고 베타-갈락토시다아제 유전자 근처에 있는 짧은 DNA 서열이다. 이 염기서열 영역에 락토오스 억제 단백질이 결합할 수 있다. 억제 단백질이 이 DNA 서열에 결합해 있을 때는 유전자가 꺼진(억제된) 상태라서 RNA나 단백질이 만들어지지 않는다.

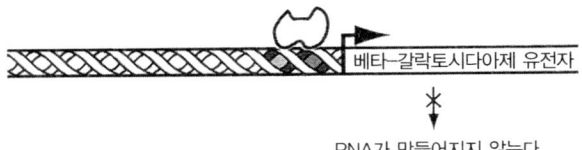

락토오스가 없을 때, DNA에 억제물질이 붙어 있고, 스위치는 꺼져 있다.

베타-갈락토시다아제 유전자

RNA가 만들어지지 않는다.

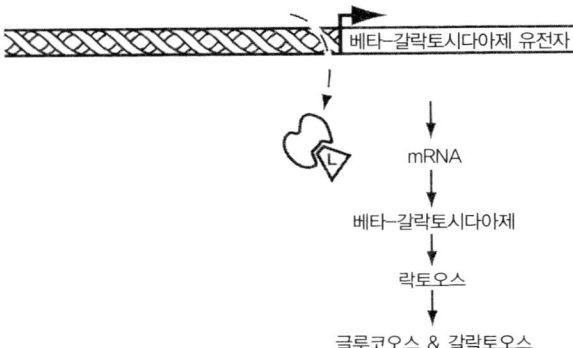

락토오스(L)가 있을 때, DNA에서 억제물질이 떨어지고, 스위치가 켜지면, 효소가 만들어진다.

베타-갈락토시다아제 유전자

mRNA

베타-갈락토시다아제

락토오스

글루코오스 & 갈락토오스

[그림3-3] **유전자 스위치가 대장균의 베타-갈락토시다아제 생산과 락토오스 대사를 통제한다.** 락토오스가 없을 때는 락토오스 억제물질이 스위치에 결합해 있어서 유전자 전사를 억누른다. 락토오스가 등장하면 억제물질이 스위치에서 떨어져 나가고, 전사와 번역이 일어나서 효소가 생산된다. 그림_ 조시 클라이스.

하지만 락토오스가 등장하면 억제물질은 DNA에서 떨어져 나가고, RNA 전사 및 베타-갈락토시다아제 효소 생산이 개시된다[그림3-3].

　락토오스 억제물질의 효소 생산 통제 과정은 유전논리를 잘 보여주는 훌륭한 사례이다. 꼭 필요할 때만 유전자가 사용된다는 사실을 잘 보여준다. 대장균의 염색체에는 4,288개의 유전자가 있으며 어떤 시기든 그 부분집합에 해당하는 일부만 사용된다. 사람의 유전자는 2만 5천 개가 넘지만 역시 특정 세포나 기관에서는 일부만 사용된다. 박테리아를 통해 알게 된 다음의 두 가지 유전논리는 앞으로도 거듭 등장할 것이다.

1. 유전자의 활동은 DNA 결합 단백질이 붙었다 떨어졌다 함으로써 조절된다.
2. DNA 결합 단백질은 그 유전자 근처에 있는 특정 DNA 서열을 감지할 줄 안다.

탁테리아의 유전자 스위치를 발견한 것은 누누이 강조해도 지나치지 않은 엄청난 개념적 충격이었다. 자콥과 모노는 이것이 세포의 생리를 통제하는 우아한 메커니즘일 뿐만 아니라, 사람처럼 보다 복잡한 유기체들에서 어떻게 세포 분화가 통제되는지 밝히는 데 대단한 도움을 줄 사실임을 깨달았다. 그들은 혈액, 뇌, 근육 세포 등의 기능이 각 조직의 임무에 맞도록 전문화된 단백질 생산으로 이뤄진다는 것을 알게 되었다. 박테리아의 효소 유도 연구는 동물의 기관 세포들이 각기 전문적 기능을 펼친다는 개념을 이끌어낸 선구자인 셈이다. 그런데 자콥과 모노의 재능은 유전학에 국한되지 않았다. 그들은 글 솜씨 또한 탁월하였다. 그들이 1960년대 초에 쓴 논문들은 생물학 문헌을 통틀어 가장 우아하고 명료하며 인상적인 작품이다. 그들은 연구의 의미를 찬찬히 설명하는 책을 쓰는 데도 재능을 발휘했다. 모노의 『우연과 필연』은 비단 생물학계에서뿐 아니라 문학계나 철학계에서도 평가받는 작품이며, 자콥 역시 주목할 만한 자서전 외에도 여러 고전적 작품들을 썼다.

그들의 연구가 내포한 함의는 광범한 분야에 적용될 수 있었다. 그래서 모노가 "대장균에게 적용되는 것은 코끼리에게도 적용된다"고 말한 것이다. 당시의 생물학 수준을 염두에 둘 때 꽤 대담하게 내다본 발언이었다.

1965년에는 코끼리를 연구한다는 건 꿈도 꿀 수 없었다. 모노의 말은 사실로 밝혀졌을까? 자그만 박테리아에 적용되는 논리가 세상에서 가장 크고 가장 복잡한 생명체에게도 곧바로 적용되는 것으로 밝혀졌을까? 답을 알려준 것은 코끼리가 아니었다. 작은 곤충, 초파리였다. 초파리는 우리가 생각지도 못했던 혁명적 통찰들을 줄줄이 선사해주었다. 물꼬를 튼 것은 호메오 괴물들이었다.

호메오박스

초파리의 호메오 돌연변이들은 젊은 생물학자들의 마음을 빼앗았다. 머리에서 다리가 튀어나온 파리, 날개 두 짝이 더 달린 파리, 구기 위치에 발이 달린 파리…… B급 영화 주인공 같은 면도 매력의 일부이다. 학문적인 매력이라면 이 충격적인 괴물들이 단 하나의 유전자에 돌연변이가 일어나 생긴 것이란 사실인데, 그로써 어떤 신체부속이 전혀 다른 구조로 변해버린 점이다. 유전자 하나가 바뀌었을 뿐인데 어떻게 그토록 극적인 변화가 일어날까? 이 환상적인 유전자들의 원래 '정상적인' 임무는 무엇일까?

해답을 찾는 길은 유전자 복제 기술의 발전에 달려 있었다. 이 기술이 널리 사용되기 시작하자 몇몇 용감한 생물학자들이 초파리의 호메오 유전자에 매달리고 나섰다. 수년에 걸친 유전학 연구를 통해 초파리의 호메오 유전자가 세번째 염색체(초파리의 염색체는 네 개다)에 있다는 것을 알게 된 점이 도움이 되었다. 흥미롭게도 유전자들은 두 개의 복합체로 나뉘어 나란히 모여 있었다. 첫번째 복합체인 바이소락스 복합체는 파리 몸 뒤 절반(후체부)에 영향을 미치는 세 개의 유전자들을 담고 있으며, 다른 하나인 안테나피디아 복합체는 파리 몸 앞 절반(전체부)에 영향을 미치는 다섯 개의 유전자들을 담고 있었다. 더욱 놀라운 점은 두 복합체 속 유전자들의 순서가 그들이 영향을 미치는 신체부위의 순서와 일치한다는 것이었다[그림3-4]. 궁금증을 미치도록 자극하지만 수수께끼 투성인 이 관계는 유전자 복합체들 속에 초파리의 신체 형성 논리를 이해하는 큰 단서가 숨어 있으리라는 기대를 들게 했다.

1983년 생물학자들은 두 유전자 복합체들의 DNA를 분리하여 분석했다. 연구 초기의 목표들 중 하나는 8개의 호메오 유전자들이 어

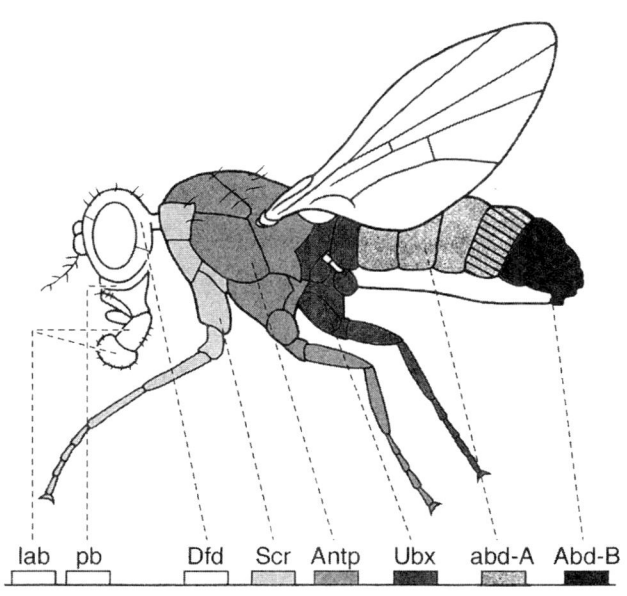

[그림3-4] **초파리의 혹스(Hox) 유전자들.** 초파리 염색체 중 하나에 여덟 개의 유전자들(lab이라는 식으로 요약명이 붙어 있다)이 놓여 있다. 각 유전자는 체축을 따라 서로 다른 위치에 해당하는 부위(명암이나 사선으로 구분해 칠해두었다)의 발생을 담당한다. 그림_ 리앤 올즈.

떤 단백질 생성 암호를 갖고 있는지 알아내는 것이었다. 첫번째 발견은 이러했다. 8개의 유전자들이 여러 가지 호메오 단백질들을 암호화하는 1천 개 남짓의 염기서열을 갖고 있는데, 굉장히 유사한 서열 부분이 공통적으로 존재했다. 약 180개 염기쌍으로 이루어진 부분으로서, 단백질로 번역해보면 아미노산 60개에 해당했다. 각각의 호메오 유전자는 특정 신체부위와 부속에 저마다 독특한 영향을 미치지만 한편으로 모든 호메오 단백질들이 모종의 공통적 기능을 갖는다는 뜻이었으므로, 실로 대단히 흥분되는 발견이었다. 분자생물학자들 사이에는 DNA의 모양새를 따서 이름을 붙이는 전통이 있다. 호메오 유전자들에 공통되는 180개 염기쌍 서열이 기다란 DNA 서열에서 유독 두드러지는 작은 '상자' 모양을 하고 있었기에, 생물학자들은 그것을 호메오박스(homeobox) 유전자라고 불렀다. 그것이 암호화하는 단백질 부분이 호메오도메인이다. 나중에는 호메오박스를 가진 호메오 유전자들을 일컬어 혹스(Hox) 유전자라 줄여 부르게 되었다.

그런데 호메오도메인이 하는 일은 무엇이고 어떤 속성을 지니고 있을까? 내 연구실 동료 앨런 로혼은 안테나피디아 복합체에 있는 한 유전자의 서열을 밝혀서 작동방식을 알아보는 연구를 했다. 생물학자가 미지의 것을 연구할 때 취할 수 있는 전략 중 하나는 새로 발견한 분자의 패턴을 읽어낸 뒤 잘 알려진 다른 분자와 얼마나 비슷한지 보는 것이다. 앨런도 생물학계에 널리 알려진 다른 단백질들 가운데 혹 그의 호메오도메인과 비슷한 것이 있나 추적하기 시작했다. 비슷한 구조가 있다면 호메오도메인 기능 연구에 단서가 되어주리라 기대한 것이다.

어디선가, 호메오도메인과 비슷하게 생긴 구조를 본 적이 있는 것만 같았다……

락토오스 억제 단백질. 그렇다. 게다가 락토오스 억제물질뿐 아니라 박테리아와 효모의 유전자 스위치에 결합하는 모든 DNA 결합 단백질들이 다 비슷했다.

빙고!

이들이 비슷하다는 것은 호메오도메인도 이런 단백질들처럼 DNA에 결합하는 영역이라는 뜻이다. 그렇다면 호메오 단백질도 발생 과정에서 유전자 스위치를 조절할지 모른다는 해석이 성립했다. 그렇기 때문에 호메오 단백질이 신체 구조의 형성과 정체성에 영향을 미쳤던 것이다.

대단한 소식임에 분명했지만 문제가 있었다. 기껏 작은 박테리아에서 작은 파리로 옮아간 것 아니냐고 비판하는 사람이 있을지 몰랐다. 그게 뭐 어쨌다고? 훨씬 관심 가는 다른 육중한 동물들에 대해서도 시사하는 바가 있는 발견인가? 사람에 대해서는?

나도 그런 불평을 많이 접했다. 내가 박사학위를 받고 나서 초파리를 연구하겠다고 하자 어떤 선배들은 내가 세상 밖으로 걸음을 내딛기라도 하는 양 뜯어말렸다. 초파리? 파리가 사람이나 다른 포유류에 대해서 뭘 알려줄 수 있겠어? 당시 학자들이 믿던 정설에 따르면 포유류와 벌레의 생리학이나 발생 법칙은 엄청나게 달랐다. 동물학 분야에서 수십 년 동안 강화되어온 생각이었고, 쥐처럼 인간 생물학의 전형적 모델로 여겨지는 대상을 연구하는 생물학자와 '하등한' 형태를 연구하는 생물학자 사이에 막대한 문화적 괴리가 존재한 탓에 방치된 생각이었다. 포유류와 벌레의 차이는 몹시 크기 때문에 초파리 같은 것(세상에!)은 적절한 연구대상이 아니라고 믿었던 것이다.

그렇게 믿었던 자들은 곧 깜짝 놀라게 되었다.

동물계의 통합

빌 맥기니스와 마이크 레빈은 털북숭이 동물들이 딱히 특별하다는 편견을 갖지 않았다. 스위스 바젤 대학 발터 게링 교수 실험실에서 연구하던 그들은 호메오 돌연변이에 마음을 빼앗겼다. 두 사람은 파리의 호메오 유전자 모두에 호메오박스가 있다는 것을 알아낸 후, 즉시 다음 단계로 들어갔다. 그들이 논리적이라고 판단한 다음 연구 내용은 바젤 주변에 사는 온갖 생물들의 DNA를 추출하여 호메오박스를 찾아보는 일이었다. 두 사람은 벌레, 지렁이, 개구리, 소, 물론 사람의 샘플 역시도 얻기 위해 다른 실험실들에 손을 벌리기를 마다하지 않았다.

그리고 대박이 터졌다.

두 사람은 다른 동물들에서도 호메오박스를 마구 발견해낸 것이다.

더 충격적인 사실은 서로 다른 종들의 호메오박스 염기서열을 면밀히 분석해본 결과 그것들이 매우 비슷했다는 점이다. 몇몇 쥐나 개구리의 경우 호메오도메인에 해당하는 60개 남짓한 아미노산에 초파리의 호메오도메인 아미노산 60개 중 59개가 포함되어 있었다. 게다가 위치가 동일했다. 말문이 막히는 일이었다. 파리와 쥐는 5억 년 전에 서로 다른 진화 계통으로 분리되었다. 유명한 캄브리아기 대폭발이 일어나 대부분의 동물 종류들이 탄생하기도 전의 일이었다. 이토록 상이한 동물들의 유전자 사이에 이토록 유사점이 많으리라고 짐작한 생물학자는 아무도 없었다. 혹스 유전자들은 너무나 중요한 것이라, 유구한 진화의 세월을 거치면서도 크게 달라지지 않고 보전되어온 것이 분명했다.

처음에는 호메오박스의 기능에 대해 상충하는 해석들이 난무했다. 호메오박스의 중요성에 비판적 태도를 취하며 고작해야 세포 속에서 단백질들의 이동 위치를 알려주는 등의 평범한 기능을 암호화하고 있으리라 주장한 학자도 있었다. 하지만 호메오박스가 심오한 의미를 지니고 있다는 사실이 오래지 않아 밝혀졌다. 옥스퍼드 대학의 즈너선 슬랙은 이집트 상형문자 해독에 결정적 역할을 했던 로제타석의 발견에 호메오박스 발견을 견주었다. 호메오박스는 모든 동물의 발생을 해독하는 열쇠가 되어줄까?

척추동물을 포함한 몇몇 동물들에서 혹스 유전자가 발견되고 몇 년이 지났을 때, 그것을 덮어버릴 만큼 대단한 사건이 벌어졌다. 쥐의 혹스 유전자들이 어떻게 배열되어 있는지 보았더니 파리와 마찬가지로 몇 개의 복합체를 이루고 있었던 것이다(4개 복합체이다). 게다가 각 복합체 속 유전자들의 순서는 각각이 발현되는 쥐의 신체부위 순서에 정확하게 대응했다. 상이한 동물들 사이의 유사성이 그저 유전자 염기서열 차원에 그치는 게 아니라 복합체 조직을 이루는 방식, 나아가 배아에서 활용되는 방식에까지 미친다는 것을 보여준다[그림3-5].

이제 누구도 부인할 수 없었다. 혹스 유전자 복합체들은 파리와 쥐처럼 상이한 동물들의 발생에 동일하게 영향을 미치고 있었다. 오늘날 우리는 동물계의 거의 모든 일원들, 사람이나 코끼리도 마찬가지라는 사실을 알고 있다. 초파리 연구를 열렬히 지지했던 생물학자들조차 혹스 유전자가 이토록 보편적으로 분포되어 있으며 이토록 중요하리라고는 미처 예측하지 못했다. 어마어마한 의미였다. 상이한 동물들이 그저 비슷한 종류의 도구로 만들어진 것을 넘어서 아예 똑같은 유전자들로 만들어졌다니!

그런데 놀라움은 혹스 유전자에서 그치지 않았다.

인간의 콧대를 꺾은 초파리 연구의 교훈들 :
신체 형성 유전자 툴킷

초파리와 사람의 신체부속들 사이에는 공통점이 거의 없는 것 같다. 사람에게는 더듬이나 날개가 없다. 사람은 고정된 위치에서 밖을 내다보는 8백 개의 낱눈들로 이루어진 겹눈 대신 움직일 수 있는 한 쌍의 눈을 갖고 있다. 사람의 혈액은 체강을 자유롭게 돌아다니는 대신 네 개의 방으로 된 심장의 펌프 작용에 따라 동맥과 정맥이라는 폐쇄 순환계 안을 움직인다. 사람은 여섯 개의 작고 가냘픈 다리들로 움직이는 게 아니라 딱딱한 뼈로 튼튼하게 만들어진 두 개의 기다란 다리로 걷는다. 해부구조의 차이가 이처럼 크기에 사람의 기관 및 부속 형성 이해에 파리가 도움을 줄 일은 없다고 생각한 것도 당연하다. 학자들도 가령 눈 같은 경우 진화 과정에서 각 동물의 해부 구조와 시각 특징에 맞게 마흔 번 가까이 매번 새로 만들어진 것이라 생각하고 있었다.

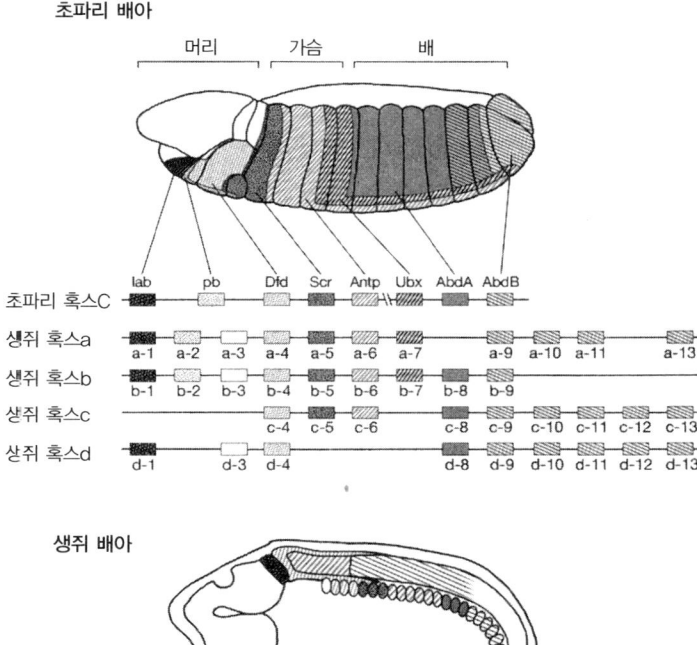

초파리 배아

머리　가슴　배

lab　pb　Dfd　Scr　Antp　Ubx　AbdA　AbdB

초파리 혹스C

생쥐 혹스a　a-1　a-2　a-3　a-4　a-5　a-6　a-7　a-9　a-10　a-11　a-13

생쥐 혹스b　b-1　b-2　b-3　b-4　b-5　b-6　b-7　b-8　b-9

생쥐 혹스c　c-4　c-5　c-6　c-8　c-9　c-10　c-11　c-12　c-13

생쥐 혹스d　d-1　d-3　d-4　d-8　d-9　d-10　d-11　d-12　d-13

생쥐 배아

[그림3–5] 혹스 유전자 복합체들이 서로 다른 종류의 배아에서 서로 다른 부위들의 패턴을 담당하고 있다.　위: 초파리 혹스 복합체 하나에 있는 유전자들이 초파리 배아의 서로 다른 부위에서 발현하는 모습이다. 아래: 쥐가 가진 네 개의 혹스 복합체들에 있는 유전자들이 쥐 배아의 서로 다른 부위에서 발현하는 모습이다.　그림_ 리앤 올즈.

　　그런 시각으로 보면 초파리 눈 형성에 관련된 유전자들을 연구한다는 게 별반 주목할 만한 작업이 아닐 것이다. 그런데 초파리의 아이리스(eyeless, 눈 없음, 이 유전자에 돌연변이가 생긴 파리는 눈이 없기 때문에 이런 이름이 붙여졌다) 유전자를 발견한 발터 게링 실험실 연구자들은 사람에게도 대응 유전자가 존재한다는 사실을 떠올렸다. 사람의 유전자는 아니리디아(Aniridia, 무홍채)라 불린다. 이 유전자에 돌연변이가 생긴 사람의 홍채(색소가 있는 부분)는 크기가 줄거나 심한 경우 사라져버리기도 하기 때문이다. 아니리디아 유전자는 쥐의 눈 형성을 방해하거나 막아버린다고 알려져 있는 스몰아이(Small eye, 작은 눈) 유전자와 같았다. 흥미롭고 자극적인 발견이었다. 사람의 카메라 식 눈과 파리의 겹눈은 구조가 전연 다름은 물론이고 상이한 필요에 맞게 적응한 산물이다. 전혀 다른 형태의 눈들을 형성하는 데 왜 똑같은 유전자가 관련될까? 우연일까 아니면 뭔가 더 심오한 것을 암시하는 발견일까?

연구자들이 추가로 수행한 두 실험 덕분에 문제는 한층 관심의 대상이 되었다. 아이리스 유전자가 파리 신체의 다른 부분에서 발현되도록 조작하자, 날개, 다리, 기타 부위들에서 눈 조직이 유도되었다[그림3-6]. 이 결과와 아이리스 유전자 돌연변이의 모습을 함께 고려할 때, 아이리스 유전자는 눈 발생을 통제하는 '마스터' 유전자인 것이 분명했다. 이 유전자가 없으면 눈 형성이 실패하고, 이 유전자가 활동하는 곳에서는 눈 구조 조직이 자라난다. 두번째 실험은 쥐의 스몰아이 유전자를 파리 몸의 이상한 부분들에 집어넣어 어떤 일이 벌어지는지 본 것이다. 자, 어떤 결과가 나왔을 것 같은가?

파리 유전자로 한 실험과 마찬가지였다. 파리 몸 조직들이 영향을 받아 눈 구조를 형성하였다. 그런데 형성된 조직이 쥐의 눈 구조가 아니라 **파리**의 눈 구조였다는 것이 중요하다. 이 유전자들은 형태가 비슷하고 유사한 효과를 일으키지만, 결국에 생겨나는 형태는 유전자를 제공한 종이 아니라 실험 대상 종에 따라 결정되는 것이다. 쥐 유전자가 파리의 눈 발생 프로그램을 유도한 것이다.

아이리스, 아니리디아, 스몰아이 유전자를 한데 묶어 **팍스-**

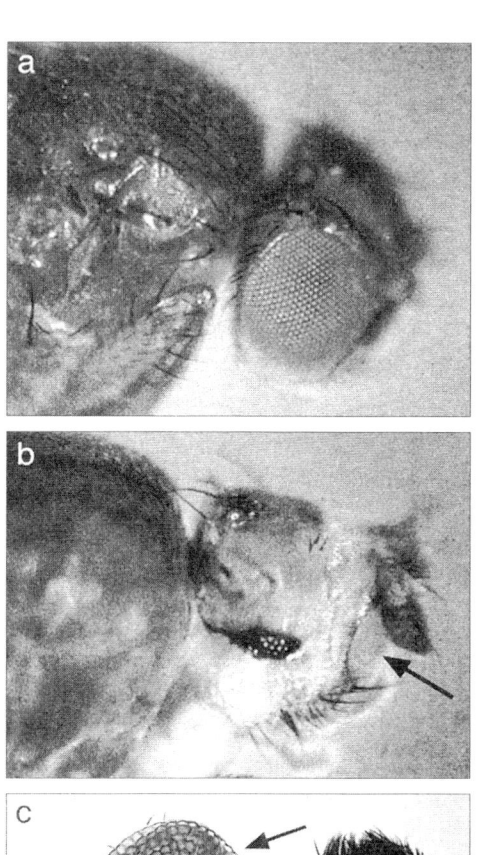

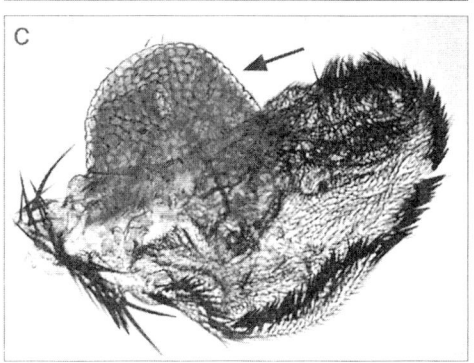

[그림3-6] **마스터 유전자가 눈 형성을 통제한다.** 위로부터, 커다란 겹눈을 가진 정상적인 파리의 머리(a); 아이리스 유전자 돌연변이로 눈 조직이 없는 파리(b); 아이리스 유전자의 발현을 날개에 서 유드함으로써 날개에 눈 조직이 생긴 파리(c). 사진_ 텍사스 주 휴스턴 M. D. 앤더슨 암센터의 게 오르그 할더 박사.

6(Pax-6)라고 부른다. 묘사 면에서는 심심한 이름이지만 어떻게 붙여진 이름인가 하는 점은 중요치 않다. 중요한 사실은 팍스-6 유전자가 동물계에 널리 분포되어 있으며 항상 눈 발생에 연관되어 있다는 점이다. 팍스-6는 와충류 같은 단순한 구조부터 훨씬 복잡한 척추동물까지, 모든 동물의 모든 종류의 눈 형성과 관련이 있다. 팍스-6 유전자가 동물계의 눈 발생에 광범위하게 연관된 이유를 설명하는 데는 두 가지 해석이 가능하다. 첫째, 상이한 집단의 동물들이 저마다 바닥에서부터 새 눈을 만들어낼 때 우연히도 매번 팍스-6 유전자가 소환되어 사용된 것일 수 있다. 그게 아니라면, 어떤 형태인지는 몰라도 동물들의 공통 선조가 가졌던 눈이 발달할 때 팍스-6가 사용되었던 것이다. 오래전에 맡겨진 역할이 진화 역사를 거치는 동안에도 온전히 보존된 것이다. 두 가지 해석 중 하나의 손을 들어주기 전에, 동물 발생에서 발견되는 놀라운 유사성들을 몇 가지 더 소개하겠다.

내 실험실 연구자들은 부속지의 기원과 진화에 큰 관심을 갖고 있었다. 다리, 날개, 지느러미 등은 동물이 환경에 적응하는 주된 방편이기 때문이다. 몇 년 전, 우리는 디스탈리스(Distal-less, 말단 결여) 유전자(줄여서 Dll이라 부른다)를 연구하고 있었다. 돌연변이를 일으키면 파리 다리의 말단부(바깥쪽)가 손상되기 때문에 이런 이름이 붙은 유전자이다. 우리는 이 부속지 형성 유전자가 다른 종에서도 같은 역할을 하는지 궁금했다. 결과는 만족스러웠는데, Dll 유전자가 나비 날개 말단부를 발생시키는 데 관여하며, 갑각류, 거미류, 지네류의 부속지에도 관여하고 있었던 것이다. Dll이 모든 절지동물의 부속지 형성에 역할을 한다는 뜻이었다(우리 논문을 본 유머 칼럼

니스트 데이브 배리는 그래서 자기가 바다가재를 먹지 않는 거라고 농담을 했다. 바다가재는 커다란 곤충이나 마찬가지라는 것이다. 진화적 주장으로 평가할 때 정확하거나 요령 있는 표현은 아니지만 어쨌든 관심에 감사한다). 이들은 한 문(門)의 일원들이고 관절 있는 부속지라는 공통의 설계를 취하고 있으므로 모든 종에 걸쳐 Dll이 사용되는 것도 놀랄 일은 아니었다. 놀랄 일은 따로 있었다. 우리 실험실을 비롯한 여러 연구자들이 절지동물과 별 관련 없는 동물들의 부속지를 점검한 결과, 정말 놀라운 사실이 밝혀졌다.

간단히 말하면, 종류에 상관없이 모든 동물의 몸에서 튀어나온 부속지들의 형성에는 하나같이 Dll 유전자가 관련되어 있었다. 병아리의 다리, 어류의 지느러미, 해양 선충들의 부속지('측족'이라 불린다), 멍게의 병낭과 입수관, 성게의 관족 등이 다 그랬다. 몸통에 달려 있다는 것 말고는 공통점이 거의 없는, 너무나 상이한 구조들을 형성하는 데 똑같은 툴킷 유전자가 작용하는 것이다. 팍스-6 유전자와 흡사한 상황이다. 확인된 동물들은 분류 체계의 서로 다른 주요 가지들을 대표하는 녀석들이었다. 그러니 팍스-6와 눈 진화의 관계를 두 가지로 해석했듯, Dll과 부속지 진화의 관계도 두 가지로 해석할 수 있다. 매번 새로이 구조들이 생겨날 때 Dll이 독립적으로 여러 번 사용된 것이거나, 공통의 선조가 모종의 부속지를 만들어낼 때 Dll을 사용했기 때문에 역할이 진화 역사 내내 재사용되며 보전된 것이다.

파리와 척추동물의 유전자 및 구조 사이에는 이 밖에도 공통점이 많다. 한 가지만 더 들어보자. 파리의 몸통 상부에는 심장이 있어서 수축 작용으로 액체를 펌프질해 신체 내에 순환시킨다. 파리는 개방 순환계를 갖기 때문에 혈액이 구획을 따라 흐르지 않고 곧바로 조직을 적신다. 사람의 심장과는 차이가 크지만 어쨌든 제 임무를 착실히 수행하는 기관이다. 유전학자들은 파리 심장 형성에 꼭 필요한 유전자를 하나 발견하고 틴먼(tinman, 『오즈의 마법사』에 나오는, 심장이 없는 양철나무꾼의 이름을 땄다)이라 이름 붙였다.

이후 몇몇 포유류에서 틴먼에 해당하는 유전자가 발견되었고, 그다지 신비롭지 않은 NK2족이라는 새 이름이 붙여졌다. 그리고 사람을 포함한 척추동물의 심장 형성에도 이들이 중요한 역할을 한다는 사실이 알려졌다. 파리와 척추동물은 심장이나 순환계 구조가 판이하게 다른데도 각자 심장을 형성하는 데 같은 종류의 유전자에 의지하는 것이다.

파리, 척추동물, 기타 동물들의 팍스-6, 디스탈리스, 틴먼족 단백질들에 공통되는 중요한 사실이 한 가지 더 있다. 그 단백질들이 모두 호메오도메인을 포함한다는 점이다. 죄다 DNA 결합 단백질들이라는 뜻이다. 이 호메오도메인들은 앞서 보았던 혹스 단백질 호메오도메인과 유사하기는 하지만 완전히 같지는 않다. 현재 알려진 바에 따르면 호메오도메인에는 약 스물네 가지의 계열이 있는 듯하다. 혹스, 팍스-6, Dll, 틴먼 단백질은 서로 다른 계열에 속한다. 서로 다른 동물들의 팍스-6 단백질끼리가 서로 다른 호메오단백질 계열들끼리보다 더 비슷하다. 혹스 단백질, Dll 단백질, 틴먼 단백질 역시 계열이 다른 호메오도메인 단백질들보다 제 계열 내의 일원들끼리 더 비슷하다. 호메오도메인 종류가 구분되는 것은 전문 기능에 차이가 있기 때문이다(DNA에서 서로 다른 염기서열에 결합한다). 어쨌든 모두 DNA에 결합하고, 기관이나 부속지 발생에 극적인 영향을 미치는 점을 볼 때, 그들이 발생 중인 눈, 부속지, 심장 등에서 유전자 상태를 켜고 끄는 조절 역할을 맡는 것을 알 수 있다. 영향력이 어마어마하게 큰 까닭은 어쩌면 많은 수의 유전자들을 조절하기 때문인지도, 어쩌면 기관 형성의 초기에 개입하기 때문인지도 모르고, 둘 다인지도 모른다(어느 쪽이든 이들이 없으면 기관이나 신체부속 형성이 망가지긴 마찬가지다).

새롭게 보는 동물 진화

동일한 유전자들이 곤충, 척추동물, 기타 동물들에서 비슷한 기능을 하는(그러나 설계는 천차만별인) 신체부위 및 부속 형성을 통제한다는 사실이 알려지자, 연구자들은 동물의 역사, 구조의 기원, 다양성의 속성을 철저히 재고해야 하는 입장이 되었다. 비교생물학과 진화생물학은 오래도록 별개의 기나긴 진화 역사를 밟아온 상이한 동물군들은 완전히 다른 방법으로 구성되고 진화했으리라고 믿고 있었다. 동물군 사이의 유연관계가 알려져 있기는 했다. 척추동물들끼리의 공통점이라거나, 척추동물과 척색이 있는 다른 동물 사이의 관계 같은 것 말이다. 하지만 파리와 사람, 와충류와 멍게라니······ 그럴 리가! 누구나 동물군 사이의 진화적 거리가 막대하다고 믿었다. 진화생물학자(이자 현대적 종합 이론의 기획자)인 에른스트 마이어는 1960년대에 이렇게 말했다.

유전자 생리학에서 이제껏 밝혀진 바를 보건데, 유연관계가 매우 가까운 동물들끼리가 아니고서는 상동 유전자를 찾아보았자 소용없을 게 틀림없다. 어떤 기능을 충족시키는 효율적인 해법이 하나밖에 없는 경우, 서로 다른 유전자 복합체들이 서로 다른 달성 경로를 통해 동일한 해답에 이르는 것이다. '모든 길은 로마로 통한다'는 금언은 일상에만 아니라 진화에도 적용되는 말이다.

전적으로 잘못된 견해였다. 고(故) 스티븐 제이 굴드는 기념비적 저서 『진화 이론의 구조』에서 단언하기를, 혹스 복합체와 공통의 신체 형성 유전자들을 발견한 일은 현대적 종합 이론의 시각을 완전히 뒤집는 사건이라 했다. 굴드는 이렇게 썼다. "바야흐로 등장하는 발생유전학 분야의 발견들이 더없이 중요한 까닭은 무언가 철저히 새로운 것을 발굴해내기 때문이 아니다…… 발견의 내용이 누구도 차마 예상치 못했던 것이기에, 그리고 이로 말미암아 반드시 진화 이론을 개정하고 확장해야 하기 때문이다."

상동 유전자는 존재한다(마이어의 예측 가운데 한 가지가 그릇된 것으로 밝혀지는 순간이었다). 게다가 한때 사람들의 생각처럼 로마로 통하는 길이(다시 말해 진화적 적응의 길이) 손꼽을 만큼 많은 것도 아니었다. 팍스-6만 보더라도 동물의 눈은 종류에 무관하게 모두 팍스-6 경로라는 동일한 길을 따랐다. 자연선택이 매번 처음부터 끝까지 새로 작업하여 다양한 눈들을 만들어낸 게 아니다. 모든 종류의 눈에는 공통의 유전 요소가 존재한다. 부속지, 심장도 마찬가지다. 공통의 유전 요소들은 까마득한 옛날부터 전해진 것이 분명하다. 척추동물도 절지동물도 없던 옛날, 그때 어떤 동물들이 있어서 이 유전자들을 도구 삼아 보고, 느끼고, 먹고, 움직이는 각종 구조를 만들었을 것이다. 그 동물들이야말로 사람을 포함한 거의 모든 현생 동물의 먼 조상일 것이다. 조상과 동물 진화 경로에 대한 이야기는 6장에서 마저 하고, 지금은 도구상자(툴킷)에 있는 다른 유전자들을 더 알아보자. 전혀 뜻밖의 관련이 밝혀진, 가장 환상적인 사례 한 가지를 아직 공개하지 않았다.

툴킷 정의하기

혹스 유전자, 그리고 눈, 부속지, 심장을 만드는 십여 개의 유전자들은 마스터 유전자들 가운데 가장 유명한 것들이다. 하지만 이들도 동물 발생을 책임지는 유전자 툴킷 가운데 일부에 불과하다. 초파리 형성에 관련된 유전자만 해도 다 헤아리면 수백 개 가량 된다. 이 또한 초파리 게놈의 전체 13,676개 유전자에 비하면 작은 부분이다. 나머지 수많은 유전자들은 또 저마다 일이 있다. 초파리 세포들에서 각기 일상적이고 전문적인 기능들을 수행하는 녀석들이다.

우리는 처음 신체 형성 유전자들을 밝혀낼 때 썼던 방법을 그대로 동원함으로써 여타 툴킷 유전자들에 대해 알게 되었다. 즉 기형을 지닌 돌연변이들의 유전자를 분리하여 연구한 것이다. 특히 1970년대 말에서 1980년대 초까지, 크리스티안네 뉘슬라인-폴하르트와 에릭 위샤우스라는 두 연구자는 초파리 유충의 발달에 필요한 모든 유전자들을 가려낸다는 야심찬 작업을 수행했다. 그들은 적절한 수와 형태의 체절을 만드는 데 필요한 수십 개의 유전자들, 유충이 세 겹의 조직 층을 만드는 데 필요한 유전자들, 그 밖에 파리의 세부사항 및 장식에 필요한 유전자들을 밝혀냈다. 이 다양한 유전자들에 대해서는 잠시 뒤에 알아보자. 지금 중요한 점은 뉘슬라인-폴하르트와 위샤우스가 더없이 체계적으로 연구한 덕택에 파리 형성에 필요하다고 알려진 거의 모든 유전자들이 낱낱이 밝혀졌다는 사실이다. 게다가 대다수의 척추동물과 기타 동물들이 이에 대응하는 유전자들을 갖고 있다는 것도 알려졌다. 두 사람이 초파리를 대상으로 선구적 연구를 해뒀기에 가능한 일이었다. 뉘슬라인-폴하르트, 위샤우스, 그리고 에드 루이스는 1995년에 노벨 생리의학상을 받았다. 그로써 발생학은, 나아가 이보디보는, 탄탄한 입지를 구축할 수 있었다.

뉘슬라인-폴하르트와 위샤우스가 수집한 돌연변이들에 공통되는 충격적이고도 유익한 속성은, 배아 조직이나 패턴에 나타난 결함이 극적이긴 하되 이산적이라는 사실이었다. 이를테면 특정 체절들이 통째로 없는 돌연변이거나, 정상 개수의 반 정도만 존재하는 돌연변이였다. 유전자들은 곤충 구조의 기초 모듈인 체절 단위로만 영향을 미쳤다. 세번째 종류의 돌연변이는 체절의 극성이 이상하게 흐트러진 경우였다. 이것은 유전자들이 모듈식 구조는 유지한 채 배열 패턴에만 영향을 미친다는 얘기였다. 어떤 경우든 발생이 마구잡이로 무너진 예는 없었다. 특정 기능이 파괴되어도 그 밖의 기능들은 정상적으로 진행되었다.

오늘날 우리는 툴킷에 수많은 유전자들이 포함된다는 사실을 알고 있다. 툴킷의 일원인 유전자들은 일반적으로 다른 유전자들을 켜고 끄는 역할을 맡음으로써 발생에 영향을 미친다[그림3-7]. 툴킷에서 큰 부분을 차지하는 것으로 **전사 요인**(transcription factor)이 있다.

마스터 유전자처럼 DNA에 직접 결합하여 유전자의 전사를 켜거나
끄는 단백질들이다. 툴킷에 속하는 또 다른 단백질 종류로 신호전달
경로(signaling pathway)에 속하는 것도 있다. 세포들은 상호소통하
기 위해서 단백질로 된 신호들을 내보낸다. 태어난 세포에서 나와
먼 곳으로 이동한 신호 단백질이 다른 세포의 수용체와 결합하면 꼬
리에 꼬리를 물고 사건들이 펼쳐진다. 세포의 모양이 변하고, 세포
가 이동하고, 세포증식이 시작되거나 중단되고, 유전자가 발현되거
나 억제되는 등의 변화가 일어나는 것이다. 조직이 커질수록 발생
구조 속에서 각자의 형태를 형성할 때 세포군끼리 주고받는 신호가
중요해진다. 초파리에도 몇 개(약 10가지)의 신호전달 경로가 있다.

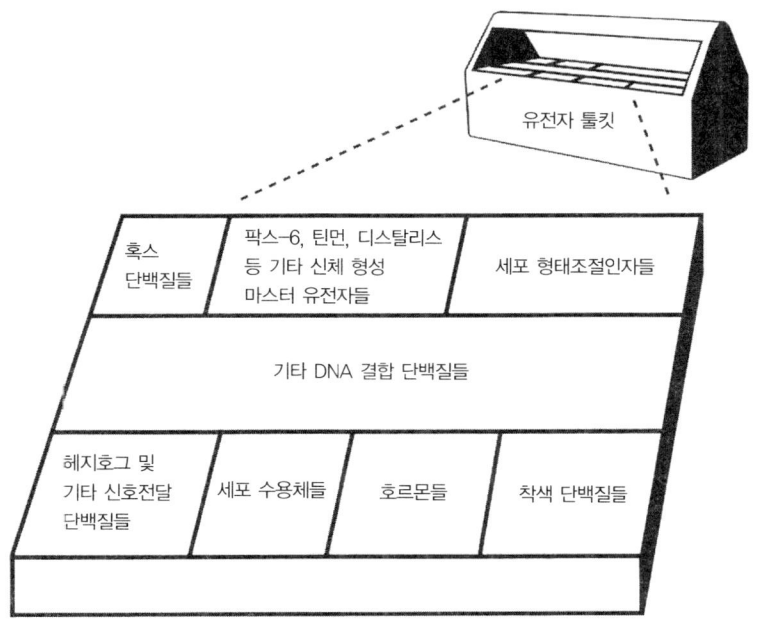

유전자 툴킷

| 혹스
단백질들 | 팍스-6, 틴먼, 디스탈리스
등 기타 신체 형성
마스터 유전자들 | 세포 형태조절인자들 |

기타 DNA 결합 단백질들

| 헤지호그 및
기타 신호전달
단백질들 | 세포 수용체들 | 호르몬들 | 착색 단백질들 |

[그림3-7] **동물 발생의 툴킷.** 툴킷에 포함된 여러 종류의 단백질들이 동물 신체의 발생과 무늬
형성을 통제한다. 그림_ 조시 클라이스.

각 경로는 신호, 수용체, 갖가지 중간물질로 이루어져 있다. 이 요소들은 세포의 구획을 넘나들며 신호를 전달한다. 세포막에서 나와 세포질을 통과하여 세포핵으로 들어간다. 요소들 중 하나라도 돌연변이가 되면 신호 체계가 흐트러지고 발생이 망가진다.

생물학자들은 초파리가 사용하는 유전자를 척추동물도 사용한다는 사실을 알게 되었다. 그래서 초파리에서 새 툴킷 유전자가 확인될 때마다 즉각 척추동물에서 상동 유전자를 찾아보았다. 이런 식으로 이루어진 발견들이 숱하다. 그중에서도 가장 멋진 것 한 가지를 마저 알려드리겠다.

헤지호그에서 다지증, 외눈박이, 암까지

뉘슬라인-폴하르트와 위샤우스는 초파리 유충의 겉모양을 확연하게 변형시키는 돌연변이들을 수집한 뒤 각각 걸맞은 이름을 붙였다. 덕분에 초파리 유전학에는 외모를 본뜬, 기억하기 쉬운 이름들이 잔뜩 있다. 독일어 용어도 많다(두 사람이 튀빙겐에서 작업했기 때문이다). 가령 크니르프스(접는 우산), 크뤼펠(불구자), 슈피츠(뾰족한) 같은 이름도 있고 쉐이븐베이비(말끔히 면도한 사람), 버튼헤드(단추 모양 머리), 페인트리틀볼(희미한 작은 공) 등도 있다. 그중에 내가 특히 좋아하는 헤지호그(고슴도치)라는 유전자가 있다. 돌연변이 유충에 미세한 털들이 마구 나 있어 마치 고슴도치처럼 보이기에 붙여진 이름이다[그림3-8]. 헤지호그는 초파리 형성에서 여러 기능을 담당하는 것으로 잘 알려진, 매우 중요한 분자이다. 그런데 여러 연구진들이 척추동물에서 헤지호그 유전자를 탐색하기 시작하면서 명성이 급격히 높아지게 되었다.

척추동물은 세 개의 헤지호그 유전자를 지닌다. 연구자들은 초파리 유전학에서 시작된 이름 장난에 발맞춰 이들을 각기 소닉 헤지호그(티디오게임 주인공의 이름을 딴 것이다), 데저트(사막) 헤지호그, 인디언(인도) 헤지호그(뒤의 두 가지는 실재하는 고슴도치 종명이다)

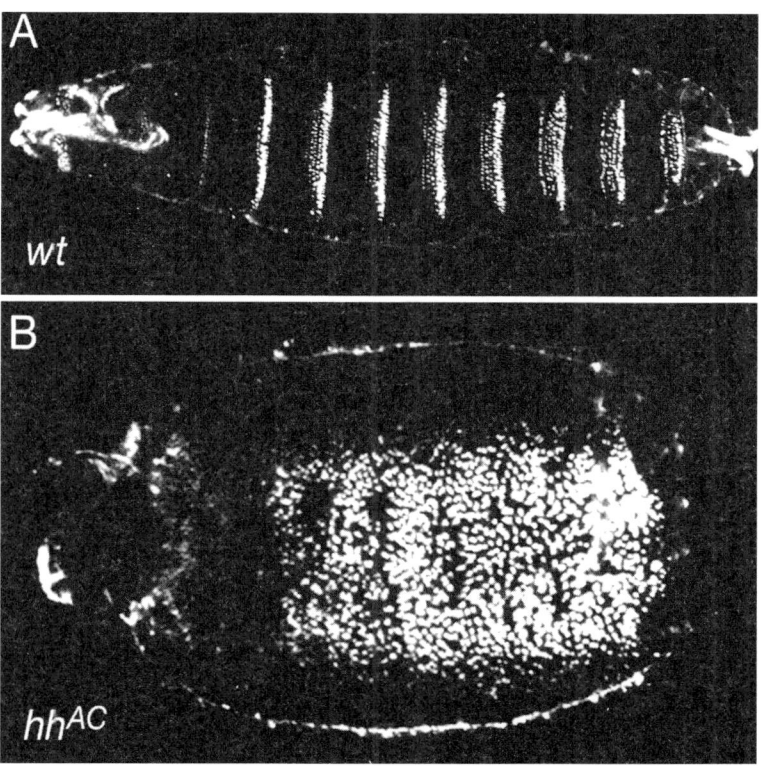

[그림3-8] 정상적인 파리 유충과 헤지호그 돌연변이 파리 유충의 표피. 돌연변이의 섬모 혹은 돌기는 다발로 뭉쳐져 무질서하게 돋아나 있어 고슴도치 털을 닮았다(b). 반면 정상 유충의 돌기는 고른 간격을 두고 띠처럼 돋아 있다(a). 사진_ 케임브리지 대학 베네딕테 산손.

라 부른다. 놀라운 이야기는 이렇게 시작했다. 하버드 의대의 클리프 태빈과 동료들은 소닉 헤지호그가 발생 중인 병아리 사지에서 어떻게 발현되는지 살펴보다가 사지 아체 후부 가장자리가 발현 장소임을 알아냈다. 손더스가 몇십 년 전에 이식 실험으로 극성화 활성대(ZPA)로 알아낸 부분과 놀랄 정도로 가까웠다. 소닉 헤지호그가 극성화 활성대에서 모종의 역할을 하고 있을지 모른다고 추측한 연구자들은 소닉 헤지호그를 사지 아체의 다른 부분에서 발현시키는 실험을 여러 방법으로 실시했다. 그랬더니 손더스의 실험 때처럼 반대 극성으로 추가의 발가락들이 생기는 다지증이 일어났다. 소닉 헤지호그의 발현 영역은 그저 ZPA의 한 부분인 것이 아니었다. ZPA의 활동이 전적으로 소닉 헤지호그의 발현 때문이었던 것이다. 소닉 헤지호그 이야기는 병아리에서만 그치지 않는다.

사람의 다지증을 떠올려보자. 이제껏 밝혀진 바에 따르면, 사람의 경우에도 최소한 어떤 종류의 다지증은 사지 발생 중 소닉 헤지호그 발현에 돌연변이가 생긴 결과라고 한다. 척추동물의 사지에 상동성이 존재함을 보여주는 사례일뿐더러 초파리 유전학의 발견이 인간의학유전학에 얼마나 큰 도움을 주는가를 입증하는 사례이다.

그러고도 이야기는 이어진다.

외눈박이 양과 기형발생물질 사이클로파민을 기억하는가?(그 사진은 좀처럼 잊기 힘들 것이다) 오늘날 우리는 사이클로파민이 포유류에서 소닉 헤지호그 신호전달 경로를 방해하는 억제제임을 알게 됐다. 사이클로파민은 수용체의 일부를 가로막아서 세포가 소닉 헤지호그 단백질에 반응할 수 없도록 만든다. 척추동물 발생에서 소닉 헤지호그 신호전달이 중요하게 쓰이는 곳이 사지 발생 외에 한 군데 더 있는데, 바로 발생 중인 배아의 배 쪽 정중선을 잡는 일이다. 이른바 이 '마루판' 세포들이 내보내는 신호는 층층이 쌓여가는 조직의 패턴을 형성하고, 그들을 좌우로 나누어 시야 및 뇌 반구를 대칭으로 조직하는 데 결정적인 역할을 한다. 이 사건들이 펼쳐지는 결정적 시기에 사이클로파민에 노출되면 정상적인 발달이 막혀서 외눈박이 양이 태어나는 것이다. 사람 배아가 사이클로파민에 노출될 일은 없지만 에탄올이 비슷한 효과를 지니는 것 같다. 임신부가 결정적 시기에 알코올의 독성에 노출되면 태아기 알코올 증후군이 나타나는데, 그 한 가지 결과가 통앞뇌증이다. 소닉 헤지호그 유전자나 이 유전자의 기타 신호전달 경로 요소들의 활동을 차단한 돌연변이를 인위적으로 만들면 역시 외눈증이 나타난다.

척추동물의 툴킷 유전자들이 잘못되는 경우에 나타날 수 있는 질환은 이런 선천적 장애 외에 암이 있다. 세포 안팎의 조절장치들이 잘못될 경우 생겨나는 것이 종양인데, 세포의 신호 반응 능력에 이상이 있을 때도 이런 현상이 나타나기 때문이다. 기저세포암이 여기에 꼭 들어맞는 사례이다. 피부암 중 가장 흔한 종류로서 특히 햇볕에 지나치게 노출된 얼굴과 목에 자주 발생한다. 여러 종양세포들이 돌연변이 소닉 헤지호그 수용체 유전자를 갖고 있다. 신호전달 경로의 활동이 지나치게 왕성해지는 돌연변이다. 그러므로 종양을 치료하는 한 화학요법으로 신호전달 경로 억제제를 투여하는 것을 생각해볼 수 있다. 읽으며 짐작했겠지만 바로 그 사이클로파민을 사용하면 되는 것이다!(사산한 양에서 식물의 독성물질을 지나 인간의 암 화학치료라니, 참으로 신기한 과학 발전 역정이 아닐 수 없다) 최근에는 역시 헤지호그 경로 돌연변이와 연관이 있는 것으로 알려진 몇몇 뇌

종양과 췌장암에도 이 접근법이 쓰이고 있다.

모르긴 몰라도 뉘슬라인-폴하르트와 위샤우스가 1970년대 말에 돌연변이 파리 배아를 연구하기 시작했을 때, 이 연구 덕분에 앞으로 다지증, 외눈증, 암을 이해하게 되리라고는 전혀 생각하지 못했을 것이다. 초파리 유전자 툴킷 발견의 여파는 사람들의 예상보다 훨씬 광범위했다. 동물들의 유전적 유산에 공통점이 많다는 것이 잘 알려진 요즘에는 생물학자 및 의학자들이 인간 질병을 이해하기 위해 파리나 여타 '하등' 종들을 열심히 탐구하는 일이 드물지 않다.

툴킷 역설과 다양성의 기원

공통의 툴킷이 발견되자 다양성의 진화를 바라보는 시각에도 필연적으로 변화가 왔다. 우리는 여러 동물의 툴킷 유전자들에 관한 많은 사실을 밝혀냈다. 툴킷 유전자들이 동물계에 널리 퍼져 있는 것은 무슨 의미일까? 툴킷이 매우 오래된 것으로서 대부분의 동물 종류가 진화해 갈라지기 전부터 존재했다는 뜻이다. 우리는 또 파리류, 선충류, 사람, 한 종류의 쥐와 물고기, 기타 몇몇 동물들의 완전한 게놈 서열 분석 자료를 갖고 있다. 게놈을 비교해본 결과, 파리와 사람이 공통의 발생 유전자를 많이 갖고 있다는 사실은 약과였다. 쥐와 사람은 거의 동일한 유전자를 2만 5천 개가량 갖고 있고, 침팬지와 사람은 DNA의 약 99퍼센트가 동일하다. 공통의 툴킷이 있을 뿐더러 상이한 종들의 게놈이 몹시 흡사하다는 사실은 명백히 역설이다. 공유하는 유전자가 이렇게 많은데 어떻게 차이가 생겨나는가? 어떻게 동일한 혹스 유전자 집합들이 다양하기 이를 데 없는 여러 절지동물들을 조각해낸단 말인가? 포유동물들 사이의 크나큰 차이는 어떻게 진화했는가? 영장류, 유인원, 인간의 차이는 어떻게 진화했는가? 동일한 유전자들로부터 다양한 구조가 만들어질 수 있다는 점을 이해하기 위해서, 우리는 개별 동물의 구조가 조립되는 과정을 훑어볼 필요가 있다. 다음 두 장에서는 바로 그 대단한 이야기를 해보려 한다.

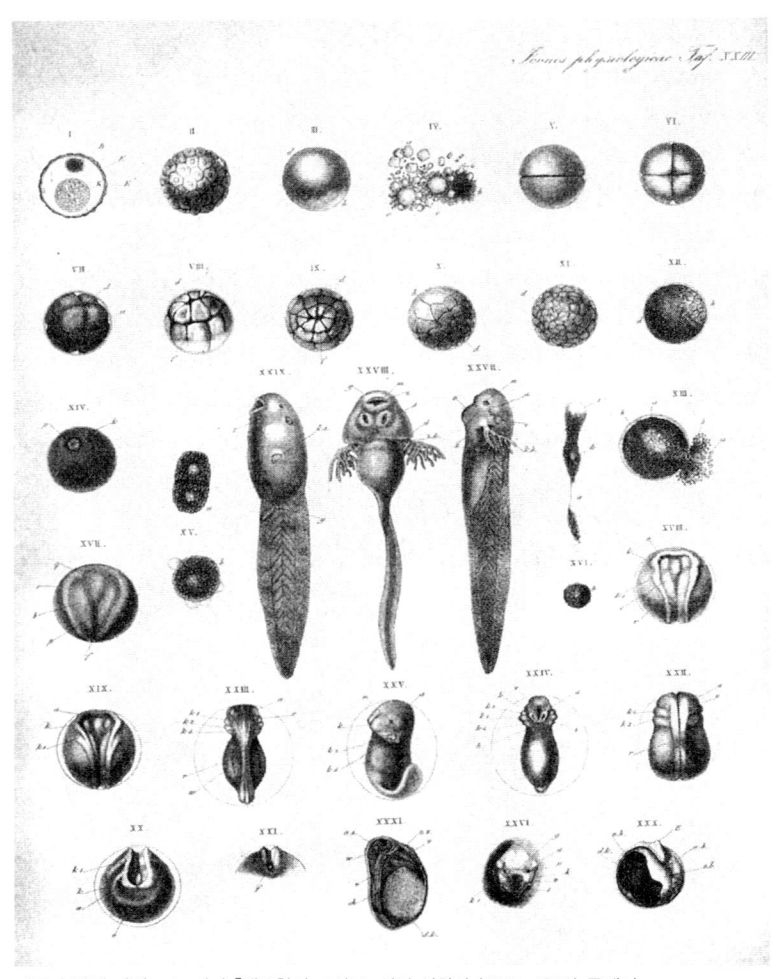

개구리 발생 과정. A. 에커 『생물학의 도상들: 설명 삽화판』(1851~1859) 중에서.

04

아기 만들기 : 부품은 유전자
2만 5천 개, 약간의 조립 필요함

백문이 불여일견.

:: 중국 속담

어느 봄날 늦은 밤, 콜로라도. 실험실은 쥐 죽은 듯 고요하다. 나는 이전 18개월간 셀 수 없이 반복했던 실험을 또 한 번 되풀이하고 있다. 작고 하얀 파리 배아 수백 마리를 새로 만든 항체 용액에 푹 담가 적시며, 나는 초조한 마음을 억누르지 못한다. 실험실 책임자인 매트 스코트는 아직 모르겠지만 나는 이것이 마지막 시도라는 결심을 내린 참이다. 더 이상 다른 방식은 떠오르지 않는다. 새로운 설계방식이며 기교도 바닥났으니 일 년 반의 작업이 말짱 헛것이 되고 말 것이다. 배아들은 유리 슬라이드 위에 쌀알처럼 가지런히 놓여 있다. 나는 녀석들을 푸른 광선 아래로 밀어 넣는다. 어, 잠깐, 아니 이런! 녹색 줄무늬가 작은 구더기들을 아름답게 둘러싸고 있다. 당장 실험 책임자에게 전화하고 샴페인을 사러 달려갈 때다. 우리에게 이제야 기회가 왔다.

다시 병아리를 만들어내기

앞서 발생을 담당하는 유전자 툴킷을 소개했다. 신체부속의 수가 비정상이거나, 이상한 장소에 부속이 달렸거나, 주요한 구조 일부가 통째 누락된 신기한 돌연변이들을 연구함으로써 툴킷을 발견했다는 이야기도 했다. 사실 자연은 대개의 경우 틀리지 않는다. 고마운 일이다. 덕분에 알맞은 장소에 알맞은 개수의 부속들을 지닌 정상적인 파리와 아기들이 태어난다. 그런데 어떻게 그럴까? 이 대단한 유전자들은 어떻게 하나의 단순한 수정란을 복잡한 생명체로 바꾸어내는 걸까?

생물학자들이 생명 과정을 분자 수준에서 이해하고자 하는 것을 두고 '환원주의'라 한다. 종종 자연 과정이나 구조들을 분자 차원의 구성요소들로 쪼개어, 즉 환원하여 검토하려 하기 때문이다. 환원적 접근법은 지난 반세기 동안 엄청난 성공을 거두었다. 유전의 메커니즘을 밝혀내고, 질병들의 원인을 드러내고, 새로운 의학적 처방과 진단을 장담하는 5천억 달러 규모의 산업을 만들어냈다. 환원주의적 사고에 대한 비판 중 가장 흔한 것은, 세포나 개체, 집단, 생태 공동체 등 중요한 생물학적 개체들이 분자보다 차원 높은 수준에서 조직되어 있다는 지적이다. 분자에 대한 지식만으로 높은 차원의 속성들을 설명할 수는 없다는 것이다. 컴퓨터가 실리콘, 초전도 금속, 플라스틱으로 만들어져 있다는 걸 안다 해서 컴퓨터 구조 및 기능을 논할 수 없듯, 툴킷 유전자 목록을 얻은 것만으로 발생 중인 동물의 조립 과정을 이해했다고 주장하기란 어불성설이란 말이다.

예전에도 비슷한 상황이 있었다. 예전에 발생학자들은 억지로 일군의 세포들을 분리해내고서 그들이 어떤 발생 과정을 거쳐 조직과 기관으로 자라는지 알아내려 했다. 파울 바이스는 동료 발생학자들에게 다음과 같은 식으로 환원주의에 따르는 딜레마를 설명한 적 있다. 바이스는 먼저 온전한 병아리 배아의 사진을 보여주었다. 다음엔 배아를 혼합기에 집어넣는 사진을, 다음엔 완전히 원심분리되어 산산이 분해된 배아의 사진을 보여주었다. 바이스는 환원주의자들이 풀어야 할 숙제를 무뚝뚝하게 천명했다. 어떻게 이것을 다시 병아리로 만들 것인가?

툴킷 유전자들은 전체 유전 물질 가운데 아주 작은 조각에 불과하다. 초파리의 경우 1만 3천7백 개의 유전자, 포유류의 경우 약 2만 5천 개의 유전자 중 일부에 불과하다. 좋다, 그중에서도 결정적인 조각들을 꽤 많이 확인했다고 하자. 그렇다고 그로부터 병아리를 만들어낼 수 있는가? 아니, 파리라도 만들 수 있는가? 새 장난감이나 가전제품이 든 커다란 상자를 끌렀더니, 속에 조각난 부품들이 잔뜩 들어 있고 '약간의 조립 요망'이라는 실망스런 세 단어가 적힌 안내문이 한 장 동봉된 형국이나 마찬가지다. 앞 장에서는 생물학자들이 돌연변이를 파고듦으로써 마스터 유전자를 찾아낸 과정을 살펴보았다. 이 장에서는 방향을 거꾸로 돌려보자. 어떻게 유전자로부터 동물이 만들어지는지 알아보자.

이 장에서는 지도를 그리고 읽는 활동 가운데 결정적인 깨달음을 얻게 될 것이다. 스티븐 홀은 『새 천 년을 그리는 지도 : 새로운 지리학의 발견』이라는 책에서 지도 제작이야말로 과학적 탐구의 첫 단계라 주장한 바 있다. 15, 16세기의 위대한 항해자들로부터 현재의 천문학자, 물리학자, 해양학자에 이르기까지, 과학자들은 우주와 지구와 바다를 제대로 측정하는 방법, 그리고 유익하고 인상적인 방식으로 그 내용을 표현하는 방법을 추구해왔다. 동물 배아도 하나의 작은 세계이다. 툴킷 유전자들은 미래에 그 세계에 만들어질 지리를 그린다. 홀은 수정란의 '지리학'을 이해하는 것이야말로 생물학의 중심 과제라는 적절한 비유를 했다. 이제 우리는 새로운 종류의 지도들을 살펴볼 것이다.

무릇 과학 탐구에 있어, 최초로 새로운 형상을 목격할 때는 새로운 기구나 기술이 결정적인 법이다. 먼 우주를 내다볼 때나 생명체의 안을 들여다볼 때나 마찬가지다. 발생학에서 유전자 툴킷을 발견한 것은 그저 신체 형성 유전자들의 정체를 알아낸 것 이상의 의미였다. 발생을 전혀 새롭게 관찰할 도구를 준 것이기 때문이다. 툴킷 유전자들이 배아에서 활약하는 모양을 시각화함으로써 우리는 신체 구조들이 실제 형성되기 훨씬 전부터 그 위치와 모양을 볼 수 있게 되었다. 내가 콜로라도에서 한밤중에 목격한 녹색 줄무늬가 바로 그런 것이다. 배아의 툴킷 유전자 발현 영상은 자라나는 배아의 지리를 생생하고 역동적인 지도로 보여준다. 하나의 단순한 수정란이 툴킷 유전자들의 도움을 받아 차차 복잡한 동물로 구성되어 가는 과정을, 그 순서와 논리를 드러내는 지도이다.

최초의 지도들

작은 알이 복잡한 동물이 되는 발생이라는 장관은 한 편의 멋진 드라마다. 개구리의 경우 알이 올챙이가 되는 데 며칠이면 족하다. 주요 사건들이 몇 분이나 몇 시간 단위로 눈 깜박할 새에 진행된다[그림4-1]. 수정 후 한 시간여 만에 하나의 커다란 세포였던 수정란이 분열을 시작한다. 반으로 갈라져 두 개의 세포가 된다. 곧 두번째 난할이 첫번째 난할과 수직 방향으로 일어나고, 세포는 네 개가 된다. 세포가 8개, 16개, 32개가 될 때까지 빠르게 난할이 일어나고, 이후 모든 세포들이 둥근 공의 겉 표면으로 밀려나가서 위치한다(영양이 풍부한 난황을 가운데 두고 둘러싼다). 다음, 수정된 지 고작 9시간 만에, 낭배 형성이라는 극적인 일련의 움직임들이 개시된다. 낭배 형성 중에 배아는 세 개의 층을 만든다. 가장 안쪽(내배엽), 가운데(중배엽), 가장 겉의 층은 각기 신체에서 차지하는 깊이가 다른 여러 조직과 기관들(피부, 근육, 장 등등)을 형성하게 될 것이다. 낭배 형성 단계가 되면 원래 배아 겉면에 있던 세포 대부분이 안쪽으로 들어가 주머니 같은 모양을 만든다. 수정 후 하루 정도면 배아는 세 개의 주 조직 층으로 나뉜 상태가 된다.

다음은 각 층 내부에서 영역을 구획하는 단계다. 배아의 꼭대기 쪽에서 대담한 변화들이 이어지며 신경관이 형성된다. 미래에 뇌와 척수가 생길 지점이다. 본격적으로 발생한 지 하루 만에 울룩불룩 주름이 잡히며 미래에 머리, 눈, 꼬리가 생겨날 영역들이 정해진다. 올챙이의 기관들과 부속지들도 형성되기 시작한다. 둘째 날에는 등 지느러미가 형성되고, 눈이 착색되며, 심장과 혈관계가 만들어진다.

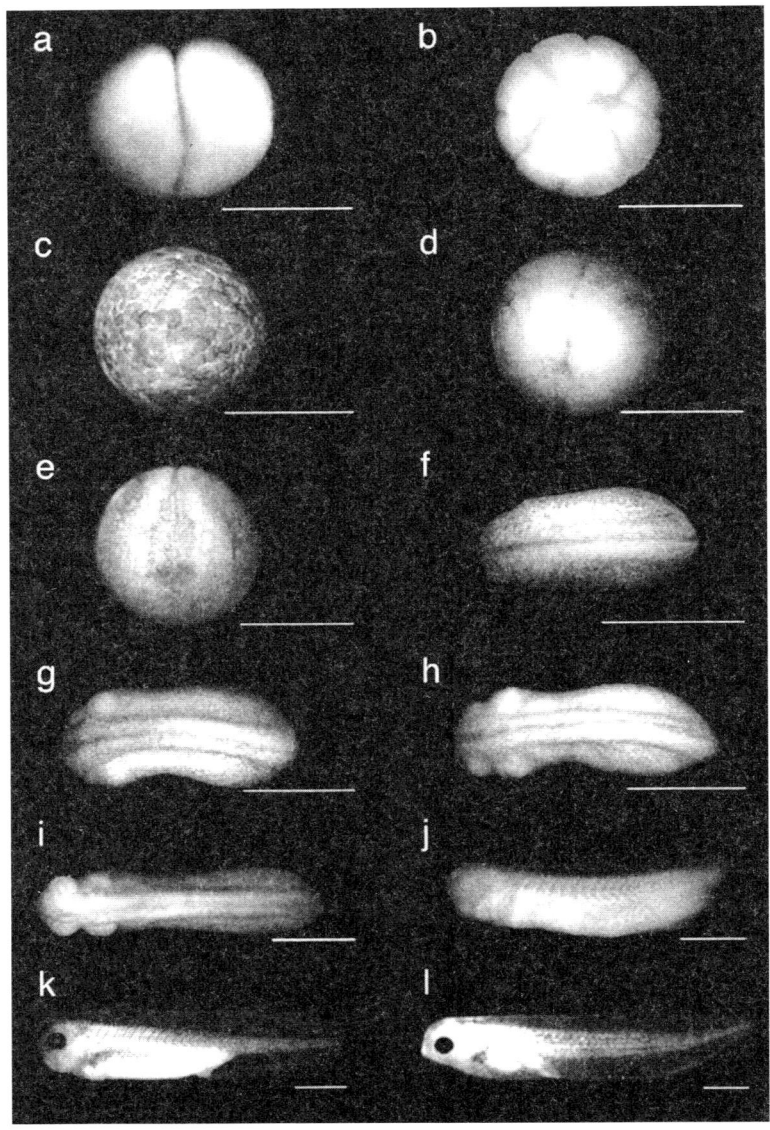

[그림4-1] **올챙이의 발생.** 발생 순서에 따라 영상을 배열하였다. 수정란의 첫번째 분열(a), 포배 형성(c), 배아의 안쪽으로 배엽들의 형성(d, e), 신경계와 원체절의 형성(f~i), 올챙이의 눈 형성 과 눈 착색(h~l)이다. 사진_ 데이비슨 칼리지의 윌 그래엄과 바버러 롬.

셋째 날로 접어들 즈음에는 적혈구를 볼 수 있다. 올챙이는 수영선수처럼 물속을 누비는 와중에도 발생을 겪는다. 사지가 자라나고, 꼬리가 다시 흡수되고, 결국 성체의 꼴을 갖춘다.

파리 유충이 만들어지는 과정도 역시나 쏜살같다[그림4-2]. 길쭉한 파리 알은 하나의 수정된 핵에서 출발하여 고작 몇 시간 만에 세포 6천 개로 불어난다. 세포들은 난황을 둘러싸고 단단한 껍질을 이룬다. 배아는 낭배 형성을 시작하여 내배엽, 중배엽, 외배엽을 만든다. 그 후 배아의 몸통 부분이 늘어나기 시작하여 빠르게 여기저기 골이 생기면서 체절 모양을 조각해간다. 배아는 하루 만에 유충의 다양한 기관들을 형성하고, 성체의 여러 구조가 될 세포들을 꾸러미로 묶어 마련해둔다. 단 하루 만에, 하나의 수정란이던 것이 왕성한 식탐을 보이며 꾸물거리는 유충으로 변하는 것이다. 유충은 쉴 새 없이 자라나서 두 번 허물을 벗고, 번데기가 되고, 그로부터 9일 뒤에 파리가 되어 나온다.

개구리와 파리의 배아 및 유충은 포식자들에 한없이 취약한 상태다. 살아남기 위해서 전력 질주하듯 발생을 해치워버릴 수밖에 없다. 암컷이 생산한 수백 개의 알 중 성체로 무사히 자라는 것은 극소수에 불과하다. 사람의 생태는 전연 다르다. 사람은 최고로 안전한 장소에서 발생을 겪으며, 어쨌든 처음에는 매우 느린 속도로 발생을 진행시킨다. 인간 수정란의 초기 분열들은 매 스무 시간마다 한 번씩 벌어지므로, 올챙이가 완벽하게 만들어질 시간 동안 고작 32개 세포를 만들 수 있다. 낭배 형성은 13일째에야 시작되며 머리 영역을 뚜렷이 알아볼 수 있게 되는 데 약 3주가 걸린다. 배아 뒤쪽으로 불룩 튀어나온 마디들 같은 것이 두 줄로 생기는데 척추동물이란 증

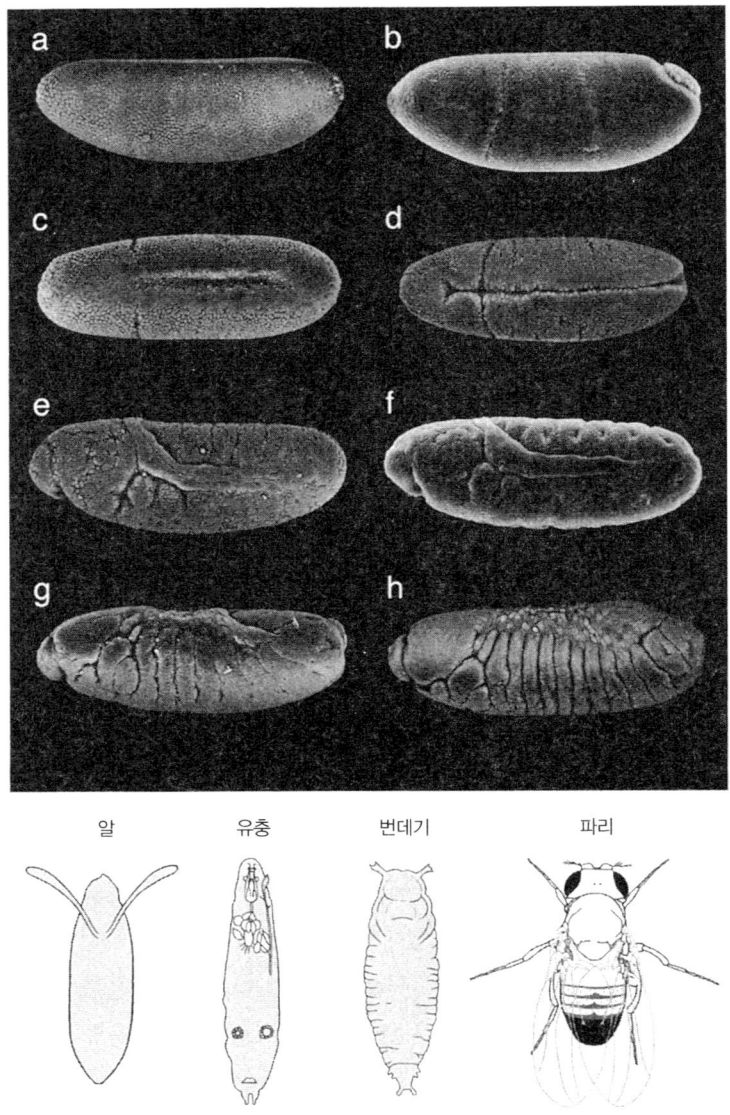

[그림4-2] **파리 배아의 발생 과정과 파리의 생장주기.** 위: 파리 발생 진행을 찍은 전자현미경 사진이다. 배아의 내배엽 형성(a~d), 체절 형성(e~h)이 드러난다. 전 과정이 12시간 안에 벌어진다. 아래: 배아가 부화하면 유충이 되고, 유충은 자라며 여러 번 탈피한 끝에 번데기가 된다. 며칠 뒤에 번데기에서 성체가 나온다. 사진_ 인디애나 대학 루디 터너, 그림_ 리앤 올즈.

거이다(이 원체절들로부터 나중에 척추 및 주변 근육과 피부가 생겨난다). 이쯤일 때 인간 배아의 길이는 2.5밀리미터 남짓하다. 태어나려면 아직도 여덟 달을(길기도 하지!) 지내야 한다.

배아의 발생을 보노라면 여러 질문들이 떠오르는 것을 막을 도리가 없다. 배아는 어디가 머리가 되고 어디가 꼬리가 될지 어떻게 알까? 어디가 위이고 어디가 아래인지? 눈, 다리, 날개를 어디 둘 것인지 어떻게 정할까? 최초의 수정란 세포가 후에 근육, 신경, 혈액, 뼈, 피부, 간 등으로 변할 잠재력을 갖고 있다는 사실을 생각하다보면 대체 어떻게 잠재력이 실현되는 것인지 궁금해진다. 배아 발생의 어느 단계쯤에서 한 세포의 운명이 정해지는 걸까?

발생학의 위대한 선구자들은 아주 단순한 실험 조작 기법들을 사용함으로써 이런 매혹적인 질문들에 답하려 했다. 현실적인 이유에서 연구자들은 어디서나 구할 수 있고, 다루기 쉬우며, 발생을 관찰하기 편한 종의 배아를 선택해야 했다. 보통은 성게류나 양서류처럼 단순한 환경에서 빠르게 발생하는 해양 동물의 알을 대상으로 삼았다. 발생학자들은 이런 질문을 품었다. 초기 배아의 여러 영역 세포들에서 각기 어떤 구조가 만들어질까? 다양한 기법이 동원되었는데 그중 가장 직접적인 방법은 안전한 화학 염료로 세포를 염색한 뒤 세포와 그 딸세포들이 결국 어디로 가는지 보는 것이었다. 발생학자들은 관찰 내용을 바탕으로 초기 배아의 지도를 만들었다. 이른바 운명 지도(fate map)라는 것으로, 어떤 위치의 세포들이 어떤 구조를 낳을지 표기한 그림이다.

연구자들은 운명 지도를 그리는 실험을 반복하여 여러 동물 배아의 지도를 완성해냈다. 지구본에 경도와 위도가 있듯, 발생 운명

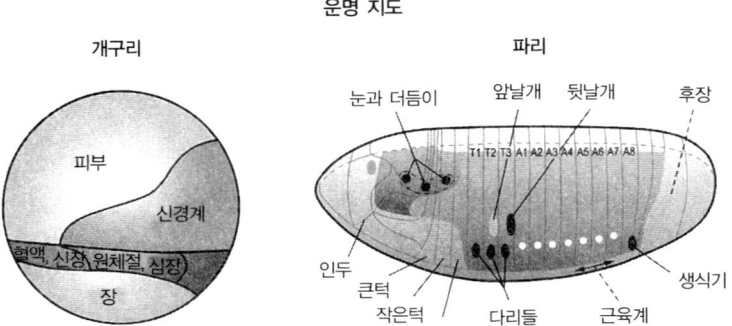

[그림4-3] **발생 운명 지도.** 개구리 초기 배아와 파리 초기 배아 운명 지도. 상이한 영역에서 생겨날 상이한 미래 신체부속들이 표시되어 있다. 그림_ 리앤 올즈.

지도에서도 배아에 좌표를 부여한다. 좌표에 따라 미래의 조직들, 기관들, 부속지들의 상대적 위치가 정해진다. [그림4-3]은 개구리와 파리 배아를 보여주는 지도이다(서로 다른 기법이 사용된 것이지만 개념은 동일하다). 개구리 초기 배아의 특정한 위도와 경도에 표피, 신경계, 혈액 형성 조직, 심장, 혈관계, 피부, 장의 위치가 그려져 있다.

파리 배아는 둥그런 공 모양의 개구리알과는 퍽 다른 모습이며, 럭비 공이나 풋볼 공처럼 길쭉한 타원형을 하고 있다. 미래에 성체 파리의 다양한 부속이 될 부분들이 역시 지도 좌표에 구분된 영역으로 표기되어 있다. 지도를 보면 파리 체축에서 서로 다른 위치에 생겨날 부속들은 초기 배아의 축에서도 서로 다른 위치에 할당되어 있다.

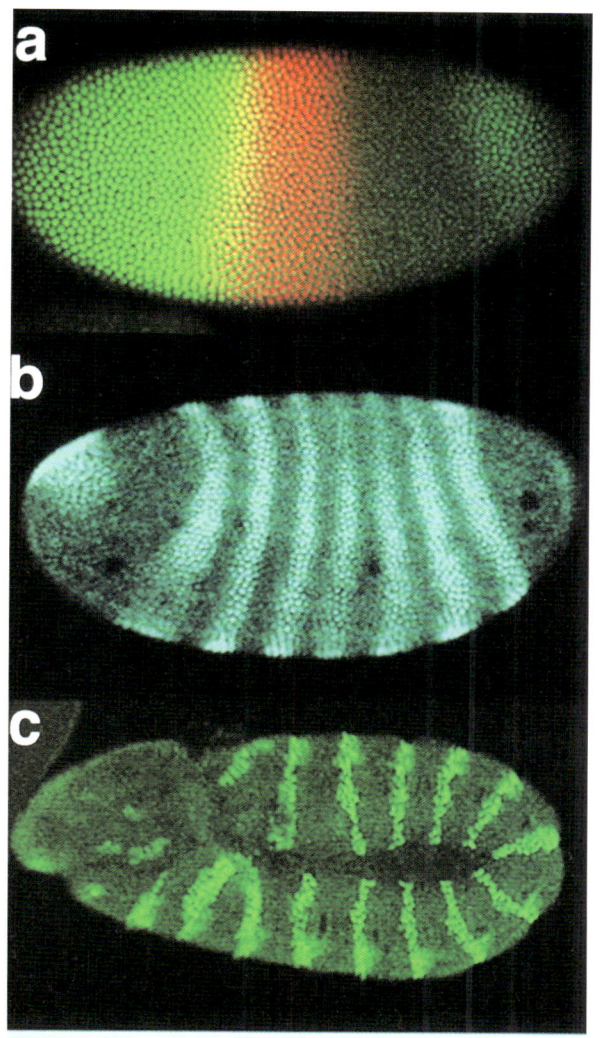

4a | 초기 파리 배아의 서쪽과 가운데 지역에 두 가지 툴킷 단백질들이 발현한 모습이다(초록색과 붉은색이며 겹친 부분은 노란색으로 보인다). 점 하나가 세포핵 하나에 해당한다.

4b | 이후 파리 배아는 체절 두 개 간격으로 나란히 구획화된다. 다른 종류의 툴킷 단백질들이 발현한 것인데, 미래에 두 개의 체절이 될 영역마다 하나씩 줄무늬가 생겼다.

4c | 배아는 곧 체절 하나 간격으로 더 잘게 구획화된다. 이 툴킷 단백질은 미래의 체절 하나하나마다 뒤쪽으로 줄무늬를 표시한다. 사진 a~c_ 짐 랑겔랜드와 스티브 패독.

4d | 서로 다른 경도의 혹스 단백질 발현 영역이 드러나 있다. 이 사진에서는 네 개의 혹스 단백질들이 드러난다(네 가지 색깔이다). 사진_ 캘리포니아 대학 버클리 캠퍼스 니팜 파텔.

4e │ 초기 배아의 위도가 툴킷 유전자들에 의해 구획되어 있다. 남쪽 끝(위), 적도 근방(가운데), 북쪽 끝(위)이다. 사진_ 캘리포니아 대학 버클리 캠퍼스 마이클 레빈.

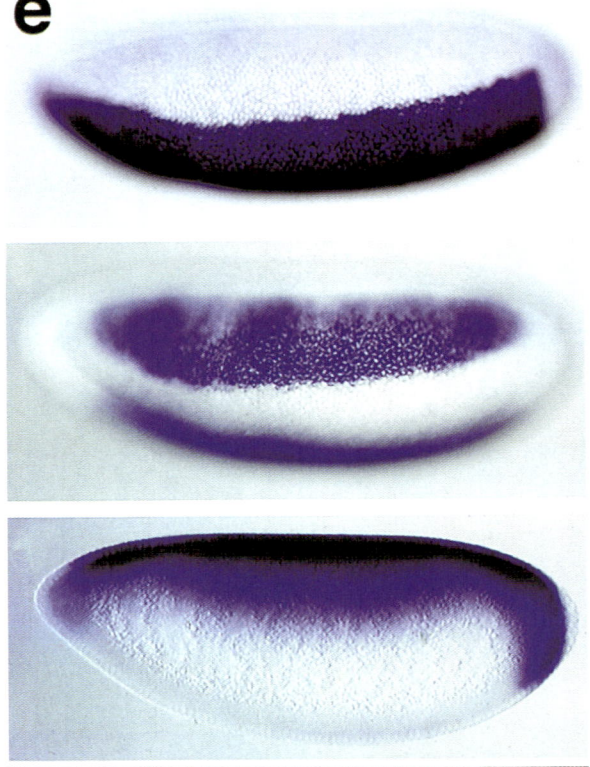

4f │ 특정 경도와 위도가 교차한 지점에서 발현한 툴킷 단백질들이 미래 부속지들의 위치를 드러내고 있다. 서로 다른 두 단백질이 미래 앞날개(w)와 뒷날개(h)와 다리들(l)의 위치를 보여준다. 사진_ 스코트 웨더비.

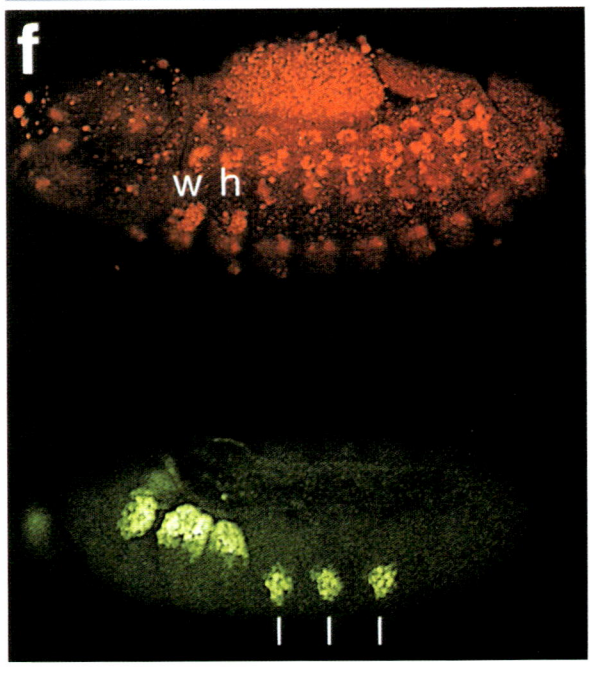

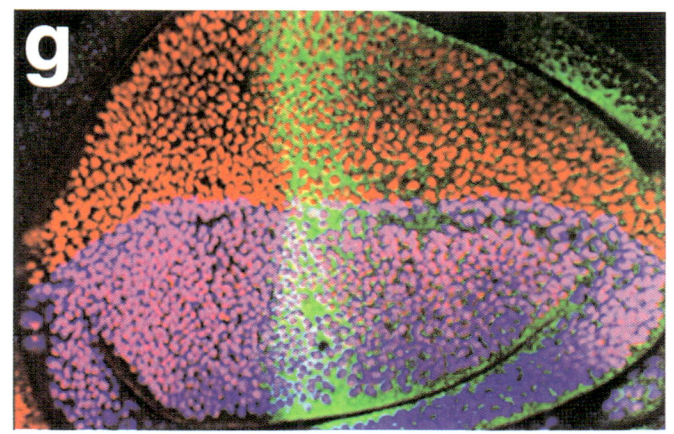

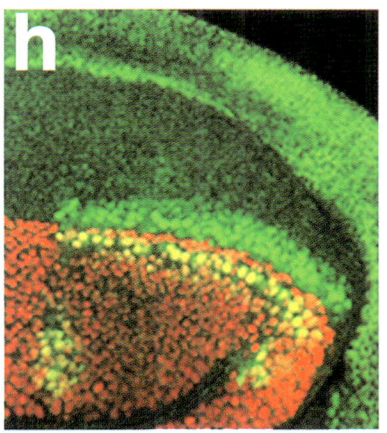

4g | 발생 중인 날개가 여러 영역으로 구획되고 있다. 서로 다른 툴킷 단백질들이 미래의 윗부분(붉은색)과 아랫부분(자주색), 뒷부분(왼쪽)과 앞부분(노란색과 오른쪽)을 구별하여 드러낸다. 점 하나는 날개 세포핵 하나에 해당한다. 사진_ 짐 윌리엄스와 스티브 패독.

4h | 날개의 특정 좌표에서 툴킷 단백질들이 발현하여 특정 구조의 형성을 촉진한다. 영상에서 노란색과 초록색으로 드러난 툴킷 단백질은 미래의 날개 가장자리를 따라 감각 강모 형성을 촉진한다. 사진_ 위스콘신 대학 세스 블레어.

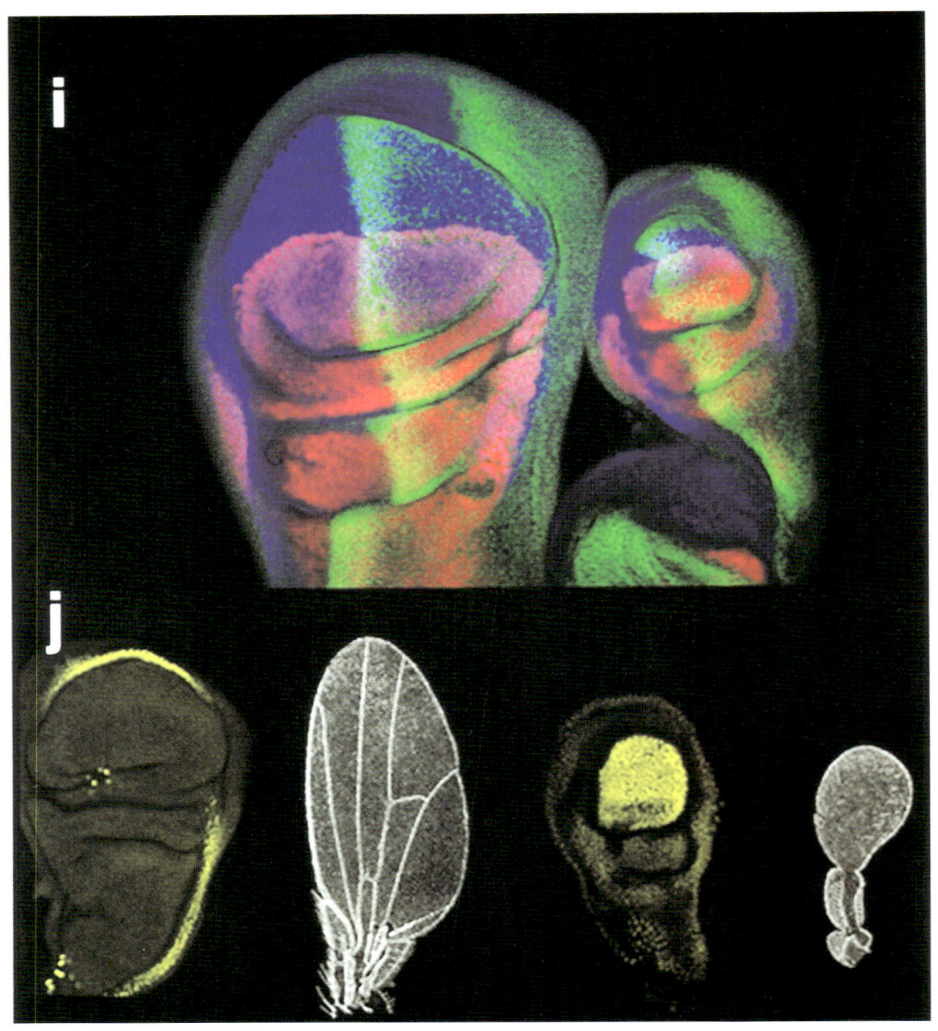

4i ┃ 앞날개와 뒷날개는 크기가 다르지만 동일한 툴킷 단백질들에 의해 구획화된다(두 날개에 각기 드러난 자주, 빨강, 초록 패턴과 노랑 패턴을 비교해보라). 사진_ 짐 윌리엄스와 스티브 패독.

4j ┃ 한 혹스 단백질이 뒷날개(맨 오른쪽)를 앞날개(왼쪽에서 두번째)와 차별화한다. 맨 왼쪽 커다란 원반이 앞날개가 될 것이다. 미래의 날개 세포들 중 울트라바이소락스를 발현하는 것이 하나도 없다(노란색). 반면 뒷날개가 될 모든 세포들에서는 그 혹스 단백질이 발현한다(오른쪽에서 두번째 원반 영상에서 짙은 노란색으로 보이는 부분). 사진_ 스코트 웨더비.

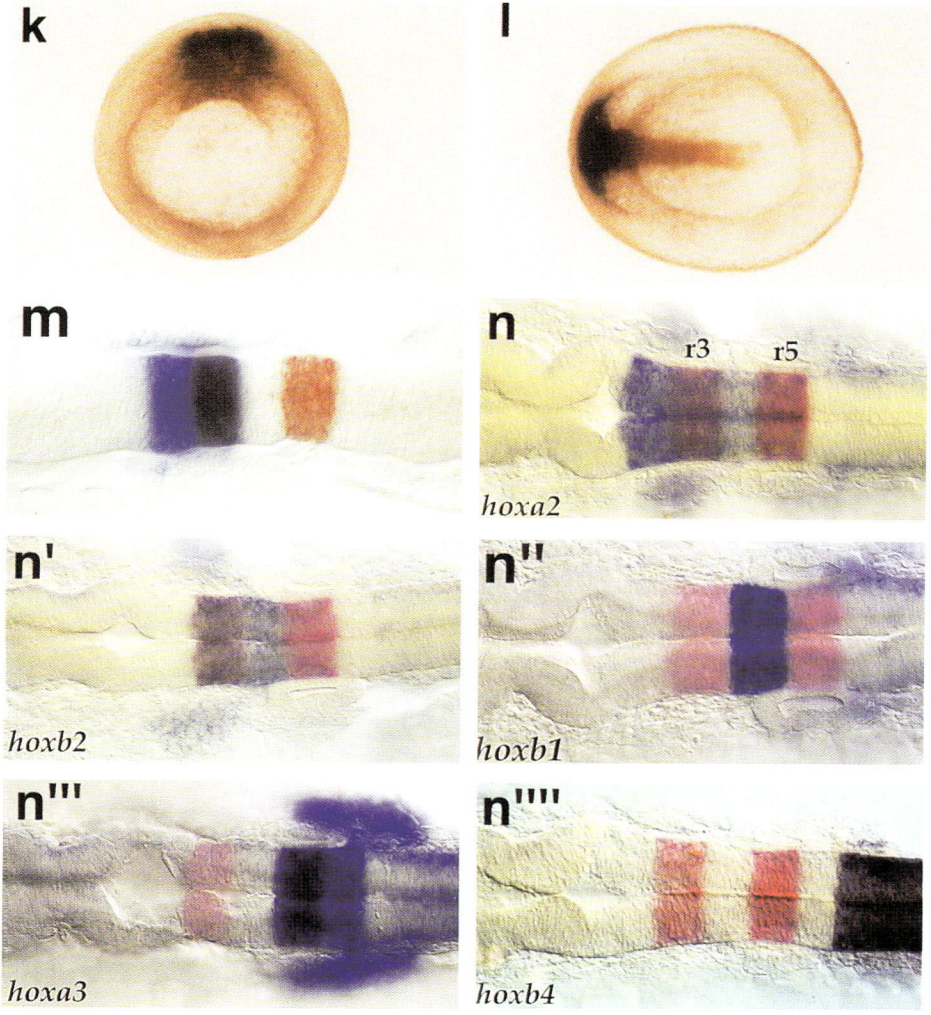

4k │ 툴킷 단백질 도딘이 개구리 배아의 형성체 세포들에서 만들어진다.   사진_ UCLA 에디 드 로베르티스.

4l │ 프리즈비 툴킷 단백질이 개구리 배아 중 머리에 해당하는 영역의 세포들에서 만들어진다.   사진_ UCLA 에디 드 로베르티스.

4m │ 툴킷 유전자들이 미래에 척추동물 후뇌의 하위 영역들이 될 부분을 드러내고 있다. 영상에서는 세 개의 유전자들이 드러나는데(푸른색, 검은색, 주황색), 이들의 발현으로 능뇌 분절 r2, r3, r5가 정해진다.   사진_ 하워드 휴즈 의학연구소 및 시애틀 소재 프레드 허친슨 암센터 세실리아 모엔스.

4n │ 척추동물 후뇌에서 혹스 유전자들이 발현한 영역들. 크록스20 툴킷 유전자에 의해 능뇌 분절 r3와 r5가 분홍색과 주황색으로 드러나 있다. 다섯 개 혹스 유전자들의 발현 패턴이 후뇌의 자주색 영역 속에 드러나 있으며, r2(혹스a2)에서 r7(혹스b4)에 이르기까지 각 능뇌 분절들의 경계를 정해주고 있다.   사진_ 하워드 휴즈 의학연구소 및 시애틀 소재 프레드 허친슨 암센터 세실리아 모엔스.

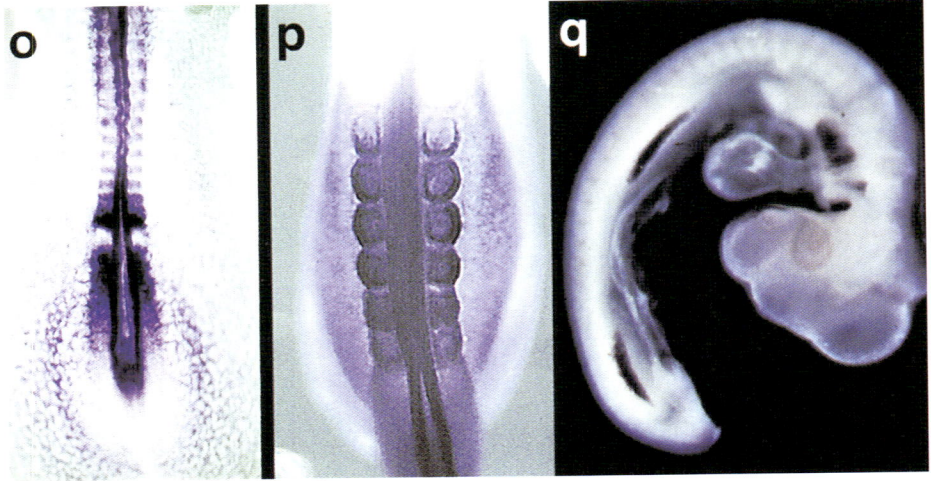

4o │ 하나의 툴킷 유전자가 발현하면서 원체절들을 형성하고 있다. 지금 발생 중인 체절뿐 아니라 아직 꼴이 갖춰지지 않은 원체절들도 드러난다. 사진_ 미주리 주 캔자스시티 소재 스토워스 연구소 올리비에 푸키에.

4p │ 몸통을 따라 들어서는 원체절들에 혹스 유전자 발현 지역이 드러나고 있다. 사진_ 미주리 주 캔자스시티 소재 스토워스 연구소 올리비에 푸키에, 엘즈비어 사의 허가로 『셀』 106(2001), 219~232쪽에서 재인용.

4q │ 발생 중인 날개와 다리 아체들의 위치를 표시하는 툴킷 유전자 발현 장면. 사진_ 위스콘신 대학 존 팔론.

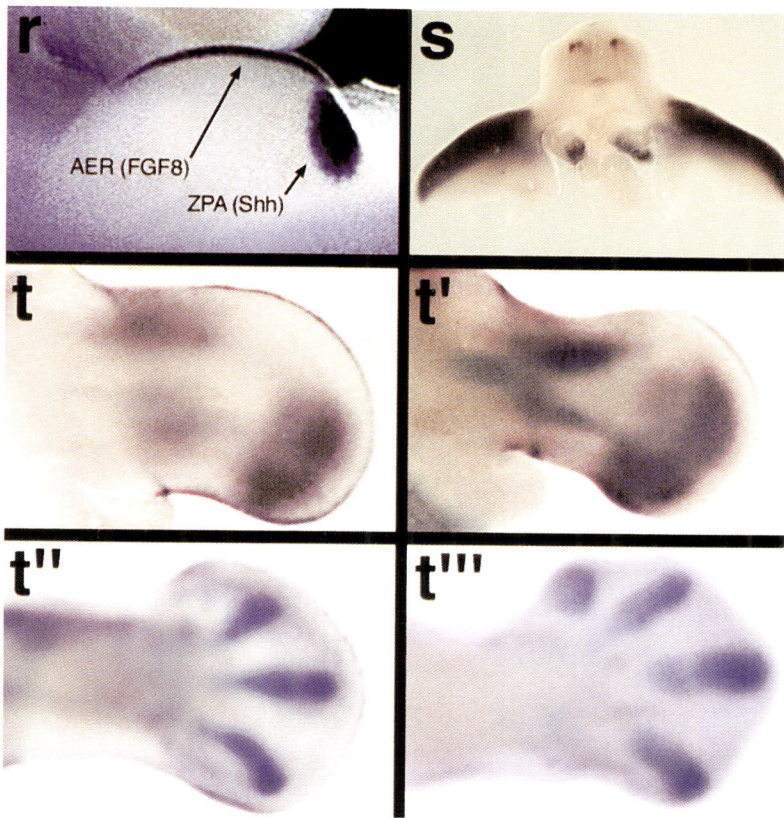

4r | 툴킷 유전자들이 발현하여 병아리 다리 아체에서 두 군데 중요 영역을 표시하고 있다. 소닉 헤지호그 유전자(Shh)는 ZPA에서 발현되고, FGF8 유전자는 다리 아체 가장자리에서 발현된다. 사진 _ 매사추세츠 주 케임브리지 소재 하버드 대학 의학부 클리프 태빈.

4s | Lmx 툴킷 유전자가 미래 사지의 위쪽들을 드러내고 있다. 두 개의 사지 아체들이 보인다. 각 아체의 몸통 쪽 절반 정도가 자주색으로 염색되었다. 사진 _ 매사추세츠 주 케임브리지 소재 하버드 대학 의학부 클리프 태빈.

4t | 하나의 툴킷 유전자가 발현하며 사지 발생 및 연골 형성 진행을 드러내고 있다. 첫번째 영상에서는 Sox9 유전자가 발현하여 아체 기저부, 즉 사지 상부의 형성을 보여준다. 나머지 영상들은 그로부터 서서히 사지 말단부, 손, 손가락들이 형성되는 모습이다. 사진 _ 스페인 산탄데르 소재 칸타브리아 대학 후안 헐 박사, 엘즈비어 사의 허가로 『발생생물학』 257(2003), 292~301쪽에서 재인용.

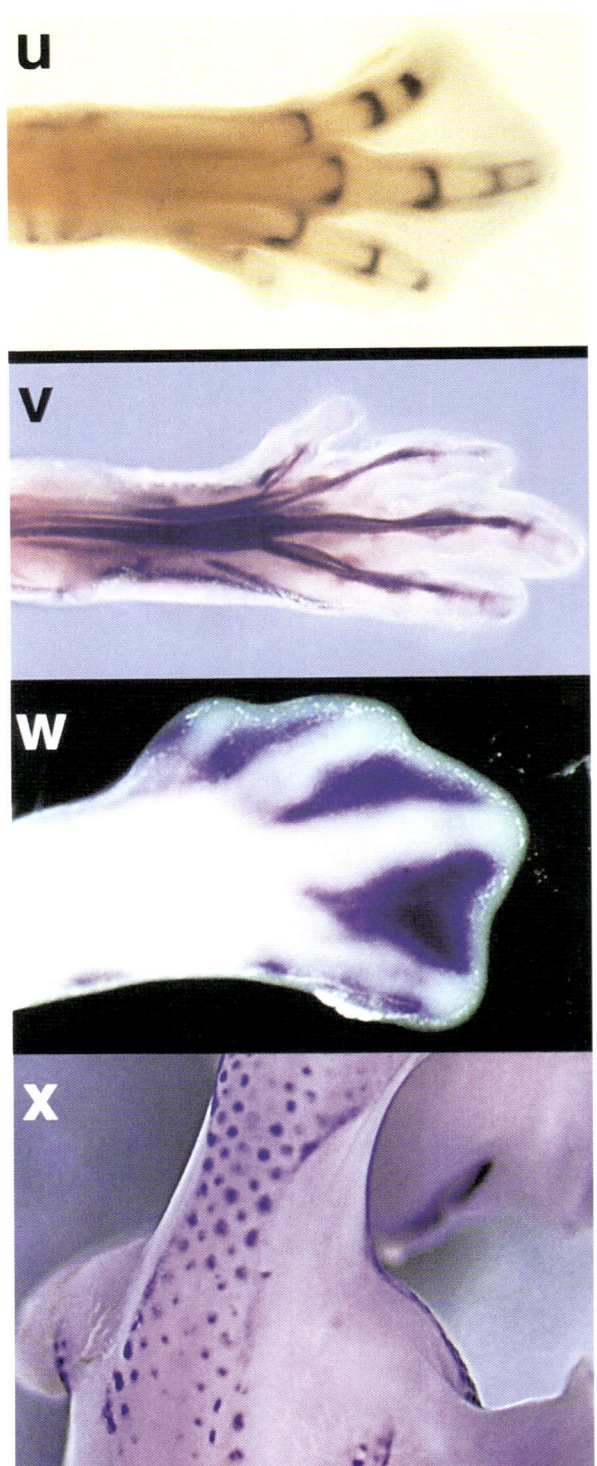

4u │ GDF5 툴킷 유전자가 미래에 발가락들의 관절이 될 부분을 드러내고 있다. 사진_ 스페인 산탄데르 소재 칸타브리아 대학 후안 헐 박사, 엘즈비어 사의 허가로 『발생생물학』 257(2003), 292~301쪽에서 재인용.

4v │ 스크레락시스 툴킷 유전자가 미래에 손과 손가락의 힘줄이 될 부분을 드러내고 있다. 사진_ 매사추세츠 주 케임브리지 소재 하버드 대학 의학부 클리프 태빈.

4w │ BMP4 툴킷 유전자가 손가락 사이에서 곧 사멸하게 될 조직 영역을 드러내고 있다. 사진_ 매사추세츠 주 케임브리지 소재 하버드 대학 의학부 클리프 태빈.

4x │ 패치드 툴킷 유전자가 발생 중인 병아리의 등을 따라 생겨나는 깃털 아체들의 위치를 드러내고 있다. 사진_ 매사추세츠 주 케임브리지 소재 하버드 대학 의학부 클리프 태빈.

배아의 지리학

운명 지도를 보면 세포들이 발생의 어느 시점엔가 자신이 배아의 어느 위치에 있는지, 어느 조직이나 구조에 속했는지 '알게 되는' 것 같다. 지리학에 비유하면, 세포와 조직과 기관들은 배아라는 지구본 위에서 특정 위도, 경도, 고도(몸에서 바깥쪽으로 뻗어나간 경우), 깊이(몸 내부의 층에 있는 경우)로 지정되는 저마다의 위치를 갖고 있으며, 또한 '국가적' 정체성(가령 신경세포, 간세포 등등)도 갖고 있는 셈이다. 모든 세포들은 단 하나의 세포였던 수정란에서 유래했다. 수십 종류의 세포와 조직과 기관들에게 저마다 독특한 주소를 주어 배아의 특정 위치로 보내려면 발생 과정에서 엄청난 양의 정보가 오가야 할 것이 분명하다. 세포들은 자신의 위치와 정체성을 어떻게 '배울'까? 툴킷 유전자가 집단적으로 해내는 일이 바로 그것이다. 그리고 툴킷 유전자의 활동에는 엄밀한 순서에 따른 논리가 있어서 배아 상의 위치들은 점차적으로, 미세하게 정의되어간다.

유전자들이 실제 일하는 모습을 사진으로 공개하기 전에, 〔그림 4-4〕로 일반적인 배아 지리학의 논리를 설명하였다. 이 그림을 찬찬히 들여다본 뒤 읽어나가기를 권한다. 핵심은 배아를 지구본처럼 취급한 뒤 그 위의 좌표들이 몇 단계에 걸쳐 점차적으로 결정되고 다듬어지는 모습을 표시한 것이다.

자, 이제 툴킷 유전자들이 실제 어떻게 이 일을 해내는지 살펴볼 때가 되었다.

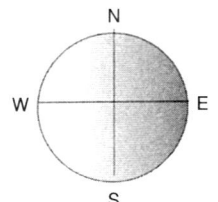

1. 극을 결정한다.

좌표계를 설정하기 위해서 먼저 배아의 극들이 정의된다. 모든 배아에는 북(위)과 남(아래), 서(머리)와 동(꼬리)의 극이 있다. 두 개의 중심축이 양극을 잇는다.

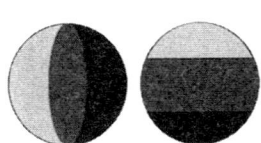

2. 중심축들을 잘게 세분한다.

동서 축과 남북 축이 각기 위도와 경도로 세분된다. 처음에는 구분선이 듬성듬성하다. 북반구와 남반구, 동쪽과 중앙과 서쪽을 나누는 정도다.

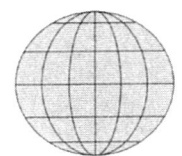

3. 각 구획이 일련의 모듈이 되도록 다듬는다.

경도선과 위도선이 점차 촘촘하게 그어진다. 90도 각도가 30도, 15도로 나뉘는 식이다. 여러 배아들에 공통되는 사항인데, 몇몇 특정 경도선들이 동물 설계의 기초 단위인 해부학적 모듈들을 결정하는 역할을 한다.

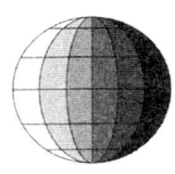

4. 서로 다른 모듈들에 각각의 정체성을 부여한다.

처음에 모두 엇비슷했던 모듈들이 동서 축 상 위치에 따라 다르게 변해간다. 경도에 따라 구획들이 불연속적으로 확실하게 구분된다.

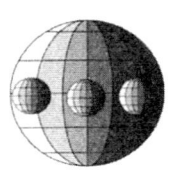

5. 특정 경도 및 위도의 좌표에 세상 내부의 새로운 '세상들'을 형성한다.

어느 경도에 미래의 기관과 부속지들이 달릴 것인가 하는 일은 동물 구조에서 무척 중요한 문제다. 경도와 위도의 조합으로 그 위치들이 정해진다. 처음에는 특정 좌표의 (가령 서경 30도, 남위 10도) 세포 몇 뭉치가 차출되어 특정 신체구조를 형성한다. 이 일군의 세포들은 기관이나 부속지가 최종 크기에 도달할 무렵에는 극적일 정도로 많은 수까지 증식해야 한다. 구조는 자체로 하나의 모듈일 때가 많다. 구조의 형태를 조각하기 위해, 자라나는 작은 세상 내부에서 1에서 4까지의 단계들이 반복된다. 다음과 같은 식이다.

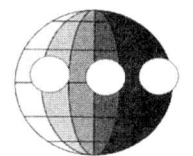

5a. 축들을 결정한다.

먼저 기관이나 부속지 내부에서 남북 축과 동서 축이 설정된다. 미래에 특정 구조가 될 부분들이 주변 세포들과 차이를 보이기 시작한다.

 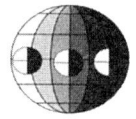

5b. 중심축들이 일정 간격으로 세분된다.

양축이 자잘한 간격으로 분할된다.

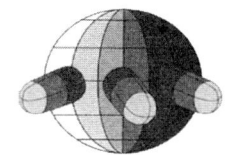

5c. 세번째 축이 형성되고 구획들이 모듈로 다듬어진다.

세번째 축을 만들어내는 구조도 많다. 처음 두 축과 수직이 되는 축으로서 3차원을 갖게 되는 것이다. 몇몇 구획은 기관이나 부속지 내부의 기초 모듈을 형성하기 시작한다. 가령 사지 내부의 더 작은 부속들 같은 것이다.

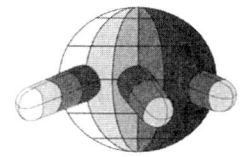

5d. 처음에 다들 비슷했던 모듈들이 동서 축에서의 위치에 따라 구별되기 시작하고, 서로 다른 크기, 모양, 구조로 발달한다.

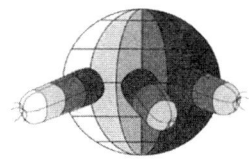

6. 모듈 내부가 더 세세하게 꾸며지고, 조각되고, 착색된다.

때로 해부학적 모듈들의 좌표계는 세포 몇 줄, 세포 몇 뭉치, 심지어 세포 하나하나까지 정교하게 위치를 지정할 정도로 엄청나게 다듬어진다. 그 작은 단위의 세포들 각각에 형태의 세부사항들이 부여된다. 모양, 색깔, 전문적인 종류(감각, 방어, 장식 등등)의 세포 위치 등이 정해지는 것이다. 단위가 되는 세포 집단은 수백만 개에서 수천만 개의 세포들로 이루어진다.

[그림4-4] 배아 지리학의 일반 논리.

앞으로 생겨날 것들의 형상:
툴킷 유전자들과 띠무늬, 줄무늬, 선, 점, 동그라미, 곡선무늬들

배아의 좌표계에는 경도선과 위도선들이 서로 나란히, 또한 서로 교차하며 늘어서 있다. 이 기하학적 공간 분할이 있기에 툴킷 유전자들은 모종의 공간적 순서에 따라 프로그램을 진행시킬 수 있다. 발생 중인 배아에는 실제로 물리적 윤곽이 생겨나서 기하학적 공간 분할을 눈으로 볼 수 있다. 여기저기 고랑이 파여서 매끄러운 곡선들이 형성되고 구형을 이루는 부분도 만들어진다. 배아의 표면을 분할하며 크게 나뉜 세포 집합들, 또는 발생 중인 기관이나 기타 전문 구조들의 위치는 처음에는 간단한 기하학적 형상으로 드러나는 게 보통이다. 툴킷 유전자가 발현하는 장소마다 띠무늬, 줄무늬, 선, 점, 동그라미, 곡선무늬들이 생겨나는 것이다. DNA 구조 공동 발견자이자 노벨상 수상자인 프랜시스 크릭은 "배아는 줄무늬를 굉장히 좋아한다"고 말한 적 있다. 사실이다. 하지만 발생 중인 배아에서 툴킷 유전자들이 활동하며 드러내는 줄무늬 같은 형상들이 그저 보기에 아름다운 무늬에 지나지 않는 것은 아니다. 동물의 복잡한 구조가 기하학적으로 단순한 형태로부터 점차적으로 건설되는 것임을 보여주는 현상이다.

자그마한 초파리를 만들 때든 커다란 포유동물을 만들 때든, 툴킷 유전자들의 발현 양상을 시각화하여 볼 수 있다면 그들이 배아를 조직하고, 분할하고, 부속을 규정하고 조각하는 과정의 논리를 훨씬 명료하게 이해할 수 있다. 개개 유전자가 배아를 지리적으로 구획해 가는 모습을 눈으로 보면 아무리 복잡한 과정이라도 단순한 개별 작업들이 무수히 모여 나온 결과임을 깨닫게 된다. 동물이 복잡한 것은 발생 중에 무수히 많은 작업들이 동시에, 또한 연속적으로 펼쳐지기 때문이다. 이 장을 통째 할애하더라도 어떤 동물의 발생 전체를 유전자 수준에서 하나도 빼놓지 않고 세세하게 설명하기란 불가능하다. 그럴 필요도 없다. 큰 그림을 이해하는 게 중요하니까 말이다. 따라서 몇몇 중요한 단계들만 묘사하는 식으로 설명해보겠다. 동물 몸의 주요한 속성들을 결정짓는 단계에만 집중해도 어떻게 미래의 신체 형태 밑그림이 그려지는지 생생하게 볼 수 있다. 설명을 돕기 위해 삽입된 컬러 화보들은 지난 20년간 연구자들이 수집한 수만 개의 사진들 중에서 고르고 고른 것이다. 발생학계에서는, 말하자면 지구의 위성사진과 마찬가지인 자료들이다. 자, 그럼 초파리의 지리학을 배워보자.

파리 만들기

어미가 막 낳은 파리 알을 맨눈으로 관찰할 때는 안에서 벌어지고 있을 극적인 사건들의 조짐을 전혀 느낄 수 없다. 그러나 수정과 동시에 활동에 착수한 툴킷 유전자들은 이미 발생 중인 배아의 지리를 그리기 위해 팔을 걷고 나섰다. 배아의 모든 세포들은 동일한 DNA를(동일한 유전자들을) 품고 있지만 툴킷 유전자들은 배아의 일부분에서만, 또한 발생의 특정 시기에만 활동한다. 툴킷 유전자의 RNA나 단백질 산물의 색을 밝게 하는 강력한 기술을 동원하면 배아나 성장 중인 신체부속 내부에서 그들이 켜지고 꺼지는 패턴을 볼 수 있다. 이 패턴이야말로 동물이 만들어지는 순서와 논리를 드러낸다.

경도, 동서 축

수정 후 두어 시간 만에 파리 배아는 동쪽 끝에 서쪽 끝까지 세포 1백 개가 늘어서 있는 크기가 된다. 소수의 툴킷 유전자들이 세포 15~25개 넓이를 하나의 띠로 잡아 배아를 서쪽, 가운데, 동쪽으로 구분한다[화보4a]. 띠들이 겹치는 부분도 있다.

이것은 일시적인 구획이다. 하지만 그 경계가 사라지기 전에 다른 종류의 툴킷 유전자들이 활동을 개시하여 배아 동쪽으로부터 3분의 2가량 지역에 7개의 줄무늬를 새긴다. 각 줄의 너비는 세포 3~4개 정도이고 줄 간격은 세포 4~5개 정도이다[화보4b]. 줄무늬 사이 간격은 미래에 한 쌍의 체절을 갖게 되는 영역이다. 그래서 이 종류의 툴킷 유전자들을 쌍 지배(pair-rule) 유전자들이라 부른다.

이 줄무늬 역시 일시적이다. 아름답고 규칙적인 줄무늬가 희미해지기 시작하면, 또 다른 유전자들이 발현하여 배아 동쪽으로부터 3분의 2가량 지역에 14개의 선을 긋는다. 선의 너비는 세포 1~2개 정도이거나 그보다 약간 넓다[화보4c]. 미래의 유충은 14개의 주 체절을 갖는다. 따라서 규칙적인 간격으로 늘어선 이 줄무늬는 줄 하나당 미래의 체절 하나에 해당한다. 14개 줄무늬는 대개 발생 과정 내내 남는다. 이들이 등장하고 몇 시간이 지나면 배아에 물리적 구획이 빚어지기 시작한다. 줄무늬들 중에는 정확하게 체절 간 경계에 해당하는 것도 있고, 각 체절 내부의 어떤 경도선에 해당하는 것도 있다.

이 유전자들이 연속적으로 체절 모듈을 구성해가는 동안, 네번째 종류의 유전자들이 활성화되기 시작한다. 이들은 동서 축을 따라 서로 다른 경도에 놓인 모듈들에 서로 다른 정체성을 부여하는 역할을 한다. 이들이 바로 혹스 유전자들이다. 영향은 두번째 체절부터 대개 일곱번째 체절까지 미치고, 패턴은 발생 과정 내내 보존된다[화보4d]. 혹스 유전자들은 개개 체절 혹은 몇 개의 체절들을 대상으로 하여 그 안에서 어떤 일이 벌어질지, 또는 어떤 일이 벌어지지 않을지 결정하는 일을 한다.

위도, 남북 축

동서 축이 세분되는 동시에 남북 축도 조밀하게 위도선들로 나뉘기 시작한다. 역시 다른 종류 툴킷 유전자들의 활약이다. 첫번째 경도 유전자들이 그랬듯, 첫번째 위도 유전자들은 배아를 넓게 북쪽, 적도, 남쪽 지역으로만 나눈다[화보4e].

배아의 위도선은 반복 모듈을 구획하는 것이 아니다. 하지만 동물의 미래 조직 층들의 윤곽을 얼핏 잡아주기는 한다. 예를 들어 [화보4e]에서 유전자 발현 지역으로 표시된 세포들은 이후의 낭배 형성 과정에서 모두 배아 안쪽으로 말려 들어간다. 동물의 가운데 층, 즉 중배엽이 되어 후에 근육조직 등을 이루게 되는 것이다. 그 살짝 북쪽에 있으며 원래 적도 근방에서 유래한 세포들은 이후 남쪽으로 잡아 당겨져 동물 몸 아랫부분의 외피나 신경색을 형성한다.

세상 속의 세상들, 미래의 기관과 부속지 지점들을 찍어나가는 툴킷 유전자

경도와 위도가 정의되고 다듬어지면, 다음에는 배아 위 각 지점들을 서로 다르게 규정하는 정보가 활용될 차례다. 신체의 각종 기관과 구조들은 이런 식으로 특정 위치에 놓인다. 그리고 그곳에서 기관 형성을 담당하는 마스터 유전자들이 활동을 개시한다. 특정 구조의 수가 몇 개냐에 따라 때로는 한 개의 좌표점, 때로는 여러 쌍의 좌표점들이 말하자면 건축 예정지로 할당되는 셈이다.

예를 들어보자. 파리의 가슴에는 한 체절당 한 쌍씩 모두 세 쌍의 다리가 있다. 부속지 형성을 담당하는 마스터 유전자, 즉 디스탈리스 유전자(3장을 참고하라)는 발생 중인 배아의 여러 장소에서 발현하는데, 배아 몸통 중앙에서 약간 서쪽에 있는 세 체절들의 남쪽 끝이다[화보4f, 아래]. Dll이 동쪽 체절들에서는 활성화되지 않는다는 점에 주목하자. 각 체절에 벌어질 일을 총괄적으로 통제하는 것은 혹스 유전자인데, 혹스 유전자가 동쪽에서는 Dll이 발현하지 못하도록 막고 있기 때문이다(동쪽은 배 체절들이라 다리가 없어야 한다).

두 쌍의 날개도 비슷한 상황이다. 날개 형성에 관여하는 마스터 유전자는 두번째와 세번째 가슴 체절 내부, Dll 유전자가 미래의 다리들을 표시하고 있는 지점으로부터 조금 북쪽의 세포들에서 활성화된다. 하지만 그보다 동쪽에서는 활성화되지 못한다[화보4f, 위]. 발생 중인 날개의 상대적 위치는 파리 성체에서의 위치를 미리 예고한다(날개들은 위쪽에, 다리들은 아래쪽에 보인다).

이 단계에서는 미래의 다리나 날개 크기가 아주 작다. 아마 세포 15~20개 정도로 이루어져 있을 것이다. 이들은 이후 며칠 만에 천 배 이상으로 자라나서 처음 이 구조들이 생겨났을 때의 배아 전체 크기보다 커진다. 구조 각각은 또 여러 부분으로 나뉘어 조직된다. 조직 과정은 자라나는 다리, 날개, 기타 기관 내부에 존재하는 좌표계에 의존한다. 좌표계는 신체부속이 자그마할 때부터 이미 정해진 상태다. 세포들이 체절 속에서 자기의 위치가 어딘지 정보를 얻는 시점부터 이미 좌표계는 존재하는 것이고, 다만 구조가 자람에 따라 더욱 세분화되어갈 뿐이다. 예를 들어 날개 세포 20개로 이루어졌던 작은 집단이 세포 5만 개로 자랄 때, 그 안에서 툴킷 유전자들이 작용하여 서쪽(앞), 동쪽(뒤), 북쪽(위), 남쪽(아래) 영역이 형성된다[화보4g]. 각 구조 속에 존재하는 경도선과 위도선은 물리적 경계일 수도 있고(날개 가장자리 같은 것), 추가로 세부를 분할할 때 참조점이나 경계표가 되는 것일 수도 있다.

자라나는 부속지 내부의 좌표계는 엄청나게 세세해져서 몇 줄의 세포들, 몇 덩어리의 세포들, 심지어 세포 하나하나에까지 독특한 위치와 정체성을 부여할 때도 있다. 예를 들어보자. 파리 날개에서 가장 눈에 띄는 두 가지는, 첫째, 비행하며 빠르게 날개를 퍼덕일 때 구조적 받침대 역할을 하도록 날개맥들이 있다는 점, 둘째, 날개 앞쪽 가장자리에 감각 강모들이 줄지어 나 있다는 점이다. 툴킷 유전자들은 날개맥이 실제로 형성되기도 전에 이미 날개맥의 위치와 날개맥 간 공간의 너비를 표시해둔다. 파리가 실제로 비행하는 날로부터 일주일도 전의 일이다. 날개 앞쪽 가장자리를 보면, 강모들이 적도의 양편에서 발달한 축을 기준으로 줄지어 나 있다. 하지만 날개의 동쪽 절반에는 나지 않는다. 강모를 형성하는 유전자들은 강모가 눈에 보일 정도로 자라기 훨씬 전부터 이 위치들에서 활성화된다[화보4h].

연속적으로 반복되는 모듈들 서로 다르게 만들기

파리의 날개 두 쌍은 형태나 기능이 서로 다르다. 두 앞날개는 크고, 넓적하고, 날개맥이 있으며, 펄럭여서 나는 역할을 맡는다. 두 뒷날개는 훨씬 작고, 풍선처럼 생겼고, 날개맥이 없으며, 비행 중에 몸이 기울거나 상하좌우로 흔들리는 것을 감지하고 바로잡아서 균형을 지키는 역할을 한다(뒷날개가 없는 파리는 땅으로 곤두박질친다). 뒷날개도 발생 초기에는 앞날개와 비슷한 식으로 자란다. 유전자 발현 패턴을 시각화해 보면 앞뒤 날개의 좌표계 모양이 똑같다[화보4i]. 하지만 뒷날개는 결국 앞날개와는 전혀 다른 크기, 모양, 무늬의 날개가 된다.

인접한 두 체절에서(즉 다른 경도에서) 각기 발달하는 날개들을 서로 다르게 만들어주는 요인은 무엇일까? 울트라바이소락스(Ubx)라 불리는 혹스 유전자이다. 이 혹스 유전자는 뒷날개의 모든 세포들에서 활성화되지만 앞날개에서는 전혀 활성화되지 않는다[화보4i]. Ubx 유전자는 뒷날개의 발생 프로그램에 영향을 미침으로써, 어떤 종류의 날개 형성 유전자들은 억제하는 한편 다른 종류의 유전자들은 독특한 방식으로 활용한다. 가령 뒷날개에서는 날개맥 형성 유전자들이 하나도 활성화되지 않는다. 강모 형성 유전자들도 앞쪽 가장자리 부근에서는 활성화되지 않는다. Ubx 유전자가 뒷날개를 앞날개와 다른 형태로 만들어내는 것을 보면 어떻게 혹스 유전자들이 중심 체축을 따라 서로 다른 경도에 있는 부위들을 통제함으로써 동물 설계의 근본적인 특징, 즉 연속 반복 부속들이 차별성을 갖는 결과를 만들어내는지 알 수 있다.

척추동물 만들기

포유류의 수정란부터 거대 조류 및 파충류의 커다란 알까지, 척추동물의 수정란은 크기나 성격이 엄청나게 다양하다. 성체의 형태도 열대어부터 코끼리나 공룡까지 천차만별이다. 그러나 모든 척추동물 배아들이 어느 정도 비슷해 보이는 발생 단계가 있다. 중심 동서 측(머리-꼬리)이 완전히 형성되었고, 서로 다른 조직 층들도 잘 정의된(남북 축) 시점이다. 신경관과 척색(척추동물의 등을 따라 막대기처럼 딱딱하게 늘어서 있는 세포들)이 똑똑히 보이고, 쌍을 지어 규칙적으로 튀어나온 원체절들이 동물 몸통 거의 전체를 반복 모듈들로 구획한 단계이다.

척추동물의 몸 기초 구조가 어떻게 형성되는지 알기 위해, 우선 이 단계까지 다다르는 과정이 어떤 식으로 진행되는지 알아보자. 중심 체축 설정, 뇌 분할, 나중에 척추와 갈비뼈와 기타 체축에 따라 놓인 모듈들을 낳을 원체절의 형성 순으로 진행된다. 다음에는 세세한 패턴들이 조각되는 모양을 알기 위해 사지의 발생에 초점을 맞추겠다. 개구리, 어류, 쥐, 병아리를 대상으로 한 연구 결과들을 종합하여 큰 그림을 그리고자 한다. 종에 상관없이 원칙은 비슷하지만 어떤 사건은 특정 동물을 대상으로 보아야 더 편하거나 이해하기 쉬울 때가 있다. 중요한 점은 척추동물 신체 설계가 만들어지는 구도를 전반적으로 파악하는 것이다. 세세한 종별 차이는 신경 쓰지 않아도 좋다.

축 형성과 조직 층 생성

척추동물의 축 형성과 세 가지 주요 조직 층 생성에 대한 지식은 대부분 개구리를 대상으로 처음 알게 된 것들이다. 양서류는 커다란 알을 아주 많이 낳는다. 작고, 수가 적고, 모체 내에서 발달하는 포유류의 수정란에 비해 다루기 쉬운 대상인 셈이다. 척추동물 배아들은 낭배 형성 이후 엇비슷한 조직 형태를 보이는데, 다만 거기까지 이르는 과정에는 종마다 조금 차이가 있다. 배아 초기 상태에서 세포와 난황의 상대적 비율이 다르기 때문이다. 개구리 배아의 초기 단계들이 쥐 배아와 완전히 똑같아 보이진 않는다 해도, 그들의 축과 조직 층을 형성하는 툴킷 유전자 종류는 거의 비슷하다.

척추동물 배아의 축 및 조직 층이 형성되는 과정은 꼬리에 꼬리를 물고 사건들이 벌어지는 하나의 고리와 같다. 한 가지 분자가 생산되면 그것이 다른 분자들을 유도하는 식으로 줄줄이 후속 반응이 유발된다. 남북 축이 형성된 뒤 연달아 동서 축이 형성되는 식이다. 여러 중요한 분자들이 관여하고 있지만, 하나만 들자면 툴킷 단백질 코딘(Chordin)이 있다. 코딘은 원구 상순부 주변 세포들에서 만들어진다[화보4k]. 슈페만과 그의 학생이었던 힐데 만골트가 실험을 통해 이 영역에 남북 축 조직 능력이 있음을 보였던 바 있다. 프리즈비(Frzb) 단백질 같은 것은 머리에서 꼬리로 이어지는 축을 조직한다. 프리즈비 단백질은 미래에 머리가 될 부분의 세포들에서 만들어진다[화보4l].

뇌 영역 분할

신경관은 배아에서 처음으로 눈에 띄게 자라나는 영역이다. 신경관은 미래에 뇌와 척수를 낳는다. 뇌는 세 개의 주 영역으로 나뉠 것이고(전뇌, 중뇌, 후뇌), 이들은 또 한층 분할되어 다양한 기능에 전문화된 부분들로 나뉜다. 후각이나 시각을 담당하는 부분에서부터 호흡이나 심장박동 같은 불수의(不隨意) 반사행동을 통제하는 부분까지 다양하다. 그런데 이런 하부 구획들이 명백히 드러나기 전에,

기능이 자리 잡고 통합되기 훨씬 전에, 툴킷 유전자들은 신경관의 특정 영역에 미래에 뇌의 하부 부위가 될 자리들을 맡아놓는다. 가령 어떤 툴킷 유전자가 발현하면 미래의 전뇌 및 중뇌 지역이 표기되고, 두번째 툴킷 유전자가 발현하면 후뇌와 중뇌/후뇌 경계가 표기되는 식이다. 소뇌는 이 경계에서 살짝 동쪽에 형성된다.

이제 또 다른 툴킷 유전자들이 발현하여, 척추동물 후뇌의 하부 구조인 일곱 개 능뇌 분절(rhombomere)의 미래 위치와 경계를 줄무늬로 그린다. 어떤 줄무늬는 인접한 분절 여러 쌍을 포함하고, 어떤 줄무늬는 분절들의 위치를 한 쌍씩 번갈아 표현한다[화보4m]. 다음은 혹스 유전자들 차례다. 혹스 유전자들은 서로 엇갈리며 발현함으로써 후뇌 모듈들 간에 차이를 부여한다. 앞에서 대부분의 척추동물은 네 개의 혹스 유전자 복합체를 갖고 있다고 말했다. 복합체는 영문자로(a~d), 그 속의 유전자는 숫자로(1~13) 표현한다. 인접한 혹스 유전자들은 각기 능뇌 분절 하나에 독특하게 발현하거나 여러 개에 공통으로 발현하거나 하면서 엇갈린다. [화보4n]의 사진 네 개를 보면 잘 알 수 있다. 구체적으로 설명하면 이렇다. 혹스a2는 능뇌 분절(r) r2에서 r4까지 발현하고, 혹스b2는 r3와 r4에서 발현하고, 혹스b1은 r4에서, 혹스b3는 r5와 r6에서, 혹스b4는 r7과 척추에서 동쪽으로 더 나아간 지역들에서 발현한다. 다섯 유전자들이 이런 식으로 발현하면 r2에서 r7까지 각 분절에 독특한 혹스 '암호'가 주어지는 셈이다. 여타 유전자들은 r1(미래의 소뇌)과 나머지 분절들을 구분하는 역할을 맡는다. 이처럼 처음에는 비슷한 모듈들을 여러 개 나란히 만들었다가 나중에 서로 다르게 구분하는 기법은 여기서만 쓰이는 게 아니다. 척추동물의 또 한 가지 특별한 속성, 즉 체절적 신체조직을 만들고 분화하는 과정에도 그대로 쓰인다.

한 번에 하나씩, 척추동물 배아의 체절화

원(原)체절은 척추동물 몸을 이루는 기본 재료이다. 원체절은 척추, 척추에 붙은 갈비뼈, 척추에 붙은 근육 집단이라는 모듈 식 부속들을 만들어낸다. 종에 상관없이 배아에서 원체절이 나타나는 과정은 일정하다. 쌍을 지은 모양을 한 체절들이 배아의 중심 체축을 따라 일정한 간격으로 불룩불룩 솟아나는데, 늘 머리에서 꼬리 방향으로 (서에서 동으로) 한 번에 하나씩 차례로 생긴다. 형성 속도도 일정하다. 열대어인 제브라다니오 배아에서는 매 이십 분마다 하나씩, 병아리 배아에서는 한 시간 반마다 하나씩, 쥐 배아에서는 두 시간마다 하나씩 생긴다. 사람은 원체절을 약 42개, 쥐는 약 65개, 뱀은 수백 개까지 만든다.

시계처럼 딱딱 정확하게 머리에서 꼬리까지 원체절 형성이 진행되는 것도 여러 툴킷 유전자들이 미리 발현하여 예고하는 바이다. 원체절이 형성되기 전, 매끈한 배아에서 일군의 유전자들이 발현되기 시작한다. 그들은 원체절 하나를 생산할 때마다 앞뒤로 왔다 갔다 하면서 발현한다. 그들의 발현 영역 앞쪽으로, 새로 형성되는 원체절의 경계를 드러내는 줄무늬 형태의 툴킷 발현 무늬가 서서히 생겨난다. 배아의 머리 쪽에는 이미 줄무늬가 안정되어 앞서 형성된 원체절들의 경계를 잘 보여준다. 배아 발생을 중간중간 확인해보면 툴킷 유전자가 순서대로 차근차근 원체절을 형성해나가는 것을 알 수 있다[화보4o].

처음에 원체절들은 다 똑같이 생겼다. 하지만 곧 머리-꼬리 축에서의 위치에 따라 상이한 종류의 척추, 갈비뼈, 근육조직으로 발달한다. 원체절들의 엇갈리는 정체성과 운명을 결정하는 것은 중심체축(동서 축)을 따라 정도 차이를 보이며 발현하는 혹스 유전자들이다. 혹스 유전자들은 특정 원체절의 서쪽(앞쪽) 경계에서 활성화되기 시작하여 보통 체절의 동쪽(뒤쪽)으로 갈수록 발현 정도가 줄어든다[화보4p].

혹스 유전자의 발현 정도가 경계마다 일정하지 않기 때문에, 각각의 원체절에서 발현되는 혹스 유전자들의 조합이 사뭇 다를 수 있는 것이다. 나아가, 개별 혹스 유전자 발현 영역의 앞쪽 경계는 서로 다른 척추 종류의 경계를 긋는 것일 때가 많다. 가령 혹스c6 발현 영역의 앞쪽 경계는 척추동물의 경추와 흉추가 나뉘는 경계와 같다.

사지의 형성: 다리뼈가 연결된 곳은……

일단 몸의 기초 설계가 잡히고 원체절들이 차례로 발생을 마치면, 배아에 다양한 기관과 부속지들이 생겨날 자리가 표시되기 시작한다. 삼차원 구조를 형성하는 툴킷 유전자들이 활성화되고, 신체부속 건설이 본격적으로 시작된다.

사람과 마찬가지로 쥐나 기타 척추동물들도 많은 기관들을 지니고 있다. 여기서는 그중 사지를 집중적으로 살펴보겠다. 척추동물의 사지 형태는 아주 오래된 것으로서 모든 사지 발생 과정에 비슷한 점들이 많다. 그중 꼼꼼히 연구된 것이 쥐와 병아리이기 때문에, 여기서는 주로 두 동물을 대상으로 하여 어떻게 경이로운 신체구조가 건설되는지 알아보겠다.

사지 발달의 시작을 알리는 자그만 아체들은 배아 동서 축 위에 있는 두 군데 특정 좌표에서 옆쪽으로 돋아난다. 몇번째 원체절에서 앞다리가 생겨나느냐는 동물마다 다르지만 그곳이 언제나 경추/흉추 경계라는 점은 변함없다. 서쪽에 난 아체는 앞다리(쥐의 앞다리, 병아리의 날개)가 될 테고 동쪽에 난 아체는 뒷다리(쥐나 병아리의 뒷다리)가 될 것이다. 매우 초기부터 하나의 툴킷 유전자가 발현하여 막 형성되기 시작할 자그만 사지 조직 덩어리들의 위치를 지정한다[화보4q].

아체는 처음에 크기가 매우 작지만 그래도 삼차원 구조로서 세 개의 축을 지닌다. 위(팔이라면 가령 손등)에서 아래(손바닥), 앞(엄지손가락)에서 뒤(새끼손가락), 가까운 쪽(어깨)에서 먼 쪽(손가락)이라는 세 축이 극적으로 자라는 아체 속에 형성된다. 초기 아체 속에는 축 조직을 담당하는 특수 툴킷 유전자들이 있다. 가령 아체의 가장 뒷부분에서는 소닉 헤지호그 신호전달 분자가 만들어지고[화보4r], 아체 바깥쪽 가장자리를 따라서는 FGF8 신호전달 단백질이 만들어지며[화보4r], 사지의 위쪽 절반 세포들에서만 배타적으로 Lmx 유전자가 활성화된다[화보4s].

다음에는 그 밖의 툴킷 유전자들이 발현하여 성숙한 사지에서 긴 뼈, 손발가락, 관절, 근육, 힘줄로 자랄 부분들을 예고한다. 이런 요소들은 몸 가까운 쪽에서 먼 쪽 순서로 만들어진다. 미래에 위팔이나 허벅지가 될 부분이 먼저 놓이고, 다음으로 팔뚝이나 정강이가 될 부분, 마지막으로 손이나 발이 될 부분이 생기는 것이다. 우선 세포들이 응집하여 연골로 된 주형 같은 것이 생긴 다음, 그것이 뼈로 바뀐다. 그런데 세포 차원의 응집 현상이 눈에 보이기 훨씬 전부터 Sox9라는 툴킷 유전자가 발현하여 응집 형태를 예고한다[화보4t]. 세포 응집 덩어리 사이마다 관절이 생기는데, 역시 세포 차원에서 이 틈이 보이기 전부터 이미 GDF5 유전자가 줄무늬처럼 발현하여 미래에 앞다리에서 어깨, 팔꿈치, 손목, 손과 손가락뼈 사이의 관절들이 될 부분, 그리고 미래에 뒷다리에서 무릎, 발목, 발과 발가락의 관절들이 될 부분을 예고한다[화보4u]. 그런가 하면 스크레락시스라는 또 다른 툴킷 유전자의 발현은 근육을 뼈에 이어주는 역할을 할 미래 힘줄들의 위치를 예고한다[화보4v].

아름다운 사지 형성 과정에는 세포들의 죽음도 한몫한다. 쥐, 병아리, 사람의 손가락들이 서로 떨어져 있는 것은 발생 중인 사지에서 손가락 사이를 채웠던 조직이 사멸했기 때문이다. 한 덩이로 붙어 있던 손과 발에서 어떤 종류의 툴킷 유전자들이 발현하여 손발가락 사이의 세포들에게 세포예정사를 일으키도록 알려준 것이다[화보4w]. 과자 틀로 반죽을 찍어내듯, 손발가락 사이의 조직들이 떨어져 나가고 손발가락만 남는다. 반면 오리 같은 경우에는 손발가락 사이에 또 다른 툴킷 유전자들이 있어서 세포 사멸을 촉진하는 신호들을 차단해버린다. 그래서 오리발에는 발가락 사이에 물갈퀴가 남는다.

동물의 사지는 뼈, 힘줄, 근육, 관절 등 동일한 요소들로 이루어져 있다. 하지만 구조의 크기며 모양이며 수는 각기 다르다. 가령 위팔에는 긴뼈가 하나밖에 없지만 아래팔에는 두 개 있고, 손에는 다섯 개의 손가락들이 달렸다. 사지마다 구성요소의 크기와 모양과 수가 다른 것은 몇몇 혹스 유전자들이 (주로 혹스a9~13과 혹스d9~13들이다) 영향을 미치기 때문이다. 이들은 앞뒤 다리가 발생할 때 복잡한 방식으로, 서로 살짝 교차하기도 하면서 발현한다. 대부분의 동물은 앞다리와 뒷다리의 구성도 확연히 다르다. 사람의 팔과 다리, 손과 발, 손가락과 발가락은 동일한 구조가 다른 형태로 조립된 결과다. 새나 캥거루, 혹은 티라노사우루스 같은 동물들은 앞뒤 다리 차이가 사람보다 훨씬 극적이다. 이 또한 어떤 툴킷 유전자들이 앞다리나 뒷다리에서만 선택적으로 발현함으로써 연속 상동 부속지들이 서로 다르게 발생하도록 했기 때문이다.

마무리 붓질: 미시적 수준의 질서

동물 신체에서 가장 놀라운 진실 중 한 가지는 어느 수준에서 보더라도 규칙성이 있다는 점이다. 전체 신체 설계를 보든, 개별 구조나 부속의 세부를 보든, 똑같은 규칙성을 발견하게 된다. 후자의 사례로 들 만한 것은 가령 나비 날개를 뒤덮은 인편들, 일정한 간격을 두고 돋아난 새의 깃털들이다. 어쩌면 세포 하나하나의 위치가 정교하게 할당되는 것인지도 모르겠다. 하지만 규칙적인 패턴을 만들기 위해 꼭 그런 방법을 사용할 필요는 없다. 넓은 영역에 수많은 개별 요소들을 배치하는 방법으로 이른바 외측억제(lateral inhibition) 기법이라 불리는 방법이 있기 때문이다. 아주 단순한 규칙이지만, 결과는 실로 아름답다.

자, 한 무리의 사람들을 한 장소에 모아둔다고 상상해보자. 그들에게 사방의 다른 사람들과 최소한 팔 길이만큼 떨어져 설 것을 요청한다. 저마다 주위에 반경이 팔 길이인 접근금지 구역을 갖는 셈이다. 결국에는 모두 일정한 간격을 두고 질서정연하게 늘어서게 될 것이다(물론 [그림4-5]에서 보이듯 모두의 팔 길이가 같다는 전제에서의 이야기다).

세포들도 이런 식으로 미시적 차원에서 질서를 만들 수 있다. 특

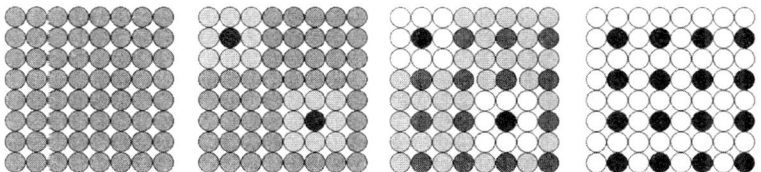

[그림4-5] **규칙적인 간격의 무늬 형성하기.** 처음에는 모든 세포들이 동일했는데(첫번째 그림), 그중 두 세포가 차별화를 시도하여 자신과 맞닿은 다른 세포들을 억제한다(두번째 그림의 검은 점들). 다른 곳에서도 이처럼 차별화를 시도하며 근접한 이웃들을 억제하는 세포들이 생겨난다(세번째 그림). 결국 세포들이 규칙적인 간격으로 일정한 무늬를 형성하게 된다(마지막 그림). 이 세포들은 강모나 깃털이나 기타 어떤 다른 구조로도 변할 수 있을 것이다. 그림_ 조시 클라이스.

정 종류의 구조로 자라야 하는 세포들이 채택할 일반적인 원칙은 자기 주변에 억제 영역을 구축하는 것이다. 그 안에 위치한 다른 세포들은 동일한 구조로 자랄 수 없다. 그 결과 규칙적인 무늬가 만들어진다. 곤충 몸에 난 털, 새나 파충류나 포유류의 몸에 난 깃털과 비늘과 털의 무늬, 아름답게 메워진 절지동물의 겹눈 등등 말이다. 이 패턴들은 서포들의 국지적 상호작용으로 만들어진 것이지, 모든 영역에 좌표를 할당해서 규정된 게 아니다. 배아에서 이런 패턴들은 이후의 구조 발달에 관여하는 유전자들이 정해진 간격의 패턴으로 발현함으로써 그려진다. 가령 소닉 헤지호그 유전자는 병아리 발생의 후반부, 하지만 미래 깃털 아체들이 실제로 생겨나기 전에 발현한다[화보4x].

단순한 것에서 생겨난 복잡성: 보이지 않는 것을 보이게 하기

언젠가 프랑수아 자콥은 신화든, 마술이든, 과학이든, 인간의 모든 설명 체계들은 동일한 원칙을 갖고 있다고 지적한 바 있다. 물리학자 장 페랭의 말을 빌려 표현하면, 그들은 모두 "눈에 보이는 복잡한 무언가를 눈에 보이지 않는 단순한 무언가로 설명하려고 한다" 그런데 나는 발생에 대한 연구에서는 우리가 그보다도 한 걸음 더 나아갔기 때문에 혁명이 이루어진 것이라 주장하고 싶다. 즉 '눈에 보이지 않는 단순한 무언가'를 눈에 보이게 만들었기 때문인 것이다. 우리는 미래에 체절, 기관, 기타 신체부속들로 조직될 배아 영역을 미리 예고하는 툴킷 유전자의 발현 양상, 그 점, 띠, 선, 줄무늬를 눈에 보이게 만듦으로써 수많은 "유레카!"의 순간들을 경험했다. 우리가 그토록 오래 탐구했던 발생 과정에서 유전자가 과연 어떤 역할을 맡고 있는지, 똑똑히 목격할 수 있는 순간들이었다. 체절의 위치를 예고하는 줄무늬, 특정 조직 활동의 영역이 될 것임을 암시하는 얼룩, 뼈와 관절과 근육과 기관과 사지 등의 위치를 드러내는 패턴들…… 눈에 보이지 않지만 서로 연결되어 있는 이들 유전자를 눈에 보이는 형태로 드러낸 것이 관건이었다.

나아가 발생에서 툴킷 유전자의 활동에 정해진 순서가 있다는 사실도 완벽하게 논리적인 결과였다. 건물을 지을 때와 같다. 작업에는 순서가 있는 법이다. 우선 기틀을 닦고, 버팀벽과 들보를 세우고, 마루를 깔고, 주요한 관들의 위치를 잡고, 가스관과 전기선을 설치하고, 건식 벽체를 올려야 한다. 동물 형성에도 순서가 있다. 우선 기초적인 신체 설계를 그린 다음에 개별 부속들의 세부를 만들어야 한다. 순서의 원리를 깨닫고 나면 툴킷 유전자에 돌연변이가 생겨 기능이 훼손되었을 때 왜 괴물이 탄생하는지 알 수 있다. 한 단계만 빼먹어도 다음에 벌어질 모든 단계들이 비정상적으로 진행되는 것이다.

툴킷 유전자의 활약을 시각화할 수 있다면 그 역할을 이해하기가 무초 쉬워진다고 앞서 말했다. 그 증거로서 기하학적으로 단순한 여러 패턴들의 사진을 제시하였다. 하지만 물론, 동물 전체를 만드는 과정은 몹시 복잡하다. 수많은 툴킷 유전자들이 동시에, 또한 차례로 활동하기 때문에 복잡하다. 한 시기 한 장소에 영향을 미치는 유전자만도 수십 개가 되고, 그 시기 다른 장소에 활약하는 유전자들이 또 달리 있으며, 발생 과정에서 시간 순서대로 차례차례 활동하는 툴킷 유전자들이 수백 개가 넘는다. 그것들이 병렬로, 또한 순차적으로 작동함으로써 복잡성을 만들어내는 것이다.

어쩌면 지금쯤, 여러분들은 툴킷 유전자 패턴과 연쇄 작용을 골똘히 생각하다가 마음속에 몇 가지 질문들을 떠올렸을지 모르겠다. 사실 내가 어영부영 미뤄왔던 문제들이다. 연쇄 고리를 이어주는 것은 무엇인가? 툴킷 유전자들은 어떻게 자신이 활약할 순서를 알까? 배아나 신체부속의 어느 위치에서 활약해야 할지 어떻게 알까?

동물을 만들 때는 툴킷 유전자 외에도 눈에 보이지 않는 유전 재료들이 여럿 더 필요하다. 가령 DNA 속에는 언제 어디서 유전자들이 활성화될 것인지를 결정하는 작은 기기들이 들어 있는데, 이들도 필수불가결한 재료이다. 다음 장에서는 게놈 속에 들어 있는 바로 그 환상적인 작은 기기들을 만나보겠다. 이들이야말로 이번 장에서 보았던 아름다운 유전자 발현 패턴을 끌어내는 녀석들이다. 동물의 복잡성과 다양성을 만들어내는 툴킷 유전자들의 연쇄 작용 사이사이를 메우는 연결 고리들이다.

우주의 암흑물질(위)과 게놈의 암흑물질(아래). 위는 CL0024+1654 성단의 영상이다. 한가운데 뿌연 구름처럼 보이는 것이 암흑물질이다. 아래 영상은 초파리 게놈의 미세 배열을 나타낸 것이다. 밝은 점으로 보이는 부분은 유전자가 존재하는 DNA 영역이고, 어두운 점으로 보이는 부분은 발현하지 않는 DNA 영역이다. 우주 사진_ 미국 항공우주국, 유럽 우주국과 장-폴 크나이브(프랑스 남부 피레네 관측대·미국 캘리포니아 공과대학), 게놈 사진_ 톰 진저라스 박사와 애피메트릭스 사.

게놈의 암흑물질 :
유전자 사용 설명서

총총 빛나는 밤하늘의 별은 정말이지 희미한 빛을 낼 뿐이다.
하지만 그 빛을 볼 수 없었다면 인류의 정신은 무엇을 성취할 수 있었겠는가?
∷ 장 페랭

　　잠시, 수정란의 입장에서 발생이란 것을 생각해보자. 세포분열이나 이동, 조직 층과 체절과 신체부속을 만드는 일에 앞서 어떤 준비를 허둬야 할까? 발생이 논리적 단계에 따라 이루어진다는 것은 앞에서 보았다. 하지만 각 단계에서의 지침은 어디 있는 것일까? 어떻게 좁은 줄무늬에 앞서 넓은 줄무늬가 만들어지고, 어떤 뼈들이 다른 뼈들보다 먼저 자리 잡는 것일까? 어째서 어떤 뼈는 길고 가는데 다른 뼈는 짧고 통통할까? 툴킷 유전자는 언제 어디서 활약을 펼쳐야 형태를 제대로 만들어낼 수 있다는 사실을 어떻게 알까? 툴킷의 작동 설명서는 어디에 있는 걸까?

질문에 답하기 위해, 나는 두 가지 위험한 일을 기꺼이 할 참이다. 첫째, 우주론에서 비유를 빌려오겠다. 내가 우주 연구에 대해 아는 바가 거의 없기 때문에 참으로 무모한 짓이라 할 수 있지만, 우주의 구성 물질과 게놈의 구조 사이에 그럴싸한 비유가 성립한다는 얘기를 나도 어디선가 전해 들었다. 둘째, 이 비유를 또 다른 비유와 섞어보겠다. 이런 식으로 얘기를 풀어가는 게 적절하지 못한 짓일지도 모르겠지만, 이 장의 이야기는 책에서 가장 까다로우면서도 가장 심오하고 개념적으로 중요한 정보를 담고 있기 때문에, 시도할 가치가 있다고 주장하고 싶다. 부디 읽어주시라.

과거 천문학의 역사는 대개 하늘에 보이는 것들에 관한 내용으로 구성되었다. 처음에는 맨눈으로 볼 수 있는 것들, 나중에는 강력한 망원경으로 볼 수 있는 것들을 다루었다. 우리는 별들의 탄생, 은하의 구조, 항성의 붕괴 등 눈에 보이는 현상에 대해 갈수록 깊이 이해하고 있다. 그런데 우주론 연구자들은 최근에 정반대의 상황에 맞닥뜨리게 되었다. 우리 눈에 보이는 것(빛이나 전파를 방출하는 것)은 우주의 물질들 중 극히 일부에 지나지 않으리라는 전망이 등장한 것이다. 은하처럼 눈에 보이는 대상의 행위는 그보다 훨씬 양이 많으며 눈에 보이지 않는 '암흑물질' 그리고 '암흑에너지'의 영향을 받은 결과라는 것이다.

이게 유전학과 무슨 상관이 있을까? 유전암호가 의외로 단순하다는 것을 알게 된 생물학자들은 지난 수십 년간 DNA에서 유전자가 존재하는 부분, 즉 게놈 속의 '별들'을 열심히 관찰하였다. 하지만 최근 들어 우리는 동물 게놈에서 눈에 보이는 유전자들이란 DNA의 극히 일부에 불과하다는 사실을 알게 되었다. 그보다는 특정 유전자의 일부가 아닌 DNA, 단지 염기서열을 해독하는 것만으로는 기능을 알아낼 수 없는 DNA들이 훨씬 많다는 것을 깨달았다. 이것이 바로 게놈의 '암흑물질'이다. 우주의 암흑물질이 시야에 드러난 천체들의 행동을 조정하듯, DNA의 암흑물질은 유전자들이 발생 중 언제 어느 곳에 쓰일지 통제한다.

이 장은 DNA의 암흑물질에 대해 알아보는 대목이다. 툴킷 유전자 사용을 통제할 줄 아는 이들이 어떤 형태로 신체부속 형성 지침을 간직하고 있는지 알아볼 것이다. 결론을 미리 말하자면, 지침은 암흑 DNA 속에 **유전자 스위치**의 형태로 숨어 있다(이것이 내가 동원하는 두번째 비유이다). 유전자 스위치라는 이야기를 처음 들어보는 독자도 있을 것이다. 주목받아 마땅한 개념이건만 아직은 실험실에서건 언론에서건 널리 알려지지 않았다. 어쨌든 나는 스위치가 중요한 것이라고 주장만 하기보다는 생물학자들이 스위치를 발견하고 작동방식을 해독하는 과정에서 겪었던 어려움들을 돌아보려 한다. 분자생물학자들이 암흑을 들여다보고 스위치의 위치와 성격을 밝힌 것은 비교적 최근의 일이다. 유전자 스위치의 특징 중 가장 놀랍고 결정적인 것은 그들이 개개 툴킷 유전자의 활동과 구조를 굉장히 세심하게 통제할 수 있다는 점이다. 게놈 여기저기에 별자리처럼 마구 뿌려져 있는 스위치들이야말로 동물 신체 조각조각, 줄무늬 하나하나, 뼈 하나하나 일일이 암호화하고 건설한 장본인이다.

스위치는 발생과 진화라는 두 드라마 모두에서 주연을 맡고 있다. 스위치는 앞 장에서 살펴본 아름다운 유전자 발현 패턴을 그려내는 화가이다. 종마다 다른 지침을 암호로 갖고 있는 것, 사실상 동일한 도구를 사용해서 다양한 동물들을 만들어내는 것도 스위치이다. 스위치는 또한 진화의 용광로이다. 스위치는 키플링이 즐겁게 몽상한 바로 그 얼룩무늬, 줄무늬, 혹 등을 만들어낸 장본인이자 진정한 근원이다. 한편으로 유전자 컴퓨터, 다른 한편으로 예술가라 할 수 있는 이 환상적인 기기들은 배아 지리학을 유전자 설명서로 번역하여 삼차원 형태를 만드는 일꾼들이다.

암흑 들여다보기

무릇 모든 과학이 그렇듯, 우주론에서나 생물학에서 어떤 개체의 존재를 확인할 때는 두 가지 접근법을 쓸 수 있다. 하나는 직접 관찰하는 것이고, 다른 하나는 보다 쉽게 눈에 띄거나 측정할 수 있는 다른 개체들에 미친 영향을 통해 간접적으로 보는 것이다. 우주 암흑물질의 증거는 죄다 간접적인 것이다. 은하들의 속도와 회전을 보건대 그 내부에는 우리 눈에 보이지 않는 막대한 양의 질량이 있을 수밖에 없다고 결론 내린 것이다. 우주론 이론가들이나 물리학자들은 암흑물질의 재료가 무엇인지 아직 확실히 모른다.

우리는 게놈 속 암흑물질에 대해서는 훨씬 많이 알고 있다. 일단 무엇으로 만들어졌는지 아는 데다(DNA다) 그것을 분리하여 직접적으로나 간접적으로 연구할 수 있기 때문이다. 유전암호를 갖지 않은 '암흑' DNA를 연구하는 강력한 방법은 그 DNA 조각을 다른 유전자에 붙여보는 것이다. 가령 색깔 있는 반응 생산물을 만드는 효소나 빛을 받았을 때 형광을 띠는 단백질 같은, 바로 눈으로 볼 수 있는 단백질을 암호화한 유전자에 붙이는 방법이다. 이렇게 손질한

DNA 조각을 다시 게놈에 삽입한 뒤 현미경으로 색을 관찰하면 해당 암흑물질 조각에 어떤 지침이 담겨 있는지 볼 수 있다(이쪽에 줄무늬가 생기고 저쪽에 반점이 생기는 등으로 나타난다). 사실 대부분의 암흑물질은 아무런 지침도 갖지 않은 것들이다. 오랜 진화 중에 축적되어 공간만 채우고 있는 '쓰레기' DNA들이다. 사람의 경우 암흑물질 중 2에서 3퍼센트만이 유전자들의 활동을 통제하는 스위치 영역이다. 이 장에서는 우선 유전자 스위치가 발생을 통제하는 방식을 알아보겠고, 스위치가 진화에 영향을 미치는 방식에 대해서는 다음 장에서부터 살펴볼 것이다.

3장에서 대장균이 어떤 유전가 체계를 이용해 락토오스를 활용하는지 본 바 있다. 그때 설명한 유전자 스위치라는 개념을 기억할 것이다. 대장균은 락토오스를 끌어들여 분해하는 효소를 필요에 따라 즉각 합성할 수 있는데, 그것이 유전자 스위치의 통제를 받는 과정이었다. 스위치는 이 효소를 암호화한 유전자 바로 위쪽에 짧은 DNA 서열 형태로 존재한다. 락토오스가 없을 때는 락토오스 억제물질이 스위치 내 특정 DNA 서열에 결합하여 전사를 차단한다. 락토오스가 존재하면 억제물질이 스위치에서 떨어져 나와 락토오스 분해를 담당하는 유전자가 발현되기 시작한다.

동물의 유전자 스위치는 조금 더 정교하다. 일반적으로 스위치를 이루는 DNA 염기서열 길이가 긴 편이고, 한 개의 스위치에 결합하는 단백질의 수나 종류도 여러 가지다. 전사를 촉진하는 단백질도 결합할 수 있고, 억제하는 단백질도 결합할 수 있다. 스위치는 복수개의 단백질들이 전하는 입력 신호를 한데 묶어 '연산'함으로써 하나의 출력값을 내놓는다. 유전자가 발현하거나 하지 않음으로써 나

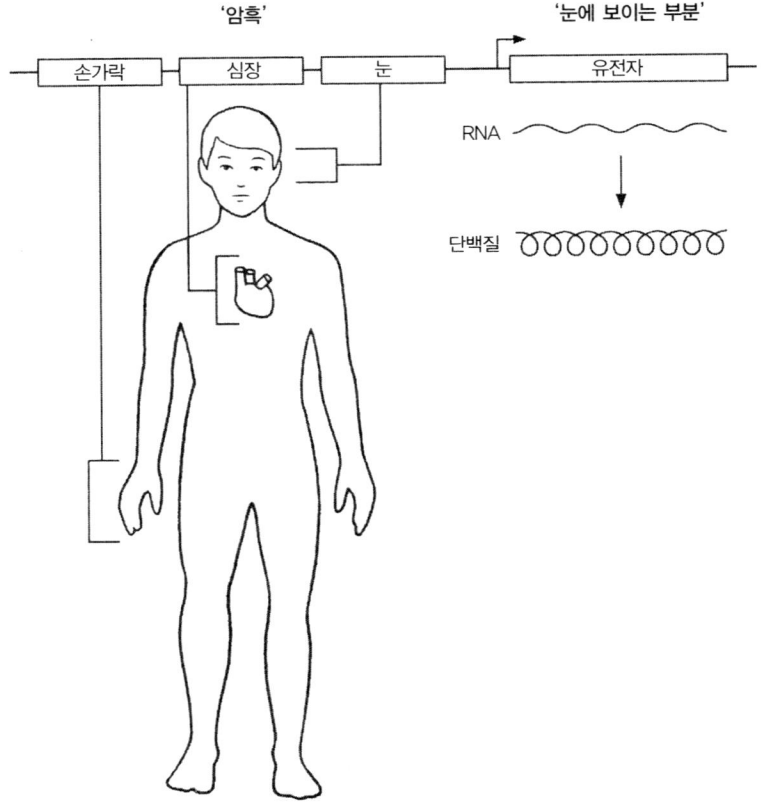

[그림5-1] 유전자 스위치들은 유전자들이 어느 신체조직에서 사용될 것인지 통제한다. 그림의 유전자는 세 개의 스위치를 갖고 있다. 각기 심장, 눈, 손가락에서의 발현을 통제하는 스위치들이다. 서로 다른 신체부속 발생에 관여하는 복수 개의 스위치를 갖고 있다는 점은 툴킷 유전자들의 공통 특성이다. 그림_ 리앤 올즈.

타난 삼차원 패턴, 즉 앞장에서 본 줄무늬나 얼룩무늬 같은 것이 바로 그 출력이다. 또 중요한 사실은, 하나의 유전자를 조작하는 데 여러 개의 스위치들이 개입할 수 있다는 점이다. 덕분에 하나의 유전자가 서로 다른 장소에서 서로 다른 시기에 여러 차례 사용될 수도 있다. 예를 들어 한 유전자가 심장의 발생에만 사용되는 게 아니라

눈, 손가락의 발생에도 사용되는 식이다[그림5-1].

생물학자들이 유전자라고 할 때는 보통 세포의 일꾼인 단백질들을 만드는 암호를 지니고 있는 DNA 조각을 지칭한다. 스위치는 어떤 물질에 대한 암호도 갖지 않는다. 스위치의 기능은 DNA를 조절하는 것뿐이다. 하나의 유전자가 정상적으로 기능을 수행하기 위해서는 모든 스위치들에서 오는 정보를 다 받아야 한다. 자, 그러므로 스위치 세 개를 거느린 유전자라면, 하나의 암호 부분과 세 개의 조절 부분들이라는 네 개의 부속으로 구성되는 셈이다[그림5-1]. 이 중 어느 스위치에라도 돌연변이가 일어나면 커다란 해부학적 이상을 낳을 수 있다. 나도 통상의 어법을 따라 '유전자'라고 할 때는 단백질 암호를 지닌 부분만 지칭하도록 하겠다. 스위치를 가리킬 때는 구체적으로 스위치라고 밝히겠다.

통합 GPS 장치 같은 스위치

앞서 보았듯, 툴킷 유전자들은 배아 내 삼차원 좌표계에 의지하여 활동한다. 그런데 공간 좌표 정보는 어떻게 유전자들에게 전달되어서 유전자를 정교하게 켜고 끄는 지침이 되는 걸까? 바로 위성항법장치(GPS)처럼 기능하는 유전자 스위치들 덕분이다. 배, 자동차, 비행기에 달린 GPS 탐지기가 복수 개의 입력신호들을 통합하여 하나의 위치 좌표를 찍어내듯, 스위치들은 배아의 경도, 위도, 고도, 깊이라는 위치정보를 통합한 뒤 그 장소를 유전자에게 전달하여 그곳에서 켜지거나 꺼지도록 명령한다. 몇 가지 사례를 들어 설명하는 편이 좋겠다. 다만 이 사례들은 발생이라는 전체 영화에서 몇 개의 장면만 따로 뗀 것으로 이해해야 한다. 영화 전체에는 수만 개의 스위치들이 동시에, 그리고 순차적으로 관여한다. 각각의 장면을 다 볼 필요는 없다. 스위치 활동에 담긴 논리와 전문성을 이해하는 게 중요할 따름이다.

스위치의 기본 기능은 기존의 유전자 활동 패턴을 변형시켜 새로운 활동 패턴을 창출해내는 일이다. 유전자 스위치의 작동을 가장 잘 보여주는 예로 파리 배아 동서 축을 따라 특정 경도에서 띠, 혹은 줄무늬가 생기는 과정을 들 수 있다. 발생 초기, 축을 따라 어떤 위치에 있는 세포 15~20개 너비의 띠에서 몇몇 툴킷 단백질들이 발현하기 시작한다. 각 툴킷 단백질은 저마다 다른 DNA 서열에 결합하는데, 염기쌍 6~9개 정도 길이의 DNA들이다. 툴킷 단백질들이 자신의 DNA 서열을 찾아가는 모습은 특정 열쇠가 특정 자물쇠에 맞물리는 모습과 흡사하다. 이 경우 DNA 서열이 하나의 자물쇠가 된다. 이런 DNA 서열을 '표지(signature)' 서열이라고 부를 텐데, 특정 툴킷 단백질에 고유하게 할당된 서열이기 때문이다. 유전자를 통제하는 스위치에는 표지서열들이 여러 개 들어 있고, 세포핵 속에 있는 특정 툴킷 단백질들이 와서 저마다 맞는 서열에 결합한다. 물론 배아에서 특정 경도 및 위도의 지점들, 즉 그 툴킷 단백질들이 존재하는 지점들에서만 일어날 수 있는 사건이다. 〔그림5-2〕를 보자. 툴킷 단백질 A는 서경 20도에서 60도 사이에서 발현하고, 단백질 B는 서경 40도에서 60도 사이, 단백질 C는 서경 30도에서 동경 30도 사이에서 발현한다. 단백질 A는 유전자 X의 발현을 활성화시키는 활성자이고 단백질 B와 C는 억제시키는 억제자이다. 일반적으로 억제자

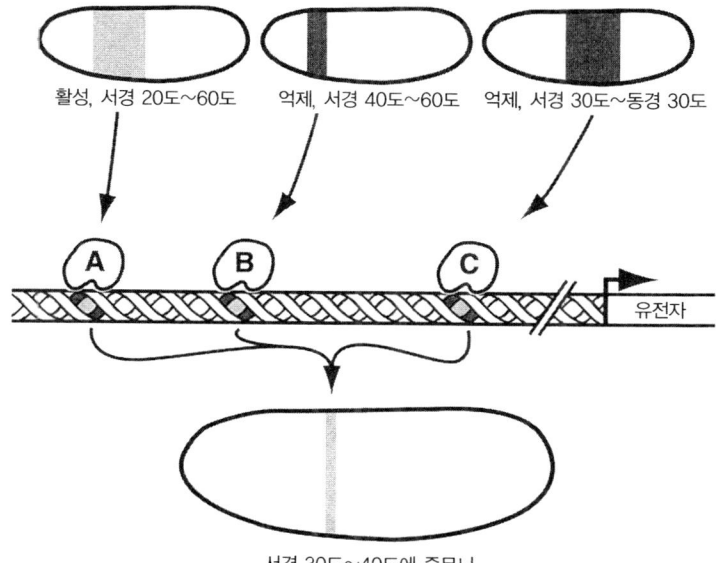

활성, 서경 20도~60도   억제, 서경 40도~60도   억제, 서경 30도~동경 30도

유전자

서경 30도~40도에 줄무늬

[그림5-2] 스위치는 여러 개의 입력신호를 하나로 통합하여 하나의 유전자 발현 줄무늬를 그린다. 하나의 활성자(A)와 두 개의 억제자(B와 C)가 서로 다른 경도에서 발현되었다. 스위치가 그것을 합산한 결과 하나의 좁은 줄이 그어졌다. 그림_ 조시 클라이스.

가 존재하는 장소에서는 활성자의 활동마저 차단되어 유전자가 꺼지는 것이 규칙이다. 유전자 X의 스위치에는 단백질 A, B, C가 결합할 장소가 모두 존재한다. 세 단백질 중 무엇무엇이 스위치에 결합하느냐 하는 조합은 배아 축의 어느 장소에 있느냐에 따라 다르다.

서경 90도에서 60도 사이 세포들을 보자. 단백질 중 어느 것도 스위치에 결합하지 않기 때문에 유전자는 꺼진다. 서경 60도에서 40도 사이 세포들에서는 단백질 A와 B가 스위치에 결합하므로 역시 유전자가 꺼진다. 서경 40도에서 30도 사이 세포들에서는 단백질 A만 스위치에 결합하므로 유전자가 켜진다. 0도에서 동경30도 사이 세포들에서는 단백질 C만 스위치에 결합하므로 유전자는 또 꺼진다. 스위치는 경도에 관한 세 가지 입력 신호들을 '연산'함으로써 유전자가 단 10도 너비의 띠 안에서만 발현하도록 하는 것이다. 세 가지 넓은 유전자 발현 무늬들이 하나의 좁은 줄무늬로 번역되었다. 이 줄무늬는 '서경 30도부터 40도까지 켜질 것'이라는 하나의 '켜기' 단서로 위치를 잡은 것이 아니다. 여러 개의 '끄기' 신호들을 조합함으로써 경계를 그려낸 것이다.

이쯤에서 질문하는 독자가 있을지 모르겠다. 그렇지만 툴킷 단백질 A, B, C의 패턴들은 어디서 온 것일까? 좋은 질문이다. 이들은 또한 각각 유전자 A, B, C에 있는 스위치들의 통제를 받은 것이다. 이 단계보다 앞서 발현한 다른 툴킷 단백질들의 신호를 통합한 결과이다. 아니, 그러면 그 신호들은 또 어디서 왔단 말인가? 그보다 더 앞서 활약한 신호들에서 왔다. 나도 이것이 닭이 먼저냐 달걀이 먼저냐 하는 수수께끼처럼 꼬리에 꼬리를 무는 얘기라는 것을 안다. 결국 배아의 공간 정보들이 어디서 왔는지 끝까지 추적해보면 난자가 난소에서 생겨날 당시 내부 분자들이 비대칭적으로 분포되었던 탓이라는 데까지 이른다. 덕분에 배아에서 두 개의 중심축이 형성되기 때문이다(그러니까 결국 닭보다 달걀이 먼저라는 결론이 되겠다). 추적 단계를 모두 밟을 생각은 없다. 지금은 모든 스위치들의 활약이 그보다 앞선 사건들의 결과라는 사실만 이해하면 된다. 또한 그 스위치는 새로운 패턴으로 자기 유전자를 발현시킴으로써 스스로 새로운 발생의 사건들과 패턴들을 빚어나간다는 사실만 알면 된다.

스위치의 잠재력은 무한해서, 경도와 위도와 고도와 깊이를 어떤 식으로든 조합해낼 수 있다. 복수의 축 신호를 통합하는 한 스위치를 예로 들어보자[그림5-3]. 파리 배아에서 다리 위치들을 결정하는

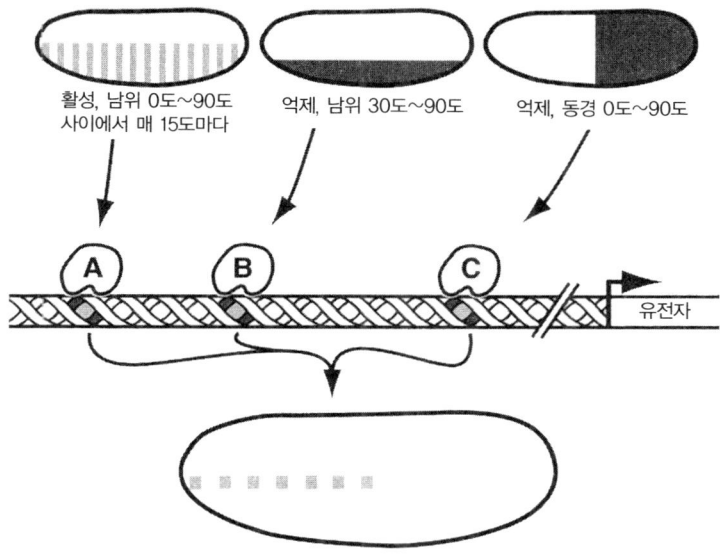

활성, 남위 0도~90도   억제, 남위 30도~90도   억제, 동경 0도~90도
사이에서 매 15도마다

A   B   C

유전자

남위 0도~30도 사이일 때 서경 0도~90도 사이에서
매 15도마다 발현

[그림5-3] **경도와 위도 신호를 통합함으로써 사지가 될 세포 집단들의 위치가 정해졌다.** 그림_ 조시 클라이스.

실제 메커니즘을 설명한 것이다. 사지 형성 유전자인 디스탈리스는 체축을 따라 어디에서 Dll을 발현시킬지 결정할 때 경도 신호와 위도 신호를 함께 쓴다. 물론 이 신호들은 앞서 존재한 다른 툴킷 단백질들의 발현 패턴으로 정해진 것이다. 자, 동서 축에 놓인 모든 체절에서 매 15도마다 발현을 유도하는 활성자가 있다. 단, 남반구(남위 0도~90도)에서만 활성시킨다. 억제자는 두 개 있는데, 하나는 남위 30도에서 90도까지 작용하고 다른 하나는 배아 동쪽 전체에 작용한다. 세 입력신호들을 통합한 결과는 무엇일까? 남위 0도에서 30도 사이인 영역에서, 그것도 서경 90도, 75도, 60도, 45도,

30도, 15도에 존재하는 작은 세포 집단들만 Dll 유전자를 발현하게 되었다.

발생이 정상적으로 이뤄지려면 스위치들이 반드시 물리적으로 흠 없이 보전되어야 한다. 돌연변이 때문에 스위치가 오류를 일으킨다거나 망가진다면 정상적으로 신호들을 통합할 수 없다. 머리에 다리가 달린 파리나 손발가락이 여섯 개인 사람처럼 깜짝 놀랄 만한 돌연변이는 스위치가 망가진 결과일 때가 많다. 배아나 신체부속 내부에서 잘못된 위치에 툴킷 유전자들을 발현시켰기 때문인 것이다.

강력하고 훌륭한 조합 논리

스위치의 구성은 저마다 다르다. 스위치의 길이는 평균적으로 수백 염기쌍 정도이다. 그 안에 여러 단백질들을 위한 표지서열이 적게는 다섯 개에서 많게는 스무 개까지, 혹은 그 이상도 들어 있을 수 있다. 스위치가 경도, 위도, 고도, 깊이 신호에 어떻게 반응하는가 하는 것은 툴킷 단백질들이 결합할 표지서열들이 스위치 안 어느 위치에 몇 개나 들어 있는가 하는 데 달렸다. 스위치의 반응은 축 어디에서도 일어날 수 있고, 어떤 특정 조직 내에서만 이뤄질 수도 있다. 한마디로 개별 스위치가 그려내는 패턴은 스위치의 DNA에 어떤 표지서열들이 암호화되어 있느냐에 달린 것이다.

스위치에 담긴 정보의 내용, 또한 스위치의 어마어마한 잠재력을 제대로 이해하기 위해서 툴킷 단백질과 표지서열들의 성격을 좀더 알아볼 필요가 있겠다. 내가 설명하고 싶은 점은, 똑같은 도구들이라도 여러 방식으로 조합해 사용하면 할 수 있는 일이 엄청나게 많아진다는 것이다. 구체적인 수학은 중요하지 않다. 조합 논리의 힘과 효율성을 깨닫기만 하면 된다.

툴킷 단백질이 인식하는 표지서열은 상당히 짧아서 보통 6~9개 염기쌍 정도이다. 물론 더 길 수는 있다. 평균적인 크기의 스위치라면 서로 다른 표지서열들이 여러 개 들어가고도 남는다. 표지서열은 아주 다양하게 조합될 수 있다. 6개의 염기쌍으로 이루어진 서열이라면 A, C, G, T라는 네 개의 DNA 염기가 4,096가지 순열을 만들 수 있고($4^6 = 4,096$이기 때문), 7개 염기쌍 서열은 $4^7 = 16,384$가지 순열을, 8개 염기쌍 서열은 $4^8 = 65,536$가지 순열을 만들 수 있다. 하나의 툴킷 단백질은 한 가족이라 할 수 있을 정도로 닮은 여러 개의 염기서열들을 인식할 줄 안다. 표지서열 중 염기 몇 개가 바뀌는 것 정도는 유연하게 대처할 수 있다는 뜻이다. 그렇다 해도 툴킷 단백질은 DNA 분자의 어느 위치에 붙을 것인가를 아주 까다롭게 고르는 편이다. 상이한 툴킷 단백질들은 일반적으로 상이한 표지서열들을 인식한다. 아래에 DNA 결합 툴킷 단백질들과 그들이 인식하는 표지서열의 예가 있다.

팍스-6(아이리스)	KKYMCGCWTSANTKMNY
틴먼	TCAAGTG
울트라바이소락스	TTAATKRCC
도설(Dorsal)	GGGWWWWCCM
스네일(Snail)	CAGCAAGGTG

여기서 각 알파벳은 다음 염기를 뜻한다.

R = A 아니면 G

Y = C 아니면 T

K = G 아니면 T

M = A 아니면 C

S = C 아니면 G

W = A 아니면 T

N = A 아니면 C 아니면 G 아니면 T

동물의 툴킷 전체를 헤아리면 DNA 결합 단백질이 수백 개 정도 포함되는데, 대부분은 저만의 표지서열을 배타적으로 선호하는 것들이다. 표지서열과 단백질의 조합 가짓수는 천문학적이다. 어떤 동물의 툴킷에 DNA 결합 단백질이 5백 개 있다고 하자. 툴킷 단백질과 표지서열이 하나씩 쌍을 이룰 때의 조합은 500×500=250,000가지다. 세 개가 하나의 조합을 이룬다면 500×500×500=12,500,000가지, 네 개가 하나의 조합을 이룬다면 60억 가지 이상이 가능하다. 간단한 계산으로도 툴킷과 유전자 스위치의 조합 논리가 얼마나 대단한지 알 수 있다. 스위치가 그토록 다양할 수 있는 것은 이렇듯 같은 수의 표지서열과 툴킷 단백질들을 다양한 조합으로 결합하여 사용하기 때문이다. 물론 엄청난 수의 툴킷 단백질들을 보유하는 대안도 생각해볼 수 있다. 하지만 단백질 5백 개를 여러 조합으로 활용하는 편이 각기 다른 단백질 25만 개(인간 게놈 전체에 암호화된 단백질 수의 약 열 배에 해당한다)를 암호화하는 것보다 훨씬 효율적이다.

여담으로, 생물학에는 유전자와는 전혀 다른 맥락에서 조합 논리의 강력함을 보여주는 유명한 사례가 한 가지 더 있다. 사람의 면역계는 우리 주변에 잠복해 있는 엄청나게 많은 종류의 잠재적 병원체들에 일일이 대처할 줄 안다. 외부 침입자들의 단백질, 당, 지방에 결합하는 항체 단백질들을 무수히 만들어낼 능력이 있다는 뜻이다. 사람이 만들 수 있는 항체 단백질의 종류는 수백만 가지나 된다. 수백만 가지 항체 유전자들을 암호로 갖고 있기 때문이 아니라 훨씬 적은 수(수백 개 정도)의 항체 유전자 영역들과 항체 사슬들을 여러 가지 방식으로 조합하여 사용하기 때문이다.

스위치에 해당하는 DNA 서열을 가지고 이런저런 실험을 해보면 스위치 조합 논리가 얼마나 융통성 있는지 확연히 드러난다. 스위치에 어떤 표지서열들을 인위적으로 더하거나 뺀 뒤 스위치가 나타내는 발현 패턴이 어떻게 달라지는지 보는 실험이다. 캘리포니아 대학 버클리 캠퍼스의 마이크 레빈과 동료들은 파리 배아 양 축에서 나타나는 줄무늬의 조합 논리를 연구한 개척자들이다. 그들의 작업을 보면 줄무늬 형성 메커니즘이 얼마나 단순하면서도 우아한지 깨닫게 된다.

초기 파리 배아에서 세로 줄무늬가 그어지는 기본 논리에 대해서는 〔그림5-2〕를 통해 보았다. 가로 줄무늬도 마찬가지 논리로 형성된다. 정확히 어디에 줄무늬가 그어질 것인가는 스위치들이 받는 입력신호의 강도에 달려 있다. 신호 강도를 키우는 한 방법은 스위치에 특정 표지서열들을 추가로 집어넣는 것이다. 예를 들어보자. 파리 배아 남쪽 끝에서 발현하여 경도(가로) 줄무늬를 만드는 유전자가 있는데, 남쪽에서 북쪽으로 갈수록 농도가 옅어지는 어떤 틀

A. 활성자를 위한 표지서열 추가

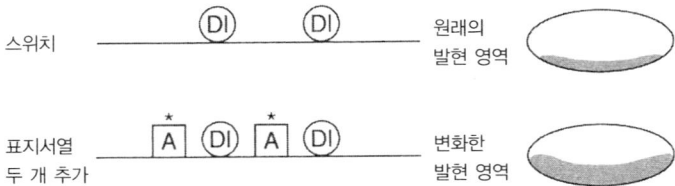

스위치   원래의 발현 영역

표지서열 두 개 추가   변화한 발현 영역

B. 억제자를 위한 표지서열 제거(서열 자리가 겹칠 때는 위아래로 표기했다.)

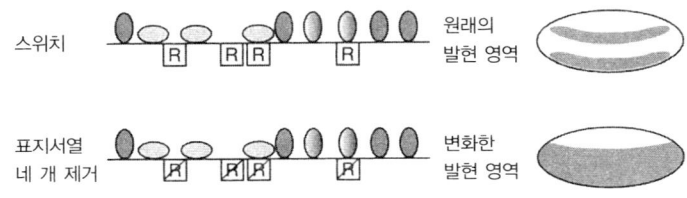

스위치   원래의 발현 영역

표지서열 네 개 제거   변화한 발현 영역

C. 억제자를 위한 표지서열 추가

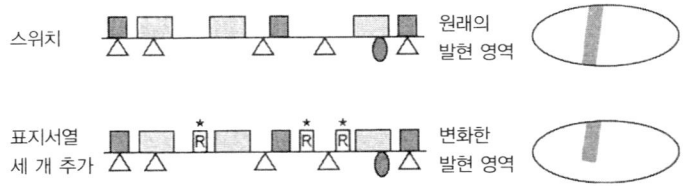

스위치   원래의 발현 영역

표지서열 세 개 추가   변화한 발현 영역

[그림5-4] A. 활성자가 결합할 위치를 추가하면 유전자 발현 영역이 넓어진다. B. 억제자가 결합할 위치를 제거하면 유전자 발현 영역이 넓어진다. C. 억제자가 결합할 위치를 추가하면 유전자 발현 영역이 좁아진다. 그림_ 조시 클라이스.

킷 단백질의 조절을 받는다. 정상 상태에서 이 유전자의 스위치에는 그 툴킷 단백질에 대한 표지서열이 두 군데 존재한다. 그런데 스위치에 다른 단백질에 대한 표지서열을 두 개 추가해 넣으면, 줄무늬는 원래의 너비에서 두 배로 넓어져 배아 남반구를 거의 다 덮게 된다[그림5-4의 A].

거꾸로 스위치에 있던 표지서열의 개수를 줄이거나 통째로 없애서 신호를 약하게 만들 수도 있다. 그들이 활성자 단백질을 위한 자리였다면 스위치 기능은 완전히 마비될 것이다. 앞서 예로 들었던 남반구 줄무늬 스위치에 있는 두 개의 표지서열이 모두 변경되면, 스위치는 완전히 비활성화된다. 반대로 억제자 단백질을 위한 표지를 제거하면 스위치가 그리는 영역이 넓어질 것이다. [그림5-4]의 B는 한 스위치가 가로 줄무늬를 그리는 모습을 보여준다. 폭이 20도 정도인 줄무늬는 남위 40도에서 60도에 걸쳐 형성되는데, 그보다 더 남쪽에서는 발현되지 않는다. 줄무늬를 통제하는 스위치에는 배아 남단에 존재하는 억제자를 위한 표지서열이 네 개 존재한다. 이들을 건드려서 억제자들이 스위치에 결합하지 못하게 만들면, 스위치가 그리는 무늬는 훨씬 남쪽으로까지 확 넓어진다.

스위치에 담긴 표지서열의 구색이 어떠냐에 따라 무늬 위치가 조정된다는 점을 잘 보여주는 간단한 실험들이다. 가로세로만이 아니라 양 축에 모두 달린 무늬를 그릴 때는 어떨까? 간단하다. 두 축 모두에서 활동하는 툴킷 단백질들을 위한 표지서열의 문제일 뿐이다. 가령 세로 줄무늬를 그리는 스위치에 배아 남쪽에서 발현하는 억제자 표지서열을 집어넣는다고 생각해보자. 짠! 세로 줄무늬의 남쪽 끝이 잘려나간다[그림5-4의 C].

스위치에 염기 몇 개가 끼어들거나, 빠지거나, 바뀌는 것만으로 발현 결과가 달라질 수 있음을 알았다. 나아가 이 재치 있는 실험들에서 표지서열에 가감이 생길 때 스위치가 변하고, 그로써 진화가 일어난다는 중요한 사실을 흘낏 엿볼 수 있다. 이에 대해서는 뒤에서 잔뜩 얘기하겠지만, 유전자 스위치의 세계를 파고드는 지금, 서서히 진화와의 관련에 대해 생각하기 시작하는 것도 좋겠다.

줄무늬 하나씩, 뼈 하나씩: 전체는 많은 부분들의 합이다

초기 파리 배아에서 줄무늬로 발현되는 유전자들은 생물학자들이 처음으로 스위치를 점검해본 유전자들에 속한다. 이 스위치들을 따로따로 떼어놓고 점검해본 결과 몹시 놀라운 사실을 한 가지 알게 되었는데, 줄무늬 한 줄 한 줄을 각기 다른 스위치들이 암호화했다는 것이다. 예를 들어 툴킷이 발현하여 그려진 줄무늬 일곱 개가 간격도 일정하고 비슷해 보인다 해도, 줄 하나마다 담당 스위치가 다르고, 서로 다른 경도 신호의 조합으로 형성된다는 것이다. 언뜻 생각하기에는 한 종류 무늬를 그리는 데 장치가 그렇게 많아야 하다니 끔찍하다. 하지만 파리 배아 줄무늬가 하나씩 따로 그려진다는 걸 알게 된 것은 중요한 발견이었다. 덕분에 툴킷 유전자의 전체 발현 패턴은 많은 부분들의 합이고, 부분마다 서로 다른 스위치의 통제를 받는다는 일반 규칙을 알 수 있었다.

연구자들은 줄무늬 형성 스위치의 작동방식을 밝힘으로써 생물학적 구조에서 어떻게 패턴이 형성되는지 궁금해했던 과거 학자들의 질문에 답하게 되었다. 수학자와 컴퓨터 과학자들은 지난 수십 년간 체절이나 얼룩말 무늬, 조개껍질 무늬 등의 반복적 패턴에 마음을 빼앗겼다. 천재 앨런 튜링(컴퓨터 과학의 창시자로서 제2차 세계대전 당시 독일군의 이니그마 암호를 깨는 데 기여했다)의 1952년 논문 「형태발생의 화학적 토대」에 영향 받은 이론가들은 커다란 구조 전체에 규칙적인 패턴이 입혀지는 논리를 알아내려 애썼다. 그들은 무척 아름다운 수학과 모형들을 제시했다. 하지만 이후 20년간 생물학에서 이루어진 발견들에 비추어 볼 때 옳은 가설로 확인된 것은 하나도 없다. 수학자들은 모듈 식 유전자 스위치들이 패턴 형성의 열쇠라는 사실을 꿈에도 상상하지 못했다. 또한 우리 눈에 규칙적으로 보이는 패턴도 사실 수많은 서로 다른 요소들의 조합으로 만들어진 것이란 사실을 알지 못했다.

하나의 유전자에는 복수 개의 스위치들이 달려 있어서 어떤 한 시점에 여러 가지 부분적 발현 패턴을 일으킬 수 있다. 그뿐 아니다. 하나의 유전자에 달려 있는 또 다른 복수 개의 스위치들은 심지어 발생 중 서로 다른 단계에서, 서로 다른 조직에서, 서로 다른 패턴을 일으키도록 통제하는 것들일 수 있다. 단 한 가지 발생 작업에만 전념하는 툴킷 유전자는 거의 없다. 배아 성장의 여러 맥락에서 몇 번이고 거듭 재사용된다. 개개 툴킷 유전자의 다재다능함은 전적으로 스위치들 덕분이다. 거의 모든 툴킷 유전자가 하나 이상의 스위치를 갖는다. 열 개 이상인 경우도 드물지 않으며, 가능한 스위치 개수의 최고 한계가 몇인지 알 수 없다. 아니, 한계가 존재하는지조차 알 수 없다.

여러 스위치들이 각자 관장하는 별개의 작업들을 다 더하면, 비로소 신체와 신체부속들이 만들어진다. 척추동물의 커다랗고 복잡한 골격은 일군의 툴킷 유전자들 주위에 옹기종기 모인 많은 스위치들이 뼈 하나씩 차근히 암호화하고 건설한 결과이다. 골격 발생에

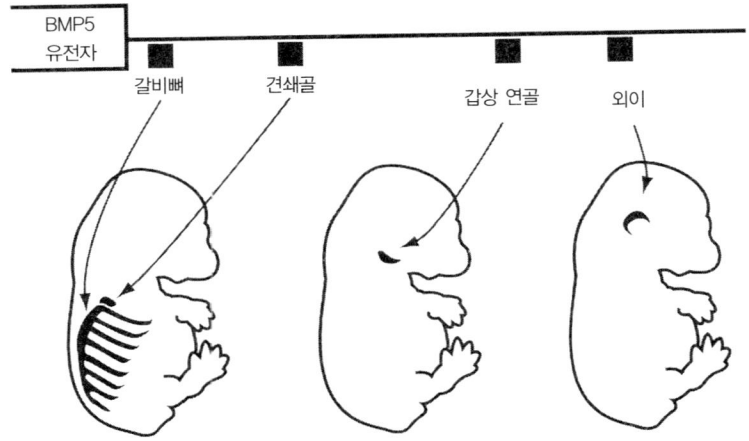

[그림5-5] 발생 중인 쥐 배아의 서로 다른 부속에서 BMP5 유전자 발현을 통제하는, 서로 다른 스위치들이 있다. 그림_ 조시 클라이스, 하워드 휴즈 의학연구소 및 스탠퍼드 대학 데이비드 킹슬리의 작업 결과를 바탕으로.

중요한 툴킷 중에 뼈 형성 단백질(BMP)이라는 것들이 있다. 연골과 뼈 형성을 촉진하는 단백질 군이다. 여기 속하는 BMP5 유전자가 어떻게 조절되는가 살펴보면 해부 구조들이 각각의 스위치들을 통해 한 조각 한 조각 암호화되어 있다는 사실을 잘 알 수 있다.

BMP5 유전자 주변에는 온통 스위치들이 가득하다. BMP5를 각기 갈비뼈, 사지, 손가락 끝, 외이, 내이, 척추, 갑상 연골, 비장, 흉골 등에서 발현시키는 스위치들이다[그림5-5]. 똑같은 단백질이 서로 다른 패턴, 장소, 시기에 생성되곤 하는 것이다. 각 작업이 특수할 수 있는 것, 전체 패턴이 복잡할 수 있는 것은 전적으로 스위치들 덕분이다. 신체 각 부위를 담당하는 별개의 스위치들이 존재한다는 사실은 신체부속의 설계 및 형성이 몹시 미세하게 조정된다는 뜻이다.

스위치들이 만드는 풍성한 세상

스위치들이 대단히 다양하게, 또한 특정 위치만 꼭 꼬집어 작동할 수 있는 것은 조합 논리를 활용하기 때문이다. 입력을 조합한 결과가 스위치의 출력이 되고, 입력이 하나만 늘어도 조합 가짓수가 기하급수적으로 증가하기 때문에, 스위치 출력의 경우의 수는 사실상 무한하다. 띠, 줄, 선, 얼룩, 점 등 갖가지 무늬가 가능하고, 활성자들과 억제자들을 온갖 형태로 결합할 수 있으며, 어느 곳에서나, 어느 조직에서나, 어떤 조합으로도 그려낼 수 있음을 상상해보라. 실로 불가능한 형태가 없는 것이다. 한 동물의 게놈 안에서도 어마어마하게 다양한 형태들을 그려내는 스위치들이 속속 발견되고 있다. 스위치들은 어느 좌표에서든, 심지어 여러 군데 좌표에서, 그 어떤 기하학적 형태로도 유전자를 발현시킬 수 있다.

그런데 입력신호와 표지서열의 조합 가능성이 무궁무진한 것은 사실이지만, 한 동물이 보유한 실제 스위치의 수에는 한계가 있다. 스위치들이 서로 다르기만 한 것도 아니다. 발생을 조정하기 위해서, 특히 전문적 기능을 갖는 특수 세포들을 만들기 위해서, 다른 유전자에 있는 스위치들끼리 하나 이상의 신호나 표지서열을 공유하기도 한다. 예를 들어 어떤 세포가 근육세포로 기능하기 위해서는 세포를 수축시키는 단백질, 재빠른 에너지 활용을 가능케 하는 단백질, 근육 활동에서 생기는 폐기물을 효율적으로 제거해주는 단백질 등등이 함께 생산되어야 한다. 이런 단백질들을 암호화한 유전자들의 스위치는 공통의 표지서열을 갖고 있으며, 근육세포 내에 있는 하나의 툴킷 단백질에 의해 동일하게 활성화되는 것이다. 뉴런, 눈의 광수용체 세포, 췌장 세포, 뇌하수체 세포 등 다른 세포 종류도 사정은 마찬가지다. 이들 기관의 기능도 하나하나 고작해야 몇 개의 툴킷 단백질들에 공통적으로 의존하고 있다. 그 단백질들은 게놈 전역의 여러 유전자 스위치들에 폭넓게 영향을 미친다.

모듈 식 동물을 만드는 모듈 식 스위치: 반복 부속들을 차별화하는 결정적 논리

유전자 스위치의 작동방식에 대해 알 만큼 알았으니, 이것이 동물 설계의 주요 국면에서 어떤 역할을 맡고 있는지, 어떻게 동물이 진화하는 것인지 슬슬 생각해보자. 절지동물이나 척추동물처럼 크고 복잡한 동물들이 드러내는 근본적인 특징은 부속들이 반복되는 모듈 식 구조라는 점이다. 스위치가 어떤 식으로 반복 부속들을 상이한 기능의 상이한 형태로 차별화해내는지 알게 되면, 우리가 좋아하는 여러 동물들의 형성과 진화를 이해할 수 있게 될 것이다.

앞 장에서 보았듯, 절지동물의 다양한 체절과 부속지들, 척추동물의 서로 다른 능뇌 분절과 원체절들에서는 서로 다른 혹스 유전자들이 발현한다. 반복 부속 하나하나의 패턴과 기능은 그 체절, 부속지, 원체절, 능뇌 분절에서 어떤 독특한 혹스 유전자가, 또는 혹스 유전자들 조합이 활동하는가에 달린 문제였다. 이처럼 혹스 유전자들이 일단 '영역들'을 설정한 뒤 영역에 따라 반복 부속을 차별화하는 작업이야말로 커다란 좌우대칭동물의 모듈 구조를 건설하는 데 근간이 되는 유전논리라 했다.

이 유전논리는 두 가지 차원의 유전자 스위치들을 활용한다. 첫 번째 차원은 혹스 유전자 자체에 달려 있는 스위치들이다. 이들은 자기가 담당하는 혹스 유전자를 특정 모듈이 될 영역에서만 발현하도록 통제한다. 두번째 차원은 혹스 단백질이 결합할 표지서열을 담고 있는 스위치들이다. 즉 혹스 유전자가 아닌 다른 유전자들이 특정 모듈에서 어떻게 발현될지 통제하는 작업이다.

절지동물이든 척추동물이든, 혹스 유전자들은 중심 체축을 따라 정도의 차이를 두고 발현한다. 각 혹스 유전자가 어느 영역에서 발현할 것인지는 스위치들이 결정하는데, 척추동물의 후뇌, 신경관, 원체절, 사지 아체나 절지동물의 외피, 신경색처럼 상이한 조직들에서의 혹스 유전자 활동은 상이한 스위치들이 담당하고 있다. 덕분에 특정 모듈의 세포들은 바로 옆 모듈 세포들과는 다른 혹스 단백질 조합을 갖는다. 능뇌 분절이든 원체절이든, 절지동물의 체절이든 부속지든, 모듈마다 형태가 다르게 되는 것은 서로 다른 혹스 단백질 조합이 서로 다른 유전자들을 활성화시키기 때문이다.

혹스 단백질이 반복 부속을 차별화하는 논리를 잘 보려면 곤충만큼 좋은 예가 없다. 곤충의 중심 체축을 따라 늘어선 체절들은 각기 다른 식으로 만들어졌고, 각기 다른 구조를 지녔다. 가령 첫번째 가슴 체절에는 날개가 없지만 두번째 가슴 체절에는 커다란 앞날개가 한 쌍 달렸고, 세번째 가슴 체절에는 작은 균형잡기용 뒷날개 한 쌍이 달렸다. 앞날개 세포들에서는 혹스 단백질이 하나도 만들어지지 않는 반면, 뒷날개 세포들은 모두 Ubx 단백질을 만든다(Ubx 유전자에 있는 일군의 스위치들이 세번째 가슴 체절과 뒷날개에서만 활성화되기 때문이다). 앞날개와 뒷날개의 생김새 차이는 Ubx 유전자의 활동

여부로 생기는 셈이다.

Ubx는 뒷날개에서 날개 형태를 빚어내는 유전자의 스위치들에 영향을 미침으로써 뒷날개를 차별화한다. 즉 앞날개 속성들(날개맥 등의 구조)을 형성하는 유전자는 꺼버리고 뒷날개 속성들을 촉진하는 유전자는 켠다. 유전자의 스위치들은 복수 개의 입력신호를 통합해야 한다(물론 신호 각각에 맞는 표지서열들을 포함하고 있어야 한다). 만약 한 뭉치의 스위치들 및 유전자들의 활동을 사진으로 찍어 앞뒤 날개의 상태를 비교해본다면, 우리는 Ubx가 스위치들 중 일부에 영향을 미쳐서 뒷날개를 앞날개와 다르게 조각해내는 기본적인 방식을 금방 알 수 있을 것이다[그림5-6].

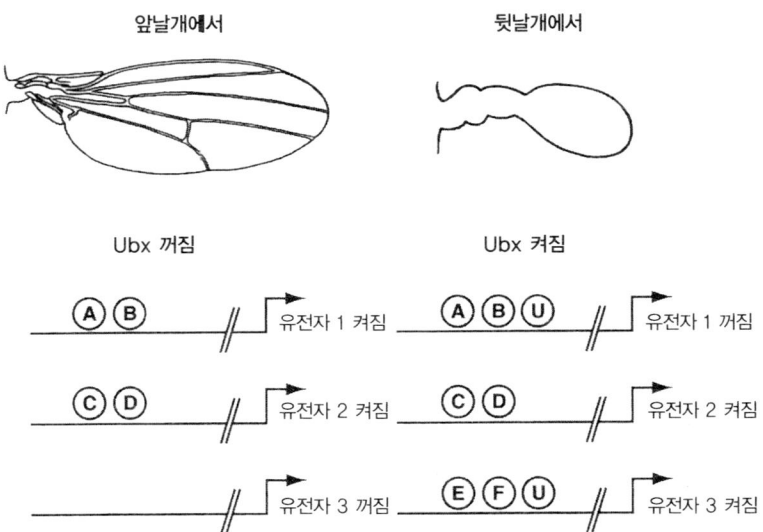

[그림5-6] 혹스 단백질이 앞날개와 뒷날개에서 유전자 발현 상태를 선택적으로 결정한다. 실선은 스위치를, 알파벳 문자는 서로 다른 조절 단백질들(가령 U는 Ubx이다)을 나타낸다. 앞뒤 날개의 형태가 달라지는 것은 앞뒤 날개에서 유전자들의 활성화 정도가 다르기 때문이다. 그림_ 조시 클라이스.

같은 논리가 어디나 적용된다. 능뇌 분절들을 차별화할 때, 절지동물의 부속지들을 차별화할 때, 척추나 갈비뼈들을 만들 때 등등 말이다. 이처럼 연속 반복 구조들의 최종 형태가 차별화되어 나타나는 것은, 혹스 단백질들이 체축의 각 위치에서 일부 부속지, 능뇌 분절, 척추, 갈비뼈 형성 유전자들의 활동만 선택적으로 승인해주기 때문이다.

배아의 '배선' : 스위치, 회로, 네트워크

이제까지 유전자 스위치의 작동방식을 살펴보면서 하나의 유전자에 있는 하나의 스위치, 하나의 유전자에 있는 여러 개의 스위치들, 또는 하나의 단백질이 공통으로 통제하는 여러 종류의 스위치들을 대상으로 삼았다. 하지만 그런 식으로 스위치나 단백질을, 또는 결과 패턴을 묘사하는 것은, 말하자면 활동사진이 아닌 정지사진에 불과하다. 다 모은다 해도 동물 발생의 전 과정에서 겨우 몇 장면만 그린 것이다. 실제로 동물을 만드는 이야기에는 훨씬, 훨씬 많은 장면들이 있다. 움직임이 끊이지 않아 정신없을 지경으로 산만한 영화에 가깝다.

동물의 몸이나 신체부속들의 형태는 결코 하나의 스위치나 단백질로 만들어질 수 없다. 신체부속, 조직, 다양한 종류의 세포는 무수히 많은 스위치와 단백질들이 시공간 상에서 패턴을 조직하여 만들어낸 산물이다. 무수한 단백질과 기타 분자들이 특정 세포나 조직에 생리학적이거나 기계적인 특징을 부여함으로써 다듬어낸 산물이다.

하나의 스위치나 단백질이 수행하는 작업은 다른 유전자나 단백질들의 작업과 긴밀하게 얽혀 있다. 그처럼 국소적으로 얽힌 스위치나 단백질 집합을 '회로'라 할 수 있고, 회로들이 또 얽혀 더 큰 '네트워크'를 만든다. 그 네트워크가 복잡한 구조의 발생을 다스리는 것이다. 한마디로 동물의 몸 구조는 유전자 조절 네트워크 구조의 산물이다.

회로와 네트워크의 배선 모양, 혹은 작동논리는 전기회로나 논리 문제를 그릴 때 쓰는 도형을 동원해서 표현할 수 있다. 하나의 스위치가 하나의 결정점, 즉 유전자 회로에서 하나의 노드(nod)가 된다. [그림5-7]은 몇 개의 활성자, 억제자, 스위치, 유전자들이 서로 얽힌 간단한 회로이다. 이 또한 훨씬 큰 그림의 일부분에 불과할 뿐이다. 내 생각에 파리를 만드는 유전논리를 전부 그린다면 종이가 최소한

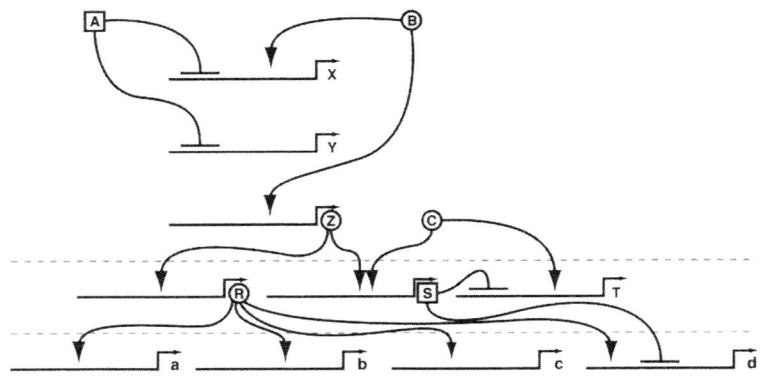

[그림5-7] 조절 논리를 설명한 유전자 배선 도형. 활성자들(동그라미 속의 알파벳들)과 억제자들(네모 속의 알파벳들)이 스위치들(실선들)에 영향을 미치고 있다. 화살표는 활성 효과가 미치는 방향을 나타낸 것이고, 끝이 수직으로 막혀 있는 선은 억제 효과가 미치는 방향을 나타낸 것이다. 어떤 구조를 만들 때든 여러 묶음의 활성자와 억제자들이 관여하는 것이 보통이다. 그림_ 조시 클라이스.

천 장은 필요할 것이고, 사람을 만드는 유전논리를 다 그리는 데는 수천 장이 필요할 것이다. 일반적으로 척추동물의 조절 네트워크 수는 다른 동물에 비해 많은 편이다(사람은 파리나 여타 비척추동물들에 비해 세포 종류가 세 배나 많기 때문이다). 하지만 그저 수가 많을 뿐, 더 복잡한 것은 아니다.

툴킷 역설의 해소와 스위치

생물학자들은 지금도 유전자 스위치가 가진 심오한 의미를 이해하기 위해 노력하고 있다. 수십 년의 노력 덕택에 우리는 유전암호를 읽어서 DNA에 어떤 단백질 암호가 담겨 있는지, 어떤 식으로 담겨 있는지 알게 되었다. 이처럼 단백질 중심 시각이 팽배했기 때문에 사람들은 단백질 암호를 지닌 유전자야말로 방대한 DNA의 바다에 군데군데 떠 있는 귀한 정보라고 보게 되었다. 유전자 주변에 있는 다른 DNA들은 정보 가치가 없는 텅 빈 공간이라 생각했다. 한편 동물들 간의 차이는 유전자 개수 및 서열 차이에서 비롯했으리라는 시각도 팽배했다. 하지만 이제야 조금씩 알게 된 것처럼, 하나의 유전자 주위에는 아주 많은 유전자 스위치들이 있다. 게놈 분석 결과, 쥐와 사람의 유전자는 개수며 종류가 거의 동일하다는 것(약 2만 5천 가씩이다)도 밝혀졌다. 자, 암호에 해당하는 서열 부분이 이렇게 유사한 것으로 밝혀졌으니, 이제 주변에 있는 스위치들을 탐구할 수밖에 없다. 그들이 진화에서 어떤 역할을 맡고 있는지 알아야 한다.

유전자 스위치의 논리가 무엇인지, 그들의 다양성이 얼마나 대단한지 잠시나마 살펴본 우리는 스위치들이 동물 다양성 진화에 모종의 기여를 하고 있는 게 분명하다고 추측할 수 있다. 상이한 동물들의 툴킷 유전자 구성이 흡사하다는 것을 발견함으로써 생겨난 한 가지 커다란 역설이 있었다. 어떻게 동일한 유전자들이 서로 다른 형태들을 만들어내는가 하는 역설이었다. 이 역설을 풀 핵심 열쇠가 스위치들이다. 스위치들은 한 동물 내에서 툴킷 유전자들이 몇 번이고 반복 사용되게 해주며, 그것도 연속 반복 구조들 하나하나에서 크든 작든 간에 아무튼 차이 나는 방법으로 사용되게 해준다.

스위치가 발생을 통제하는 방법을 이해하고 나면, 스위치가 진화를 일궈온 방법을 파악하는 것도 어렵지 않다. **스위치들은 동일한 툴킷 유전자들이 서로 다른 동물에서 서로 다른 방식으로 사용되도록 도와준다.** 스위치 각각이 하나의 독립적 정보 처리 단위이기에, 한 툴킷 유전자의 스위치 하나나 한 툴킷 단백질이 통제하는 스위치 하나가 진화적으로 변할 경우, 다른 구조나 패턴에는 전혀 영향을 미치지 않은 채 그 구조나 패턴의 발생만 달라질 수 있는 것이다. 이것은 모듈 식 신체와 신체부속의 진화에 핵심이 되는 조건이다. 사람이 안쪽으로 굽어지는 엄지를 진화시킬 수 있었던 것, 파리가 특별한 뒷날개를 진화시킬 수 있었던 것도 모두 이 때문이다. 이제 후반부에서, 나는 여러 진화의 신비들을 소개할 것이다. 캄브리아기 대폭발, 즉 동물의 형태가 눈 깜박할 동안 엄청나게 다양해진 그 옛날 사건에서부터, 오늘날 나비나 포유동물들의 다양하고 아름다운 모양까지 짚어볼 것이다. 이 모든 신비들이 유전자 스위치에 일어난 진화적 변화의 산물이다.

2부

화석, 유전자, 그리고 동물 다양성의 탄생

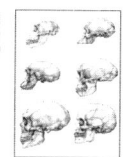

지금으로부터 십여 년 전만 해도 분자생물학자, 즉 나처럼 실험실에 박혀 DNA를 갖고 노는 '실내형' 학자들과 고생물학자, 즉 이국적인 장소들을 여행하며 바위에서 고대의 보물을 발굴하는 '야외형' 현장학자들은 서로 남이나 마찬가지였다. 공통점이 거의 없었기 때문에 만나는 일도 없고, 사귈 일은 더더욱 없었다. 서로 다른 교육 과정을 밟았고, 대학에서도 다른 학부에 속하는 게 보통이었으며, 다른 과학저널들에 연구를 발표했다.

이제는 이 모든 것이 바뀌었다.

이제 고생물학자들은 혹스 유전자에 대해 이야기하고, 분자생물학자들은 문장에서 '캄브리아기' 같은 단어까지 서슴없이 사용한다!

책의 후반부에서 나는 발생학과 진화생물학이 결합하여 동물 형태의 진화라는 신비를 풀어낸 그 행복한 이야기를 들려드릴 것이다. 이 결합을 가능케 한 조건들 중 하나로 분자생물학의 강력한 신기술들을 꼽을 수 있다. 이 새로운 도구들은 동물 발생과 진화 역사를 완전히 새로운 시각에서 보게 해주었다. 현생 동물의 게놈과 배아 발생에 대해 좀더 깊이 알게 되자, 연구자들은 화석종 역사를 새로운 시각에서 볼 수 있게 되었으며 또한 어떤 일이 벌어졌는가를 넘어 **어떤 식으로** 벌어졌는가 하는 질문까지 생각할 수 있게 되었다. 동물의 다양성이 그 내부의 어떤 작용으로 형성되었는지 살펴보게 된 것이다. 현대 지리학의 기본 원칙 중 하나로 '현재는 과거를 이해하는 열쇠이다' 라는 말이 있다. 우리가 현재 목격하는 과정들은 과거에도 그대로 작동하였을 것이며, 그로써 과거를 설명할 수 있다는 뜻이다. 이 개념은 새로운 과학 이보디보의 근본 원칙으로도 성립한다.

전반부에서 나는 무대를 마련하는 기분으로 발생에 대한 네 가지 핵심적 개념들을 소개했다. 동물 구조의 모듈성, 동물을 만드는 데 필요한 유전자 툴킷, 배아의 지리학, 배아에서 툴킷 유전자의 활동 좌표를 결정하는 유전자 스위치였다.

후반부에서 소개할 핵심적 개념은 동물 형태는 배아 지리의 변화를 통해 진화한다는 사실이다. 툴킷 유전자들이 사용되는 방식이 바뀜으로써 어떻게 지리 및 형태가 진화하는지 구체적으로 살펴볼 것이다. 형태의 진화는 오래된 유전자들에게 참신한 재주를 가르쳐줌으로써 이뤄지는 것이었다!

앞으로 펼쳐지는 장들에서 우리는 이보디보의 능력을 느낄 수 있을 것이다. 먼 과거를 꿰뚫어 오래전에 멸종한 동물 선조의 모습을 그려내는 능력을, 동물 역사에서 가장 극적인 일화들을 설명하는 능력을 접할 것이다. 5억 년 전 고대의 바다에서 동물계의 깊은 뿌리들이 어떻게 진화했는지 살펴보는 데서 시작하여, 당과 하늘에 적응한 새로운 동물들의 새로운 구조가 어떻게 생겨났는지, 계통수에서 가장 최근 돋아난 잔가지들인 놀랍도록 다양한 현생 동물들의 탄생까지 알아볼 것이다. 그 틀 속에서 어떻게 우리 인간이 작은 뇌에 사족보행을 했던 선조들로부터 진화할 수 있었는지 이해하게 될 것이다.

이제부터 할 이야기들에 등장하는 진화는 기존에 알던 것과는 다른, 아주 생생한 모습일 것이다. 이보디보의 힘은 그 새로움, 그리고 유례없이 훌륭한 증거들을 제공해주는 데 있다. 이보디보의 증거들 중에는 진화생물학의 오래된 논쟁에 마침표를 찍는 것들이 있는가 하면 완전히 참신한 발상들을 끄집어내는 것들도 있다. 또한 진화생물학의 '성배' 중 한 가지, 즉 특정 종의 진화를 실제로 담당하고 있는 유전자 변화를 정확히 밝혀낸 증거들도 존재한다.

발생학은 이보디보 덕분에 완벽하게 통합된 진화 이론 무대에서 공동 주연을 맡게 되었다. 그러니 교과서도 이 혁명을 제대로 반영하는 방향으로 다시 씌어야 한다. 나는 동물 형태 진화를 묘사할 때 이보디보의 기법을 동원하는 것이 현대적 종합 이론의 추상적인 추정을 활용하는 것보다 훨씬 시각적으로 설득력 있으리라 믿는다. 이보디보는 갈라파고스 제도 핀치나 얼룩나방의 자연선택 이야기라는 고전적인 사례들에 더할 만한 새로운 사례들을 제공한다. 바다가재와 새우, 거미와 뱀, 점박무늬 나비, 주머니쥐, 재규어 등에 대해 깊은 통찰을 준다. 나아가 다윈이 말한 '무수히 다양한 형태들'이 과거에 어떻게 생겨났으며 지금 어떻게 만들어지고 있는지, 그 어떤 학문보다도 훌륭하게 설명해준다.

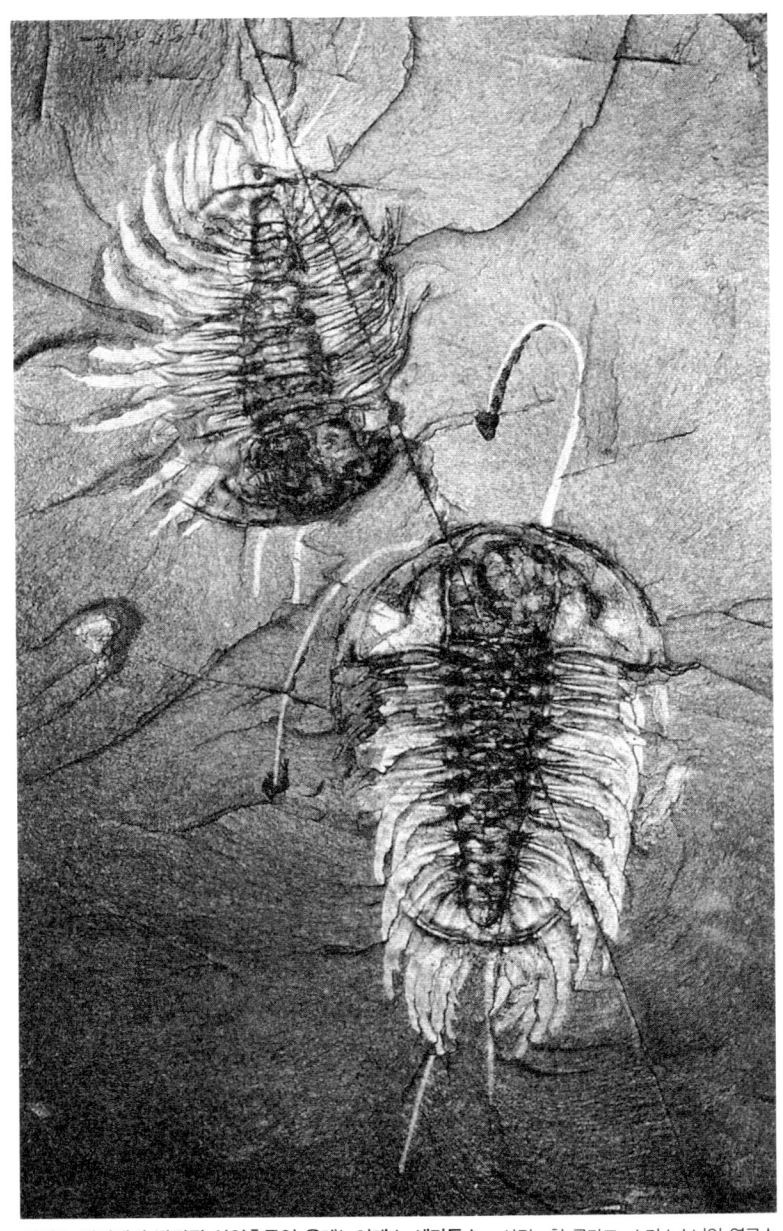

버제스 셰일에서 발견된 삼엽충류인 올레노이데스 세라투스. 사진_ 칩 클라크, 스미스소니언 연구소의 허가로 수록.

동물 진화의 빅뱅

> 자연의 취미는 한 가지 메커니즘을 무한하게 많은 방식으로 변용하는 것인
> 듯하다…… 자연은 일단 어떤 종류의 생산방식을 선택했으면 그것으로
> 만들 수 있는 갖가지 형태를 모두 생성하고서야 다른 방식으로 넘어간다.
> :: 드니 디드로, 「자연 해석에 관한 사색」(1753)

워싱턴 D.C.에 있는 스미스소니언 자연사박물관. 화석 전시실로 이어진 홀 입구 안쪽에는 유리로 된 평범한 초록색 진열장들이 몇 개 늘어서 있다. 대부분의 관람객들은 공룡 같은 굉장한 짐승들의 전시실로 가느라 바빠 그 앞에서 발을 멈추지 않는다. 하지만 별 특징 없는 진열장에 놓인 자그만 사각형 바위들 속에는 인류가 발견한 가장 특별하고도 중요한 동물 화석들이 담겨 있다.

그것이 버제스 셰일 화석들이다. 스미스소니언 박물관장 찰스 월코트가 1909년에 브리티시컬럼비아 주를 여행하다 발견한 이 화석들은 캄브리아 중기의 것들이다. 약 5억 5백만 년 전의 것인 셈이다.

진회색 셰일에 새겨진 기묘하고도 경이로운 형태들의 모습은 일찍이 고생물학자들의 마음을 사로잡았다. 더듬이, 부속지, 꼬리, 눈 등을 갖춘 화석들은 복잡한 동물의 기록으로는 가장 오래된 편에 속하고, 절지동물, 환형동물, 척색동물, 연체동물 등 여러 현생 동물군들의 선조격인 형태들을 포함한다. 그리고 그들은 약 천5백만 년에서 2천만 년 사이라는 비교적 짧은 기간 동안 급작스레 세상에 모습을 드러낸 것으로 보인다. 그 전 시기에는 동물이 살았음을 증거하는 화석 자료가 굉장히 드문 데 말이다. 복잡한 형태들이 지질학적 시간 척도로 볼 때 아주 짧은 기간 내에 등장한 것은 5억 2천5백만 년 전에서 5억 5백만 년 전 사이의 일이었고, 지구 전역에서 일어난 일이었다. 그것이 바로 캄브리아기의 대폭발이다. 동물 진화의 빅뱅이다.

이 화석 동물들과 캄브리아기 대폭발이라는 현상에 처음으로 사람들을 주목시킨 것은 고 스티븐 제이 굴드의 탁월한 책 『생명, 그 경이로움에 대하여』였다. 캄브리아기 동물을 접한 연구자가 제일 먼저 넘어야 했던 과제는 개개 화석 조각이 어느 동물군에 속하는지 알아내는 문제였다. 워낙 해부구조가 '기묘'했기 때문에(현대적 시각으로 보면 그렇다는 것이다) 하나의 화석을 놓고 그것이 연체동물인지 연충류인지, 절지동물인지 아닌지, 우리가 아는 어떤 군에도 속하지 않는 다른 무엇인지 갑론을박이 벌어졌다.

그런데 화석 동물들이 현생 동물군과 어떤 연관관계에 있는가 하는 문제는 캄브리아기 대폭발을 둘러싼 여러 미스터리들 중 하나에 불과하다. 이런 문제들도 있다. 폭발을 점화시킨 요인은 무엇인가? 크고 복잡한 동물들이 하필 이때 처음 등장한 까닭은 무엇인가? 왜 이 특정 형태들이 성공을 거두었는가? 폭발의 원인으로도 여러 가설이 제기되었다. 전 지구적 기후 변화처럼 외적 설명 요인에 집중한 이론도 있고, 신체 형성 유전자의 발명처럼 내적 요인에 집중한 이론도 있다. 먼 과거의 사건들에 대해 생각할 때 늘 그렇듯, 가설을 만들어내는 건 쉬워도 평가하는 건 어렵다. 가령 유전자를 논하는 이론이라면 5억 년 전에 죽은 동물의 유전자에 대해 어떤 질문들을 던질 수 있겠는가? 사실 캄브리아기 화석들은 동물의 화석이라기보다 무지막지하게 강한 지질학적 힘들에 납작 눌린 동물들의 자취의 화석이라 보는 게 옳다. 그러나 다행히도 발생학이 극적으로 발전한 덕택에 우리는 캄브리아기 대폭발이 일어나고 확장된 과정에서 유전자들이 어떤 역할을 맡았는지 알아낼 수 있게 됐다. 어떻게 보면 이보디보라는 학문은 오래전에 죽은 형태들을 다시 살아나게 하는 능력을 지닌 셈이다.

이보디보가 알려준 가장 놀라운 메시지는 크고 복잡한 동물 몸을 만드는 데 필요한 모든 유전자들이 캄브리아기 대폭발로 현실에 실체가 드러나기 한참 전부터 이미 존재하고 있었다는 사실이다. 크고 복잡한 형태가 등장하기 약 5천만 년 전부터, 어쩌면 그보다 더 오래전부터, 유전자 수준에서의 잠재성은 갖춰져 있었던 것이다. 유전자 툴킷 자체는 진화하지 않았다. 하지만 새로운 신체 설계가 눈 깜박할 새에 등장하고 변화했다는 엄연한 현실을 보면 동물 발생은 분명 크게 진화하였다.

캄브리아기 동물군들을 보고 제일 먼저 지적하게 되는 점은 반복 신체부속의 종류와 수가 다양하게 진화했다는 사실이다. 윌리스턴의 법칙을 극적으로 드러내는 이 현상은 배아 지리의 변화로 일어난 것 같다. 툴킷 유전자들의 좌표 변이, 특히 배아 내 혹스 유전자 발현 위치의 변이는 상이한 신체 형태를 만드는 데 필수적이다. 그리고 이런 변이는 유전자 스위치를 통해 일어난다. 캄브리아기에 벌어진 사건은 바로 스위치들의 진화였다. 이후 여러 주요한 동물강(動物綱)들이 잇달아 진화한 것도 스위치의 진화 덕분이었다.

이번 장에서 중점적으로 다룰 질문은 어떻게 다양한 형태들이 진화했는가 하는 문제이다. 하지만 배경지식으로서 동물 역사에 실제 어떤 사건들이 벌어졌는지 살펴볼 필요가 있다. 대폭발 이전에는 무엇이 존재했는지, 대폭발 중에는 어떤 일들이 벌어진 것인지, 그 후에는 또 어떤 사건들이 이어졌는지 말이다. 우선 캄브리아기 이전에 어떤 형태들이 존재했는지 알아보겠다. 사실 그 이전의 화석 자료는 극히 드문 형편이다. 하지만 이보디보 덕분에 우리는 캄브리아기 이전의 더 먼 동물 역사까지 내다볼 수 있고, 캄브리아기 동물의 선조에 해당하는 것들의 복잡성과 형태를 숙고해볼 수 있다. 특히 사람을 포함한 모든 좌우대칭동물들의 공통 선조, 그 신비로운 생명체의 실체도 그려볼 수 있다.

미스터리: 빅뱅 이전의 동물들

지구의 나이는 45억 년쯤 된다. 생명이 진화하기 시작한 것은 아마 35억 년 전쯤일 것이다. 하지만 이후 30억 년 동안, 유기체들은 일반적으로 매우 작고(밀리미터 이하의 단위였다) 단순한 구조에 머물렀다. 동물계가 등장하기 전에 다른 계들이 모습을 드러냈다. 박테리아, 고세균, 원생생물, 균류였다(육상식물의 선조인 녹조류는 동물보다 앞서 등장했지만, 식물 그 자체는 동물보다 뒤늦게 나타났다). 약 6억 년에서 5억 7천만 년 전쯤인 선캄브리아기, 생명의 크기와 모양이 확장되기 시작하여 센티미터 단위의 형태들이 나타났다. 이른바 에디아카라 동물군이라 불리는 것들이다(이런 형태들이 처음 발견된 사우스오스트레일리아 주의 언덕 이름을 땄다). 이 불가해한 동물군은 수십 년간 고생물학자들을 괴롭혔다. 하버드 대학 생물학자 앤디 놀의 말을 빌리면, 고생물학적 로르샤흐 검사(Rorschach test, 형태가 불분명한 잉크 얼룩을 보여주고 느낌을 말하게 하여 그 사람의 성격을 진단하는 테스트/옮긴이)나 마찬가지였다. 관이나 엽상체처럼 생겼고 방사대칭인 에디아카라 화석들을 설명하기 위해 학자들은 인공적 퇴적물이라느니, 지금은 멸종한 실험적 다세포 생명체의 잔재라느니, 동물의 선조라느니, 현생 동물군의 사례라느니 하는 온갖 해석들을 내놓았다. 하지만 현생 동물들과의 연관관계는 여전히 불확실한 논란

[그림6-1] **에디아카라 화석 형태들.** 사우스오스트레일리아 에디아카라 언덕에서 발견된 디킨소니아 코스탈라와 스프리지나 플로운데르스가 현생 동물이나 캄브리아기 동물들과 어떤 관계를 맺고 있는지는 불명확하다. 사진_ 사우스오스트레일리아 박물관 짐 게링 박사.

의 대상으로 남았다[그림6-1]. 괴상한 에디아카라 동물군의 실체가 무엇이든, 이쯤에는 캄브리아기 동물들의 선조도 지구상에 존재했어야만 한다. 우리는 그들이 정확히 어떻게 생겼는지 모르지만, 이보디보에서 얻은 통찰로 어떤 특성들을 상상하면 좋을 것인지는 알고 있다.

우리의 선조에 대해 알아보려면 동물의 진화 계통수를 놓고 몇 가지 추론을 펼칠 필요가 있다[그림6-2]. 생물학자들이 진화 계통수에서 동물군들의 상대적 위치를 중요하게 여기는 까닭은 유연관계를 알아야만 어떤 속성이 어느 동물군에서 언제 진화했는지 유추할 수 있기 때문이다. 곤충류와 척추동물은 동물 계통수에서 가장 굵은 두 가지를 대변한다. 두 가지의 정의, 그리고 근본적 차이는 배아가 형성될 때 최초의 원구에 대해 어느 방향으로 입이 형성되느냐에 달려 있다. 입이 배아의 원구 반대방향에서 형성되는 동물을 후구동물이라 하며, 사람을 비롯한 모든 척추동물, 극피동물(성게 등), 기타 몇몇 다른 동물군이 포함된다. 반면 입이 원구로부터 발생하는 동물은 전구동물이라 하며, 파리를 비롯한 절지동물, 환형동물, 연체동물, 기타 몇몇 동물군이 포함된다. 후구동물과 전구동물이 나뉘기 전에 계통수의 몸통에서 곧바로 뻗어 나온 다른 가지로 해면동물, 자포동물(해파리, 산호, 말미잘), 빗해파리 등이 있다(이 '몸통' 가지 동물들도 생명의 역사나 현재 바다에서 중요한 존재들이다. 하지만 책에서는 이들을 상세히 다루지 않는다. 후구동물과 전구동물 가지에 집중할 것이다).

전구동물과 후구동물로 확실히 알아볼 수 있는 동물들이 처음 등장한 것은 캄브리아기에 이르러서였다. 이때 이미 계통수의 두 가지가 확연히 구분되고 있기 때문에, 우리는 다양한 동물군들의 공통 선조가 캄브리아기보다 어느 정도 앞서 존재했을 것이라고 유추할 수

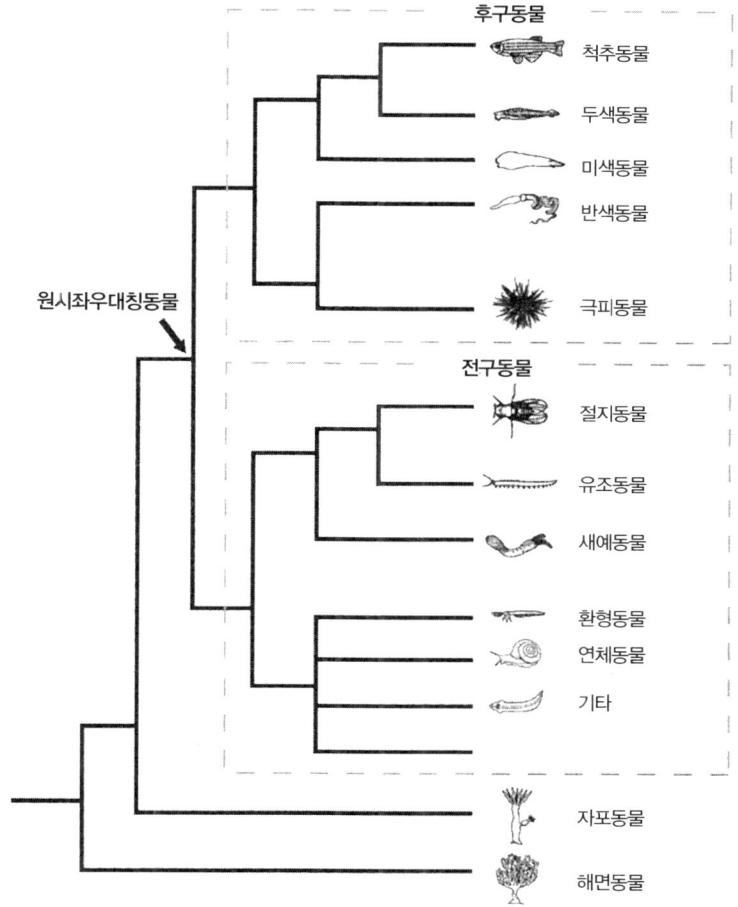

후구동물

척추동물

두색동물

미색동물

반색동물

극피동물

원시좌우대칭동물

전구동물

절지동물

유조동물

새예동물

환형동물

연체동물

기타

자포동물

해면동물

[그림6-2] **동물의 계통수.** 좌우대칭동물은 크게 후구동물과 전구동물로 나뉜다. 둘의 가장 가까운 공통 선조는 원시좌우대칭동물이라 불린다. 자포동물(말미잘, 산호)과 해면동물(해면)은 원시좌우대칭동물 등장 이전에 갈라진 가지들이다. 그림_ 조시 클라이스.

있다. 이런 추론이 가능한 것은 캄브리아기 이전에는 전구동물이나 후구동물의 화석 기록이 극히 드물기 때문이다. 사실 선캄브리아기에 발견된 화석 중 후구동물로 보이는 동물은 딱 하나뿐이다. 킴베렐

라라 불리는 화석 동물로, 5억 5천5백만 년 전의 것으로 추정된다.

그렇다면 그 선조는 어디에 있는 걸까? 화석 보전 상태는 해파리, 산호, 해면이나 에디아카라 동물군들을 보전할 수 있을 수준이었다. 그러니 화석 기록이 부실해서 공통 선조를 찾아보기 힘든 건 아닐 것이다. 몇몇 유기체의 큼지막한 화석들이 간간이 발견되는 걸 보면, 후구동물과 전구동물의 화석이 이토록 부실한 까닭은 그들의 크기가 매우 작고(1센티미터 미만이었을 것이다) 조직이 섬세했기 때문일 것이다. 또 다른 가능성은 기묘한 에디아카라 화석들 중에 실제 후구동물이나 전구동물이 포함되어 있는데, 단지 현대적 형태를 취하지 않기 때문에 우리가 알아보지 못하고 있다는 가설이다. 화석으로 구체적으로 확증된 것이 없으니 고생물학자들은 후구동물과 전구동물의 공통 선조에 대해 막연하게 상상할 수밖에 없다. 뭔지는 몰라도 흐물흐물한 벌레 같은 모습으로 말이다.

화석 기록에 의존할 수 없다면, 다른 어떤 증거에 기반하여 선조의 모습을 그릴 수 있을까? 우리는 후손들 사이에 존재하는 공통점들을 놓고 추론할 수 있다. 이 기법이야말로 이보디보가 먼 과거를 들여다보는 데 있어 기초로 삼는 논리이다. 둘 이상의 동물군이 공유하는 속성이라면 그들의 최근 공통 선조(계통수에서 두 가지가 갈라져 나오는 뿌리 부분에 해당한다)도 갖고 있었을 속성이라 가정하는 것이다. 이 논리를 동물군의 발생이나 유전자에 적용해보면 공통 선조가 지녔을 속성들을 몇 가지 유추하는 게 가능하다. 우선 확신할 수 있는 점은 후구동물과 전구동물의 공통 선조가 좌우대칭이었으리라는 것이다. 두 집단에 속하는 모든 동물은 생명 주기의 어느 단계에선가 반드시 좌우대칭 조직을 갖는다(성게 등의 극피동물처럼 성체일 때 다채로운 방사대칭을 띠는 것들도 유충일 때는 좌우대 칭이다). 좌우대칭은 새로운 이동방식과 복잡한 생활방식을 가능하게 했다. 그런데 우리는 이보다 더 나아간 추측을 할 수 있다. 후구동물과 전구동물이 공유하는 유전자 툴킷의 내용과 역할을 볼 때, 좌우대칭 동물의 공통 선조(UCLA의 에디 드 로베르티스가 여기에 '원시좌우대칭동물Urbilateria'이라는 이름을 붙였다)는 최소한 여섯 혹은 일곱 개의 혹스 유전자들, 그리고 팍스-6, 디스탈리스, 틴먼 유전자, 기타 수백 가지 신체 형성 유전자들로 구성된 툴킷을 반드시 지녔을 것이다.

그렇게 많은 유전자들이 원시좌우대칭동물 속에서 무얼 하고 있었을지 궁금하기 짝이 없다. 원시좌우대칭동물은 정말 흐물흐물한 벌레 같은 녀석이었을까? 그렇게 많은 유전자들은 해부학적 복잡성이나 행동의 복잡성이라는 측면에서 뭔가를 의미해야 하지 않을까?

툴킷 유전자가 상이한 동물들에서 비슷한 역할을 한다는 사실을 기억한다면, 역시 그 유전자들의 지배를 받았을 원시좌우대칭동물도 모종의 해부학적 복잡성을 가지지 않았을까 조심스레 가정할 수 있다. 어느 정도의 복잡성이냐 하는 점은 해석에 따라 다르겠지만 최소한 합리적인 추론에 의거해 원시좌우대칭동물의 형상을 상상해볼 수는 있다. 자, 원시좌우대칭동물에게 눈이 있었을까? 글쎄, 이후 캄브리아기 삼엽충이 자랑하는 커다랗고 또렷한 눈 같은 건 없었을 것이다. 그처럼 크고 복잡한 눈을 가진 개체라면 아마 반드시 화석 기록으로 남았을 것이다. 그러나 눈 발생에 관여하는 팍스-6 등 유전자들의 역할이 두 종류 좌우대칭동물에 공통으로 존재하므로, 원시좌우대칭동물 또한 나름의 구조에 따라 늘어선 광민감성 세포들로 이루어진 모종의 안점, 혹은 빛 감지 기관을 지녔으리라 예상된다.

또 물어보자. 원시좌우대칭동물에게 부속지가 있었을까? 고생물학자들은 화석 퇴적물 속에서 동물이 지나간 구불구불한 자취를 가려낼 줄 안다. 하지만 캄브리아기 전에는 그런 자취가 확연히 남은 화석이 거의 없는 점을 볼 때, 원시좌우대칭동물에게 제대로 꼴이 잡힌 부속지들이 있었을 것 같지는 않다. 하지만 원시좌우대칭동물은 부속지 형성에 필요한 유전자들을 모두 갖고 있었다. 몸통에서 튀어나온 온갖 종류의 부속들을 만드는 데 쓰이는 유전자들이다. 그러니 원시좌우대칭동물이 걷거나 수영을 할 수는 없었다 해도, 몸통에서 튀어나온 모종의 구조를 가졌을 가능성은 있다. 어쩌면 탐지기관(가령 감각기관)이나 섭식기관(입이나 촉수)이었을지 모른다. 이후 캄브리아기가 되면 걷거나 수영하는 데 쓰이는 진짜 부속지들을 빚어내는 데 유전자들이 본격적으로 동원되기 시작한다.

원시좌우대칭동물에게 틴먼 유전자가 있었던 게 확실하다면, 심장도 있었을까? 사람의 것과 같은 현대적 심장을 기대할 수야 없다. 하지만 몸에 체액을 순환시키는 모종의 수축성 세포 집합을 가졌을 가능성은 있다. 또 원시좌우대칭동물은 몇몇 혹스 유전자들도 지녔기 때문에, 최소한 몸통의 앞부분, 중간부분, 뒷부분 정도는 사뭇 확연하게 구별되는 구조였으리라 짐작된다. 유전자 및 발생 논리를 좀 더 펼쳐보면, 양 끝에 입과 항문이 달린 내장이 있었으리라는 점도 확실하게 말할 수 있다. 근육세포, 신경세포, 수축성 세포, 광수용성 세포, 소화기 세포, 분비샘 세포, 식균세포 등 모든 종류의 세포들이 나뉘어 있었으리란 점도 확실하다. 모든 후손들에 공통으로 존재하는 세포들이기 때문이다. 불확실한 점이라면 이들이 어느 정도로 조직화되어 있었을까 하는 대목이다. 눈, 심장, 사지 등으로 구분하여 말할 수 있을 만큼 확실한 기관의 꼴로 뭉쳐 있었을까 하는 점이다. 어쨌든 상당히 복잡한 정도의 조직을 이루고 있었을 것이다. 선조의 후예들이 팍스-6, Dll, 틴먼, 혹스 유전자 등의 기능을 5억 년 이상 일관된 모습으로 보전한 것을 보면 말이다.

물론 화석을 발견할 때까지는 어떤 점도 확실하게 말할 수 없으며, 그래서도 안 된다는 점을 조심스레 밝혀두고 싶다(새로운 화석 매장지와 퇴적물을 찾는 노력은 끊임없이 이어지고 있다). 그래도 이보디보 덕분에 우리는 공통 선조의 모습을 그려볼 수 있다. 복잡한 신체를 형성하는 데 필요한 유전자들을 모두 갖추고 있으면서, 초기적 수준의 해부학적 복잡성을 갖춘 동물이었을 것이다.

다윈은 지질학자 찰스 라이엘에게 보낸 편지에서 동물 선조에 관해 사색한 적이 있다. 다윈은 척추동물들끼리 비교한 결과를 외삽하면 이런 결론이 나온다고 했다. "우리의 선조는 물에서 호흡하고, 부레와 수영에 도움이 되는 커다란 꼬리를 가졌고, 두개골은 완벽하지 않으며, 의심의 여지없이 암수한몸이었을 것입니다! 이것이 인류의 재밌는 혈통인 것입니다." 동물계 전반에 널리 공통점들이 존재한다는 사실을 알게 된 우리는 이제 훨씬 오래된 생명체의 모습까지 짐작할 수 있다. 그에 비하면 다윈이 묘사한 선조의 모습은 오히려 세련되어 보일 정도이다.

어쨌든 우리의 유산을 맘껏 자랑스러워하자.

캄브리아기 대폭발 :
이토록 많은 절지동물들이 그토록 짧은 시간 내에

지질학적으로 봤을 때 캄브리아기는 5억 4천3백만 년 전에서 앞뒤로 백만 년 정도 이내에 시작되었다. 하지만 그 경계 시점에는 동물 진화에 관한 또렷한 기록이 남은 게 별로 없다. 이후 천5백만 년에서 2천만 년 정도는 동물의 형태를 보전한 화석 기록이 거의 남지 않았다. 그러다 마침내 완벽한 절지동물들, 척색동물들, 극피동물들, 완족동물들이 등장한다. 형태들이 서로 확연히 분화된 상태로 등장하기 때문에(그러니까 분류가 가능하다), 다양한 동물 계통의 진화가 이미 상당히 오랜 시간 진행되어온 결과라고 짐작할 수 있다. 화석 증거를 거의 남기지 않고 은밀하게 진행된 게 문제지만 말이다.

캄브리아기 사건의 해독에 앞장선 고생물학자들 중 한 명, 사이먼 콘웨이 모리스는 다양화 과정의 초반부를 '안개에 싸인 과거'로 사라지는 화약 가루 흔적이라고 비유했다. 얼마나 길게 뻗은 흔적인지 도저히 알 수 없지만, 어쨌든 캄브리아기 초기에 그 끝이 화약통에 도달하여 펑! 하고 다양성이 폭발한 것만은 확실하다는 얘기다. 주요 동물군들을 대표하는 형태들이 몇 가지 등장했다는 정도가 아니라, 무수히 다양한 기본 신체 종류들이 갑자기 등장한 사건이었다. 버제스 셰일 하나에만 약 140종이 넘는 동물들이 담겨 있는데, 열 가지 이상의 문으로 나눌 수 있다. 다른 발굴지에서도 추가로 다양한 동물들이 발견되었다. 특히 중국 윈난 성의 첸지앙 동물군은 보전 상태가 훌륭한 표본들이 많기로 유명하고, 버제스 셰일보다 천5백만 년 전의 화석이라는 점에서 아주 중요하다. 첸지앙 화석 동물군은 몇몇 동물군의 최초 등장 시점을 엄청나게 앞당겼다. 아직도 이곳에서는 우리를 놀라게 할 만한 발견들이 속속 이어지고 있는데, 그중 몇몇 환상적인 척추동물들을 잠시 후에 소개하겠다. 첸지앙은 버제스와는 다른 지역, 다른 시기에 살았던 캄브리아기 생명의 모습을 간편하게 대조해볼 수 있는 자료라는 점에서도 훌륭하다. 첸지앙과 버제스의 화석만 놓고도 우리는 특히 두 동물군이 주목할 만한 수준으로 다양화했다는 사실을 알게 됐다. 하나는 절지동물, 다른 하나는 옆족동물(lobopodian)이다. 관절이 없는 단순한 다리들을 가졌다 하여 엽족류라 불리게 된 이 동물들('lob'은 '늘어진'이라는 뜻을 가졌다./옮긴이)은 잘 알려진 존재는 아니다. 하지만 절지동물 및 캄브리아기 동물 전반의 이야기에 결정적인 역할을 하는 주인공이다.

캄브리아기 동물군은 절지동물로 점령되다시피 한 상태다. 버제스 화석의 삼분의 일 이상이 절지동물이다. 올레노이데스 세라투스(이 장 첫머리의 그림 참조)나 나로아오이아 콤팩타 등 친숙한 삼엽충류도 그렇고, 그보다 덜 알려진 왑티아 피엘덴시스, 마렐라 스플렌덴스(버제스 화석에서 가장 수가 많은 녀석이다), 카나다스피스 페르펙타[그림6-3]까지 모두 절지동물이다. 이들 모두가 드러내는 확연한 특징은 수많은 체절들과 그에 달린 부속지들이 엇비슷한 모양새를 갖고 있다는 점이다. 사실 비슷한 구조가 반복적으로 조직되어 있다는 건 꼭 절지동물에만 해당되는 얘기는 아니다. 엽족동물 역시 비교적 종류가 적은 신체부속들이 무수히 반복되어 달린 형태를 취한다.

굴드가 가장 좋아한 엽족동물로 아이셰아이아라는 녀석이 있다[그림6-4]. 아이셰아이아가 눈길을 끄는 이유는 단순하고 반복적인 구조를 갖고 있으며 관처럼 생긴 다리들을 달고 있기 때문이다. 덕분에 아이셰아이아가 현생 동물의 원시적 형태가 아닐까, 즉 보다 정교한 신체 및 다리 패턴의 선구체가 아닐까 하는 짐작이 있었다. 처음에 월코트는 아이셰아이아가 환형동물이라고 생각했다. 그러나 굴드를 비롯한 다른 학자들은 엽족동물이라고 생각하는데, 그쪽이 옳은 판단이다. 현생 동물 분류 체계에 몸체가 부드럽고 다리가 여럿 달린 유조동물(벨벳벌레라고도 불린다)이라는 문이 있는데, 엽족

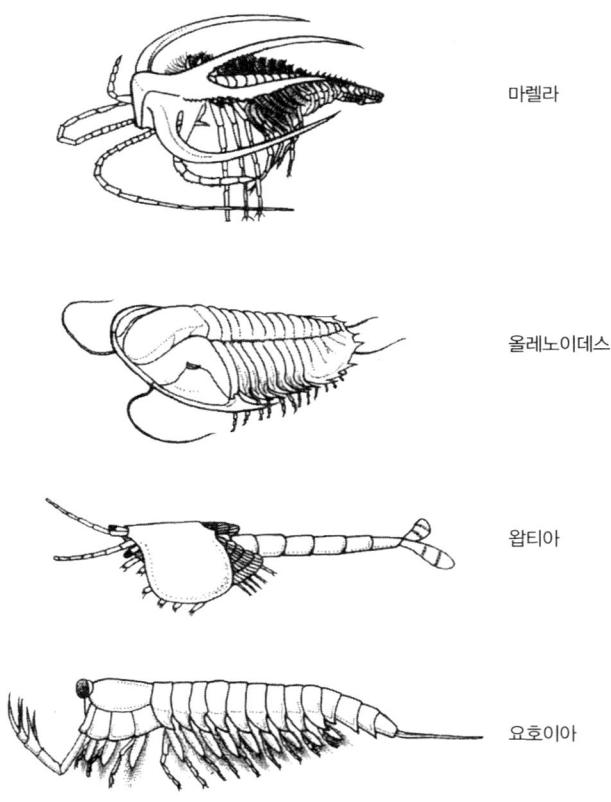

마렐라

올레노이데스

왑티아

요호이아

[그림6-3] **버제스 셰일에서 나온 캄브리아기 절지동물들.** 절지동물 설계가 얼마나 다양한지 잘 보여준다. 관절이 있는 전문화된 부속지들의 수와 종류가 제각기 다르다. 그림_ 리앤 올즈.

동물은 유조동물과 근연관계이다. 그런데 여기서 중요한 점은, 현생 유조동물과 멸종한 화석인 엽족동물이 모두 절지동물의 가까운 친척이라는 사실이다. 이른바 자매군 관계이다. 절지동물은 엽족동물과 우사한 모종의 선조로부터 진화한 것으로 보인다. 엽족동물 화석은 고대의 절지동물 몸체와 다리 설계가 어떻게 진화했는지 보여주는 점에서도 귀중한 정보를 담고 있는 셈이다.

엽족동물 중 어떤 것들은 고생물학자들이 생각하는 원시 절지동물과 형태학적으로 몹시 유사하기 때문에 캄브리아기 동물들 중 가장 이목을 끈다[그림6-4]. 오파비니아나 무섭게 생긴 아노말로카리스 같은 화석들, 그 밖의 여러 엽족동물 및 절지동물 화석을 상세히 연구한 결과에 따르면, 엽족동물의 몸에서 일련의 혁신들이 일어난 것이 분명하다. 체절화, 딱딱한 외골격의 탄생, 이분지형 혹은 다분지형 다리 등이 먼저 엽족동물에서 생겨났고, 이후 절지동물들에서는 기본 속성으로 자리 잡은 것이다. 엽족동물의 다양한 일원들은 각기 이런 특징들 중 몇 가지씩을 지녔다. 가령 아이세아이아는 위의 특징들을 하나도 갖지 않아서 군에서도 원시적인 형태로 보이고, 오파비니아는 체절이 있지만 이분지형 부속지를 충분히 발달시키지 못했고, 아노말로카리스는 이분지형 부속지를 갖고 있지만 외골격이 충분히 딱딱하지 못하다(이런 기초적 부속지 설계로부터 얼마나 무궁무진한 가능성이 탄생하는지는 다음 장에서 살펴볼 것이다).

챈지앙이나 버제스, 기타 발굴지들에서 나온 다양한 엽족동물과 절지동물들을 보노라면 캄브리아기 폭발이 눈 깜박할 사이에 이루어진 사건이 아님을 알 수 있다. "분명히 아무것도 없습니다. 짠, 이제 나타났습니다!" 하는 식의 단 한 번의 마술적 사건이 아니라, 많

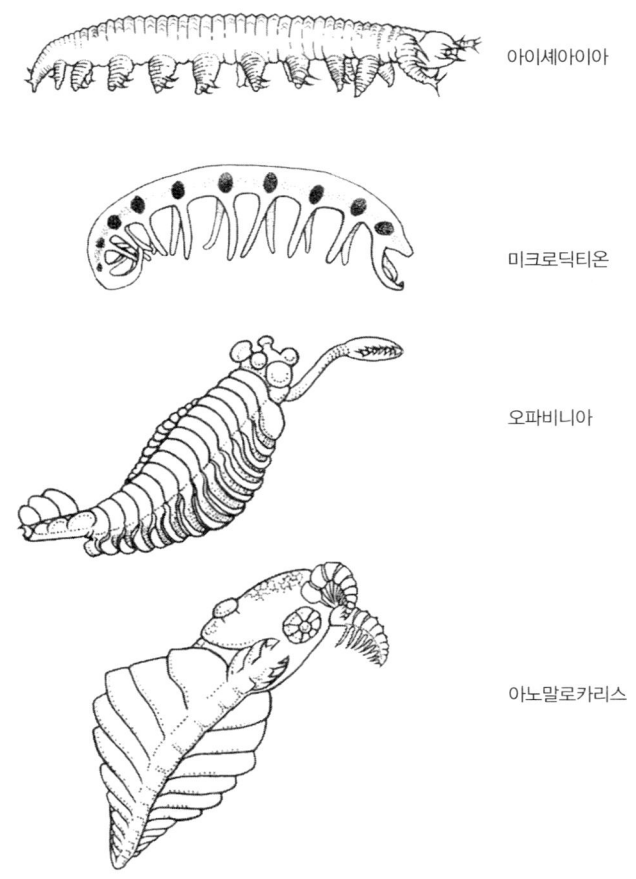

아이셰아이아

미크로딕티온

오파비니아

아노말로카리스

[그림6-4] **버제스 셰일에서 나온 캄브리아기 엽족동물들.** 이들의 부속지에는 관절이 없으며, 이들은 절지동물과 근연관계에 있다. 그림_ 리앤 올즈.

은 장면들이 이어지면서 줄곧 신체 설계가 진화해온 기간이었다. 천만 년 내지 천5백만 년이란 기간은 지구와 생명의 역사를 기준으로 볼 때 매우 짧지만, 새 부속지를 발명하거나 신체 설계를 바꾸는 등의 일을 하기에는 충분히 길다(대부분의 포유류들, 즉 영장류, 설치류, 박쥐류, 뒤쥐류, 육식동물 등도 6천5백만 년 전에 공룡이 사라진 이후 천만 년에서 천5백만 년에 걸쳐 등장했음을 비교하여 생각해보라).

우리가 정말 관심을 갖는 문제는 이것이다. 그 진화를 촉진한 것은 대체 무엇이었을까? 이 점에 대해서라면 이보디보가 해줄 말이 있을 것이다.

새로운 동물에는 새 유전자?

유전자가 복잡한 형태의 진화에 미치는 역할에 대해서는 아주 단순하고 아주 오래된, 널리 퍼진 선입견이 있다. 새로운 종류의 신체 설계와 구조가 등장하기 위해서는 먼저 새로운 유전자들이 진화해야 한다는 편견이다. 이런 발상이 직관적으로 그럴싸하게 여겨지는 것은 이해할 만하다. 한 종의 형태는 종 고유의 유전 정보 때문이므로, 새로운 형태는 새로운 정보를 필요로 할 것이다. 그런고로 새로운 유전자가 필요할 것이다. 그런데 곧 살펴보겠지만, '새 유전자' 발명이 필요하다는 생각은 그럴싸하되 옳진 않다. 대다수 동물군의 기원이나 다양성을 설명해내지 못하는 발상이다.

새 동물군의 탄생에 '새 유전자들'이 필요하다는 발상을 처음 내놓은 사람은 캘리포니아 공과대학의 에드 루이스이다. 초파리 혹스 유전자 연구로 노벨상을 받은 루이스는 절지동물에서 위와 같은 원칙이 성립한다고 의견을 밝혔다. 루이스는 곤충 및 절지동물 선조들의 몸에서 몇 안 되는 체절 종류를 전문화했던 혹스 유전자들이 진화하여 새로운 혹스 유전자 여럿이 등장함으로써, 후대 곤충들의 수많은 체절 종류가 전문화되었다고 주장했다. 루이스의 가설은 잘못된 것이다. 하지만 이 의견을 검토하는 과정에서 이보디보의 논리가 얼마나 견고한지 잘 드러났으며, 수많은 절지동물 종류가 진화한 과정이 실제 어땠는지도 밝혀지게 되었다.

절지동물 선조의 유전자에 대해 어떻게 알 수 있을까? 앞서 소개한 전략이 재등장한다. 즉 둘 이상의 동물군이 공유하는 것이라면 공통 선조도 갖고 있었으리라 가정하는 것이다. 하지만 어떤 동물을 연구하면 좋을까? 오파비니아, 아노말로카리스, 기타 캄브리아기 친척들은 멸종한 지 오래다. 그런데 엽상족을 지닌 동물이 죄다 사라져버린 것은 아니다. 유조동물이라는 것이 있기 때문이다. 유조동물은 버제스 셰일 화석 중 아이세아이아와 닮았으며, 캄브리아기 선조들이 그랬던 것처럼 여전히 지금도 엽상족으로 지구 위를 걷고 있다[그림6-5]. 나는 내 학생들인 밥 워렌, 젠 그르니에, 테드 가버과 함께 절지동물 선조의 유전자에 대해 알려줄 최적의 대상으로 유조동물을 낙점했다. 현생 유조동물과 현생 절지동물이 공통으로 갖는 유전자라면 그들의 공통 선조도 가졌으리라 추정하자는 것이다.

우리 연구팀의 문제는, 위스콘신은 물론이고 미국 땅에는 유조동물이 한 마리도 살지 않는다는 것이었다. 반면 오스트레일리아에는 엄청나게 많다. 그래서 나는 아름다운 겨울이 한창인 위스콘신에서 '억지로' 밥과 젠을 내몰아 오스트레일리아 뉴사우스웨일스로 보냈다. 동료 연구자이자 유조동물 채집 전문가 폴 휘팅턴(당시 뉴사우스웨일스 주 아미데일 소재 뉴잉글랜드 대학에 있었다)이 두 사람에게 사냥법을 알려주기로 했다. 이 벌레는 보통 쓰러진 통나무에 얌전히 숨어 있어 눈에 잘 띄지 않는다. 폴은 두 사람에게 이렇게 말했다. "걱정하지 마세요." 역시 통나무에 숨어 있는 갈색 뱀들, 독거미들,

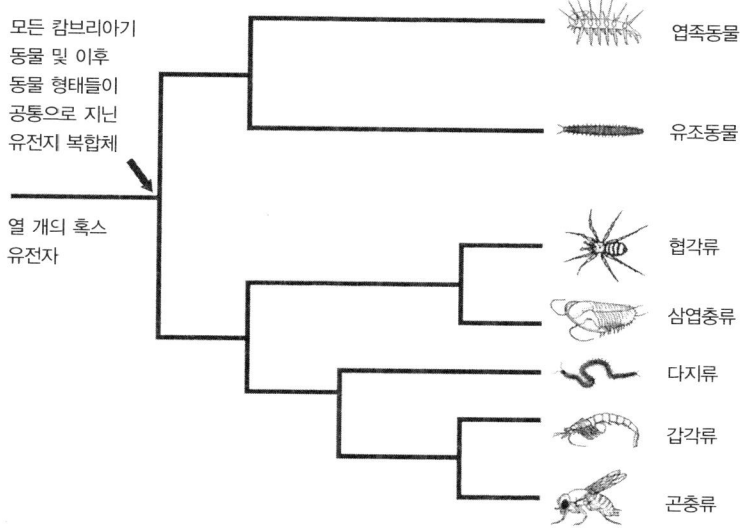

모든 캄브리아기
동물 및 이후
동물 형태들이
공통으로 지닌
유전지 복합체

엽족동물

유조동물

열 개의 혹스
유전자

협각류

삼엽충류

다지류

갑각류

곤충류

[그림6-5] **절지동물과 엽족동물의 진화 계통수.** 현생 동물군과 멸종 동물군의 관계가 드러나 있다. 두 동물군의 공통 선조는 아마 캄브리아기 이전에 살았을 것이며, 최소한 열 개의 혹스 유전자를 가졌을 것이다. 모든 현생 후예들에게서 열 개의 혹스 유전자가 발견되기 때문이다. 그림_ 조시 클라이스.

사람을 무는 커다란 지네들만 잘 피하면 된다면서!

전과 밥은 두 계절이 지나서야 겨우 채집에 익숙해졌다. 하지만 어쨌든 이 작은 갈색 생물(아칸토케라 카푸텐시스[그림6-6])의 표본을 잔뜩 수집해서 후속 연구를 위해 DNA와 배아를 추출할 수 있게 되었다. 두 사람의 주관심사는 유조동물의 혹스 유전자를 모두 찾아낸 뒤, 이들이 동물을 만드는 데 어떻게 쓰였는지 알아보는 것이었다. 초파리 혹스 유전자가 열 개라는 사실은 이미 잘 알려져 있었다. 그중 여덟 개는 전형적인 혹스 유전자라 할 만한 것이고 나머지 두 개는 전형적인 형태가 아닌 것들로서 발생에서 상당히 특이한 역할을 담당하는 유전자들이다. 젠, 밥, 테드가 품은 질문은 이러했다. 유조동물의 혹스 유전자는 몇 개이고 어떤 종류인가? 연구진은 생물의 DNA를 분리한 뒤, 유조동물 게놈의 수많은 유전자 중 혹스 유전자 DNA만 선택적으로 뽑아내는 기술을 적용했다. 유조동물은 체절이나 부족지 종류가 몇 되지 않는다. 그런데도 우리 연구팀이 밝혀낸 바에 따르면 유조동물은 파리나 기타 절지동물이 갖는 모든 혹스 유전자들을 빠짐없이 지니고 있었다.

절지동물의 혹스 유전자들이 유조동물과 절지동물의 공통 선조에게 이미 존재하고 있었다는 뜻이다. 또한 아이셰아이아에서 아노말로카리스, 미크로딕티온, 마렐라에 이르기까지 모든 캄브리아기 엽족동물과 절지동물이 열 개의 혹스 유전자라는 거창한 도구 일습을 갖추고 있었다는 뜻이다. 게다가 이후의 절지동물 설계들, 즉 거미류, 지네류, 곤충류, 온갖 종류의 갑각류 설계도 그 동일한 혹스 유전자들의 작품이라는 뜻이다.

우리가 보고서를 발표하기 전만 해도 고생물학자들 사이에서는

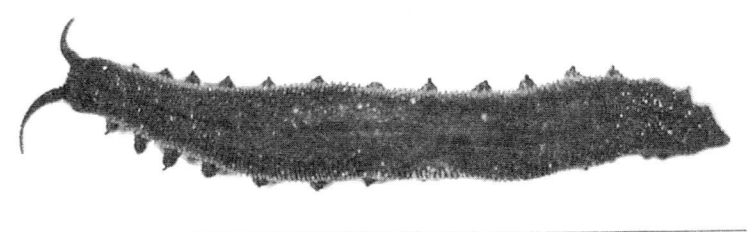

[그림6-6] **유조동물인 아칸토케라 카푸텐시스.** 사진_ 젠 그르니에와 스티브 패독.

동물의 혹스 유전자 개수가 폭발적으로 늘어남으로써 캄브리아기 폭발이 일어났다는 의견이 지배적이었다. 우리 연구의 결과로 그 생각은 폐기되어야 했지만, 결코 실망스러운 상황은 아니었다. 사라진 생물의 유전자를 점검함으로써 이론을 시험할 수 있다는 점이야말로 먼 과거의 일까지 밝혀내는 이보디보의 놀라운 능력을 증명하는 것이었다. 나와 내 학생들 같은 '실내' 분자생물학자들은 우리가 캄브리아기의 이야기에 뭔가 의미 있는 기여를 할 수 있다는 점만으로도 감격스럽기 그지없었다.

그런데 이조차 시작에 지나지 않았다. 질문은 여전히 답을 기다리고 있었다. 새 혹스 유전자가 등장한 게 아니라면, 캄브리아기와 이후의 형태들은 어떻게 진화한 것인가? DNA에 특정 유전자 집단이 있다는 것을 밝히는 것만으로는 대답이 되지 않았다. 열쇠는 여러 졸지동물의 배아 자리 및 형성 과정을 직접 살펴보는 데 있었다. 우리는 어떤 유전자를 가졌느냐가 아니라 어떻게 사용하느냐 하는 점이 형태 진화를 결정한다는 사실을 곧 알게 될 것이다.

위치를 이동하는 혹스 유전자들과 윌리스턴의 법칙

캄브리아기 이후 진행된 절지동물 진화의 역사는 주로 체절과 다리 종류가 다양해진 과정이다. 삼엽충류의 몸통은 머리, 가슴, 꼬리의 세 영역으로 나뉘어 있었다. 각 영역에 존재하는 체절과 부속지들은 매우 비슷한 모양들이었고, 일반적으로 크기만 달랐을 뿐이다. 절지동물은 캄브리아기 이전에, 또는 캄브리아기 이후 1억 5천만 년 안에 모두 지구상에 등장했으며, 그 현생 동물 형태는 부속지 종류가 십여 가지 이상으로 훨씬 다양해졌다. 절지동물의 머리, 몸통, 꼬리에 달린 부속지들은 섭식, 이동, 호흡, 땅 파기, 감각, 교미, 알 품기, 방어 등에 적합한 형태로 각기 전문화되었다. 절지동물이 이처럼 성공을 거둔 것도 다리 종류들을 엄청나게 전문화함으로써 환경에 잘 적응했기 때문이다.

그러면 부속지의 종류는 어떻게 늘어났을까? 절지동물 배아의 지리에 상당한 변화가 있었던 게 틀림없다. 과거에 어떤 일이 있었는지 알아보기 위해 다시 한번 살아 있는 동물로 눈을 돌려보자. 부속지 종류에 대한 유전자의 통제 내용이 제일 잘 알려진 동물은 초파리이다. 우리는 다양한 턱 부속지들, 서로 다른 세 쌍의 다리들, (일반적으로) 다리가 달리지 않은 복부, 생식기(역시 일종의 변형된 부속지이다) 등 모든 파리 부속지들의 형성을 혹스 단백질이 통제하고 있다는 사실을 안다. 부속지 종류 및 기능이 다양해진 것은 체축을 따라 늘어선 서로 다른 영역에서 서로 다른 혹스 유전자들이 발현했기 때문이다. 곤충 배아의 지리는 하나의 독특한 혹스 유전자, 또는 독특한 조합을 이룬 혹스 유전자들이 제각기 '영역'을 구획함으로써 그려진 셈이다([그림6-7]을 보면 유전자들이 그린 여러 영역이 숫자 1에서 10까지 표기되어 있다).

캄브리아기 배아의 지리는 어땠을까? 5억 년 전의 동물들에서는 혹스 유전자들이 어떻게 배치되어 있었을까? 직접 알아볼 길은 없다. 하지만 이 또한 여러 현생 절지동물들의 배아 지리 및 혹스 유전자 사용 패턴을 비교함으로써 추론해볼 수 있다. 가령 바다새우 같은 절지동물의 복부는 매우 단순해서 모든 체절과 부속지들이 엇비

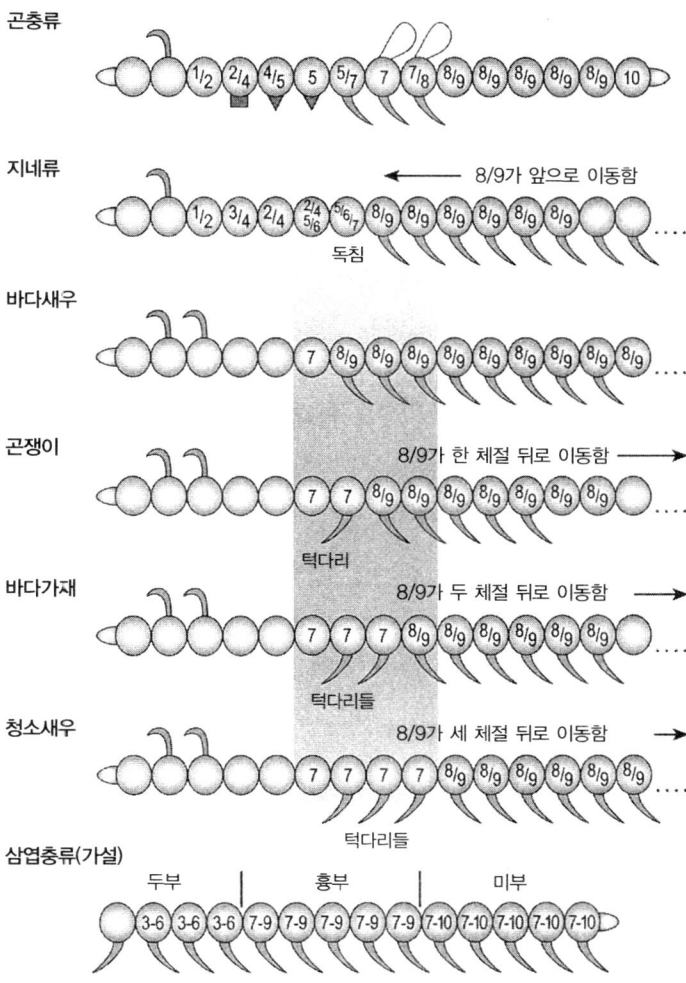

곤충류

지네류

8/9가 앞으로 이동함 ←

독침

바다새우

곤쟁이

8/9가 한 체절 뒤로 이동함 →

턱다리

바다가재

8/9가 두 체절 뒤로 이동함 →

턱다리들

청소새우

8/9가 세 체절 뒤로 이동함 →

턱다리들

삼엽충류(가설)

두부   흉부   미부

[그림6-7] **혹스 유전자 발현 지역이 이동하면서 절지동물 설계에서 주요한 차이들이 생겨난다.** 혹스 유전자는 숫자로 표시되어 있다. 혹스 유전자 7, 8, 9번의 위치 경계가 곤충, 지네, 네 가지 갑각류(바다새우, 곤쟁이, 바다가재, 청소새우)에서 상대적으로 다른 지점에 놓여 있음을 눈여겨보라(음영이 들어간 부분이다). 턱다리(maxilloped)의 수는 8/9가 발현하는 체절의 수와 완벽한 연관관계어 있다. 8/9 발현 체절의 시작점은 턱다리가 하나도 없는 바다새우에서 시작하여 갈수록 뒤로 밀린다. 지네류는 다리들 바로 앞에 독침을 갖고 있다. 삼엽충류는 아마 서로 다른 혹스 유전자 조합 세 가지로 규정되는 세 종류의 신체 지역을 갖고 있었을 것이다. 그림_ 리앤 올즈.

숫하다. 바다새우 원시 선조의 구성도 일반적으로 이와 흡사했을 것이다. [그림6-7]을 보면 바다새우의 복부에서는 두 개의 혹스 단백질들(8번과 9번)이 사실상 동일한 패턴으로 발현한다. 반면 곤충들의 경우 두 단백질이 서로 다른 영역에서 발현하기도 한다. 절지동물문의 또 다른 주요 일원인 지네류를 보면 배아의 혹스 유전자 배치 현황이 바다새우의 상태와 비슷하다. 기다란 몸통은 동일한 부속지를 지닌 동일한 체절들로 이루어져 있다. 지네류 배아에서도 바로 그 두 혹스 단백질들(8번과 9번)이 반복 체절과 부속지에서 발현한다. 두 절지동물에서 동일한 혹스 단백질 하나 또는 여러 개가 발현하는 영역들은 모두 엇비슷한 체절이 된다는 공통점을 확인할 수 있다. 그러므로 삼엽충 같은 캄브리아기 절지동물에서도 동일한 혹스 단백질이 발현되는 영역들은 모두 엇비슷한 체절 및 부속지가 되었으리라 가정할 만하다.

우리는 또 혹스 유전자 발현 지역의 경계는 보통 절지동물의 체절 및 부속지 종류가 달라지는 지점임을 알고 있다. 바다새우와 지네류의 경우, 기다란 흉부가 시작되기 바로 앞 체절은 흉부와는 다른 조합의 혹스 단백질들(각각 7번과 5/6/7번)이 발현하는 지역이므로 흉부와는 다른 종류의 부속지가 형성된다. 새우의 경우는 섭식 부속지가, 지네류의 경우는 먹이를 제압하거나 방어하는 데 쓰는 독침이 발달한다. 몸통 축을 따라 늘어선 서로 다른 혹스 지역마다 부속지 종류가 달라진다는 점은 일반적인 원칙이다.

절지동물 전반을 훑어본 뒤 내릴 수 있는 결론은, 혹스 단백질 발현 지역의 이동이 체절에서 뻗어 나온 부속지 종류 및 수의 진화적 차이와 밀접하게 관련되어 있다는 것이다. 절지동물문 하위의 주요

강들 사이에서만이 아니라 같은 강 내부에서도 해당되는 말이다. 미할리스 아베로프와 니팜 파텔은 여러 갑각류(절지동물문의 일원으로서 새우류, 따개비류, 게류, 가재류 등을 포함한다)의 배아를 수집하고 점검함으로써 진화에서 혹스 지역 이동이 어떤 역할을 했는지 아름답게 증명한 바 있다. 동물군 사이에 가장 눈에 띄게 드러나는 차이는 턱다리 개수였다. 턱다리는 흉부 앞쪽 끝에 달린 섭식 부속지로, 일반적인 다리가 변형되어 형성된 기관이다. 바다새우와 원시 갑각류는 턱다리가 하나도 없다. 반면 다른 갑각류들은 턱다리를 하나나 둘, 혹은 (바다가재처럼) 최대한 세 쌍까지 갖는다. 배아 지리가 아주 조금 변함으로써 갑각류 사이에 중대한 차이가 생겨난 것이다. 아베로프와 파텔은 턱다리가 없는 갑각류에 비해 턱다리를 가진 갑각류는 두 가지 혹스 단백질(8번과 9번)의 발현 지역이 하나나 둘이나 세 체절 뒤로 이동했음을 발견했다[그림6-7]. 이동 정도는 턱다리의 개수와 완벽하게 상응하였다. 게다가 혹스 지역 이동과 턱다리의 관계는 갑각류에서 여러 차례 독립적으로 진화해온 것으로 보인다. 상이한 동물들이 엇비슷한 메커니즘을 이용해 결국 비슷한 형태로 기능적 적응을 이루는 것을 잘 보여주는 사례다(다음 장에서 비슷한 변화가 독립적으로 여러 번 일어난 일이 어떤 의미인지 좀더 설명하겠다).

거미류, 갑각류, 지네류, 곤충류 등 현생 절지동물군들이 체축을 따라 주요 지점들에서 또렷한 구조 차이를 갖게 된 것은 이처럼 혹스 지역들이 이동했기 때문이다. 그러므로 캄브리아기에도 이런 일이 있었다고 외삽하는 것은 지극히 합리적인 일이다. 캄브리아기의 화석 절지동물에서도 신체의 영역화와 부속지 전문화가 명백히 드러나기 때문이다. 화석종에서도 비슷한 체절들이 몰린 구역은 특정 혹스 유전자들이 발현한 지역이었을 것이다[그림6-7]. 절지동물 진화에서 부속지 및 체절 종류가 늘어났던 것은 배아에 특정 혹스 유전자 하나 또는 조합이 발현하는, 차별화된 지역들이 여럿 생겨났기 때문이다. **따라서 혹스 지역의 상대 위치 이동은 윌리스턴 법칙을 지지하는 여러 메커니즘들 중 하나인 것이 분명하다.** 반복 구조들이 전문화되기 위해서는 각각의 부분들이 서로 다른 혹스 지역에 속해야 한다.

혹스 지역 이동은 절지동물에 국한된 현상이 아니다. 매우 기본적인 메커니즘으로서, 인간이 속한 문, 즉 척추동물문의 해부학적 다양성을 구성하는 특징들을 만드는 데도 활용되었다.

척추동물 만들기: 더 많은 혹스 유전자들, 더 많은 이동

인간의 계통 또한 캄브리아기까지 거슬러 올라간다. 인간은 척추동물문에 속한다. 척색을 지닌 동물을 일컫는 척색동물군의 주요 일원이다. 다른 척색동물로는 미색동물(멍게 등), 창고기 같은 두색동물이 있다. 척색동물은 동물 계통수에서 후구동물 가지의 일원이다[그림6-8]. 오랫동안 버제스 화석종 피카이아가 가장 오래된 척색동물 화석으로 알려져 왔지만, 최근 첸지앙에서 놀라운 화석들이 잇달아 발견되면서 척추동물의 최초 등장 시점이 5억 2천만 년 전으로까지 한참 더 거슬러 올라간 상황이다. 또한 종 몇 가지를 포함한 귀중한 매장물이 발굴되면서 당시 이미 척추동물의 구조가 놀라우리만치 복잡했다는 세부사항도 속속 알려지고 있다.

화석 무악어(無顎魚)인 하이코우이키티스 에르카이쿠넨시스의 표본을 보면 눈들이 달린 두부, 아마도 비낭으로 보이는 것들, 열 개 남짓의 척추 구성 요소들, 아가미들, 등지느러미 하나, 배지느러미 하나가 또렷하다. 이후의 피카이아보다 복잡한 구조로, 캄브리아기 초기에 이미 척추동물 신체가 충분히 진화해 있었음을 암시한다. 이 런 최근의 발견들을 볼 때 화석 기록이 얼마나 중요한지, 계속 새로 운 발굴을 하는 것이 얼마나 중요한지 절감한다. 동물군이나 물리적 속성의 등장 시점을 정하는 것은 늘 임시적일 수밖에 없다. 후속 발 견으로 시기가 앞당겨질 수 있기 때문이다. 이 경우에는 무려 천5백 만 년이나 시점이 앞당겨졌다. 게다가 첸지앙에서 포식어류 하이코 우이키티스가 발견됨으로써, 비록 캄브리아기 초기와 중기에 척추

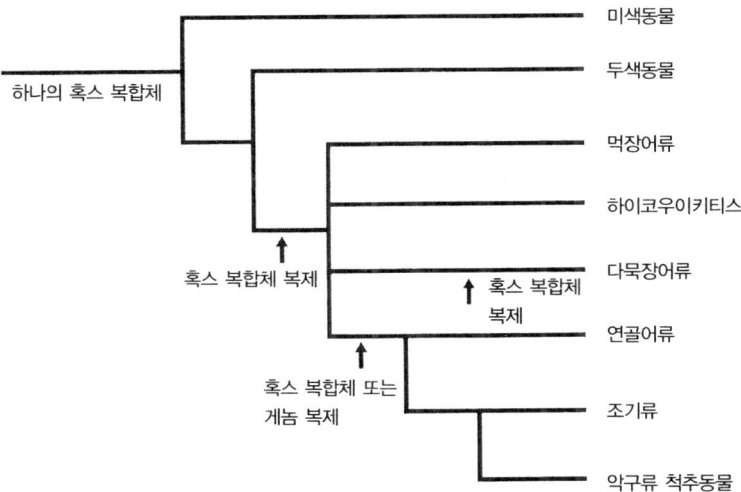

[그림6-8] **척색동물의 진화 계통수와 척추동물 진화에서 혹스 유전자 복합체들의 확장.** 척색동물 의 공통 선조는 단 하나의 혹스 복합체를 가졌다. 현생 미색동물과 두색동물도 마찬가지다. 이후 여러 차례 복합체 복제가 이뤄졌는데, 무악어가 진화할 때 한 번, 연골어류(상어류)가 진화할 때 또 한 번, 그리고 다묵장어류가 진화할 때 또 한 번 있었다. 캄브리아기 척추동물 하이코우이키티 스는 진화적 유연관계가 명확치 않은 어류이기 때문에 계통수에서는 먹장어, 다묵장어, 연골어류 와 동등한 가지인 것으로 그렸다(정확한 것은 아니다). 그림_ 조시 클라이스.

동물이 가장 수가 많은 동물군이 아니었을지라도, 최소한 캄브리아기 생태계에서 척추동물이 확고히 제자리를 차지하고 있었다는 것을 알게 되었다.

척추동물이 등장할 때, 여러 구조들의 발명과 변형이 있었다. 가령 보다 복잡한 뇌, 감각 구조들, 연골, 신체 골격, 두개골 등이다. 이후에도 혁신은 끊이지 않고 일어나 양서류, 파충류, 조류, 우리가 너무나 잘 아는 포유류 등이 생겼다. 우리가 척추동물에 대해 알고 싶은 점은 엽족동물이나 절지동물에 대해 알고 싶었던 점과 같다. 즉 캄브리아기에 처음 척추동물이 진화했을 때, 다른 동물군과 공통으로 지닌 기존의 발생 유전자 툴킷에 의존했던 것인지, 아니면 척추동물의 선조가 등장할 때 툴킷에 모종의 변화가 있어서 그것이 중요한 역할을 했던 것인지 하는 문제다.

물론 지금 와서 하이코우이키티스의 유전자를 복구해낼 도리는 없다. 하지만 대리물을 연구할 수는 있다. 척색동물 및 후구동물 계통수에서 핵심 위치를 차지하는 현생 종들을 연구함으로써 선조 척추동물의 유전자가 얼마나 복잡했는지 추론하면 된다. 그 핵심 현생 동물군 중 하나가 두색동물이다. 두색동물은 두개골 혹은 경골 구조라는 척추동물 특유의 특징을 갖지 않지만 척추동물의 자매군에 해당한다. 유조동물이 절지동물의 자매군인 것처럼 말이다. 따라서 두색동물이 어떤 혹스 복합체를 갖고 있는지 알아보면 두색동물과 척추동물의 공통 선조가 어떤 혹스 유전자 복합체를 가졌는지 알 수 있다.

두색동물 중 오늘날까지 살아남은 것은 창고기가 유일하다. 5센티미터에서 7.5센티미터 정도 길이인 창고기는 플로리다 주 탬파베이 같은 바다에 서식한다. 창고기의 혹스 유전자를 점검해본 호르디

가르시아-페르난데즈와 피터 홀런드는 혹스 유전자 복합체가 단 하나 존재한다는 사실을 알아냈다. 쥐나 사람 같은 현생 척추동물에는 모두 네 개의 혹스 복합체가 있어서 39개의 유전자를 담고 있다. 그렇다면 척추동물과 두색동물의 계통이 갈라지고 난 뒤, 즉 캄브리아기나 혹은 그보다 조금 일찍 언젠가에 혹스 복합체의 수가 증가했다는 말이다. 우리는 또 미색동물이나 극피동물 같은 여타 후구동물도 혹스 복합체를 딱 하나 갖고 있다는 것을 안다. 그러니 캄브리아기와 그 이후 내내 미색동물과 극피동물은 하나의 혹스 복합체, 즉 십여 개 정도의 혹스 유전자들을 갖고서 다양한 모양을 만들어낸 것이다. 절지동물처럼 말이다. 반면 척추동물은 혹스 유전자의 수 자체를 늘였다.

척추동물 진화의 어느 시점에서 혹스 복합체 수가 늘었을까? 그 수 증가가 척추동물 진화의 방아쇠를 당긴 사건이었을까? 질문에 답하기 위해서, 척추동물 계통수의 전 가지에 걸친 상이한 동물군들의 현생 대표 종들을 일일이 점검해야 했다. 그 결과 모든 포유류와 조류, 그리고 깊은 바다에 사는 원시 어류 실러캔스를 비롯한 몇몇 어류는 네 개의 혹스 복합체를 가진 것으로 드러났다. 그렇다면 이 모든 악구류(顎口類) 척추동물의 공통 선조도 네 개의 혹스 복합체를 가졌으리라 결론 내려도 좋을 것이다.

하지만 현생 척추동물 중에서도 다묵장어류처럼 원시적인 종은 혹스 복합체 수가 적다. 이들의 유전자를 면밀하게 검토하고 경골어류 및 포유류와 비교해본 결과, 사람이 네 개의 혹스 복합체를 갖게 된 것은 척추동물 진화 역사 초기에 두 차례 혹스 복합체 복제가 있었기 때문임이 밝혀졌다. 두색동물과 다묵장어류가 갈라진 직후에 한 번, 그리고 경골어류가 생겨나기 직전에 한 번이다. 척추동물 계통수에[그림6-8] 첸지앙의 화석 어류가 있다. 무악어류였기 때문에, 우리는 그것이 하나 혹은 두 개의 혹스 복합체를 가졌으리라 유추한다.

척추동물마다 혹스 복합체 수가 다르다는 것은 전체 유전자 툴킷의 규모에 차이가 있다는 뜻이다. 척추동물 진화에서는 비단 혹스 유전자 복합체만이 아니라 툴킷에 있는 다른 유전자들도 복제되어 수가 늘었다. 게놈이 통째로 중복된 것일 수도 있고, 게놈의 상당 부분이 복제된 것일 수도 있다. 실제로 고등 척추동물의 툴킷이 더 큰 것을 볼 때, 더 많은 유전자의 등장이 신체 설계의 진화에서 핵심적인 역할을 했으리라는 생각은 최소한 척추동물 역사의 초기에는 옳다. 척색동물의 해부구조 진화 정도를 가늠하는 기준으로 각 동물군이 얼마나 다양한 세포들을 지녔는지 꼽아보는 방법이 있다. 사람을 비롯한 고등척추동물은 두색동물보다 훨씬 많은 종류의 세포를 갖는다. 척추동물의 연골, 뼈, 머리, 몇몇 감각 구조를 형성하는 세포들은 두색동물에는 존재하지 않는 것이다. 정말 툴킷 유전자의 수, 그리고 세포의 종류 및 조직의 복잡도 사이에는 관련이 있다는 뜻이다. 유전자가 많을수록 발생의 지침들을 보다 다양한 방식으로 조합할 수 있기 때문이다.

하지만 고등 척추동물의 진화 역사 후반에서는 유전자의 수가 중요한 요인이 아니었다. 양서류, 파충류, 조류, 포유류의 진화 과정 내내 혹스 유전자 복합체 수는 일관되게 네 개로 유지되어왔다는 사실을 기억하자. 개구리와 뱀, 공룡과 타조, 기린과 고래는 모두 엇비슷한 네 개의 혹스 유전자 복합체들을 갖고 진화해온 것이다. 그러므로 다시 한번 강조하건대, 혹스 유전자의 수 자체만 갖고는 형태들이 어떻게 진화했는지 결코 알아낼 수 없다. 동물들이 중심 체축이나 부속의 형태면에서 엄청나게 다양해진 까닭은, 앞서 본 절지동물과 마찬가지로, 배아에서 혹스 유전자 발현 지역의 위치가 이동하였기 때문이다. 혹스 유전자의 수가 좀 많아지긴 했지만 달라진 것은 없다.

예를 들어보자. 척추동물에서 상이한 척추 종류의 경계, 즉 경추/흉추, 흉추/요추, 요추/천추, 천추/미추 경계는 특정 혹스 유전자들의 발현 지역 경계와 상응한다. 혹스 유전자 중 하나인 혹스c6의 발현 지역 앞쪽 경계는 쥐, 닭, 거위의 경추/흉추 경계와 일치한다. 흉추 개수가 모두 다른 동물들이지만 상관이 없다. 동물들의 척추 구조를 보면 혹스c6의 발현 위치가 조금씩 이동한 상태임을 알 수 있다[그림6-9]. 뱀의 경우가 가장 극적이다. 뱀은 경추/흉추 경계가 아예 확실하지 않고 혹스c6 발현 시작점이 저 앞머리에까지 닿아 있다. 뱀의 척추골에는 모두 갈비뼈가 붙어 있어 이것이 흉추라는 것을 보여주지만, 한편으로 경추의 속성도 어느 정도 드러낸다. 즉 뱀의 몸이 길어진 것은 혹스 지역 이동을 통해 목을 없애고 흉부를 늘인 결과라 해석할 수 있다.

지구상에서 가장 성공적이면서도 다채로운 두 동물군, 절지동물과 척추동물의 신체 형태 진화는 체축에서 혹스 유전자의 발현 지역 이동이라는 비슷한 메커니즘으로 이뤄졌다. 충격적이면서도 한편 몹시 만족스러운 발견이다. 우리는 이로부터 동물 설계에 크나큰 변화들이 일어난 방식을 이해할 수 있게 되었다. 곤충류와 거미류와 지네류, 또는 조류와 포유류와 파충류, 또한 오래전에 멸종한 화석 동물군 등 무수한 개별 동물군들을 바라볼 때 독특함만 깨닫는 게 아니라 공통 주제의 변주 형태라는 유사점도 인지할 수 있다. 이 장 앞머리에는 18세기 후반의 뛰어난 작가이자 철학자였던 드니 디드

로의 말이 인용되어 있다. 지금의 결론을 잘 함축한 말이다. 약 백 년 전에 윌리스턴이 만든 법칙도 이 연장선에 있다. 이제 우리는 동물 진화의 커다란 흐름 한 가지를 전반적으로 설명하는 메커니즘을 얻었고, 조리 있는 설명을 할 수 있게 됐다.

스위치가 이동을 일으킨다

한 단계 올라가 더 깊은 수준으로 이해를 시도해보자. 혹스 유전자와 배아 지리를 넘어, 대체 어떻게 혹스 지역 이동 및 구조의 변화가 벌어지는 것인지 물어보자.

답은 스위치다. 배아에서 혹스 지역의 좌표를 통제하는 것은 바로 혹스 유전자의 스위치들이다. 혹스 지역의 진화적 이동은 혹스 유전자 스위치들의 DNA 서열이 변화함으로써 벌어지는 것이다.

예를 들어 쥐의 척추에는 경추 7개와 흉추 13개가 있는 반면 병아리의 척추에는 경추가 14개, 흉추가 7개 있다. 병아리 배아에서 혹스c8 유전자 발현 지역의 앞쪽 경계는 쥐 배아에서보다 상대적으로 한참 뒤다. 그런데 쥐와 병아리의 초기 배아에서 혹스c8 발현 경계를 통제하는 특별한 스위치가 존재한다. 쥐와 병아리는 그 스위치의 DNA 서열이 다르기 때문에 혹스c8 발현 위치가 상대적으로 다르게 된 것이다.

이 두 척추동물강에서 혹스c8 스위치가 어떻게 진화했는지 보면 일반적으로 동물의 진화에서 스위치가 어떤 역할을 맡고 있는지 알 수 있다. 스위치의 염기서열 변화는 배아 지리의 변화를 일으킨다.

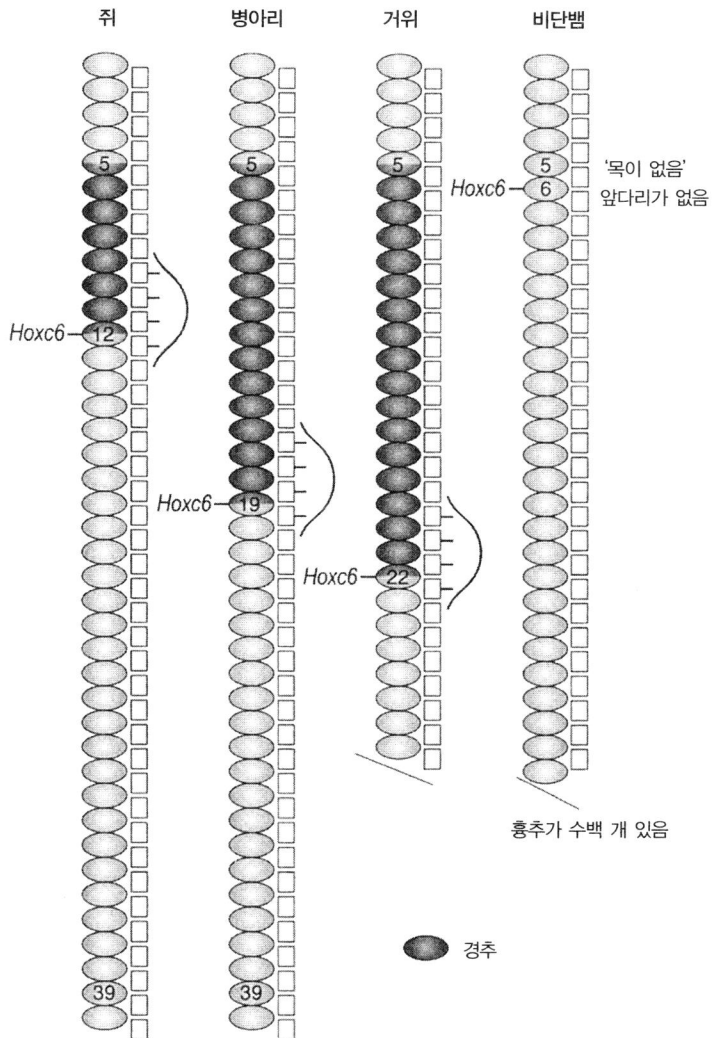

쥐　　　병아리　　　거위　　　비단뱀

Hoxc6–12

Hoxc6–19

Hoxc6–22

Hoxc6–6

'목이 없음'
앞다리가 없음

5　5　5　5

39　39

흉추가 수백 개 있음

● 경추

[그림6-9] **척추동물의 다양성 역시 혹스 발현 지역 이동으로 빚어졌다.** 척추동물마다 경추 개수
가 다르다. 쥐의 목은 짧고, 거위의 목은 길고, 비단뱀은 사실상 목이랄 것이 없다(몸통이 길 뿐이
다). 경추와 흉추의 경계는 하나같이 혹스c6 유전자 발현 시작점과 맞물린다. 하지만 동물의 몸에
서 상대적으로 어느 부분이 그 위치인가는 저마다 다르다. 사지 척추동물의 경우 이 경계에 앞다
리가 형성된다. 뱀은 경계가 두개골 바로 아래까지 바싹 당겨 올라간 상태이기 때문에 앞다리가
전혀 자라지 않는다. 그림_ 리앤 올즈.

그것도 **툴킷 단백질의 기능을 망가뜨리지 않고 그대로 보전한 채** 말이다. 위의 경우에는 혹스c8 스위치에 변화가 옴으로써 특정 종류 척추의 개수가 변했다. 혹스c8 단백질은 다른 조직에서도 중요한 역할들을 수행하고 있기 때문에 만약 단백질의 유전자 암호서열에 돌연변이가 생긴다면 그 모든 기능들에 영향이 미칠 것이다. 그러나 실제로는 특정 스위치에만 변화가 일어났기 때문에 다른 신체부속들에는 아무런 영향 없이 특정 모듈만 변화를 일으킬 수 있었던 것이다.

앞서 설명한 갑각류 등 여러 절지동물의 신체지리에서 벌어졌던 변화도 바로 이런 전략에 의한 일이다. 혹스 발현 지역이 하나나 둘이나 세 체절 뒤로 이동한 것은 스위치가 변했기 때문이다. 혹스 단백질의 기능 자체는 건드리지 않으면서, 조금씩 다른 좌표에서 혹스 유전자들을 활성화시키는 식으로 스위치가 달라졌기 때문이다.

캄브리아기에 대해 다시 생각하기:
유전적 가능성이 생태적 기회를 만나다

이보디보가 동물의 초기 역사에 던져주는 새로운 관점은 세 가지로 정리된다. 첫째, 동물 계통수에서 굵은 두 가지들의 공통 선조가 유전적으로나 해부학적으로 상당히 복잡한 존재였음을 암시한다. 고생물학이 아직 선캄브리아기의 화석에서 그 생물의 존재를 명확히 밝혀내지 못했지만 말이다. 둘째, 신체 형성에 사용될 유전자 툴킷 전체가 진작 갖춰져 있었지만 잠재력은 이후로도 꽤 오랫동안 발휘되지 않았다. 셋째, 툴킷의 잠재력이 비로소 발현된 것은 스위치 및 유전자 네트워크의 진화, 그리고 혹스 지역 이동을 통해서였다고 볼 수 있다. 이것이 캄브리아기와 그 이후에 벌어진 일이었다.

툴킷 유전자의 발명 그 자체가 캄브리아기 폭발의 원인이 아니었다면, 대체 무엇이 방아쇠를 당긴 걸까? 캄브리아기 대폭발을 생태현상으로 봐야 한다는 의견이 갈수록 힘을 얻고 있다. 일단 좀더 크고 복잡한 동물이 진화하기 시작하자 그 추세가 꾸준히 지속되어 갈수록 더 크고 복잡한 동물이 생겨났던 것이다. 빅뱅이 벌어지고 난 뒤, 다양한 동물종 사이의 생태적 상호작용과 경쟁의 압박이 갈수록 커짐에 따라, 보다 복잡한 구조들이 쉴 새 없이 진화했다. 겹눈과 카메라눈, 걷기와 수영과 포식에 사용되는 관절 부속지들, 커진 몸의 순환을 담당할 심장, 보다 섬세한 이동과 방어가 가능하도록 머리와 몸통과 꼬리로 나뉜 신체구조 등이다. 툴킷 유전자들은 이 그림에서 매우 중요한 배우들임에 틀림없다. 하지만 툴킷 자체는 가능성을 의미할 뿐, 운명을 지시하는 것은 아니다. 캄브리아기의 드라마는 생태계에 의해 지구적 규모로 추진된 것이라 봐야 한다.

캄브리아기에, 몇 안 되는 최초의 동물군으로부터 갑자기 수많은 다양한 동물군들이 생겨났다. 이후에도 확장은 계속되었다. 캄브리아기가 지나고도 '빅뱅'이 아닌 '작은 혁명'들은 꾸준히 이어졌고, 그 도한 새로운 생태적 기회를 활용하기 위한 적응사례인 때가 많았다. 척추동물과 절지동물(그리고 식물)이 육지로 진출할 때도 폭발적인 팽창이 있었다. 대부분의 경우에는 구조적 혁신이나 신체부속들의 위치 변화가 일어나면서 새로운 생활방식이 가능해지고, 그로써 거꾸로 더 넓은 확장이 이뤄진 사례들이다. 그럼 다음 장에서는 완전히 새로운 종류의 동물을 '만들어낸' 주요 혁신들을 살펴보자.

부속지의 진화는 이 그림에 등장하는 상이한 동물군들의 기원에, 그리고 팽창에 핵심적인 역할을
담당했다. 그림_ 제이미 캐럴.

작은 혁명들: 날개, 그리고 그 밖의 혁명적 발명

나는 하늘을 나는 법을 배우고 있어, 하지만 날개가 없지
땅에 내려가는 게 가장 어려운 일이야
:: 톰 페티와 제프 린, 〈하늘을 나는 법〉(1991)

정말 드문 일이지만, 아주 가끔 고급 레스토랑에 가서 앉을 때면, 나는 여느 사람들처럼 식탁에 놓인 온갖 도구들에 잔뜩 겁을 먹는다. 어느 쪽이 샐러드 포크이고 어느 쪽이 메인 요리 포크라 그랬더라? 으, 내가 디저트 포크로 감자튀김을 먹은 건가? 버터 칼, 스테이크 칼, 치즈 칼, 큰 숟가락, 찻숟가락, 수프 숟가락…… 어쩌다 이 지경까지 전문화가 이뤄졌담?

중세의 식사 예절은 틀림없이 지금보다 단순했다. 하지만 진화하는 중이었다. 처음에 사람들은 칼 두 개로 식사를 했다. 하나는 음식을 자르는 데 쓰고 다른 하나는 자른 음식을 찔러서 입으로 가져가

는 데 썼다. 그러다 포크가 등장했다. 음식을 집는 데는 날이 하나인 칼보다는 날이 두 가닥인 도구가 훨씬 효율적이었기 때문이다.

식탁에서 포크가 두 번째 칼을 대체하기 시작한 것이 정확히 언제, 어디서였는지 알려져 있지 않다. 그 밖의 온갖 칼붙이를 연달아 생각해낸 것이 누군지, 그 역시 하나님만이 아실 것이다. 어쨌든 이 작은 식사 도구의 역사는 생물학적 진화의 넓은 흐름과 일맥상통하는 면이 있다. 한마디로 세분된 기능(음식을 찌르는 것)을 갖도록 진화한 구조(포크)는 하나 이상의 역할(자르고 찌르는 것)을 수행하던 기존의 구조(칼)에서 파생된 것일 때가 많다는 것이다. 기존 구조가 중복되면(두 개의 칼을 사용하게 되면) 두 개의 서로 다른 구조로 업무가 분담될 가능성이 생긴다. 더 나아가 새로운 용도로 쓰이게 된 구조는 이후 변형과 전문화를 거쳐 진화할 수 있다.

일상을 둘러보면, 가령 평범한 종이 클립의 역사를 통해서도 진화의 위대한 사건들에 대한 교훈을 얻을 수 있다. 종이 클립은 처음에 핀 대신 천을 한데 꿰는 역할을 하도록 발명된 것이다. 종이를 묶는 용도로 주로 쓰이게 된 것은 훨씬 나중 일이다. 최초의 클립과 오늘날 쓰이는 클립 사이에는 여러 형태의 변종들이 있었다. 신문을 집을 목적으로 전문화된 설계도 있었고, 많은 양의 뭉치에 걸맞은

필라델피아 식   라이트 식   리브 식   젬 식

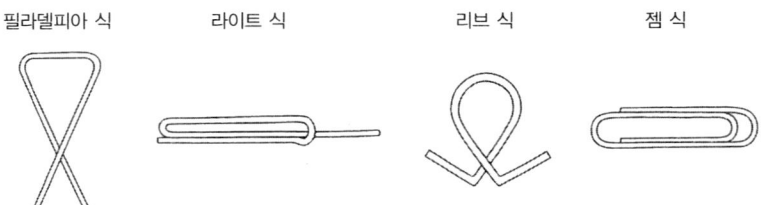

[그림7-1] 종이 클립의 진화. 형태가 더 나은 기능을 위해 적응해간 사례. 그림_ 리앤 올즈.

설계도 있었다[그림7-1]. 종이 클립의 역사에서 우리는 특정 용도로 발명된 하나의 구조가 어떻게 새로운 형태로 진화하며 새 기능들에 적응해가는지 알 수 있다.

식사 도구와 종이 클립의 역사는 동물 부속지의 역사와 일맥상통한다. 부속지들 중 일부가 종래의 임무에서 벗어나 새로운 형태와 기능을 진화시킴으로써 동물은 치열한 자연계의 경쟁을 치러낼 능력을 갖게 되었다. 처음에는 바다에서, 다음에는 땅에서, 또 나중에는 공중에서 계속된 진화의 드라마는 일종의 '군비 확장 경쟁'이다. 문자 그대로 말하면 차라리 '부속지 경쟁'이라 할 수 있다. 수영하고, 걷고, 달리고, 뛰어오르고, 숨 쉬고, 땅을 파고, 나는 데 필요한, 또는 음식을 잡고, 으깨고, 삼키고, 찌르고, 거르고, 빨아들이고, 삼키는 데 필요한 더 뛰어나고, 빠르고, 가볍고, 강하고, 민첩한 부속지들을 경쟁하는 것이었다.

이런 발명들 덕분에 새로운 생활방식이 가능해져 다양성이 급속히 팽창하기도 했다. 이것을 진화의 '빅뱅'이 아닌 '리틀 뱅', 즉 '작은 혁명'들이라 부를 수 있다. 혁신이 이뤄지고 나면 이후에도 진화적 변화들이 이어져 한껏 열린 기회를 더 확실히 이용했다. 척추동물은 어류 선조의 가슴지느러미와 배지느러미를 변형시켜 육지로 올라왔다. 척추동물이 마음대로 사용할 수 있는 팔다리는 두 쌍밖에 없었지만, 그들은 그것을 세 차례나 변형시켜서 새로운 종류의 동물이 되어 하늘로 날아올랐고(익룡, 조류, 박쥐류), 물로도 여러 차례 돌아갔다(고래와 돌고래, 바다표범 등). 땅을 누빌 사지도 여러 형태로 진화시켰다. 수백만 년 전, 인간 선조가 손가락 관절로 걷기를 그만두고 직립하자 이번에는 앞다리에 무궁무진한 기회가 열렸다. 몸무게를 지탱하는 부담에서 벗어난 우리의 팔과 손은 온갖 종류의 활동에 사용될 수 있었다. 도구 제작, 사냥, 의사소통, 나중에는 상징을 동원해 자연계를 기록하는 활동도 하게 되었다. 크고 빠른 뇌가 진화하여 이 활동을 지지하였으며, 활동 자체가 뇌의 진화를 촉진하기도 했다. 또 뇌의 진화는 자손을 낳는 과정에 관여하는 골격 구조의 진화를 불러왔으며, 부모가 아이를 돌봐야 하는 기간이 길어짐에 따라 가족 구조의 변화까지 가져왔다.

연속적으로 반복되는 신체 설계가 중요한 까닭은 두 쌍 이상의 구조에 지워져 있던 어떤 기능의 짐을 적은 수의 구조로 옮기고, 그로써 자유롭게 된 구조들을 새 목적에 맞게 전문화시킬 수 있기 때문이다. 척추동물은 이 일을 훌륭하게 해냈다. 하지만 뭐니 뭐니 해도 가장 왕성하게 원리를 활용한 것은 절지동물들이다. 절지동물의 부속지는 모두 공통의 설계에서 비롯했지만, 한 가지 설계로부터 얼마나 많은 변이가 펼쳐졌는지, 실로 믿기 힘들 정도이다. 앞 장에서 설명했던 갑각류의 턱다리 진화 사례를 보자. 이 섭식 구조가 진화한 덕택에 흉부 부속지들은 먹이를 여과하는 임무를 더 이상 하지 않아도 좋게 됐고, 따라서 걷거나 수영하거나 땅을 파는 등 새 이동 양식을 맡도록 적응할 수 있었다. 일단 새로운 이동 양식이 생기자 갑각류는 기회의 신천지에 들어섰고, 진화는 봇물 터진 듯 이어졌다.

연속 반복 구조, 특히 부속지가 다양화된 과정을 연구함으로써 얻을 수 있는 통찰 중 중요한 것이 또 있다. 진화적 변이가 이뤄진 과정을 이해할 수 있다는 점이다. 진화생물학이 안고 있는 오래된 숙제 중 하나는 어떻게 먼 과거에 일어난 주요한 변화들을 이해할 것인가 하는 문제다. 진화론에 반대하는 진영에서는 구조 진화에서 중간 단계들은 다 쓸모없다는 그릇된 생각을 주장하기도 했다. '반쪽짜리 다리나 반쪽짜리 눈이 무슨 소용인가?' 하는 오래된 표현이 그것이다. 앞뒤가 바뀐 그들의 소위 '논리'에 따르자면, 모든 구조는 단번에 완벽한 형태로 태어나야 할 것이다. 즉 진화란 과정이 있을 수가 없다. 이런 견해를 주장하는 자들은 다윈도 『종의 기원』에서 자연선택이 어려운 문제라고 지적했다며 의기양양해한다. 다윈이 뒤에 그 문제를 얼마나 명쾌하게 해결했는가에 대해서는 일언반구 하지 않고 말이다. 다윈이 품었던 통찰의 핵심은 이렇다. 때로 하나의 기관이 완전히 다른 여러 기능들을 동시에 수행할 때가 있으며, 두 개의 다른 기관들이 동시에 한 가지 기능을 수행할 때도 있다. 다기능성과 중복성이야말로 노동 분업을 통한 진화적 전문화를 가능케 하는 기회인 셈이다. 중복 구조가 존재해야만 동물은 '두 마리 토끼를 잡을 수' 있다. 더 정확하게 표현하면 '섭식용 다리와 이동용 다리를 둘 다 가질 수' 있다.

이 장에서는 다양한 목적에 각기 적응한 구조들 간에 사실 연속성이 있다는 점을 증명한 이보디보의 힘을 다시 한번 느껴볼 것이다. 특히 절지동물을 중심으로 살펴보자. 사실 형태의 차이에 현혹되면 연속성을 간과하기 참 쉽다. 과거의 생물학자들은 상이한 동물군들의 상이한 구조들이 어떤 관계를 맺고 있는지 확실히 파악하지 못했다. 가령 수생 갑각류들의 여러 아가미들과 육상 절지류들의 여러 부속지들 같은 구조 말이다. 생물학자들은 이보디보로부터 새 기법과 통찰을 얻어서 이런 불확실성을 제거할 수 있었다. 이제 우리가 집중적으로 살펴볼 사례는 캄브리아기 엽족동물의 단순한 관 모양 걷는 다리들이 갑각류의 유영, 걸음, 호흡 부속지들, 해양 곤충류의 아가미, 육상 곤충류의 날개, 거미류의 폐서와 방적돌기로 효율적으로 변형된 이야기이다. 이런 구조들은 무에서 홀연히 창조된 게 아니었다. 모두 한 가지 고대 부속지 설계가 변이하여 만들어진 것이다.

부속지를 재설계하여 새로운 형태와 기능을 만들어내려면 부속지 발생 과정의 지리에 변화가 있어야 한다. 발생 지리의 변화를 통해 어떻게 곤충들이 날게 되었는지, 어떻게 새로운 형태의 비행 양식이 탄생하였는지, 어떻게 척추동물이 뭍에 올랐는지, 어떻게 뱀 같은 새로운 동물군이 새로운 생태 지위에 적응하였는지 알아보도록 하자.

그토록 단순했던 시작: 이분지형 부속지

절지동물의 시작은 아주 단순했다. 하지만 단 하나의 공통 선조 부속지 설계로부터 어지러울 정도로 다양하고 다재다능한 부속지들이 진화해나왔다. 하나의 종에도 여러 부속지들이 존재한다. 잔인한 무기가 될 만한 부속지는 물론이고 도구처럼 자유롭게 쓸 수 있는 부속지들도 공존한다. 평범한 가재가 지니고 있는 다채로운 기구들을 생각해보라[그림7-2]. 이 한 동물이 특제 스위스만능칼보다 많은 장치들을 달고 있다.

절지동물의 진화를 논할 때 부속지 형태학은 늘 주요한 주제였다. 학자들은 여러 분야의 자료를 종합하여 구조의 기원과 진화에 대한 문제를 풀어왔다. 가령 고생물학은 핵심적인 화석들을 발굴하고 해석해왔고, 유연관계를 연구하는 학자들은 절지동물 계통수의

가지들을 정돈해왔으며, 이보디보는 이들과 또 다른, 완전히 새롭고
도 결정적인 증거들을 제공해주었다.

절지동물 부속지 진화의 이야기 중심에는 공통 선조의 이분지형
(두 갈래 진) 부속지가 있다. 모든 부속지들이 여기에서 출발하여 변
형된 것이기 때문이다. 이 기본 설계가 어떤 요소들로 이루어져 있
었는지는 삼엽충이나 갑각류를 보면 알 수 있는데, 〔그림7-3〕의 단

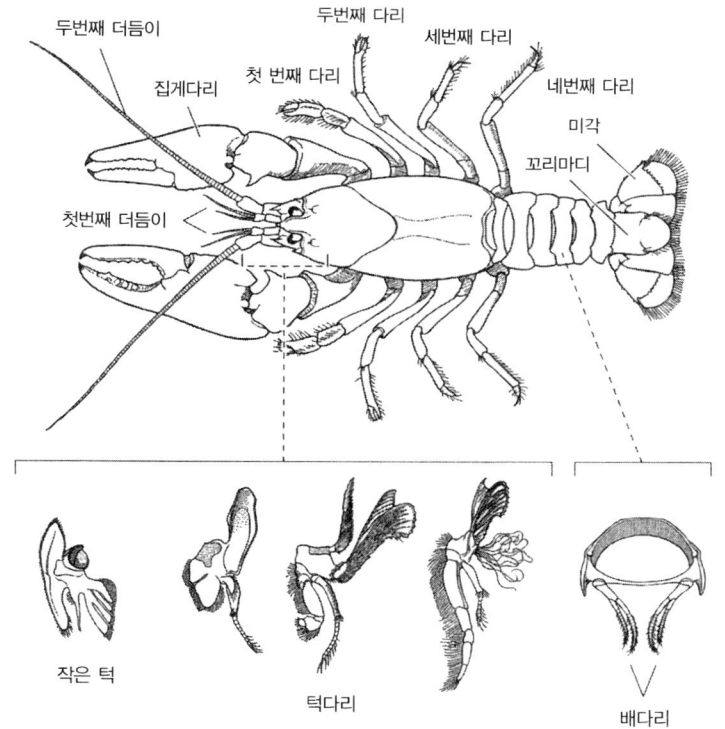

[그림7-2] **절지동물의 한 종류인 가재가 지닌 다양한 부속지들.** 하나의 동물에 달린 부속지 종류
가 14가지가 넘는다. 두 쌍의 더듬이, 네 쌍의 다리, 세 쌍의 턱다리, 여러 쌍의 배다리(유영을 담
당하는 복부 부속지) 등이 있다. 모든 부속지들은 하나의 공통 설계로부터 파생했다. 그림 _ 리앤
올즈, R. E. 스노드그라스의 『절지동물 해부학』(콤스탁 출판, 1952)의 그림 참조.

면도에 체계적으로 표시되어 있다. 우선 하나의 공통 기저부로부터 두 갈래 진 부속지 가지들이 뻗어 있다. 안쪽 가지(내분지)는 관절이 있는 걷는다리가 되었고, 바깥쪽 가지(외분지)는 다양한 역할을 맡는 기관이 되었다. 어떤 종들을 보면 이보다 조그만 가지나 확장 기관들이 있어 전문화된 역할을 맡기도 하는데, 그것들도 모두 이 기저부, 내분지, 외분지라는 구성으로부터 진화한 것이다. 예를 들어 기저부에서 뻗어 나온 기관들이 먹이를 다루는 구조로 전문화하기도 했고, 수생 절지동물의 경우 외분지가 진화하여 산소와 이산화탄소를 교환하는 아가미가 되기도 했다.

사람들이 가장 친숙하게 여기는 절지동물 부속지는 곤충류의 다리일 것이다. 관절이 있지만 가지가 갈라지지 않은 다리 말이다. 물론 훌륭한 구조이긴 하지만, 절지동물 부속지의 방대한 목록 중 가장 단순한 종류일 뿐이다. 사실 너무 단순하기 때문에 과거의 생물

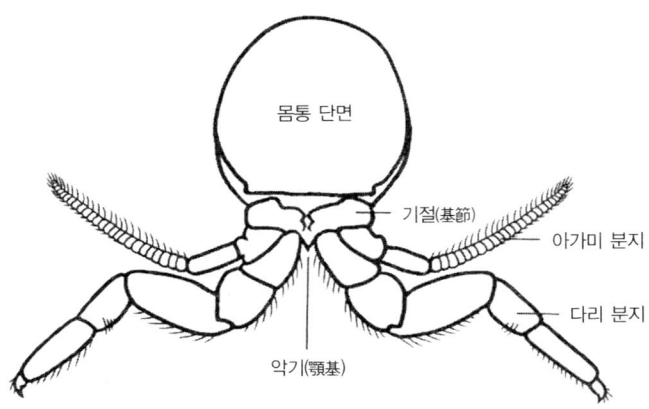

몸통 단면

기절(基節)

아가미 분지

다리 분지

악기(顎基)

[그림7-3] **이분지형 부속지 설계.** 전형적인 분지형 다리를 정면에서 본 그림이다. 위쪽의 아가미 분지는 호흡에 사용되고, 아래쪽 분지는 이동에 사용된다. 그림_ 리앤 올즈, S. J. 굴드의 『생명, 그 경이로움에 대하여』(W. W. 노튼, 1989)의 그림 참조.

학자들은 이런 단순한 다리를 가진 곤충류, 지네류, 노래기류, 유조류를 한 동물군으로 묶고, 보다 신기하게 갈라진 부속지를 가진 갑각류, 삼엽충류, 전갈류, 투구게류를 다른 동물군으로 묶어 두 가지가 다른 종류라고 착각하기도 했다. 굴드가『생명, 그 경이로움에 대하여』를 쓸 때까지만 해도 아직 이런 전통적 견해를 고수하는 학자들이 있었다.

하지만 그것은 틀린 생각이다. 내가 굳이 그런 견해가 있었다는 사실을 밝히는 것은 부정확한 개념들을 소개하기 위해서가 아니라, 외형적 형태학에만 전적으로 의존하다 보면 진화사를 그릇되게 이해할 수 있다는 점을 강조하기 위해서다. 몹시 뛰어나고 영향력 있으며 절지동물 해부구조에 백과사전적 지식을 갖춘 생물학자들조차 가지가 없는 (단분지형) 부속지들은 가지가 있는 (이분지형) 부속지들과는 완전히 다른 종류라고 결론 내렸던 것이다. 두 종류 부속지들은 서로 독립적으로 생겨났으며, 따라서 다른 문에 속한다고 했다. 절지동물문이라는 하나의 동물군으로 분류할 수 없다고 보았다.

갈라진 다리와 갈라지지 않은 다리의 기원이 다를 것이라는 종래의 견해와는 달리, 최근의 증거들을 보면 이분지형 다리는 단순한 관 모양이었던 엽족동물의 엽상족으로부터 진화한 것 같다. 아이셰아이ˇ아의 다리처럼 단순한 엽상족을 가졌을 절지동물 선조들이 혁신을 일으킨 결과로 보인다. 우선 체절 아랫부분에 엽상족을 가졌던 동물들이 좀더 위쪽에 또 하나의 엽상족을 진화시켜 아가미 기능을 부여한 것 같다. 오파비니아 같은 종에서 그런 흔적을 볼 수 있다. 그 후 절지동물의 선조가 된 동물들의 경우 아래위 부속지들이 뿌리부분에서 하나로 융합하여 관절과 지절이 있는 하나의 걷는다리를

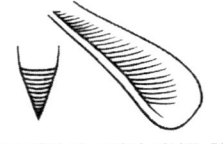

가지가 없는 엽상족

두 개의 잎 모양의 엽상족 한 쌍

이분지형 다리

[그림7-4] **부속지 진화의 세 단계.** 몇몇 엽족동물은 가지가 갈라지지 않은 엽상족 하나를, 다른 몇몇은 두 개의 엽상족을 가지고 있었다. 두 개의 엽상족이 융합되는 진화를 거쳐서 절지동물의 관절이 있는 이분지형 다리가 된 것으로 보인다. 그림 _ 리앤 올즈.

만든 것이다[그림7-4]. 이 가설을 지지하는 여러 새로운 증거들이 있는데 이보디보에서 나온 것도 있다. 유조동물의 엽상족과 절지동물의 다리 분지에서 공통으로 부속지 형성 유전자 디스탈리스가 발현되는 것을 확인한 것이다. 갈래가 졌든 갈래지지 않았든 모든 절지동물 부속지 형태들은 독립적으로 발명된 것이 아니라 공통의 고대 엽상족에서 진화한 것임을 지지하는 사실이다.

하늘을 나는 법을 배우다 :
여러 개의 아가미에서 한 쌍의 날개로

수생 절지동물이 분지형 부속지를 가졌다는 사실, 그래서 여러 기능을 동시에 수행할 수 있다는 사실을 알면, 이후 절지동물이 겪게 되는 두 가지 주요한 변이에 대해서도 이해할 수 있다. 뭍에서 걷게 되는 변이, 그리고 하늘에서 날게 되는 변이이다. 수생 갑각류의 경우 부속지 중 외분지는 호흡을 담당하고 내분지는 보행이나 유영에 쓴다. 그런데 육상 절지동물의 걷는다리는 단분지형이다. 선조의 복잡한 이분지형 부속지를 단순화하여 내분지만 남기는 방향으로 진화했기 때문이다.

자, 그렇다면 곤충의 다리가 어디서 왔는지는 짐작할 만하다. 하지만 날개는 어떤가? 곤충 날개의 유래는 오래전부터 이론이 분분한, 풀리지 않는 신비였다. 어떤 생물학자들은 날개 없는 곤충의 흉부 외피가 바깥으로 자라서 날개를 만든 것이라 주장했다. 또 다른 이론은 선조동물의 다리 중 하나, 특히 수생 선조의 아가미로부터 날개가 생겨났으리라는 주장이었다. 비교해부학자들은 두 대안을 놓고 씨름했으나 좀처럼 합의를 이루지 못했다.

이때 이보디보가 강력한 증거들을 들고 나타났다. 곤충 중에서도 주로 파리를 중심으로 날개 발생 과정을 연구해보니 날개를 형성하는 데 꼭 필요한 몇 가지 단백질이 밝혀졌다. 그런 툴킷 단백질들 중 두 가지를 들면 앱터로스(이 유전자에 돌연변이가 생기면 날개가 만들어지지 않는다)와 누빈(이 유전자에 돌연변이가 생기면 날개가 덜 여문 덩어리처럼 조금만 발달한다)이 있다. 미할리스 아베로프와 스티븐 코언은 날개가 갑각류의 아가미 분지에서 유래한 것인지 확인하기 위해 앱터로스와 누빈 단백질들이 다른 절지동물의 부속지에서도 발현되는지 알아보았다. 특히 갑각류들을 조사해보았는데, 놀랍게도 앱터로스와 누빈 유전자는 갑각류 부속지의 외분지, 즉 호흡 분지에서 선택적으로 발현하였다. 이 관찰에 대한 합당한 설명은 호흡 분지와 곤충의 날개가 상동기관이라는 것이다. 두 동물에 서로 다른 형태로 달려 있지만 동일한 기관이라는 것이다. 대안적 설명을 찾자면 갑각류가 호흡 분지를 만들 때, 그리고 곤충이 날개를 만들 때 서로 독립적으로 두 단백질을 채택하는 기막힌 우연이 있었다고

해야 할 것이다. 아가미나 날개를 만들 때 동원할 수 있는 툴킷 단백질은 그 밖에도 수백 가지나 존재하는데 말이다. 그러므로 가장 설득력 있는 시나리오는 곤충류의 선조인 수생 갑각류가 호흡 분지를 만들 때 앱터로스와 누빈을 사용했으며, 가지가 날개로 진화한 후에도 그들이 그곳에 남아 활약하게 되었다는 설명이다(나중에 보겠지만 날개 외에도 다른 동물들의 다른 구조가 되기도 했다). 그러면 곤충의 진화는 이렇게 정리할 수 있다. 선조 부속지의 외분지와 내분지가 분리되어, 외분지는 몸 위쪽으로 올라붙어 날개로 진화했고 내분지는 갈라지지 않은 걷는다리로 진화했다.

날개가 아가미에서 나왔다는 이론을 뒷받침하는 증거는 옛날에도 적지 않았다(깔끔하게 문제를 마무리할 만큼 풍성하지 않았을 뿐이다). 하지만 곤충의 날개가 정말 갑각류 아가미 분지에서 나온 거라면, 가재나 새우 같은 녀석들이 뭍으로 기어 올라와서 날기 시작했다는 말인가? 아니, 그런 말은 아니다. 호흡 부속지들을 달고 있던 동물과 오늘날 우리가 아는 대로 두 쌍의 날개로 나는 곤충의 시초 사이에는 여러 진화적 중간 단계가 존재했다. 이 변이 과정을 재구성하는 데 도움을 줄 단서들은 멸종 곤충의 화석에서 나오기도 했고, 이보디보에서 나오기도 했다. 내 연구실도 다소 기여를 한 바 있다. 화석, 유전자, 배아에 대한 새로운 지식이 한데 뭉쳐 설득력 있는 그림을 구성한 좋은 사례라 하겠다.

정보 가치가 높은 곤충 화석들 중, 오늘날 주변에 보이는 곤충들과는 전혀 다르게 생긴 것도 있다. 나는 [그림7-5] 왼편에 있는 '원시 수생 약충' 화석 그림을 처음 보았을 때 굉장히 놀랐다. 고생물학자 로빈 우턴과 자밀라 쿠카로바-펙이 독립적으로 연구하는 대상으로서, 3억 년 전에 살았던 생물이다. 중요한 특징은 모든 흉부 체절과 복부 체절에 날개처럼 생긴 구조가 붙어 있다는 점이다. 이 부속지가 날개처럼 보이는 까닭은 혈관 모양의 무늬가 있어서인데, 곤충 날개의 날개맥 형태와 몹시 흡사하다. 그렇지만 이 화석은 분명 수생 동물의 것이다. 따라서 이것은 날개가 아니고 아가미이다. 현생 잠자리와 하루살이들이 수생 약충 단계에서 지니는 아가미와 비슷하다.

날개의 기원에 대한 가장 그럴싸한 시나리오는, 육상 곤충류의 성충이 갖는 날개는 유충 단계에서 아가미를 지녔던 동물로부터 진화해 나왔으리라는 것이다. 아예 아가미를 버리고 시작하는 게 아니

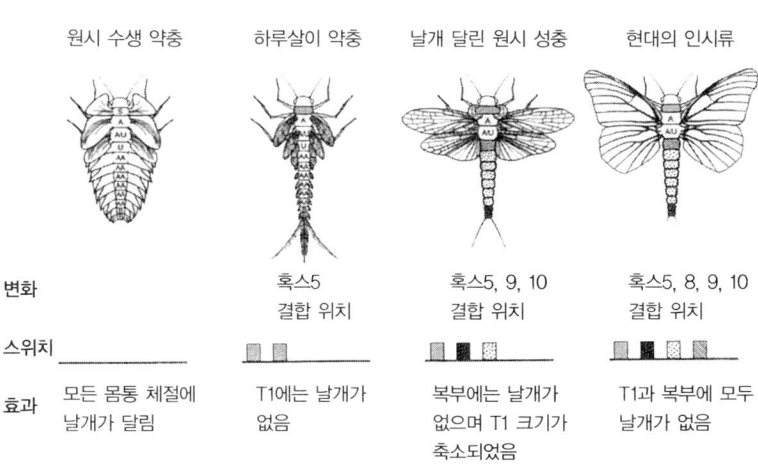

날개 형성 유전자의 스위치 진화 및 곤충 날개 개수의 진화

	원시 수생 약충	하루살이 약충	날개 달린 원시 성충	현대의 인시류
변화		혹스5 결합 위치	혹스5, 9, 10 결합 위치	혹스5, 8, 9, 10 결합 위치
스위치				
효과	모든 몸통 체절에 날개가 달림	T1에는 날개가 없음	복부에는 날개가 없으며 T1 크기가 축소되었음	T1과 복부에 모두 날개가 없음

[그림7-5] **날개 개수와 형태의 진화.** 날개의 개수는 윌리스턴의 법칙에 따라 진화했다. 즉 멸종한 수생 약충은 모든 체절에 아가미 같은 부속지들을 빠짐없이 갖고 있었던 반면, 하루살이에 이르러서는 그 수와 크기가 줄었고, 마침내 가장 최근의 곤충에 이르러서는 단 두 쌍의 날개로 축소되었다. 날개 발생을 촉진하는 유전자 스위치에 혹스 단백질 결합 자리가 점차 많아지면서 도리어 날개 개수는 점차 줄어들었다. 그림 _ 리앤 올즈.

라, 아가미를 변형시켜 날개라는 성충 구조로 진화시킨 것이다. 날개 달린 곤충 중 가장 원시적인 하루살이와 잠자리는 미성숙한 수생 약충일 때 복부에 아가미를 지닌다. 동물의 생명 주기에 단속적 단계가 존재한다는 사실은 진화에도 굉장히 도움이 되는 일이다. 생각해보라. 성충 하루살이나 잠자리는 물에 살던 어린 시절의 약충과는 아예 다른 동물이나 마찬가지다. 서로 전혀 다른 환경에 산다. 동일한 게놈으로도 다른 환경에 모두 적응할 수 있는 이유는 약충을 형성하는 발생 프로그램이 성충을 형성하는 발생 프로그램과 구별되어 있기 때문이다. 극단적으로 상이한 유충 및 성충 형태라는 진화 유형은 동물계에 널리 퍼져 있는 현상이다(쐐기벌레와 나비, 좌우대칭형 극피동물 유충과 5방사형 성충을 떠올려보라).

이 시나리오는 어떻게 아가미가 날개로 변이했는지 설명해준다. 하지만 날개의 개수는 어떻게 설명할까? 유체역학적으로 봤을 때 두번째와 세번째 흉부 체절에 붙은 두 쌍의 날개 구조는 비행 기능 면에서 최적이라고 한다. 곤충은 어떻게 최적의 설계를 갖추게 된 것일까?

여기서 윌리스턴의 법칙, 혹스 유전자, 스위치들을 떠올려보자. 연속 반복 구조의 수를 줄임으로써 전문화가 이루어진다는 경향을 앞서 말했었다. 이것이 곤충 날개 진화에서도 일어났다. 화석 기록 중에 복부와 첫번째 흉부 체절에 자그만 날개나 날개처럼 보이는 구조를 이전보다 적게 가진 멸종 동물들이 있다. 즉 원시 수생 동물과 현생 동물의 중간 단계에 해당한다[그림7-5]. 날개 개수가 줄어든 것은 발생 중에 두번째와 세번째 흉부 체절을 제외한 나머지 체절들에서 날개 형성이 억제되거나 제거되었기 때문이다.

어떻게 날개 형성이 체절을 골라가며 억제되었을까? 곤충의 종류를 막론하고 날개가 없어진 체절들은 모두 특정 혹스 단백질의 발현 지역이다. 게다가 내 연구실의 스코트 웨더비와 짐 랑겔랜드는 특정 체절에서만 발현하는 각각의 혹스 단백질이 파리의 체질에서 날개 형성을 억제한다는 것을 발견했다. 종합하면, 첫번째 흉부 체절 및 모든 복부 체절들에서 활약하는 혹스 단백질들이 날개 형성을 억제하는 방향으로 진화함으로써 현생 곤충은 단 두 쌍의 날개만 갖게 되었다. 억제 현상은 단계별로 진화했을 것이며, 고대의 곤충들은 군마다 다른 단계를 드러내었을 것이 틀림없다. 날개 억제가 부분적으로 이루어진 종 화석이 남아 있기도 하다. 날개 억제의 궁극적 원인은 뭘까? 날개 형성에 관여한 유전자의 스위치들이 진화하여 혹스 단백질 결합을 위한 표지서열을 만들어냈고, 덕분에 혹스 단백질들이 체절마다 선택적으로 유전자 발현을 억제할 수 있게 된 것이다.

거미 이야기: 절지동물 아가미의 또 다른 적응 사례

물론 곤충은 엄청나게 성공한 존재들이다. 하지만 지상을 점령하고 번성해간 절지동물로 곤충만 있는 것은 아니다. 거미류 역시 육상생활에 잘 적응한 존재다. 거미류는 역시 절지동물이되 곤충류와는 다른 가지로서 협각류라 불리는 군에 속한다. 전갈, 진드기, 투구게 등과 가깝다.

곤충과 마찬가지로 거미도 육상생활에 적응하기 위해 적잖은 변이를 겪었다. 수생 선조들의 숨 쉬는 법, 움직이는 법, 번식하는 법, 먹이 구하는 법을 모두 변형해야 했다. 거미류는 육상 호흡용으로 폐서 및 기관(氣管)이라 불리는 구조를 진화시켰으며, 거미줄을 자아 먹이를 잡기 위해 실을 생산하는 방적돌기란 것도 진화시켰다. 이들은 서로 다른 체절에 있지만 체절 내에서는 비슷한 위치를 점하고 있으므로, 연속 상동기관들이다[그림7-6]. 실제로 모두의 형성에 부속지 형성 유전자 디스탈리스가 관여한다. 이들이 모두 변형된 부속지라는 증거이다. 그런데 어떤 부속지가 변해서 만들어진 걸까?

이 오래된 질문에 답하는 데도 이보디보가 한몫했다. 빔 다멘, 테오도라 사리다키, 미할리스 아베로프는 거미의 이 구조들에서 모두 앱터로스 및 누빈 단백질이 발현된다는 것을 밝혀냈다. 수생 갑각류의 아가미 분지와 곤충의 날개에서 발현하는, 바로 그 툴킷 단백질들 말이다. 폐서, 기관, 방적돌기가 선조 절지동물의 아가미 분지에서 유래한 것임을 보여주는 결정적 증거이다. 게다가 연구자들은 수생 투구게의 아가미인 새서에서도 두 단백질이 발현됨을 알아냈다. 새서 역시 선조동물의 아가미 분지에서 유래한 것이다. 투구게와 거미류의 유연관계를 감안하면, 거미류가 육상에 적응하는 과정에서 새서가 폐서, 기관, 방적돌기로 진화했을 것이다.

곤충 날개가 갑각류 아가미 분지에서 유래했다는 증거와 나란히 놓고 보면, 이제 비로소 부인할 수 없는 큰 그림을 갖게 된다. 육상 동물들이 만들어낸 온갖 혁신은 전부 선조동물의 이분지형 부속지 설계를 변형하여 탄생한 것이다[그림7-7]. 한편 선조생물의 부속지 설계 자체는 아마도 엽족동물의 관절 없는 엽상족 및 밖으로 튀어나온 아가미엽에서 유래했을 것이다. 결국 절지동물의 온갖 도구들, 집게

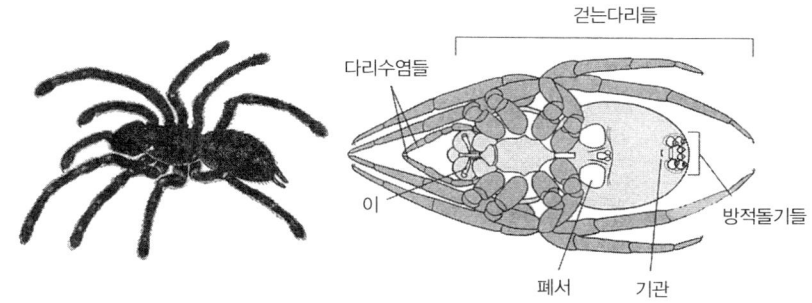

걷는다리들

다리수염들

이

방적돌기들

폐서   기관

[그림7-6] **거미의 혁신적 구조들.** 거미는 육상 적응 과정에서 수생 선조동물의 아가미 분지 부속지를 폐서, 기관, 방적돌기로 진화시켰다. 이 구조들은 다리수염(구기의 일종) 및 걷는다리의 연속 상동기관이다. 그림 _ 리앤 올즈.

다리, 다리, 헤엄다리, 작은턱, 턱다리, 아가미, 폐서, 기관, 방적돌기, 날개 등등은 모두 선조동물 설계의 변형판이다.

이쯤이면 진화의 일관된 주제 한 가지가 머릿속에 정리되기 시작한다. 자연은 완전히 무로부터 무언가를 발명해내는 수고를 자주 하지 않는다. 대신 이미 존재하는 툴킷 유전자들을 활용하여 기존의 구조들을 새롭게 깎아낸다. 수생 절지동물의 수많은 부속지들은 먹고, 헤엄치고, 호흡하고, 걷는 기능을 한 번에 수행하는 다기능 구조였다. 그랬던 것이 각기 전문화됨으로써 여러 종들이 완전히 새로운 생태계에 끼어들고, 완전히 새로운 신체 설계를 구축하게 되었던 것이다.

부속지 지리의 진화

앞서 묘사한 절지동물 부속지들은 분명 하나의 설계에서 유래했으나 지금은 천차만별의 형태를 자랑한다. 연속 상동기관인 거미의

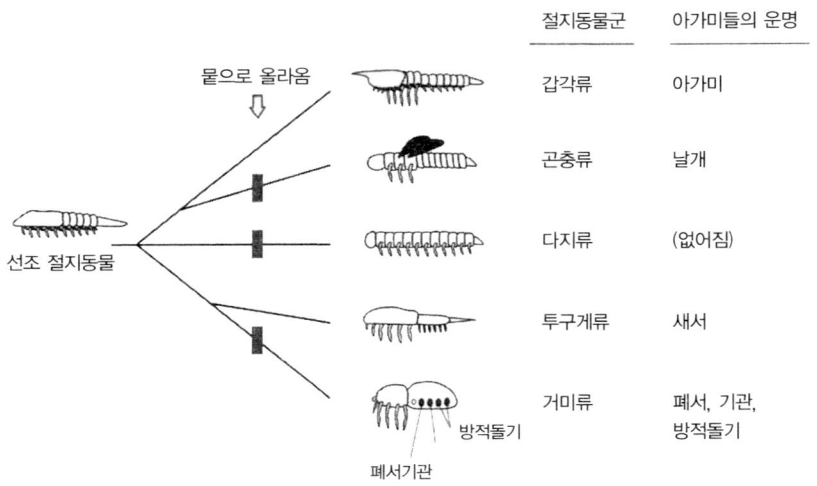

	절지동물군	아가미들의 운명
뭍으로 올라옴	갑각류	아가미
	곤충류	날개
선조 절지동물	다지류	(없어짐)
	투구게류	새서
방적돌기 폐서기관	거미류	폐서, 기관, 방적돌기

[그림7-7] **여러 방향으로 적응해간 절지동물 아가미 분지.** 수생 선조동물의 아가미 분지로부터 곤충의 날개, 투구게의 새서, 거미의 갖가지 구조들이 진화했다. 이처럼 놀랍도록 다양한 적응이 일어난 것을 볼 때, 연속 반복 구조를 갖고 있다는 것은 그것들을 저마다의 역할로 전문화시킬 수 있다는 점에서 엄청난 이득이었다. 그림 _ 미할리스 아베로프, 『현대생물학』 12(2002), 1,711쪽에 실린 다멘 등의 논문에서, 엘즈비어 사의 허가로 재인용.

방적돌기, 기관, 폐서만 보더라도 한 동물의 구조라 믿기 힘들 정도로 상이한 위치와 형태를 띤다. 날개도 그렇다. 모든 종의 날개가 공통 선조동물 설계에서 유래했지만 종마다 형태가 극적일 정도로 차이 난다. 그러므로 우리는 한 동물 내에서 연속 상동 구조들이 어떻게 상이한 지리를 드러내게 되었는지, 나아가 상동 구조가 상이한 종들에서 어떻게 진화했는지 알 필요가 있다.

여기서도 단서는 혹스 유전자들이다. 예를 들어 거미를 보면, 폐서, 기관, 방적돌기를 지닌 체절들은 각기 서로 다른 혹스 발현 지역에 속한다. 월리스턴의 법칙을 또 한 번 증명하는 사례라 할 수 있다. 수생 선조동물의 새서들은 서로 별 차이 없이 연속적으로 반복

되었으나, 거미류는 인접한 체절들마다 부속지를 전문화한 것이다. 폐서는 혹스7 유전자 지역에서 발생하고, 기관은 혹스7, 8 지역에서, 방적돌기는 혹스7, 8, 9 지역에서 발생한다. 구조들 간에 차이가 나는 것은 부속지를 빚어내는 유전자들의 스위치에 서로 다른 조합의 혹스 단백질들이 결합하기 때문인 것이다.

같은 부속지인데도 종간에 차이가 있는 것 역시 혹스 유전자들의 활약 덕이다. 하지만 어떤 부속지든, 형태 차이의 진화는 서로 다른 혹스 단백질 탓이 아니라 동일한 혹스 단백질 때문이라는 점이 중요하다. 곤충 뒷날개가 좋은 예다.

곤충 날개 진화는 네 개의 날개 형태가 구축된 시점에서 끝나지 않았다. 초기의 곤충이나 현생 곤충 중 원시적인 종들(하루살이나 잠자리)을 보면 두 쌍의 날개가 엇비슷하다. 반면 후대의 곤충 날개를 보면 두 쌍의 크기, 생김새, 질감, 색깔, 기능이 크게 다르다. 딱정벌레의 뒷날개는 막처럼 생겨서 비행에 쓰이는 반면 딱딱한 앞날개는 비행하지 않을 때 뒷날개를 덮어 보호하는 역할을 한다. 나비도 뒷날개의 모양이나 색깔, 무늬가 앞날개와 크게 차이 나는 경우가 많다. 호랑나비류를 보면 잘 알 수 있다. 모기나 파리의 뒷날개는 평균곤이라 불리는데 풍선처럼 생겼으며 앞날개보다 훨씬 작다. 평균곤은 비행 중에 몸의 회전 정도를 감지하는 일종의 자이로스코프 역할을 한다[그림7-8].

뒷날개가 다양하게 진화한 것은 발생 중 이 부위의 지리만 선택적으로 바뀌었기 때문이다. 뒷날개만 선택적으로 변이할 수 있는 이유는 뒷날개 발생을 통제하는 특별한 혹스 단백질이 있기 때문이다. 그것이 울트라바이소락스(Ubx)이다. 반면 앞날개는 발생 시에 혹스 단백질의 통제를 받지 않는다. 울트라바이소락스가 뒷날개 형성에 얼마나 큰 영향을 미치는지는 울트라바이소락스 제거 돌연변이를 일으킨 곤충들을 관찰하면 알 수 있다. 돌연변이를 일으킨 딱정벌레나 나비나 파리의 뒷날개는 앞날개와 똑같은 형태로 자란다. 곤충의 앞날개와 뒷날개 사이에 차이가 있다면, 그것이 무엇이든 반드시 어떤 형태로나마 울트라바이소락스의 영향을 받은 것이다.

울트라바이소락스 단백질은 곤충 뒷날개에서 조절회로를 형성하는 역할을 하는데, 다만 딱정벌레나 나비나 파리 등 각 동물군에서 모두 다른 방식으로 활약한다. 울트라바이소락스는 날개 형성 유전자들의 스위치에 결합함으로써 날개 형성을 조절한다. 곤충이 진화할 때 몇몇 유전자의 스위치에 울트라바이소락스를 위한 표지서열이 등장했던 것이다. 어떤 유전자들이 함께 활동하느냐 하는 점은 곤충마다 다르다. 파리 뒷날개에서 날개맥 형성을 막기 위해 차단되는 유전자 종류는 호랑나비 뒷날개를 길게 하기 위해 발현되는 유전

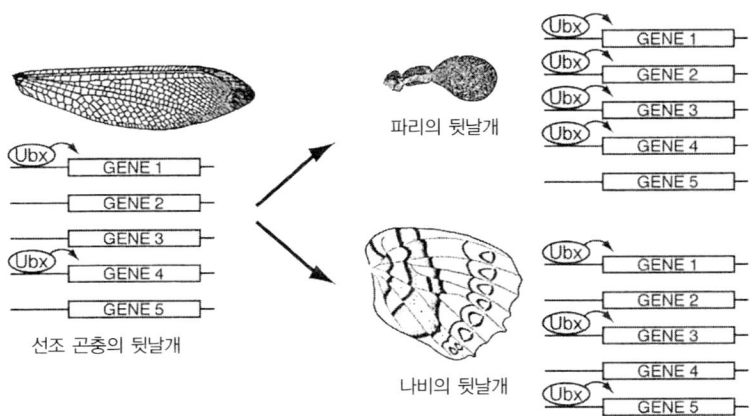

[그림7-8] **뒷날개 지리의 진화.** 곤충 뒷날개가 다양한 형태로 진화한 것은 뒷날개 한정 Ubx 혹스 단백질의 통제를 받는 유전자 집합에 변화가 생겼기 때문이다. 그림 _ 리앤 올즈.

자 종류와 다르다. 뒷날개 지리의 진화는 울트라바이소락스의 통제를 받는 스위치가 변화함으로써 이루어진 것이었다[그림7-8].

절지동물 부속지의 지리가 전문화를 일으킨 것도 이와 비슷한 식이었다. 개개 혹스 단백질에 영향을 받는 스위치들에 변화가 생김으로써 가능했던 일이다. 나비의 꿀 빠는 긴 주둥이와 모기의 뾰족한 주둥이, 강력한 도약을 가능케 하는 베짱이와 귀뚜라미의 다리들, 바다가재와 게의 집게다리들은 모두 특정 혹스 단백질에 통제되는 특정 부속지들이 선택적으로 진화한 결과다.

처음에는 동일했던 부속지들이 수많은 형태와 기능으로 변이해 왔다는 사실, 이것은 인간이 속한 척추동물문의 진화에서도 중대한 현상이었다.

둘고기의 손가락에서 박쥐의 날개로

초추동물은 절지동물보다 부속지 수가 적지만, 그래도 부속지를 땅, 물, 하늘에 적응시켜 강력하고, 우아하고, 다재다능한 형태로 변형시켜온 점에 있어서는 못지않게 독창적이었다. 게다가 척추동물은 겨우 두 쌍의 팔다리에 고작 다섯 개 정도의 손발가락이라는 다분히 제약적인 선조동물 설계의 틀 안에서 그 일을 훌륭히 해냈다.

네발 달린 척추동물을 지칭하는 정식 명칭은 사지동물이다. 양서류, 파충류, 공룡류, 조류, 포유류를 포함한다. 이들은 데본기(약 3억 6천5백만 년 전)에 처음 뭍에 올랐다. 이들은 어류의 쌍 가슴지느러미와 등지느러미를 진화시킨 구조를 활용해 걸었다. 이 사건은 동물 역사에서 가장 중요한 서식지 이동이었고, 화석으로 남을 만큼 단단한 골격을 지닌 커다란 동물들이 주인공이었기에 고생물학 역사 내내 가장 많은 관심을 받아온 연구 소재였다(칼 짐머의 책『물가에서』도 이 주제를 다루고 있는데, 매우 좋은 책이라 꼭 권하고 싶다).

여기서 우리가 궁금한 점은 어떻게 지느러미가 팔다리로 진화했고, 그 팔다리가 다시 오늘날 사지동물의 몸에 보이는 다양한 구조로 변화했는가 하는 부분이다. 이야기는 네 단계로 나뉜다. 첫째, 사지동물이 진화하기 전에 어류가 갖고 있던 구조가 무엇이었는지 알아야 한다. 둘째, 동물이 뭍에 오를 때 새로 발명된 구조가 무엇이었는지 알아야 한다. 셋째, 기본 사지 설계가 어떤 식으로 변화하여 날개처럼 상이한 형태를 만들었는지 추적해야 한다. 그리고 마지막으로 뱀이나 물고기처럼 특정 생태지위에 적응하는 과정에서 부속지의 수를 줄이거나 완전히 없애버린 척추동물이 많은데, 이 일이 어떻게 벌어졌는지도 알아보아야 한다. 어느 단계든 형태 변화는 발생 과정의 진화에서 비롯한 것이므로, 척추동물 사지의 배아 지리 진화에 초점을 맞춰야 한다.

지느러미가 사지로 변이한 과정을 화석 기록을 통해 볼 때 결정적인 시간대는 데본기 후기이다. 약 3억 7천5백만 년 전에서 3억 6천2백만 년 전 무렵이다. 당시 어류는 이미 1억 5천만 년 정도의 진화 역사를 갖고 있었기에, 화석으로 다양한 지느러미 형태들이 확인된다. 몸 전체를 따라 길게 난 지느러미도 있고, 쌍이 아니라 하나만 있는 등지느러미, 넓적한 머리 주변의 막 뒤로 바싹 달라붙은 쌍 지느러미가 두 개씩 있는 경우도 있다. 이들의 쌍 지느러미와 완전한 사지동물의 팔다리 사이에 주된 차이점은 후자에는 손, 발, 그리고

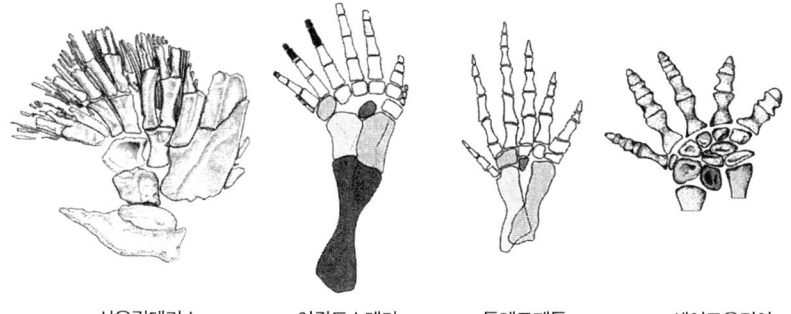

| 사우립테리스 | 아칸토스테가 | 툴레르페톤 | 세이모우리아 |

[그림7-9] **어류의 지느러미에서 손가락으로.** 데본기 화석에 드러난 사지동물 손(과 발)의 초기 진화는 손발가락 개수의 감소 및 전문화로 특징지어진다. 그림 _ 시카고 대학 닐 슈빈과 마이클 코아테스.

손발가락이 있다는 것이다. 위팔/허벅지와 아래팔/종아리라는 상동기관은 원시 물고기 지느러미에서도 발견된다. 하지만 제3의 요소, 즉 자각(autopodium)* 이란 것은 데본기 후기 척추동물에서 처음 등장한다.

따라서 자각의 기원은 엄청난 관심사가 아닐 수 없다. 두 개의 요소로 구성된 어류지느러미에서 세 개의 요소로 구성된 사지로 이행한 과정을 가장 잘 드러내는 화석 자료는 사우립테리스와 아칸토스테가라는 종이다[그림7-9]. 두 동물 모두 자각을 지니고 있었다. 어류인 사우립테리스의 등지느러미 구조는 사지동물 팔다리의 기본 속성과 놀랍도록 흡사하다. 관절 있는 여덟 개의 요골이 있는데, 그 위치와 개수는 원시 사지동물의 손가락 형태와 거의 비슷해 보인다. 즉 어류라는 맥락 안에서 진화한 '손가락'들이다. 다른 지느러미뼈

● 사지를 크게 세 부분으로 나눌 때 몸통에서 가장 먼 부분, 즉 손발에 해당하는 부분이다. 위팔/허벅지 부분은 주각(stylopodium), 아래팔/종아리 부분은 액각(zygopodium, zeugopodium)이라고 한다.(옮긴이)

들의 위치와 관절 모양도 사지동물 팔다리 구조와 사뭇 흡사하다. 손가락 있는 물고기를 발견한 것은 분명히 화석 중에 중간 단계 형태들이 존재한다는 증거다. 하지만 보석처럼 귀중한 그런 화석을 발굴하기 위해서는 기술과 인내뿐 아니라 대단한 운까지 따라야 한다 (제일 상태가 좋은 사우립테리스 화석은 1990년대 중반에야 발견되었는데, 펜실베이니아에서 도로 공사를 하던 중이었다).

사우립테리스보다 조금 늦게 등장한 아칸토스테가는 네 개의 다리를 지녔다. 하지만 몸무게를 지탱하지 못했으며 다리나 몸통의 속성도 여전히 어류에 가까웠다. 앞다리에는 발가락이 여덟 개, 뒷다리에는 일곱 개 있었다. 사지동물의 발가락 특징을 보이기 시작한 아칸토스테가의 형태는 사우립테리스와 모종의 연관이 있다고 볼 수밖에 없다. 사우립테리스의 요골이 여덟 개이기 때문이다. 하지만 여덟 개의 발가락이라 해도 종류를 따지면 다섯 가지밖에 없다. 이후의 사지동물들은 전체 발가락 개수를 줄여가기 시작한다. 원시 양서류 툴레르페톤은 발가락이 여섯 개였고[그림7-9] 이후의 사지동물들은 다섯 개 이상을 갖지 않았다. 그로부터 3억 년 동안 사지동물은 여전히 다섯 개라는 최대 한계선을 지키고 있다.

사우립테리스나 아칸토스테가가 사지동물의 직계 선조로 보이진 않는다는 점을 지적해둬야겠다. 이 화석 동물들은 데본기 후기에 여러 민물 어류 계통에서 동시다발적으로 일어났던 커다란 변화의 흐름을 보여주는 사례일 뿐이다. 지느러미와 사지동물의 다리 구조가 유사한 것은 서로 다른 동물군이 유사한 생태적 요구에 맞닥뜨려 평행진화를 한 결과인 것 같다(평행진화는 굉장히 중요하고 흔히 일어났던 현상이라는 것만 말해두겠다).

새 몸은 새 스위치로

자각은 어떻게 진화했을까? 다시 이보디보에, 그리고 현생 동물 군의 유전자 및 배아 분석에 의존하여 어떻게 사지 지리의 변이가 일어났는지 확인하는 수밖에 없다. 세심하게 비교할 것은 어류 지느러미의 발생과 사지동물 팔다리의 발생이다. 사지동물의 경우 팔다리는 세 가지 요소들로 구성되게 마련인데, 몸 가까운 쪽부터 보면 위팔이나 허벅지가 먼저이고 손발가락이 제일 나중에 온다. 어류의 경우는 두 가지 요소까지는 사지동물과 비슷하게 발생하지만, 결정적으로, 세번째 단계가 없다.

사지동물의 경우 세 단계의 발생 전반에 두 무리의 특별한 혹스 유전자들이 관여한다. 네 개의 혹스 유전자 복합체 중 두 가지가 사용되는 것이다. 절지동물과는 다르게 몸 가까운 쪽에서 먼 쪽으로 사지를 발생시키는 데 혹스 유전자를 활용한다(절지동물은 부속지 종류들을 서로 차별화하는 데 혹스 유전자를 동원한다). 혹스 유전자는 각 단계마다 다른 공간적 형태로 발현함으로써 사지 구성요소들을 전문화한다. 혹스 유전자 돌연변이를 일으킨 사람이나 쥐를 보면 혹스 발현 형태가 정상적인 사지 구축 및 무늬 만들기에 얼마나 중요한지 알 수 있다. 세번째 단계에 활약하는 혹스 유전자들에 돌연변이가 생기면 손발가락의 개수나 크기가 영향을 받는다.

세번째 단계, 즉 자각 형성에 혹스 발현이 관여하도록 진화한 것이야말로 사지동물 고유의 발명이었다. 세번째 단계를 통제하는 스위치들은 첫 두 단계를 통제하는 스위치들과 다르다. 척추동물은 어떻게 새로운 구조를 얻었을까? 척추동물의 혹스 유전자 집합이 새 스위치들을 획득함으로써 배아 사지의 말단에서도 활약할 수 있게 되된 것이다.

자각 진화에 결부된 변화는 그것만이 아니다. 그 밖에도 여러 발생상의 변화와 유전자들이 관여하였다. 뼈 형성을 담당하는 BMP족이나 관절 형성을 담당하는 GDF족처럼 다른 종류의 유전자들도 손발가락 지역에서 활약할 수 있게 하는 새 스위치를 마련해야 했다. 힘줄, 인대, 근육 같은 연조직들, 그들의 형성을 통제하는 조직들도 물론 진화해야 했다.

날거나 기거나 : 새로운 생활방식에 걸맞은 사지의 진화

이후 3억 5천만 년 동안 사지동물의 사지 구조와 기능은 여러 차례, 여러 방향으로 변화하였다. 가장 극적인 사건은 발가락들이 여러 차례 독립적으로 진화하여 날개를 만들어낸 일일 것이며, 여러 육상동물 및 수생동물들이 정도는 다르지만 사지의 개수를 줄이는 일도 벌어졌다. 이 모든 변이가 발생 과정의 진화를 동반한 것이었다. 이보디보는 이미 몇몇 사례들에서 발생 중인 사지의 지리에 정확히 어떤 변이가 일어난 것인지 짚어내기도 했다.

사지동물의 앞다리는 비행을 위한 날개로 세 차례 재편되었다. 익룡, 조류, 박쥐류가 각각의 경우이다. 앞다리가 날개가 되기 위해서는 위아래, 앞뒤로 움직일 수 있어야 하고, 사용하지 않을 때는 몸에 착 붙게 접을 수 있어야 한다. 흥미로운 점은 세 척추동물들의 날개 구조가 가만히 보면 매우 다르다는 사실이다. 패트 십먼은 『날개를 얻다』에서 익룡의 날개는 '손가락 날개', 새의 날개는 '팔 날개', 박쥐의 날개는 '손 날개'라고 했다[그림7-10]. 세 가지 설계를 진화 순서대로 익룡부터 차례로 살펴보자.

익룡이 하늘을 날기 시작한 것은 약 2억 2천5백만 년 전이었다. 조류가 진화하기 약 7천만 년 전인 셈이다(조류는 익룡이 아니라 깃털 달린 공룡에서 진화했다). 익룡 날개의 두드러진 특징은 굉장히 긴 네번째 손가락이 날개 바깥을 완전히 휘감는다는 점이다. 앞다리의 모든 요소와 1번에서 3번 손가락이 존재하지만 손바닥뼈들은 융합된 상태다. 1번에서 3번 손가락들은 날개막에 붙어 있지 않다. 날개막은 앞다리 전체를 따라 늘어져 있지만 날개 길이의 대부분은 길쭉해진 네번째 손가락이다.

새의 경우 날개는 막이 아니라 깃털로 만들어진다. 깃털은 피부가 자란 것으로서, 앞다리 전체에 걸쳐 돋아난다. 날개는 팔로 따지면 '아래팔'에 해당하는 부분이 제일 길고, 위팔과 손과 손가락에 해당하는 부분은 짧다. 새의 네 손가락은 몹시 짧은 편이다.

박쥐의 날개는 막으로 되어 있으며 팔 전체에 걸쳐 있다. 두번째에서 다섯번째 손가락들이 굉장히 길게 늘어나 있어 박쥐의 날개를 '손 날개'로 만든다. 날개 뒤쪽 끝은 뒷다리 발목에 붙어 있다. 이는 비행 시에 안정감을 더하는 요인이 된다.

이처럼 날개의 구조가 제각기 다른 것은 똑같이 선조 사지동물의 앞다리 설계에서 비롯했더라도 발생상의 변형에 차이가 있었다는 걸 의미한다. 조류와 파충류의 앞다리 형성에 공통점이 수두룩하다는 사실을 밝혀낸 과학자들도 조류와 박쥐류의 날개가 어떻게 또렷한 차이를 드러내게 되었는지는 미처 확실히 밝히지 못한 상황이다.

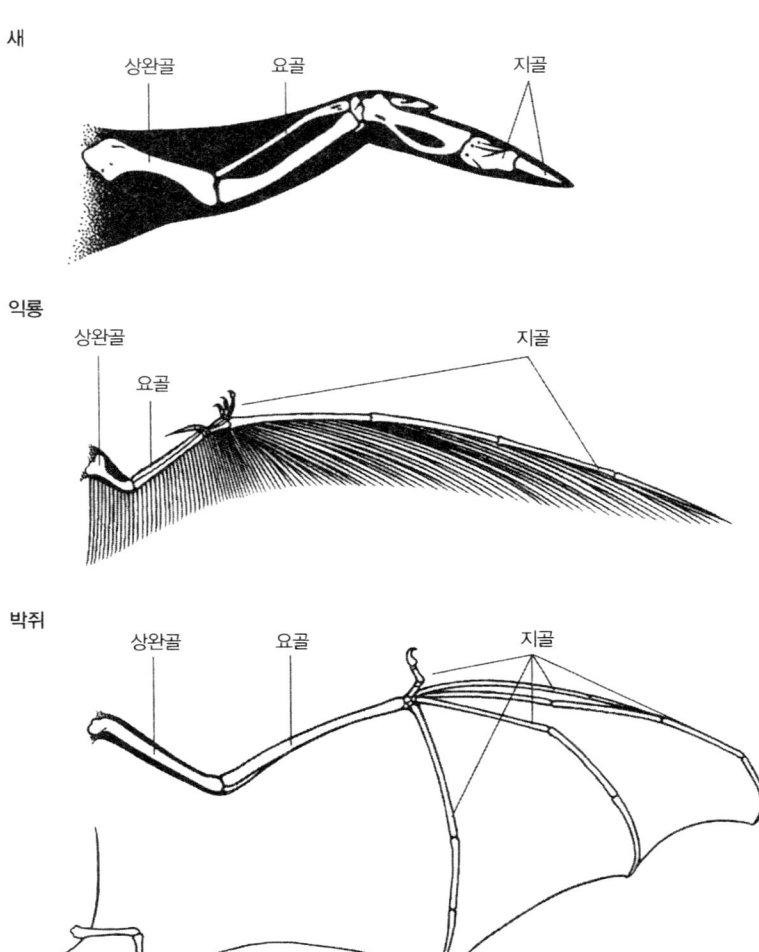

새

상완골　　요골　　지골

익룡

상완골　　요골　　지골

박쥐

상완골　　요골　　지골

[그림7-10] **척추동물의 날개 진화.** 새의 날개는 '팔 날개'이다. 팔 전체를 따라 깃털이 발달했다. 익룡의 날개는 '손가락 날개'이다. 날개막 대부분이 길게 늘어난 손가락 하나에 걸쳐 있다. 박쥐의 날개는 '손 날개'이다. 날개 표면이 앞다리의 손가락 여러 개와 뒷다리에 걸쳐 붙어 있다. 그림 _ 리앤 올즈.

이 문제 역시 이보디보 연구자들이 열중하는 관심사다.

한편 뱀 또는 몇몇 어류에 일어난 사지 변형은 발생학적 변이 내용이 꽤 알려져 있다. 뱀의 경우 몸통이 길게 늘어난 한편 사지 발생은 억제되었다. 비단뱀과 보아구렁이는 여전히 뒷다리 흔적기관을 형성하지만 앞다리는 만들지 않는다. 이론적으로 사지 형성은 발생 중 어느 단계에서라도 억제될 수 있다. 가령 사지 아체가 처음 형성되는 순간일 수도 있고, 사지가 정교하게 조각되어 가는 이후 단계들에서일 수도 있다.

비단뱀 배아의 사지 발생을 점검해본 결과, 비단뱀에 다리가 없는 것은 사지 아체의 초기 형성 과정에 진화적 변화가 있었기 때문임이 밝혀졌다. 앞다리의 경우 특정 혹스 유전자 지역이 뱀의 몸통 전체로 넓게 확장되며 머리 부분까지 뻗어나간 탓에 아예 아체 형성 위치가 사라졌다. 뒷다리의 경우에는 아체는 만들어지지만 성장이 중단되었다. 주요 신호전달 단백질들이 활약하지 않는다는 사실은 뒷다리 성장이 멈추는 현상과 잘 들어맞는다. 가령 소닉 헤지호그 단백질 등이 뒷다리 아체 형성체에서는 활동하지 않는다. 비단뱀이나 코아구렁이를 보면 배설강 근처에 작은 뒷다리 돌기가 존재한다. 하지만 최근에 진화한 뱀들은 그렇지 않다. 이들은 뒷다리도 앞다리처럼 훨씬 초기 단계에서 억제되기 때문에 아예 사지의 흔적이 없게 되었을 것이다.

사지 진화는 주요 척추동물군이 형성된 고대에만 벌어졌던 현상이 아니다. 사지 형태의 적응과 진화는 끝없이 이어져왔다. 최근에 진화한 몇몇 종을 봐도 발가락 개수 같은 속성은 상당히 변화무쌍하다(도롱뇽이나 도마뱀 등이 그렇다). 어류의 지느러미 진화도 못지않게 역동적이다. 특히 큰가시고기류의 최근 역사가 몹시 역동적이라는 사실이 알려지면서 이 물고기는 척추동물 골격 구조 진화를 연구하는 학자들 사이에 일약 주인공으로 떠올랐다. 북아메리카 북부 호수 지역에 서식하는 큰가시고기에는 두 종류가 있다. 둘 다 하나의 공통 선조 형태로부터 극히 최근에 갈라져 나왔다. 약 만 5천 년 전, 지난 빙하기의 얼음들이 사라지기 시작할 때, 큰가시고기들은 빙하호에 남은 채 고립되었다. 그리고 지질학적으로 상당히 짧은 기간만에 서로 다른 생태지위를 차지하는 서로 다른 형태로 갈라졌다. 하나는 얕은 물 바닥에 사는 가시가 짧은 종류이고, 다른 하나는 큰 물에 사는 가시가 긴 종류이다[그림7-11].

둘의 차이는 주로 단단한 외피 부분에 있다. 큰가시고기의 몸 양면에는 단단한 딱지가 둘러져 있으며, 위와 아래에 가시들이 나 있다. 그런데 포식자의 압력에 따라 그 가시의 수와 길이가 다르다. 큰물에서는 가시가 길어야 포식자의 위협으로부터 자신을 보호할 수 있다. 하지만 물 바닥에서는 배지느러미가 길면 도리어 불리하다. 놀랍게도 물 바닥에서 제일 탐욕스러운 포식자는 잠자리 유충들이다. 이들은 큰가시고기의 가시 부분을 낚아챈다. 따라서 세대가 거듭됨에 따라 가시가 없는 형태의 고기로 진화한 것이다.

배의 가시는 뒷다리 종류라고 볼 수 있으므로, 그것이 없어졌다는 것은 사지 골격 발생에 변화가 일어났다는 뜻이다. 발생생물학자들은 큰가시고기의 앞뒤 다리를 형성하고 특화하는 데 어떤 유전자들이 관여하는지 밝혀냈다. 그중 하나인 Pitx1 유전자는 사지동물의 뒷다리 및 어류의 배지느러미 형성에 관여한다. 브리티시컬럼비아

긴 가시

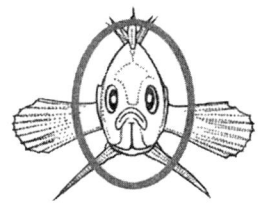
다른 물고기
포식자들로부터
보호해준다.

짧아진 가시

잠자리 유충의
습격을 피하게
해준다.

[그림7-11] 큰가시고기의 가시 수 진화. 큰 물에 사는 고기의 긴 가시는 크기를 부풀려 보이게 함으로써 포식자의 습격을 막아준다. 하지만 바닥에 서식하는 종류에게 긴 가시는 불리한 점이다. 잠자리 유충에게 잡힐 우려가 높기 때문이다. 따라서 이들은 가시를 줄이거나 없애서 포식압에 대처했다. 그림 _ 하워드 휴즈 의학연구소 및 스탠퍼드 대학 데이비드 킹슬리.

주 호수에 사는 가시 없는 큰가시고기들을 대상으로 Pitx1 유전자 발현을 분석해본 결과, 배지느러미 아체 부분에서 선택적으로 발현이 억제된다는 사실이 드러났다. 이쯤이면 독자들도 짐작하겠지만, Pitx1 조절에 진화적 변화가 일어난 것은 뒷다리에서 그 발현을 없애도록 Pitx1 유전자 스위치에 변화가 일어났기 때문이다. 스위치의 유전적 변화는 배지느러미에서만 선택적으로 Pitx1의 기능을 변화시켰고, 덕분에 다른 부위에서는 유전자의 핵심 기능들이 손상 없이 유지되었다.

아이슬란드에서의 연구도 증거를 더한다. 역시 가시가 사라진 아이슬란드 큰가시고기를 점검해보았더니, 이들에게서도 Pitx1 발현에 똑같은 변화가 일어났음이 밝혀졌다. 북아메리카와는 별개로 독립적 변이를 일으킨 것이다. 가시가 사라진 예는 화석에서도 확인된 바 있고, 큰가시고기와 연관관계가 먼 다른 어류속에서 확인된 적도 있다. 즉 배지느러미 축소는 몇몇 어류의 진화 역사에서 서로 독립적으로, 빈번히 일어난 현상이었으며, 아마도 매번 Pitx1 유전자 스위치의 변화와 관련이 있었을 것이다. 앞 장에서 소개했던 턱다리 진화나 이 가시 진화를 볼 때, 어떤 진화적 변화는 역사에서 단 한 차례 일어나는 희귀한 현상이 아니라 비슷한 자연선택 압력이 존재하는 곳에서라면 여러 번 벌어지기도 함을 알 수 있다. 이런 의미에서 진화는 '재현 가능하다'.

실제로 지느러미나 사지 축소 현상은 그리 희귀한 일이 아니다. 포유류 중에도 서로 다른 두 동물군, 고래류(고래와 돌고래)와 매너티류가 독립적으로 사지 축소 진화를 이뤘다. 그들의 육상 선조동물이 완벽한 수생 생활방식을 택하는 과정에서 일어난 일이었다. 다리 없는 도마뱀도 여러 차례 진화한 적 있다. 그러므로 큰가시고기 사례는 기묘한 예외가 아니라 흔하고도 중요한 진화적 변이 추세를 드러내는 대표 모형인 셈이다. 더욱 좋은 점은 큰가시고기의 화석이 꽤 잘 보전되었다는 사실이다. 이들의 화석은 수백만 년의 역사를 아우르는 퇴적층들에서 발굴되고 있다. 화석을 보면 배지느러미 축소는 1만 세대 만에, 또는 1만 년 만에도 이루어질 수 있는 듯하다. 우리에게는 짧은 기간이 아닐지 몰라도 지질학적 연대로 보면 순간에 불과한 시간이다. 훌륭한 화석 자료, 현생 생물의 유전자가 상세히 밝혀져 있는 점, 비슷한 진화적 변화가 상이한 군에서 반복적으로 일어난 것을 확인할 수 있는 점 덕분에 큰가시고기는 진화 연구의 가장 든든한 사례가 되었다.

진화적 혁신의 네 가지 비밀

이 장에서 집중 조명한 동물과 신체구조들을 통해 우리는 새로운 형태를 낳는 진화 과정에 어떤 비밀들이 숨겨져 있는지 알 수 있었다. 했던 말을 또 하는 격이 되겠지만, 그 네 가지 비밀이 뭔지 다시 한번 정리해보자. 진화적 혁신의 첫번째 비밀은, 두말할 것도 없이 이미 존재하는 것을 동원해 작업한다는 점이다. 동물들에게서 일어나지 않았던 일을 상상해보는 것도 의미 있을 것이다. 거미의 방적 돌기는 처음부터 완전히 새롭게 생겨난 것이 아니고, 척추동물의 날개는 사지동물의 등이나 옆구리에서 새롭게 자라난 것이 아니었다. 대신 모두 기존에 있던 구조의 변형판이었다. 20여 년 전에 프랑수아 자콥은 「진화와 땜질」이라는 에세이에서 진화의 이런 성격을 간파한 바 있다. 자콥은 자연을 땜질하는 수선공에 비유했다. 손에 닿는 재료들을 모아 뚝딱뚝딱 만들어낸 뒤 영겁의 시간을 거치며 끝없이 개량하고 고치는 수선공이라 했다. 사전에 그려둔 계획도와 전문적 도구로만 작업하는 기술자가 아니라는 것이다. 이 말은 유전자 차원에까지 적용된다. 우리는 '오래된' 유전자들이 거듭 다른 방식으로 재사용된다는 것을 알고 있다. 진화적 혁신으로 가는 가장 쉬운 길은 일단 A로 갔다가 다음에 B로 가는 것이지, 아무것도 없는 데서 곧바로 B로 가는 길이 아니다.

두번째와 세번째 비밀은 다기능성과 중복성이다. 이 점을 제일 먼저 지적한 사람은 다윈이었다. 이 두 속성이 존재할 때 얼마나 많은 기회의 문이 열리는지, 나도 앞에서 누차 강조했다. 여러 기능을 담당하는 구조가 있는데 그것이 여러 개 중복되어 존재한다면, 그때 노동 분업을 이루어 서로 다른 구조로 전문화될 여지가 생긴다.

혁신의 네번째 비밀은 모듈성이다. 1장의 내용을 떠올려보자. 나는 절지동물과 척추동물의 모듈 구조가 그들의 성공을 뒷받침한 요인이라 믿는다. 절지동물의 모듈성이 만들어낸 결과를 보라. 한 동물에만도 서로 다르게 적응한 상이한 구조들이 무수히 존재한다. 수많은 혁신이 가능한 덕에 절지동물은 지구에서 가장 다채로운 동물군이 되었다. 척추동물도 그렇다. 익룡이 네번째 손가락을 길게 진화시킬 수 있었던 것, 박쥐의 손가락들이 길어져 날개막을 지지할 수 있었던 것, 뱀이 수백 개의 척추뼈를 진화시켜 몸통을 늘인 것, 큰가시고기가 배지느러미/뒷다리 구조만 선택적으로 제거할 수 있었던 것은 이들이 모두 모듈 식 설계를 취하고 있었기 때문이다. 모듈성 덕분에 각 신체부속들은 다른 부속들에게 전혀 영향을 미치지 않고 독립적으로 변형되거나 전문화될 수 있었다. 가끔은 엄청나게 극단적인 결과도 나타나곤 했다.

동물 성체의 해부학적 구조가 모듈성을 띠는 것은 배아 지리가 모듈성을 띠고, 스위치라는 유전논리가 모듈성을 띠기 때문이다. 스위치는 특정 구조에서만 선택적으로 진화적 변화를 가능케 하는 도구이다. 스위치야말로 모듈성의 비밀이 간직된 곳이며, 모듈성이야말로 절지동물과 척추동물의 성공의 비밀이다.

어떻게 생물다양성이 나타나게 되었는지도 자명하다. 동물은 혁신을 이루어 새로운 생태지위에 침투할 수 있었고, 새로운 생태지위는 또한 다양성의 확장을 촉진하였다.

이제까지 우리는 몸통이나 사지 설계에 드러난 대규모 변이에 대해서만 살펴보았다. 절지동물과 척추동물의 하위 동물군을 크게 가르는 속성들을 사례로 삼았다. 그런데 '새', '박쥐', '딱정벌레'라고 편하게 불러도 상관은 없지만 사실 그 이름들은 수많은 하위 종들을 포함한 폭넓은 분류명임을 잊어선 안 된다. 수백 종류의 박쥐, 수천 종류의 새, 수만 종류의 딱정벌레들이 있는 것이다. 이런 동물군이 성공할 수 있었던 것은 이제까지 설명한 주요한 진화적 혁신들 덕택이었다. 그런데 이들이 종류가 다양한 동물군으로 자리매김하게 된 것은, 주요 혁신 뒤에도 추가의 혁신들을 일구어가며(예를 들어 박쥐의 초음파 탐지기관, 물새의 물갈퀴, 새들이 의사소통에 사용하는 정교한 노래들 등) 여러 생태지위로 확장한 덕분이다. 다음 장에서는 그중 한 동물, 나비에만 초점을 맞출 것이다. 날개라는 최초의 혁신이 생기자 그 토대 위에서 다른 혁신들이 잇달아 생겨날 수 있었고 따라서 폭발적인 다양성 증대가 가능했다는 점을 자세히 살펴보자.

탐험가이자 박물학자였던 헨리 월터 베이츠의 공책에 그려진 그림과 글. 편집_ 조시 클라이스.

나비는 어떻게 점박무늬를 갖게 되었나

"진화는 날개 끝에 붙들린 우연이다."
:: 스튜어트 카우프먼, 『혼돈의 가장자리』에서,
자크 모노가 『우연과 필연』에서 한 말을 의역하여.

아마존에서 11년을 보내며 14,712종의 표본을 채취하고 나자(그 중 8천 가지는 세상에 최초로 알려진 것이었다), 그의 몸은 열대의 풍토병과 부실한 식사, 태양과 열기에의 장기간 노출을 견디지 못하고 무너져 내렸다. 게다가 강도를 당하지 않나, 하인들이 버리고 떠나지 않나, 갖가지 사건을 겪었다. 결국 헨리 월터 베이츠는 1859년 6월, 정글을 떠나 영국으로 향했다. 시기는 절묘했다. 몇 달 후에 다윈의 『종의 기원』이 출간될 참이었던 것이다.

두 항해자는 금세 친한 친구가 되었다. 베이츠는 다윈의 견해를 고집스레 변호하는 대변자가 되었고, 다윈이 죽을 때까지 20년에 걸쳐 이어질 서신 교환도 먼저 시작하였다. 베이츠는 자신의 관찰과 수집이 다윈의 이론을 지지할 수 있음을 깨닫고 흥분하였다. "자연이 새로운 종을 제조해내는 실험실을 내가 직접 엿본 것이라 생각합니다." 베이츠는 다윈에게 보낸 초기의 편지들 중 하나에서 이렇게 말했다.

베이츠가 과학에 기여한 것 중 가장 중요한 것은 베이츠의 표현으로는 '상사적 유사성', 즉 의태 현상을 발견한 일이다. 베이츠는 곤충, 특히 나비를 주로 연구했는데, 한 종이 다른 종의 색과 무늬를 흉내 냄으로써 자신을 보호하는 현상이 있다는 것을 알게 되었다. 베이츠는 새들이 먹잇감으로 반기는 나비가 있는가 하면 꺼리는 나비가 있다는 것을 보았다. 새들은 몇 차례의 체험을 통해 두 종류를 구분하였다. 베이츠는 새의 입맛에 맞는 나비 중 몇몇이 새가 꺼리는 나비의 색상 및 무늬를 따라함으로써 포식자를 피한다는 사실을 발견했다. 다윈은 나비에 자연선택 압력이 작용하는 사례를 듣고 몹시 기뻐했다. 의태에 관한 베이츠의 논문이 "평생 읽은 논문들 중 가장 주목할 만하고 감탄할 만한 논문"이라는 말을 전하기도 했다. 이 현상은 요즘도 베이츠 의태라고 불린다[그림8-1].

다윈은 베이츠가 자연사에 대해 방대하고도 훌륭한 직접 경험과 지식을 가졌음을 알고, 베이츠의 통찰을 듣기 위해 줄기차게 교류했다. 특히 당시 진행 중이던 (지금은 유명해진) 성차와 성선택에 관한 연구에 대해 베이츠의 의견을 물었다. 베이츠도 다윈으로부터 많은 격려를 받았다. 여행 기록을 출판하도록 권한 것도 다윈이었다. 베이츠는 다윈의 견해를 바탕에 깐 책을 써냈고, 다윈은 그 책을 읽고, 편집하고, '논평'까지 써주었다. 베이츠가 평생 유일하게 발간한 책이 그『아마존 강의 박물학자』(1863)이다. 다윈은 책이 엄청난 성공을 거두리라

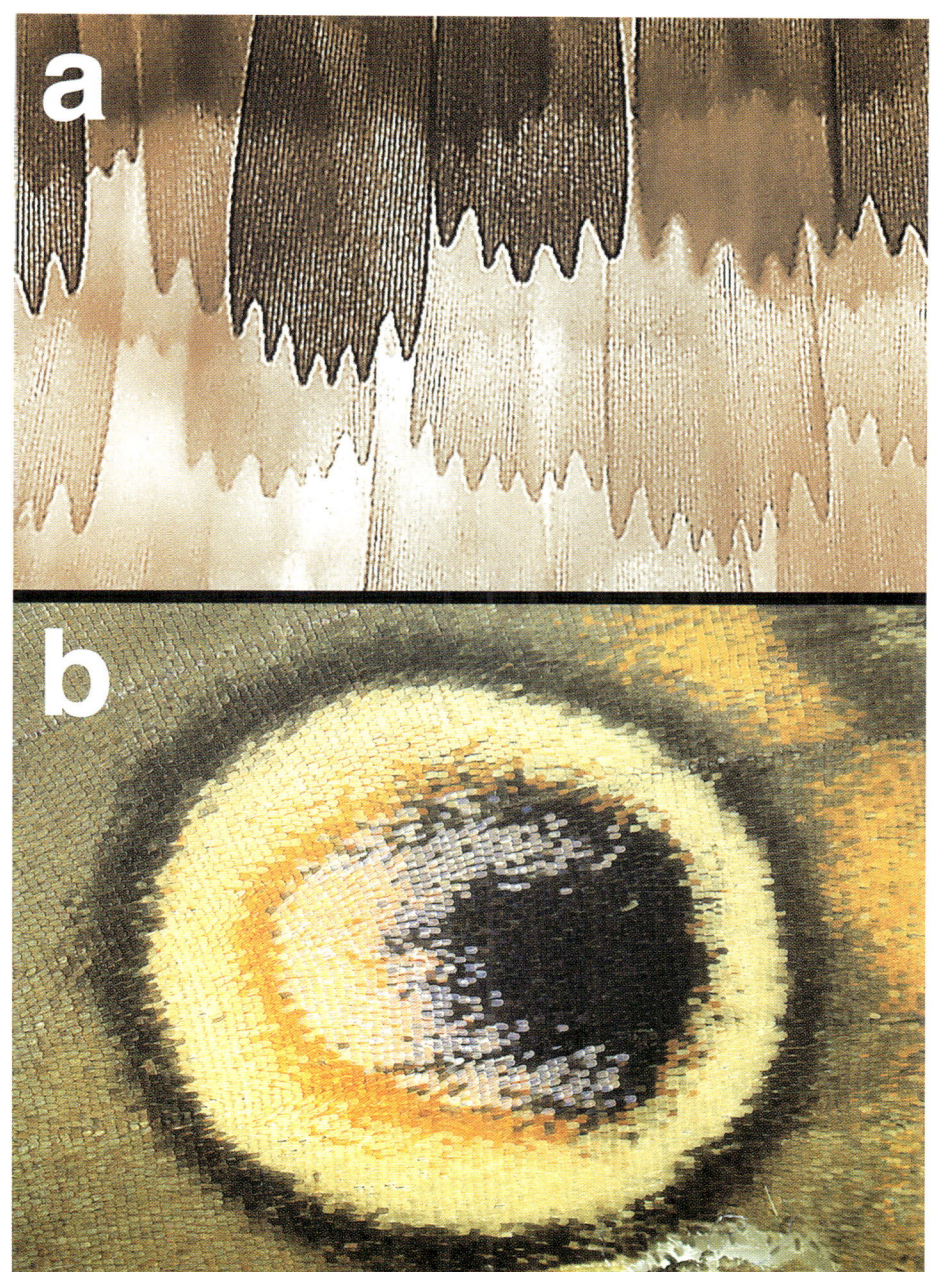

8a | 나비 날개 인편들을 가까이서 본 것. 하나의 인편이 하나의 세포이다.

8b | 나비의 눈꼴무늬를 가까이서 보면 인편들이 줄을 이뤄 늘어섬으로써 색깔 있는 무늬를 만들어냄을 알 수 있다. 하나의 인편은 한 가지 색이다. 가끔 주변과 색이 다른 '길 잃은' 인편이 도드라져 보이기도 한다.

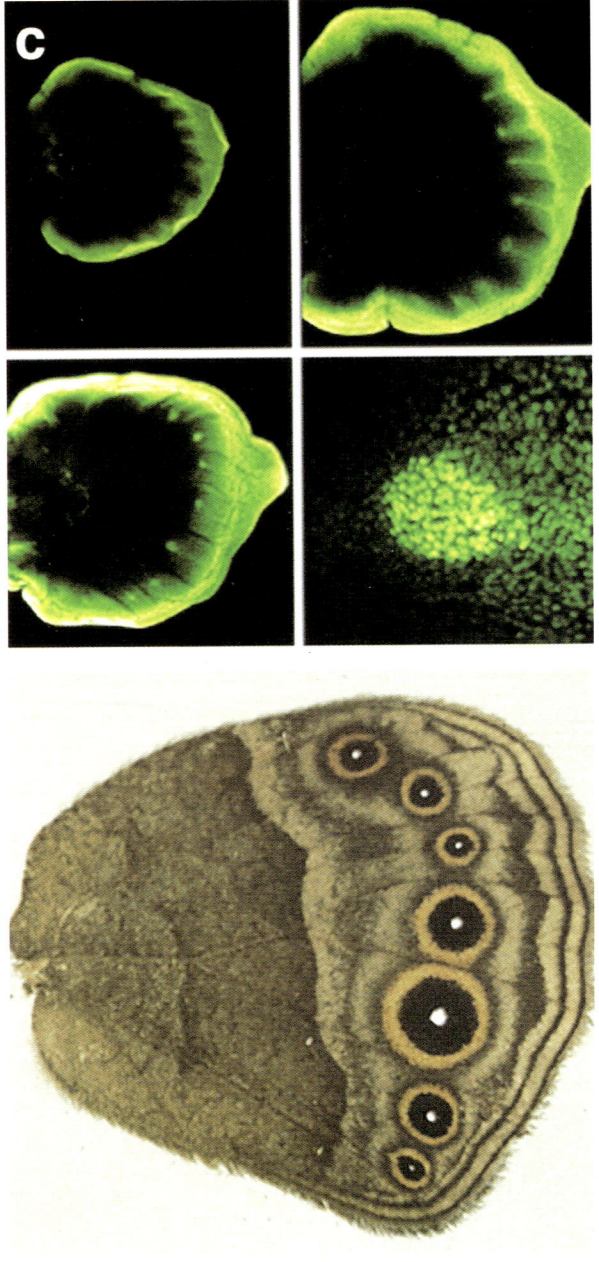

8c | 쐐기벌레의 날개에서 툴킷 단백질 디스탈리스가 발현하는 장소는 미래에 나비 눈꼴무늬의 중앙이 되는 장소와 일치한다. 디스탈리스 단백질의 발현 지역에는(초록색으로 보인다) 무수히 많은 점들이 있다(작은 사진들 중 고해상도로 촬영한 오른쪽 하단의 사진을 보면 된다). 점들은 일주일 후에 성체의 눈꼴무늬에서 흰 중앙점이 될 부분에 모여 있다(큰 사진 참고).

│ 디스탈리스 유전자와 발현 상태에 따라 그 나비의 눈꼴무늬가 달라진다. 왼쪽 사진들은 네 종의 나비들의 유충 상태 날개에서 디스탈리스가 발현한 모양이다. 오른쪽 사진들이 성체들의 무늬이다.

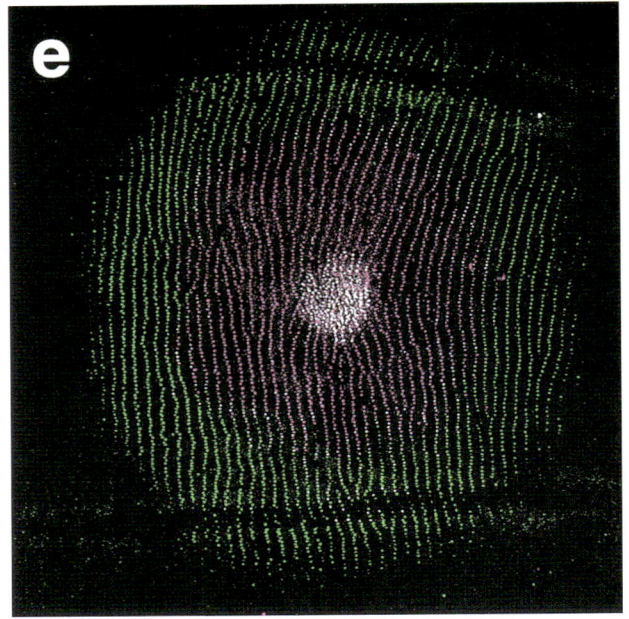

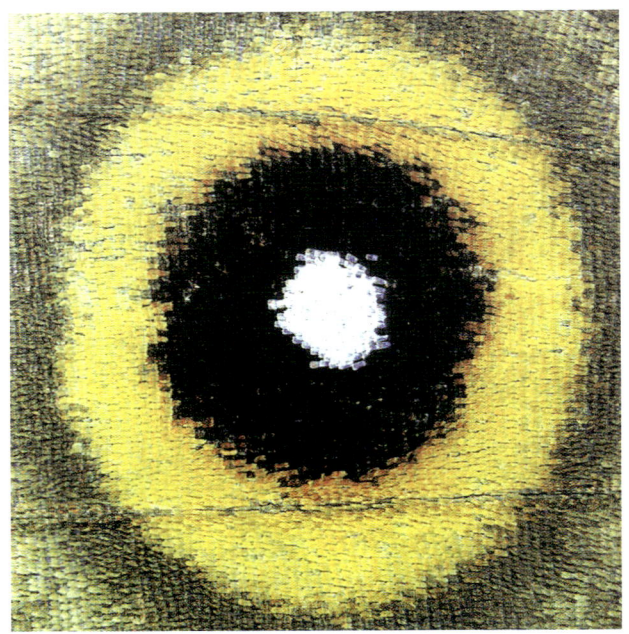

8e | 번데기 단계에서 두 종류 툴킷 단백질들이 발현한 위치는 미래에 성체 눈꼴무늬 고리들에 해당한다(초록색과 자주색으로 보이는데, 중앙에서는 겹쳤다). 툴킷 단백질들이 위치한 곳은 일주일 뒤에 성체 무늬에서 흰 점, 검은 고리, 금색 고리가 된다. 사진_ 크레이그 브루네티.

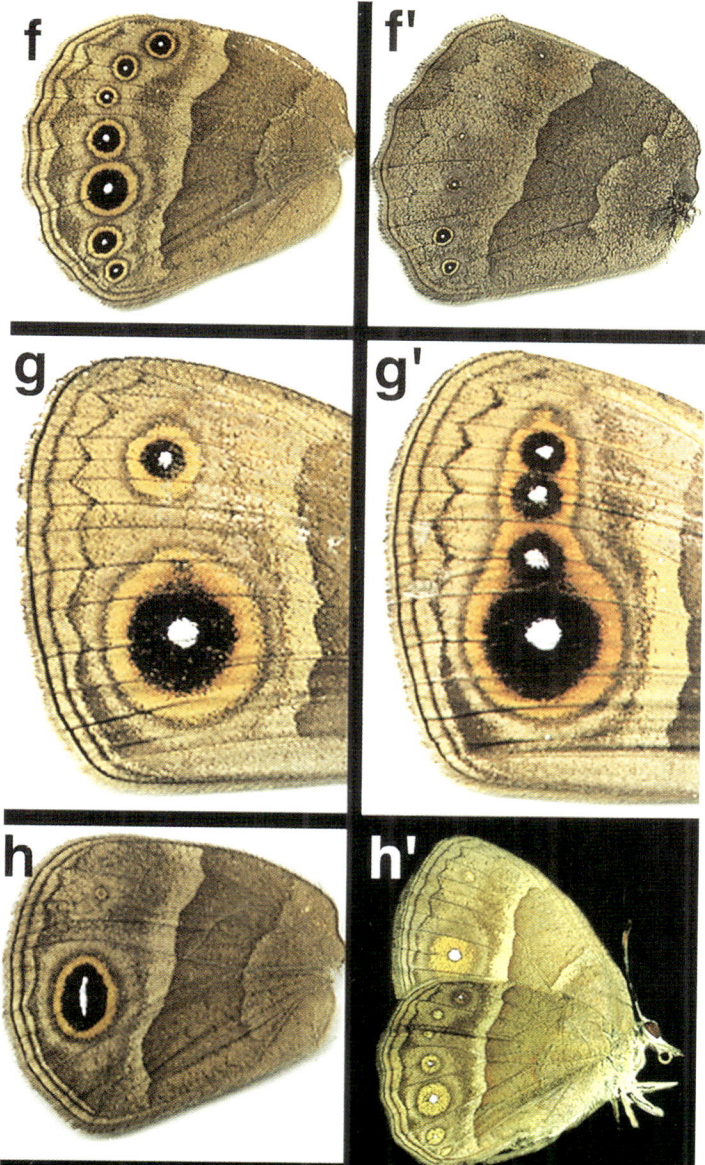

8f 아프리카종인 비치클루스 아니나나는 계절에 따라 무늬가 다르다. 왼쪽은 우기의 뒷날개이다. 오른쪽은 건기의 뒷날개로 눈꼴무늬들이 작아졌다. 사진_ 레이던 대학 폴 브라이크필드.

8g 스포티 돌연변이는 앞날개에 눈꼴무늬 두 개를 추가로 만든다. 사진_ 레이던 대학 폴 크레이크필드.

8h 커다란 점무늬, 불규칙적인 점무늬, 색깔이 바뀐 점무늬 등을 가진 돌연변이 나비들. 사진_ 레이던 대학 폴 브레이크필드.

i

8i │ 큰 눈꼴무늬와 작은 눈꼴무늬 비치클루스 아니나나를 선택적으로 키운 사례. 윗줄은 일반적인 건기와 우기의 무늬이다. 가운뎃줄은 눈꼴무늬가 작은 군들을 건기와 우기 온도에 맞춰 키운 경우이다. 아랫줄은 눈꼴무늬가 큰 군들을 건기와 우기 온도에 맞춰 키운 경우이다. 사진_ 레이던 대학 폴 브레이크필드.

8j │ 두 가지 형태의 타이거호랑나비과 나비들. 흑색증을 보이는 암컷은 파이프바인호랑나비의 의태이다.

8k | 헬리코니우스속 나비들의 의태. 나비에서 붉은색과 노란색은 경고색이다. 같은 줄에 나란히 놓인 것은 동일한 지역에서 발견된 헬리코니우스 멜포메네종 나비(왼쪽)와 헬리코니우스 에라토종 나비(오른쪽)이다. 같은 종이라도 지역에 따라 무늬 차이가 크다는 점, 다른 종이라도 지역이 같으면 유사하게 생겼다는 점을 눈여겨보라. 사진_ 프레더릭 네이하우트, 『나비 날개 패턴의 발생과 진화』 중에서, 스미스소니언 박물관 출판부의 허가로 재수록.

에마우리스 니아비우스
도미니카누스

다나우스 크리시푸스

아마우리스 알비마쿨라타

P. 다르다누스 히포쿠니데스
(의태)

P. 다르다누스 트로포니우스
(의태)

P. 다르다누스 체네아
(의태)

[그림8-1] **베이츠 의태.** 윗줄에 있는 나비들은 새들이 맛없다고 생각하는 나비들이다. 아랫줄의 나비들은 파필리오 다르다누스종 나비들인데, 각기 윗줄에 있는 나비에 대한 의태형이다. 위아래 나비 쌍은 서로 전혀 다른 종임에도 불구하고 비슷한 무늬를 보인다. 사진_ 레이던 대학 폴 브레이크필드 박사.

예측했고, 예측은 옳았다. 알고 보니 베이츠는 다윈보다도, 아마존 탐험의 동료였던 알프레드 러셀 월리스보다도 뛰어난 글 솜씨를 지니고 있었던 것이다. 베이츠의 책은 지금 읽어도 엄청나게 재미있다.

베이츠가 수집한 만 4천 종 남짓의 표본들 중에는 나비가 많았다. 에가라는 지역에서만 550종의 나비를 채집했다. 베이츠는 다윈 식 시각을 통해 이 보물들의 가치를 발견했다. "어떤 묘사를 동원해도 에가 근방 곤충들에게서 발견한 형태와 색상의 다양성, 아름다움을 제대로 설명할 수 없을 것 같다. 내가 이들에게 특별한 관심을 쏟게 된 것은 자연의 모든 종이 서식지 조건의 변화로 인해 변형을 겪는다는 사실을 잘 보여주는, 어떤 동식물보다 적합한 사례이기 때문이다."

베이츠는 계속하여 이렇게 썼다. 내가 가장 좋아하는 문장이기도 하다. "그러므로 이 나비들의 널따란 날개막을 서판 삼아, 자연이 그 위에 종의 변형에 대한 이야기를 써둔 것이라고 할 수 있다. 실로 자연 조직의 모든 변화들이 그 위에 간직되어 있다고도 볼 수 있을 것이다."

베이츠의 결론은 이렇다. "게다가 날개의 색깔 패턴은 일반적으로 종간의 혈연 정도를 말해주는 썩 규칙적인 증거가 된다. 자연의 법칙은 모든 존재들에게 동일할 것이므로 곤충의 한 종류인 이들에게서 끌어낸 결론은 전체 유기체 세계에 적용되어야만 한다. 따라서 나비를 연구한다는 것은, 설령 산뜻하고 하늘하늘한 생명체라서 선택한 대상이라 하더라도, 경멸받을 일이 아니다. 도리어 언젠가 생물과학의 가지들 중에서도 가장 중요한 연구로 인정받을 것이다."

나비 연구가 과학에 기여할 것이라 믿은 베이츠의 열정과 확신은 그가 글을 쓴 140년 전부터 현재에 이르기까지 여러 전문가 및 아마추어 박물학자들에 의해 공유되었다. 널따란 나비 날개막 이야기에 즐거워한 것은 다윈만이 아니었다. 윌리엄 베이트슨도 기이한 형태들을 모은 유명한 책에서 나비에 대한 특별한 관심을 비쳤다. 이후 박물학자들은 나비에게서 또 다른 종류의 의태들도 확인하였고(다른 종류 무늬에 대한 의태나 올빼미 눈, 마른 나뭇잎, 심지어 새똥 모양 의태도 있다), 나비는 진화나 생태학을 연구하는 사람들에게 영감을 주는 존재가 되었다. 나비에 대한 매혹은 과학자들에게만 국한되지 않는다. 소설가 블라디미르 나보코프는 평생 나비에 열정을 품고 살았다. 나보코프는 전문가이기도 해서, 소설로 명성을 얻기 전까지 하버드 비교동물학 박물관에서 인시류 큐레이터로 일했었다.

이 장에서는 환상적인 나비 무늬의 세계를 탐험해보자. 나비 날개는 수천 가지 색과 무늬가 진화하는 화폭이나 다름없다. 어떻게 최초의 색깔-무늬 체계가 발명되었는지 살펴본 뒤, 어떻게 그로부터 변이가 진화하였는지 알아보자. 오래된 유전자들이 새 재주를 배워 새 형태를 진화시킨다는 사실을 확인하는 데 있어 나비만큼 알맞은 사례도 없다.

날개 무늬 이해하기

나는 나비에 대해 배우기 위해 지구를 절반 가로질러 여행할 필요도, 베이츠가 겪었던 온갖 수난을 경험할 필요도 없었다. 나비와 함께 한 내 여정은 노스캐롤라이나 주 더럼에 있는 듀크 대학 캠퍼스 주차장에서 시작되었다. 몇 년 전, 내 실험실의 작업에 관한 세미나를 하러 그곳에 갔다. 당시 나는 초파리의 강모 수와 위치를 조정하는 유전자 메커니즘을 알아보고 있었다. 다른 대학을 방문하는 강연자들이 흔히 그러듯, 나도 듀크 대학 생물학부의 여러 분들을 만날 약속을 미리 잡아두고 갔다. 하지만 뵙기로 한 교수 중 한 분이 마침 집에 수도가 터지는 바람에 약속시간에 늦었다. 하마터면 프레드 너이하우트를 만나지 못했을 뻔했고, 정말 만나지 못했다면 나는 지금 이 장을 쓰지도 못했을뿐더러 실험실에서 겪을 수 있었던 최고로 흥분되는 순간들 또한 누리지 못했을 것이다.

파리의 강모 패턴은 발생의 일반적 신비를 이해하는 데 안성맞춤인 주제이다. 가령 신체의 특정 구조들이 정확한 위치에 어떻게 놓이느냐 하는 문제를 이해할 수 있다. 그런데 내가 다음 약속장소로 가기 위해 서둘러 주차장을 가로지르던 몇 분간 나눈 대화에서, 프레드는 초파리 강모의 규칙들이 나비 무늬도 설명할 수 있지 않겠느냐고 물었던 것이다. 나비는 프레드가 가장 사랑하는 대상이었다. 솔직히 말해 당시에 나는 전혀 답을 알 수 없었다.

나는 초파리의 얇은 날개에는 익숙했지만 나비 날개를 볼 때면 혼란에 휩싸일 뿐이었다. 온 방향으로 퍼져 있는 듯한 환각적인 무늬와 색깔. 선, 점, 곡선, 얼룩무늬들…… 도무지 질서를 찾아낼 수 없었다(나는 현대 미술에 대해서도 고작 이 정도 이해를 하고 있다). 하지만 프레드의 질문이 이후 몇 달간 머리에서 지워지지 않았다. 나는 나비의 의태, 포식자 회피 전략, 성선택 등이 얼마나 매력적인 주제인지는 알고 있었다. 값진 보물을 찾아낼 수 있을 것 같았다. 단, 날개 무늬와 무늬를 만들어낸 유전적, 발생학적 메커니즘을 이해할 수 있다면 말이다.

다행스럽게도 얼마 지나지 않아 프레드가 책을 한 권 출간했다. 나비 생물학의 전 주제를 아우르는 입문서였다. 나는 혼란스럽게만 보이는 날개 무늬도 일정한 질서에 따라 파악할 수 있음을 알게 됐다. 1920년대와 1930년대에 몇몇 비교생물학자들이 나비 무늬의 전반적 설계 초안을 작성한 바 있다. 이 '기본 설계 계획'은 이상적인 상태를 그린 것으로서, 개별 나비 종들은 그로부터 다양한 수준으로 벗어난 변이형에 해당한다. 기본 설계를 보면 날개 뿌리 부분, 중간 부분, 가장자리 부분에 각기 몇 가지 무늬 요소들이 배치되어 있다. 요소 각각이 날개맥에 의해 또 하위 구역으로 분할되어 있으며, 구역은 여러 번 반복된다. 무늬 요소들 중 두드러진 것으로는 다양한 너비의 줄무늬나 눈꼴무늬 등이 있다[그림8-2]. 날개의 하위 구획들은 연속 상동기관들이다. 따라서 하위 구획 내부에 있는 무늬들은 모듈들인 셈이다.

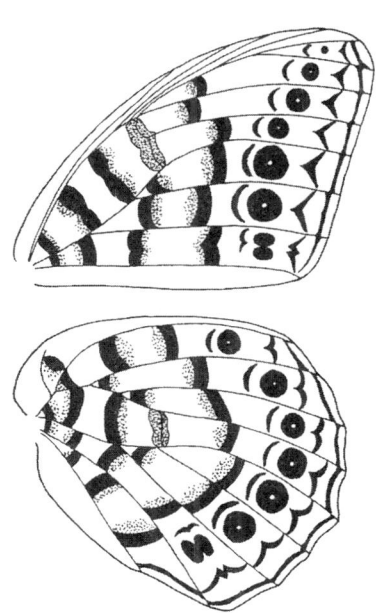

[그림8-2] **가능한 모든 무늬 요소들을 배치해본 기본 설계.** 님팔리드과 나비가 나타낼 수 있는 모든 가능한 무늬 요소들을 이상적인 형태로 배치한 것이다. 인접한 하위 구획들마다 무늬가 연속적으로 반복됨을 보라. 그림 _ H. 프레더릭 네이하우트 박사, 「나비 날개 무늬의 발생 및 진화」에서, 스미스소니언 박물관 출판부의 허가로 재수록.

    현실의 날개 무늬는 최대로 그려둔 기본 설계에서 일부만 드러나는 형태이다. 정도는 다양하다. 스티코프탈마 카마데바 같은 종은 기본 요소들을 거의 전부 드러내는 반면, 극히 일부만 보이는 녀석들도 있다[그림8-3]. 현생 나비 수천 종의 무늬를 조사해본 결과, 주로 특정 요소들이 없어지거나 특정 요소들이 변형되고 위치가 바뀌는 식으로 다양성이 만들어진 것을 알 수 있었다. 유달리 혼란스럽게 보이는 무늬는 인접한 하위 구획들의 줄무늬끼리 줄이 맞지 않는 등 비뚤게 정렬해 있기 때문이다.

    관찰 내용 중 결정적인 사실은, 하나의 줄무늬나 점무늬가 다른

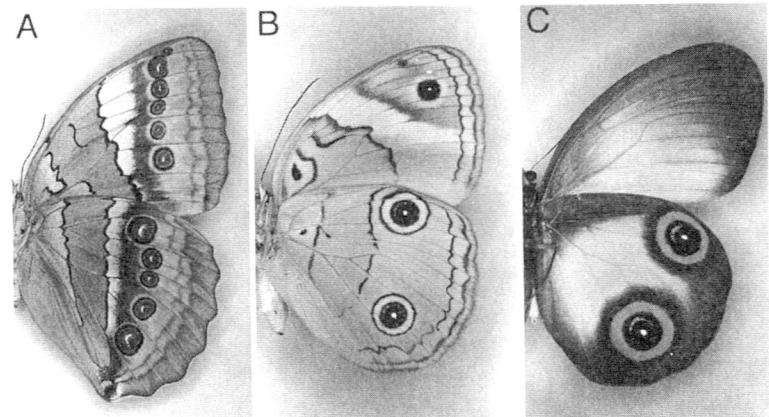

[그림8-3] **기본 설계에 대한 변이.** 세 종의 나비, 스티코프탈마 카마데바(A), 파우리스 메나도 (B), 테나리스 마크롭스(C)는 기본 설계에서 벗어난 정도가 각기 다르다. 모든 요소들을 보이는 종 도 있고 극히 일부만 가진 종도 있다. 사진 _ H. 프레더릭 네이하우트 박사.

요소들과는 상관없이 독자적으로 형태와 색과 크기를 바꾸는 방향 으로 진화할 수 있다는 점이다. 즉 각 무늬 요소들의 발생이 다른 요 소들의 발생과 얽혀 있지 않다는 사실을 뜻한다.

나비는 무엇을 발명하였는가?

나비 날개가 호화스럽도록 아름답고 다양한 모습을 취하게 된 것 은 최소한 세 가지 발명이 있었기 때문이다. 나비류가 다른 곤충의 계통으로부터 갈라져 나온 후에 생겨난 발명들이었다. 날개 인편의 발명, 착색의 발명, 기하학적 무늬 체계의 발명이다.

인편은 나비와 나방의 날개를 이루는 기초 단위이다. 이들을 통 칭하여 나비목이라 하는데, 나비목(Lepidoptera)이라는 이름은 그

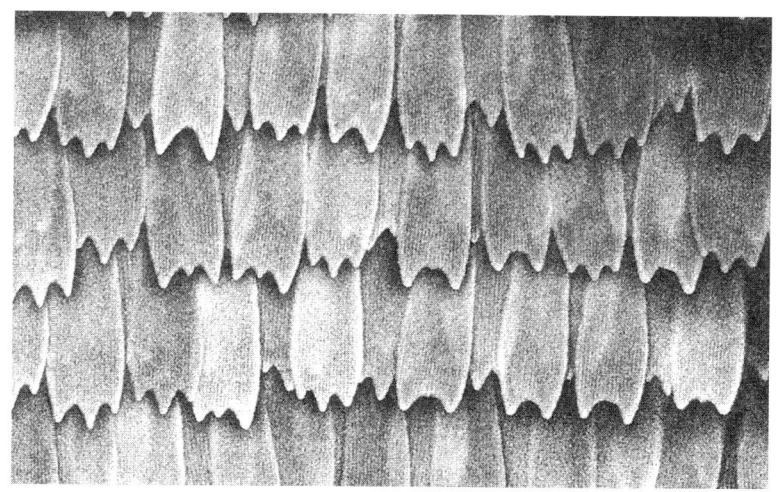

[그림3-4] 나비 날개의 비늘(인편). 사진 _ 스티브 패독.

리스어로 비늘이나 박편을 가리키는 말인 레피스(lepis)와 날개 달린 생명체를 지칭하는 말인 프테라(ptera)를 합쳐 만들어졌다. 인편은 색깔이 도입되기 전에 발명되었으며, 처음에는 아마 실용적 용도에서 생겨났을 것이다. 나방을 손바닥이나 손가락으로 잡아보면 먼지 같은 가루가 묻는데 그게 바로 인편이다. 이처럼 쉽게 떨어지는 인편 덕분에 이 날개 큰 동물들은 거미줄처럼 끈끈한 장소에 붙더라도 몸을 빼낼 수 있다.

인편은 나방과 나비의 날개를 틈 없이 빽빽하게 채운다. 인편 각각은 단일 세포로 만들어진다[그림8-4]. 예전부터 곤충학자들은 감각 강모가 변형하여 진화한 것이 인편이라고 믿었다. 길고 가느다란 강모가 편평하고 넓어진 동시에 감각 반응 기능을 잃었으리라는 것이다. 이 시나리오는 최근 이보디보로 증명되었다. 내 실험실의 론 갤런트는 파리의 강모 형성에 사용되는 툴킷 유전자들 중 하나가 인편 발생에도 사용된다는 것을 밝혀냈다. 인편이 정말 변형된 강모임을 보여주는 증거이다.

나비의 다채로운 색깔에 필적할 곤충은 거의 없다. 각 인편은 한 가지 색깔만 띤다. 크게 확대해서 보면 인편 각각이 이웃한 인편들과는 전혀 다른 색조를 띠고 있는 것을 볼 수 있다[화보8a]. 우리 눈에는 색이 섞였거나 중간 색조가 존재하는 것처럼 보일지 몰라도 실은 개별 인편들의 색이 절묘하게 배열됨으로써 이뤄진 착시 현상이다. 날개색은 색소로 인한 색이면서 구조색이기도 하다. 변화무쌍한 푸른색과 초록색, 파삭하게 보이는 흰색은 인편이 빛을 흡수, 반사, 산란함으로써 만들어내는 구조색이다. 다채로운 구조색은 인편의 미세 구조가 저마다 조금씩 다르기 때문에 가능하다. 물론 구조색이 색소들과 결합하여 효과를 내기도 한다.

기하학적 무늬는 발생 중에 무늬를 조직해내는 신호전달 경로가 발명된 결과이다. 그중 가장 속속들이 정체가 알려진 것은 눈꼴무늬이다. 점박 형태의 눈꼴무늬는 색이 다른 인편들이 여러 겹의 동심원을 이뤄 만들어진다[화보8b]. 눈꼴무늬가 포식자 습격을 피하는 데 도움을 준다는 사실은 여러 연구에서 확인된 바 있다. 대체로 눈꼴무늬의 역할은 습격해오는 포식자(주로 새나 도마뱀이다)의 시선을 날개 가장자리로 향하게 함으로써 연약한 몸통을 보호하는 것이라고 한다. 나비는 날개의 상당 부분이 찢겨나가도 날 수 있지만[그림8-5], 몸체에 타격을 입으면 치명적이다. 눈꼴무늬가 포식자의 시선을 끄는 것은 왜일까? 확연한 형태가 대조적인 배경을 바탕으로 두드러져 보이기 때문인지도 모르고, 눈 모양으로 생긴 무늬가 포식자들의 공격 본능을 자극하는 것인지도 모른다.

[그림8-5] **포식자의 공격을 받아 상처 입은 나비.** 비치클루스 아니나나 종의 이 나비는 공격을 받아 날개가 찢어졌지만 손상이 가장자리에 국한된 덕분에 여전히 날거나 번식할 수 있다. 사진_ 레이던 대학 폴 브레이크필드, 케냐에서.

눈꼴무늬가 나비의 방어에 핵심적인 역할을 맡는다는 점, 또한 종마다 엄청나게 다양한 형태를 보인다는 점 때문에 과학자들은 다른 어떤 무늬보다도 눈꼴무늬의 형성과 진화에 관심을 기울여왔다.

눈꼴무늬 만들기: 오래된 유전자들에게 새 재주 가르치기

성체의 날개 무늬는 유충일 때부터 시작된 형성 과정으로 생긴 결과다. 날개는 납작하고 동그란 세포 집합에서 생겨나는데, 이 세포들이 몇 단계의 유충 발생 과정을 거치며 엄청나게 자라게 된다 (대부분의 나비는 다섯 단계의 유충 발달 과정을 거친다). 그 후 유충인 쐐기벌레는 번데기가 된다. 나비로 등장하기 직전인 번데기 상태에서 최종적인 날개 색깔들이 채워진다. 맨눈에는 보이지 않지만, 몇몇 날개 무늬들은 성체 날개와는 비교도 안 될 정도로 작은 유충 단계의 미성숙한 세포 뭉치에서부터 위치가 정해진다. 나비가 번데기에서 나오기 일주일도 전의 일이다. 2장에서 나비 날개의 초기 발생을 연구한 프레드 네이하우트의 놀라운 실험을 소개한 바 있다. 눈꼴무늬 형성체를 이식한 실험에서, 프레드는 미래의 눈꼴무늬 위치가 유충 단계에서 이미 결정된다는 것을 보여주었다. 또 눈꼴무늬의 동심원 형태를 유도하는 포커스라 이름 붙여진 형성체가 발생 중인 눈꼴무늬의 한가운데 존재한다는 것도 밝혀냈다.

프레드가 나비 날개 발생 과정에 신기한 형성체가 관여한다는 사실을 보여주었기 때문에, 나는 눈꼴무늬를 만드는 데 관여하는 다른 유전자들을 확인하기로 했다. 우리 실험실이 다룬 질문들은 이랬다. 어떤 유전자 체계로 무늬가 그려지는가? 체계는 어떻게 진화하였는가? 베이츠가 말한 '서판'과 같은 날개에 그림을 그리는 유전적 도구들은 무엇인가? 나비는 점무늬를 만들기 위해 새로운 유전자들을 진화시켰는가, 기존의 유전자들을 재활용하였는가?

우리는 짚이는 데가 있었다. 우리 실험실을 비롯한 여러 연구진들이 이미 초파리 날개 형성에 관련된 툴킷 단백질들의 정체를 밝히는 데 상당한 진전을 이룬 상태였다. 나비 날개에 덤벼들면서 우리는 곤충들 간의 진화적 유연관계에 기대보기로 했다. 곤충의 날개는 단 한 차례만 진화한 것이기 때문에, 초파리 날개 형성에 적용되는 것이라면 나비 날개 형성에도 적용되어야 할 것이다. 우리는 초파리 툴킷에 해당하는 것들을 나비에서 찾아봄으로써 나비 날개의 독특한 속성에 대해 단서를 잡을 수 있지 않을까 기대하였다. 운이 좋다면 가능하다고 생각했다.

그리고 우리는 운이 좋았다.

우리 실험실은 벅아이나비로부터 많은 툴킷 유전자들을 분리해 냈으며, 이들이 초파리 날개의 생김새 및 무늬 형성에 관여한다고 알려진 유전자들의 상동 유전자라는 것을 알게 되었다. 이들이 나비에 존재한다는 사실 자체는 놀랍지 않았다. 그저 존재한다 해서 무늬 형성에 기여한다고는 볼 수 없기 때문이다. 따라서 이들이 나비 날개 무늬 설계도에서 실제 차지하는 자리가 있는지 확인해보아야 했다. 이식 실험으로 언제 무늬가 처음 드러나는지 알고 있었으므로, 그 시점에 이 유전자들이 활약하는 바가 있는지 알아보아야 했다. 즉 유충 상태일 때의 자그만 원반형 날개에서 이들이 발현하는지 확인해야 했다. 성충의 아름다운 무늬가 될 밑그림이 어떻게 놓이는지, 현미경으로 들여다보고자 했다.

우리는 문제의 유전자들이 발생 중인 원반형 날개의 부분부분에서 발현한다는 사실을 알아냈다. 게다가 위치는 그 유전자들이 초파리 날개에서 발현하는 위치와 상응하기까지 했다. 이것은 곤충의 날개 발생에는 공통의 지리가 있다는 뜻이다. 날개의 겉면과 안면, 앞부분과 뒷부분, 가장자리 등을 각기 그려내는 유전자의 정체가 나비와 파리에서 동일했던 것이다. 선조동물의 날개 설계가 그대로 보전되어 있음을 보여주는 훌륭한 증거다. 그런데 더 흥미롭고 호기심을 자극하는 점은 따로 있었다. 나비 날개의 유전자 발현 형태 중에 초파리에서 볼 수 없던 독특한 것이 있었던 것이다. 나는 실험실 기술자인 줄리 게이츠가 내게 현미경을 보여줬던 순간을 영원히 잊지 못할 것이다. 유충의 날개에 아름다운 점무늬가 아로새겨진, 너무나 놀라운 모습이었다. 날개 하나마다 두 쌍씩 떠오른 그 점들은 정확히 일주일 뒤에 눈꼴무늬로 자라날 지점들이었다. 프레드 네이하우트가 눈꼴무늬의 중심으로 추정했던 위치를 우리는 시각적으로 확인하게 된 것이다[화보8c]. 환상적이었다.

그 점들은 우리가 연구 대상으로 삼은 십여 개의 유전자들 중 하나가 만든 것이었다. 앞서 한참 얘기한 적 있는 유전자, 바로 디스탈리스였다. 어마어마하게 흥미로운 일이었다. 초파리 및 절지동물 부속지 형성에 관여한 유전자가 나비 날개에서는 완전히 새로운 작업을 하는 것으로 드러난 셈이기 때문이다. 물론 디스탈리스는 종래의 임무도 여전히 수행하고 있었다. 즉 여타 곤충류나 절지동물에서처럼 나비 사지에서도 말초부를 발생하는 데 모종의 역할을 하고 있었다. 디스탈리스가 나비 날개에서 발현하여 점무늬를 만드는 것은, 그러니까 새로운 재주인 셈이다. 사지 형성이라는 오래된 임무를 맡고 나서 한참 뒤에 새로 '배운' 재주이다[그림8-6]. 툴킷 단백질 활동은 전적으로 맥락에 달려 있다는 점을 잊어서는 안 되겠다. 디스탈리스는 특정 위치 및 시기에는 변함없이 사지 형성 역할을 수행한다. 다만 날개 무늬에서의 작업은 그와는 또 다른 위치 및 시기의 일로서, 전혀 다른 형태로 통제되고 있는 것이다.

디스탈리스는 날개에서 무늬를 만드는 새 재주를 어떻게 배웠을까? 유전자가 그 부분 세포들에 해당하는 경도 및 위도 좌표에서 반응할 새 스위치를 갖게 된 덕택이다. 디스탈리스 무늬는 항상 두 줄

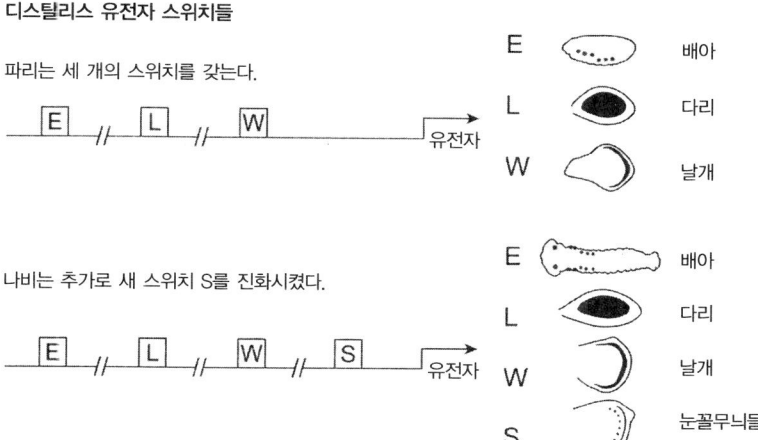

디스탈리스 유전자 스위치들

파리는 세 개의 스위치를 갖는다.

E   배아
L   다리
W   날개

나비는 추가로 새 스위치 S를 진화시켰다.

E   배아
L   다리
W   날개
S   눈꼴무늬들

[그림8-6] **눈꼴무늬 발현을 위해 나비의 디스탈리스 유전자에서 진화한 새로운 유전자 스위치.** 파리나 나비에서 공통적으로 디스탈리스 유전자의 스위치들이 배아, 유충 다리, 날개에서의 유전자 발현을 통제한다. 하지만 나비는 그에 더해 눈꼴무늬에서의 발현을 통제할 추가의 스위치를 진화시켰다. 그림 _ 리앤 올즈.

의 날개맥과 날개 가장자리를 면하여 형성된다. 무늬 좌표가 늘 정확하고 반복적인 것을 보면, 디스탈리스 유전자의 스위치를 그곳에서 활성화하는 툴킷 단백질들이 존재하는 것이다.

우리 연구진은 벅아이나비의 눈꼴무늬 발생에 디스탈리스 발현이 관여함을 밝혀냄으로써 드디어 고대하던 발판을 갖추게 됐다. 정교한 무늬가 어떻게 만들어지는지 이해할 수 있을지도 모른다는 희망을 갖게 된 셈이다. 하지만 한 가지 걱정스러운 점은 우리 발견이 나비 날개에 일반적으로 적용되는 게 아니라 특정 종에만 독특한 현상이면 어쩌나 하는 것이었다. 따라서 무늬가 있거나 없는 다른 나비들에서 디스탈리스가 어떻게 활용되는지 알아보아야 했다. 상관관계는 완벽했다. 점무늬가 있는 종에서는 어김없이 아름다운 디스탈리스 발현 점들이 드러났고, 무늬가 없는 종에서는 디스탈리스 발현 점들이 전혀 드러나지 않았다[화보8d].

행운에 고무된 우리 연구진은 눈꼴무늬 발생 중에 발현하는 또 다른 툴킷 단백질들이 있는지 찾아보았다. 다른 단백질들이 틀림없이 더 있다고 믿은 까닭은 눈꼴무늬는 색깔이 다른 인편들이 이루는 동심원들로 그려지기 때문이다. 색이 다른 인편들은 서로 다른 지침을 받아야 한다. 프레드 네이하우트의 실험을 보면 초점에서 나오는 신호가 주변 세포들의 색깔을 유도하는 것 같았다. 초점에서의 거리에 따라 서로 다른 색을 띠도록 하는 것이다. 디스탈리스는 그중 중앙에 있는 세포들을 지정하는 역할을 했다. 그렇다면 바깥쪽 고리들을 지정하는 다른 툴킷 단백질들이 있어야 한다.

이번에도 운이 좋았다. 실험실의 박사후과정 연구자였던 크레이그 브루네티는 눈꼴무늬 툴킷 단백질들을 찾던 중 두 가지 놀라운 패턴을 발견했다. 슈팔트와 인그레일드라 불리는 두 툴킷 단백질들의 발현 형태를 유심히 살펴본 브루네티는 그들이 비치클루스 아니나나라는 아프리카 나비에서 각기 눈꼴무늬 중앙과 고리 모양에 발현한다는 사실을 알아냈다[화보8e]. 이 나비의 눈꼴무늬는 가운데 흰 점을 둘러싸고 두터운 검은 고리가 있고, 그 너머에 금색 고리가 있는 형태이다. 슈팔트의 발현 형태는 정확히 미래의 검은 고리에 해당했고, 인그레일드의 발현 형태는 정확히 미래의 금색 고리에 해당했다(발생 중인 인편들에서 단백질 발현이 고리 모양으로 드러나는 사진, 그리고 미래의 눈꼴무늬 고리들을 천연색 화보로 비교해보면 정말 명백하고 놀랍다).

인그레일드와 슈팔트는 다른 임무들을 갖고 있는 것으로 잘 알려진 오래된 유전자들이다. 이들이 나비 눈꼴무늬에서 새 역할을 맡게 된 과정은 디스탈리스와 동일할 것이다. 유전자에 새로운 스위치들이 진화함으로써 나비에서 새 임무를 수행할 수 있게 된 것이다.

내가 유명했던 그 짧은 기간

여기서 잠시, 과학과 상관없는 이야기를 해볼까 한다. 예기치 못한 발견에 뒤따랐던 예기치 못한 결과의 이야기다. 과학에 대한 대중의 관심에서 아름다움이란 요소가 얼마나 중요하게 작용하는지 깨닫게 해준 사건이었다.

처음 디스탈리스 점들을 관찰했을 때의 흥분을 가라앉힌 우리는 실험 결과를 정식 논문의 형태로 정리했다. 우리는 곧 다른 사람들도 반드시 우리처럼 기뻐하는 건 아니라는 사실을 느끼게 됐다. 『네이처』는 재고의 여지도 없이 논문을 기각했다. 이런, 하지만 첫 술에 배부를 수는 없겠지…… 우리는 논문을 『사이언스』에도 보냈다. 『사이언스』의 편집자들은 훨씬 관심을 보였고, 논문을 게재하기로 결정했다. 심지어 나비 날개 사진을 실어서 표지기사로까지 올리기로 했다. 우리는 그저 즐거울 뿐이었다. 드디어 임무를 완수한 것이다.

하지만 다른 측면으로 보면, 그 일은 시작에 불과했다.

논문이 실리기까지는 몇 달 걸리는 것이 보통이므로 나는 그 일은 머리에서 지워버리고 학회에 참석하러 떠났다. 대학 캠퍼스에 있는 기숙사에 머물며, 학생식당 음식을 먹고, 학구적 논의의 매력에 푹 빠져 지냈다. 그런데 동료 연구자들의 발제를 듣던 중 『뉴욕 타임스』과학 기자인 니콜라스 웨이드의 연락을 받았다.

무슨 일일까 어리둥절해져서 전화를 걸었더니, 웨이드는 곧『사이언스』에 게재될 우리 논문을 신문의 특집기사로 쓰고 있다고 했다. 썩 괜찮은 일이라는 생각이 들었다. 내가 오랜 기간 학교에 머물며 실험실에서 밤을 새운 게 대체 무엇 때문인지, 어머니나 이웃들에게 알려줄 좋은 기회였기 때문이다. 웨이드와 한참 이야기를 나누고 나서 나는 학회장으로 돌아와 며칠 더 토론을 즐겼다.

그런데 언론이 보인 작은 관심은 증폭효과가 있었다.『뉴욕 타임스』에 특집기사가 실리자 다른 신문들도 기사를 싣고자 나섰다. 한여름이었던 것으로 기억한다. 한 유력 신문사의 기자는 내게 말하기를 한창 시끄럽던 그 유명한 O. J. 심슨 살인사건을 1면에서 몰아내기 위해서라도 뭔가 표지에 실을 멋진 기사가 필요하다고 했다. 이렇게 여러 신문들이 '아름다움의 비밀'에 관한 논문을 소개했다. 이 표현은 그중 한 기사의 제목이다.

다음은 텔레비전이었다. 어느 날 저녁을 먹다 전국 뉴스 방송에 우리 연구팀 사진이 등장한 것을 보았다. 깜짝 놀라 지켜보았더니 말미에는 로저 로젠블라트(미국의 유명한 작가 겸 논평가/옮긴이)의 긴 논평이 이어졌다. 우리 논문을 계기로, 아름다움과 경이로움에 대한 인간의 감각이 과학연구 때문에 훼손되는가, 반대로 증진되는가 고찰한 논평이었다(이 점에 대한 내 견해는 독자 여러분이 충분히 짐작할 수 있으리라 믿는다).

몇 달 뒤, 이번에는『타임』이 주목할 만한 젊은 미국 과학자들 중 하나로 나를 선정했다. 졸지에 나는 턱시도를 차려입고 대통령, 워싱턴의 신문기자들, 영화배우들과 정치가들이 자리한 저녁 만찬에 참석해야 했다(덧붙임 : 실제로 보니 대부분의 배우들은 화면에서 보는 것보다 훨씬 키가 작았다).

광풍처럼 몰아친 사건들의 마지막 장은 이렇다. 불쑥 할리우드의 한 정상급 제작자로부터 전화를 받았다. 그는 『타임』의 기사를 보았다고 하면서 사적으로 대화를 나눌 수 있겠냐고 청했다. 왜 안 되겠는가. 나는 로스엔젤레스로 갔다. 우리는 과학, 영화, 그리고 나비들에 대해 즐겁게 대화했다.

이제야 좀 알 것 같다. 나비란 사람들의 호기심을 불러일으키는 대상이었던 것이다. 물론 나는 그 점에 감사하고, 내가 짧은 기간이나마 스포트라이트를 받았던 것도 고맙게 생각한다. 아직도 동료들은 그때 일을 두고 짓궂게 나를 놀리지만 말이다.

물론 모든 일에는 비판이 있게 마련이다. 내가 별것 아니나마 언론의 구경거리가 되었던 당시에 받은 한 익명의 편지를 꼭 한번 독자들에게 공개하고 싶었다[그림8-7]. 편지를 쓴 사람이 어서 이 책의 출간 소식을 듣게 되면 좋으련만.

내용 당신들 같은 두뇌들이 <u>지구적</u> 문제들을 해결하는 데 힘을 쏟지 않고, 대신 <u>신이 주신</u> 재능과 <u>국민의</u> 혈세를 나비 날개 색깔에 관한 유전자들을 찾는 데 허비하고 있다는 건 정말이지 부끄러운 일이다. 대체 그런 일에 누가 신경을 쓴단 말인가?!

우리의 <u>환경</u>을 위한 일이나 하라. 왜 사람들이 평화롭게 지내지 못하는가 하는 점이나 고민하라. <u>나 같은 사람</u>도 고민하는 일이다.

인간이 신을 잊어버리면 신도 인간을 잊어버릴 것이다. 지금 우리의 현실이 그런 형편이다!!

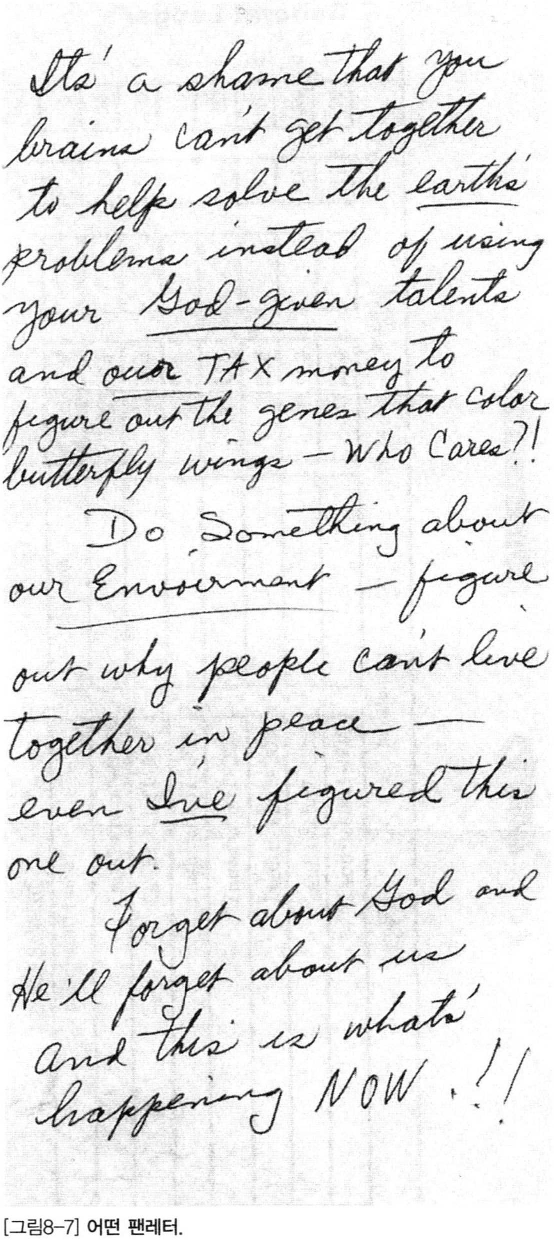

Its' a shame that you brains can't get together to help solve the earths' problems instead of using your God-given talents and our TAX money to figure out the genes that color butterfly wings — Who cares?!

Do Something about our Enviorment — figure out why people can't live together in peace — even I've figured this one out.

Forget about God and He'll forget about us And this is whats' happening NOW !!!

[그림8-7] 어떤 팬레터.

나비는 어떻게 무늬를 바꾸었나

키플링의 동화를 보면, 표범은 일단 무늬를 얻고 나자 매우 만족하여 다시는 바꾸지 않았다. 하지만 나비들은 표범과는 생각이 달랐다. 나비는 진화 과정에서 수없이 무늬를 변화시켰다. 다양한 종들의 무늬를 바라보기만 해도 알 수 있는 일이다. 그 점을 알아보기에 앞서, 계절에 따라 정기적으로 무늬를 바꾸는 말라위 지역 나비들을 만나보자.

내가 비치클루스 아나나나 나비에 대해 아는 모든 것은 레이딘 대학의 폴 브레이크필드 및 그의 학생들, 그리고 에든버러 대학의 버넌 프렌치가 가르쳐준 것이다. 폴은 이 특이한 나비를 수년간 연구했다. 현장인 말라위에서뿐 아니라 실험실이 있는 레이딘에서도 엄청난 수를 기르며 연구했다.

말라위의 야생에 사는 B. 아나나나는 서식지의 뚜렷한 계절 변화에 적응하기 위해 무늬를 바꾸는 법을 익혔다. 우기라 초목이 무성하고 푸를 때, 나비는 대번 눈에 띄는 커다란 눈꼴무늬를 지닌다. 새나 도마뱀의 공격으로부터 살아남기 위해서다[화보8], 왼쪽. 반면 건기라 초목이 시들고 갈색의 낙엽만 있을 때, 나비의 활동도 잦아든다. 이때 커다란 무늬가 있는 날개는 갈색 배경에서 유독 튀어 "저 여기 있어요, 먹어주세요!"라고 외치는 격일 것이다. 따라서 우기 끝 무렵이 되어 슬슬 날씨가 서늘하고 건조해지기 시작하면 유충 및 번데기들은 변화를 감지하고서는 눈꼴무늬를 만들지 않는다. 무늬가 있어야 할 자리에 아주 작은 얼룩 같은 점들이 흩뿌려질 뿐이다[화보8], 오른쪽. 무미 건조한 갈색 날개의 나비들은 낙엽 사이에 숨어서 건기를 버티며, 짝 짓기를 하게 될 우기를 기다린다. 한편 이들이 낳은 자손들은 따뜻하고 습한 환경에서 자라기 때문에 역시 기후를 감지하고는 커다란 눈꼴무늬를 만들어낸다. 활동적으로 행동하는 그들을 보호해줄 무늬이다.

나비들이 환경에 적응하는 과정은 '그저 그런' 이야기로 쉽게 설명될 것이 아니다. 폴과 학생들은 커다란 무늬를 지닌 나비들을 건기에 풀어놓는 실험을 해보았다. 그 결과 그들이 심심한 갈색 위장 나비들보다 훨씬 자주 잡아먹힌다는 사실을 확인했다. 야생에는 분명히 자연선택이 작용하고 있었다. 연구진은 실험실에서도 야생의 상황이 재현되는 것을 확인했다. 섭씨 23도에서 나비들을 발생시키면 우기의 형태가 나왔고, 섭씨 17도에서 발생시키면 건기의 형태가 나왔다. 발생 단계마다 온도를 달리 해본 결과, 연구진은 눈꼴무늬 크기를 정하는 결정적 단계는 유충 마지막 단계임을 알아냈다.

내 실험실의 학생 데이비드 키즈는 다른 온도에서 자라난 B. 아니나나 유충들의 디스탈리스 발현 형태가 어떤지 살펴보았다. 결과는 온도, 디스탈리스 단백질이 발현한 세포의 수, 성체 눈꼴무늬 크기 사이에 완벽한 상관관계가 있다는 것이었다. 온도가 낮으면 디스탈리스를 발현하는 세포 수가 적어졌고, 온도가 높으면 디스탈리스를 발현하는 세포 수가 많아졌다. 이 나비에서는 디스탈리스 유전자의 눈꼴무늬 스위치가 온도에 따른 반응을 보이는 것이었다. 스위치 자체가 온도를 감지하는 것 같지는 않다. 아마 유충의 몸 다른 곳에서 만들어진 모종의 호르몬 수치가 계절과 온도에 따라 달라지기 때문일 것이다. 곤충의 호르몬은 인체의 호르몬과 마찬가지로 발생 단계를 조절하거나 특정 조직의 발생을 통제한다. 유전자 스위치들은 호르몬 효과를 궁극적으로 드러내는 매개체인 셈이다. B. 아니나나 나비의 디스탈리스 날개 무늬 스위치는 호르몬에 반응하는 표지서열을 진화시킴으로써 환경 변화에 반응할 수 있게 된 것이다.

계절에 따라 무늬 발생을 다르게 통제하는 현상은 발생과 형태가 자연선택의 압력 아래서 진화해왔음을 보여주는 무수한 사례들 중 하나에 지나지 않는다. 물론 그중에서도 생생한 사례이기는 하다. 나비는 진화 과정에서 온갖 형태의 무늬들을 탄생시켰다. 비치클루스속 하나만 보더라도, 80가지 종들의 눈꼴무늬가 크기, 위치, 개수까지 다 다르다. 새로운 날개무늬를 진화시키는 일이 나비에게는 상당히 '쉽다'는 뜻이다. 날개 무늬 진화의 자유도가 다른 구조 진화의 자유도보다 높은 것인지도 모른다. 그처럼 유연성이 높은 까닭은 아마도 날개무늬의 유전적 조절 체계가 다른 신체부속들에는 영향을 미치지 않은 채 쉽게 돌연변이를 일으킬 수 있기 때문일 것이다. 나비의 진화는 실로 '날개 끝에 붙들린 우연'인 셈이다.

실험실 및 야생에 나타나는 다양한 날개들을 관찰하면 어떻게 다양성이 진화하였는지 이해할 수 있을 것이다. 폴 브레이크필드와 동료들은 특이한 눈꼴무늬를 가진 자연적 돌연변이들을 많이 분리해냈다. 돌연변이들 중 일부는 다른 몸통 형태에 아무 변화가 없었다. 그런 돌연변이는 효과가 날개에만 국한되기 때문에, 야생에서도 얼마든지 일어날 가능성이 있는 변화일 것이다. 가령 그런 돌연변이 중 한 가지인 스포티(spotty) 돌연변이는 보통 눈꼴무늬가 두 개 생기는 앞날개에 네 개의 무늬를 만든다[화보8g], 오른쪽. 그런데 B. 아나나나와 근연관계인 B. 사핏자 나비의 경우, 야생에서도 간혹 네 개의 무늬를 가진 변형체가 관찰된다. 그러므로 이 나비의 눈꼴무늬 개수 변화가 어떻게 이뤄졌는지는 쉽게 상상함직하다. 폴은 눈꼴무늬의 색깔, 크기, 생김새를 바꾸는 돌연변이들도 다수 분리해냈는데

[화보8b], 이들 역시 근연종들에서 흔히 볼 수 있는 변화들과 비슷하다.

날개 진화를 이해하는 또 다른 방법은 실험실 교배로 자연선택을 모방하는 것이다. 폴과 학생들은 새나 도마뱀 대신 자신들이 직접 무늬 크기가 다른 나비들의 운명을 결정하는 역할을 했다. 어떤 개체군 내에서든 무늬 크기에는 약간의 편차가 있는 법이다. 야생의 자연선택이나 실험실의 '인위선택'은 그 편차에 개입하여 작용한다. 폴과 연구진은 확연히 구별되는 두 종류 개체군을 마련하는 인위선택을 하였다. 한쪽은 저온에서 길러진 나비들 중 무늬가 가장 큰 녀석들을 골라 번식시켰고, 다른 쪽은 고온에서 길러진 나비들 중 무늬가 가장 작은 녀석들을 골라 번식시켰다. 인위선택이 20세대를 넘어가자 결국 온도에 무관하게 무조건 큰 무늬, 혹은 무조건 작은 무늬를 지니는 두 개체군이 형성되기 시작했다[화보8i].

과학자들은 유전적 편차로 생긴 최초 개체군의 자연적 무늬 크기 편차에 적극 개입하여 양극단으로 선택을 수행한 것이다(무늬가 큰 것과 작은 것). 그 결과, 형태적으로나 유전적으로 상이한 개체군이 탄생하게 되었다. 야생에서 벌어지는 일도 본질적으로는 이와 다르지 않다. 다만 보통 20세대보다는 긴 기간에 걸쳐 일어난다는 점이 다를 뿐이다.

이처럼 비치클루스속의 무늬 변화에 대해 알아본 결과, 우리는 날개 색깔 진화도 상당히 이해할 수 있게 되었다. 색깔 변화 역시 현실의 나비들이 굉장히 다채롭게 추구해온 작업이다. 비치클루스속 외에 눈꼴무늬를 지닌 다른 종들도 무늬의 개수, 크기, 색깔 등에 있어 환상적일 정도로 다채로운 진화를 보여주었다. 이런 다양성 아래에는 틀림없이 다양한 발생 지침들이 존재할 것이다. 눈꼴무늬에서 디스탈리스, 인그레일드, 슈팔트 단백질들이 발현한다는 것을 알아

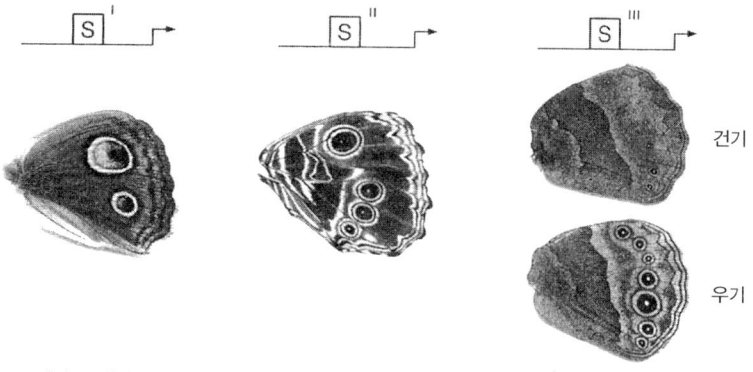

디스탈리스 스위치(S)는 여러 가지 방식으로 변형되었다.

건기

우기

2거의 무늬(벅아이)   4개의 무늬(모르포)   가변적인 무늬(비치클루스)

[그림3-8] **디스탈리스 눈꼴무늬 스위치의 변형 때문에 다양한 눈꼴무늬들이 생겨났다.** 눈꼴무늬 개수의 진화(S´와 S´´) 및 눈꼴무늬 크기의 통제(S´´´)는 서로 다른 방식으로 스위치들을 변화시킴으로써 일어난 현상이다. 그림_ 리앤 올즈.

냄으로써 우리는 여러 종들에서 무늬의 변이가 어떻게 진화하였는지 연구할 수 있게 되었다.

종간의 차이점 중 가장 뚜렷한 것은 눈꼴무늬의 개수이다. 유충의 원반형 날개에 생기는 디스탈리스 발현 점의 개수 진화는 정확히 눈꼴무늬 개수 진화와 일치한다. 디스탈리스 조절의 진화적 변화가 종 사이에 일어난 진화의 내용이며, 발현 점의 진화라는 한 가지 혁신이 무수하게 다양한 무늬들을 낳았다는 사실을 보여준다. 일단 디스탈리스 발현이 눈꼴무늬를 만드는 방식이 진화하자 다음에 나비들은 디스탈리스 발현을 만지작거림으로써 더 많은 무늬를 만들거나, 더 적은 무늬를 만들거나, 크기가 다른 무늬를 만들거나, B. 아니나나처럼 계절에 따른 무늬를 만들 수 있게 된 것이다. 이 디스탈리스 조절의 변화는 아마도 디스탈리스 유전자의 눈꼴무늬 스위치에서 표지서열들이 바뀐 탓일 것이다[그림8-8].

의태와 색깔의 진화

나비 진화 역사에서 가장 압도적인 현상은 무늬를 이루는 요소들의 색깔이 변화한 일이다. 종마다 색상차가 나는 이유, 같은 종 개체들 사이에서도 차이가 나는 이유는 색소 조성 및 인편 구조색의 분포가 서로 다르기 때문이다. 모든 종이 나름의 이야깃거리를 갖고 있겠지만, 이 장을 마치며 마지막으로 다시 의태의 문제를 다뤄보겠다. 자연선택에 관한 토론에서 막대한 역할을 차지하고 있는, 이보디보의 시각으로 아직도 풀리지 않은 미스터리다.

겉모습이 엄청나게 차이 나는 경우에도 알고 보면 유전적 기초나 발생적 기초는 상대적으로 큰 차이가 없을 때가 있다. 예를 들어 북아메리카 동부에 서식하는(위스콘신에도 산다!) 타이거호랑나비(파필리오 글라우쿠스)는 암컷이 두 가지 형태이다. 하나는 검은 호피무늬를 지닌 노란색이고, 다른 하나는 검은색, 즉 '흑색증' 형태이다[화보8j]. 후자는 타이거호랑나비와 비슷한 영역에 서식하지만 새들의 사냥감이 되지 않는 파이프바인호랑나비(바투스 필레노르)를 모방한 의태형이다. 노란색과 검은색 타이거호랑나비의 겉모습은 극명한 대조를 이루지만, 사실 그 차이는 날개 중앙부 인편들이 노란 색소를 만드느냐 검은 색소를 만드느냐 하는 단 한 가지 유전적 선택으로 생겨나는 것이다. 개체 간의 무늬 차이가 여러 요소들이 섞인 복잡한 것으로 보일지라도, 실상 유전적 차이는 상대적으로 별것 아닐 수 있는 셈이다. 대개의 의태 현상들이 그렇다.

남아메리카 및 중앙아메리카에 서식하는 헬리코니우스속 나비는 경고색을 띤다. 주로 붉은색과 노란색인데, 포식자들에게 먹지 말 것을 알리는 색깔이다. 여러 지역에 헬리코니우스속 나비들을 모방한 의태형들이 있다. 같은 지역에 사는 나비들은 종이 달라도 날개 무늬가 비슷한 반면, 같은 종이라도 다른 지역에 서식하면 무늬가 상당히 다르다. 브라질, 에콰도르, 페루 등의 서식지에서 같이 사는 H. 멜포메네 종과 H. 에라토 종은 서로 비슷하게 생겼지만, 같은 종이라도 다른 지역에 사는 것들의 무늬는 꽤 차이 난다[화보8k]. 일반적으로 나비의 포식자인 새들의 종류가 지역마다 다르기 때문에, 나비들이 서로 다른 선택압에 적응하기 위해 자기 지역 포식자를 대응하는 데 가장 효과적인 형태를 취했으리라 설명할 수 있다. 헬리코니우스속 나비 날개의 크기, 모양, 띠무늬와 빗살무늬 색깔 등의 편차를 만드는 유전적 차이에 대해서는 이미 많은 연구가 이루어졌다. 개체군 사이에 드러나는 차이들은 대개 몇 종류 안 되는 유전자로 통제되는 것으로 드러났다.

생물학자들은 호랑나비나 헬리코니우스속 나비의 색깔 및 의태에 관련된 유전자들이 정확히 무엇무엇인지는 아직 밝히지 못했다. 하지만 시간문제다. 유전자들의 정체가 밝혀지기만 하면, 환경 적합성과 유전자와 놀랍도록 다채로운 형태들 사이에 어떤 연관이 있는지 손쉽게 연구할 수 있을 것이다.

총천연색 나비 날개의 진화에 숨은 미스터리는 머지않아 풀릴 것 같다. 그런데 생물학자들이 이에 못지않게 중요한 발견들을 이뤄낸 또 다른 분야가 있다. 동물에서 가장 중요한 색깔, 검은색의 진화에 관한 연구이다. 검은색 동물, 곧 흑색증 동물의 진화는 동물계에서 제일 흔한 색깔 변화이다. 다음 장에서는 생물학자들이 검정 색소를 연구함으로써 '진행형' 진화를 들여다본 사실을 알아볼 것이다.

아프리카 풍경. 그림_ 제이미 캐럴.

검게 칠해요

자연에 존재하는 야생의 것들 가운데서 사랑할 만한 것, 경이를 품을 만한 것,
숭배할 만한 것을 찾아낸 사람은 운이 좋다.
무한한 즐거움과 신선함의 원천으로 가는 길을 찾은 것이기 때문이다.
:: 휴 B. 코트, 『동물의 적응색』(1940)

"대체 너 몸에다 뭘 한 거야, 얼룩말? 그 몸으로 고원에 있으면
10마일(16킬로미터) 밖에서도 눈에 띌 거라는 걸 몰라? 옛날에는 그
런 모양이 아니었잖아."

"그랬지." 얼룩말이 말했다. "하지만 여긴 고원이 아니라고. 아직
도 내가 안 보여?"

"이제는 보여. 하지만 어제는 하루 종일 보이지 않던걸. 어떻게
그럴 수 있지?"

"우리를 놓아주면 어떻게 된 일인지 보여줄게." 얼룩말이 말했다.

표범과 에티오피아 사람은 얼룩말과 기린을 깔고 앉았던 것을 풀어주었다. 그러자 얼룩말은 햇빛이 줄무늬 지며 떨어지는 작은 가시나무 덤불로 들어갔다. 기린은 그림자가 얼룩덜룩하게 지는 키 큰 나무숲으로 사라졌다.

얼룩말과 기린이 말했다. "이제 보라고. 이렇게 한 거지. 하나-둘-셋! 너희들의 아침식사는 어디에 숨었게?"

표범도 에티오피아 사람도 눈을 크게 뜨고 열심히 쳐다보았지만 보이는 것이라곤 얼룩덜룩하거나 줄무늬 진 숲의 그림자뿐, 얼룩말이나 기린의 흔적은 어디에도 보이지 않았다. 그들은 그저 그늘진 숲속으로 걸어 들어가 슬그머니 몸을 숨긴 것이다.

"히! 히!" 에티오피아 사람이 말했다. "배울 만한 재주인걸. 표범 친구, 우리도 좀 배우자구."

루디야드 키플링이 「표범의 얼룩무늬는 어떻게 생겨났을까」에서 들려준 얼룩말의 위장 이야기는 많은 독자들의 마음을 사로잡았지만, 테디 루스벨트는 예외였다. 두번째 대통령 임기를 마친 직후인 1909년, 루스벨트는 아프리카로 일 년에 걸친 수렵 여행을 떠났다. 그 여행의 기록인 『아프리카 야생동물을 찾아서』(1910)에서 루스벨트는 동물의 보호색에 대한 당시의 견해를 가혹하게 비난했다.

흔히 '보호색'이라고 하는 것은 사실상 아무런 근거가 없는 이야기다…… 사람들은 기린, 표범, 얼룩말들이 '보호용' 색깔을 띠고 있으며 그로부터 도움을 받고 있다고 생각한다. 하지만 야생에서 기린은 가장 눈에 잘 띄는 물체 중 하나이다…… 기린의 색깔은 예리한 시력에 의존하는 포식자들로부터 스스로를 '보호'해주는 면에서 어떤 상황에서도 아무런 가치도 지니지 못한다. 표범도 마찬가지다. 온통 검은 것보다 무늬를 갖고 있는 게 훨씬 눈에 덜 띄는 건 사실이다. 하지만 검은 표범들, 흑색증을 일으킨 개체들도 얼룩무늬 형제들과 아무 차이 없이 잘 번성하고 있다…… 표범의 색깔은 아주 약간 불이익으로 작용한다고 봐야 하며, 이익으로 작용하는 바는 없다. 하지만 어쨌든 표범의 생활은 색깔이 의미 없는 환경에서 이루어지기 때문에, 이익이든 불이익이든 무시해도 좋을 만큼 사소한 일일 뿐이다…… 표범은 보통 야행성이고, 밤에는 애당초 몸을 숨기기 위한 색깔이란 것이 무의미하기 때문이다.

루스벨트가 가장 비꼬는 대상은 얼룩말이다.

이런 지적은 특히 얼룩말에 잘 적용될 수 있다. 최근 몇 년간 사람들은 마치 유행처럼 '보호'색의 사례로 얼룩말을 들먹였다. 그러나 사실 얼룩말의 색깔은 전혀 보호 역할을 하지 못한다. 거꾸로 어처구니없을 정도로 눈에 띈다. 얼룩말의 일생 중 어떤 상황에서는 도리어 포식자들의 눈을 피하는 것이 아예 불가능할 정도이다. 반대로 눈을 피하게 해주는 상황이란 너무나 예외적인 경우라서 무시해도 좋을 정도이다.

위대한 사냥꾼은 이렇게 덧붙였다. "사실을 말하면, 평원의 야생동물 중 색깔을 이용해 적의 눈을 속이고 시선을 회피할 수 있는 것은 없다…… 평원에서 저 멀리 있어도 제일 쉽게 눈에 띄는 동물은 누다. 다음은 얼룩말과 영양, 마지막이 가젤이다." 루스벨트는 이런 도발적 발언도 한다. "얼룩말의 색깔이 '보호색'이라고 진지하게 주장하는 사람이 있다면, 그에게 얼룩말 무늬와 모양의 옷을 입고 실험해보도록 하라. 당장에 환상이 깨질 것이다."

루스벨트의 수렵단 근처에서 얼룩말 옷을 뒤집어쓰고 얼쩡거리는 실험은 나라도 권하지 않겠다. 루스벨트와 아들 커미트는 그해에 총 512마리를 사냥했는데, 그중 29마리가 얼룩말이었다. 가장 많이 잡힌 종이었다.

그렇지만 루스벨트보다 훨씬 오래 아프리카에서 지낸 동물학자 휴 B. 코트는 대통령의 견해에 동의하지 않았다. 코트는 방대한 조사를 수행한 뒤 『동물의 적응색』(1940)이라는, 이제 고전이나 다름없는 백과사전적 책을 냈다. 코트는 재능 있는 화가이기도 했다. 그림에 재주가 있었기 때문에 어떻게 색상 패턴이 동물을 숨기거나 드러내거나 위장하는지 잘 이해할 수 있었다. 코트의 전문 지식은 학문적 영역에만 머물지 않았다. 코트의 책은 영국이 제2차 세계대전에 개입하기 바로 전날 완성되었고, 코트는 전쟁 중에 '위장 전문가'라는 직책으로 군대의 위장복 설계를 조언했다.

코트의 설명에 따르면 얼룩말은 분열적 패턴의 원칙을 사용하여 몸 윤곽을 흐리게 한다[그림9-1].

얼룩말이 가장 공격받기 쉬운 때인 땅거미 질 무렵, 초목이 성기게 난 환경에서, 얼룩말은 야생동물 중 가장 눈에 안 띄는 존재가 된다. 이 동물을 대한 폭넓은 경험을 갖고 있으며 얼룩말들을 서로 다른 배경에서 '수천에 또 수천 번' 보았다고 주장하는 화이트는 이렇

[그림9–1] **얼룩말의 어지러운 무늬.** 빛과 그림자가 엇갈리는 배경에서는 세로 줄무늬가 있는 편이 윤곽이 덜 드러난다. 그림_ 휴 코트, 「동물의 적응색」(런던: 메수엔 출판사, 1940), 허가받아 재수록.

게 썼다. '어떤 때라도, 초목이 성기게 난 경우에는 얼룩말이야말로 가장 안 보이는 동물이다. 흑백 줄무늬가 배경과 구별되지 않으므로 터무니없이 가까운 거리에서도 절대로 잘 보이지 않는다.'

얼룩말의 줄무늬에 대해서는 위장 이론 말고 다른 설명도 있다. 얼룩말들이 무리 지어 있으면 수많은 줄무늬들이 온통 움직이며 배경을 이루기 때문에 한 개체가 튀어 보이지 않는다. 이것도 포식자를 혼란시키는 이점으로 작용할 것이다. 줄무늬가 벌레 물림을 막아 준다는 이론도 있다. 곤충들은 온통 새까만 곳을 좋아한다는 것이다. 또 다른 가능성으로 엄마와 새끼 얼룩말이 서로 확인하는 데 도움을 준다거나, 개체가 무리를 찾는 데 도움을 준다는 이론도 있다 (얼룩말은 확실히 흑백 줄무늬가 칠해진 벽에 끌리는 경향을 보인다).

이런 가설들 및 코트의 의견이 루스벨트의 의견과 대립하는 것을 보면, 생물학에서 무늬의 목적에 대한 답은 흑백처럼 확실히 갈리는 것만은 아닌 것 같다. 경험적 일화는 가설을 낳지만, 반드시 믿을 만한 결론으로 이어지는 것은 아니다. 나도 케냐에서 나무에 기댄 표범들을 전혀 눈치 채지 못한 채 근처까지 마구 걸어갔던 경험이 두 번이나 있다. 표범이 환한 대낮에 나무에서 내려와 덤불에 몸을 숨긴 채 작은 영양의 뒤를 밟는 것도 보았다. 표범이 야행성이라는 루스벨트의 주장을 깨뜨리는 일이다. 얼룩무늬를 갖거나 갖지 않거나, 줄무늬를 갖거나 무늬가 없거나, 검거나 희거나 해서 어떤 이익이나 불이익이 있는지 정확히 확인하려면 변수를 통제한 자료를 구해야 한다. 그러나 짐작할 수 있다시피 대부분의 상황에서는 그런 자료들을 구하기가 무척 어렵다.

좌우간 동물의 색깔이 다른 종이나 같은 동료들과의 상호작용에서 결정적인 역할을 수행한다는 것만은 분명하다. 그래서 진화생물학자들은 착색의 자연사에 늘 지대한 관심을 가져왔다. 특히 자연선택과 성선택의 사례로서 주목하였다. 다만 이런 사례들을 연구할 때 형질의 정확한 유전적, 발생학적 기반을 알지는 못했는데, 최근에는 분자생물학과 이보디보 덕분에 사정이 바뀌었다. 이제 종간 차이나 종내 차이가 어떻게 만들어지는지 확실히 밝혀진 사례들이 제법 존재하며, 몇몇 경우에는 진화의 '결정적 증거'라 할 특정 DNA 변화까지 추적되어 있다.

이 장에서는 단 한 가지 색, 검은색의 진화를 다룰 것이다. 신체 부속의 일부나 몸 전체가 어둡게 착색되는 현상은 자연에서 가장 흔하게 등장하는 진화적 변화이다. 재규어, 새, 주머니쥐, 초파리, 기타 몇몇 애완종들이 검게 진화한 과정을 살펴볼 것이다. 어떤 선택압이 작용했는지, 형질 진화의 분자생물학적 기원은 무엇인지 소상히 밝혀진 사례들도 있다. 이처럼 형태, 적합성, 특정 유전자들 사이의 관련을 밝혀내는 일은 현대적 종합 이론에 존재하는 틈을 메우는 작업이다. 따라서 여기 소개될 사례들은 진화의 새로운 '상징'들에 해당하며, 얼룩나방이나 갈라파고스 제도 핀치 등 고전적 진화 사례들과 나란히 대접받을 만하다.

기보디보 덕분에 유리한 고지에 오르게 된 연구자들은 이전에는 대답하기 거의 불가능했던 질문들에까지 답할 수 있게 되었다. 그중 가장 흥미로운 질문들은 이렇다. 진화는 반복되기도 하는가? 서로 다른 종들이 독립적으로 동일한 유전자 변화를 일으키기도 하는가? 특정 형태의 진화적 적응으로 가는 길은 하나 이상인가?

자연에서의 흑색증

흑색증이란 어떤 개체나 종이 원래의 색이 있을 자리에 대신 검거나 어두운 색깔들을 넓게 드러내는 현상을 말한다. 검은색의 원인인 멜라닌 색소는 구조가 복잡한 중합체로서, 다양한 형태를 취하며 다양한 색조를 보인다. 기본은 검은색이지만 갈색, 홍갈색, 담황색, 황갈색일 때도 있다.

흑색증은 동물계 전반에 나타나는 현상이며, 곤충류(특히 나방과 무당벌레), 달팽이류, 포유류, 조류에 대한 연구가 상당히 진척되어 있다. 멜라닌 색소 착색의 역할은 여러 가지일 수 있다. 자외선 손상 방지, 체온 조절(몸을 빠르게 덥혀주기 때문에 고도가 높은 지역에서 자주 발견된다), 위장 및 잠복, 짝 선택 등등이다. 이처럼 흑색증의 역할이 엄청나게 다양할 수 있으므로, 특정 흑색증이 정확히 '무엇 때문에' 생겼는지 정확하게 꼭 집어서 말하기는 참 어렵다.

마이클 마제루스는 영국의 나방종들 중 절반가량에 흑색증 형태가 있다고 했다. 흑색증과 자연선택에 대한 가장 유명한 사례는 과거 150년간 영국 산업지구 및 미국 북부에서 얼룩나방(비스톤 베투라리아)의 분포 상태가 변화한 일일 것이다. 얼룩나방은 확연히 구별되는 두 가지 형태를 띤다. 전형적인 티피카 형태는 흰 바탕에 검은 얼룩이 흩뿌려진 것이고, 카르보나리아 형태는 전체가 까맣다. 중간에 해당하는 형태들도 존재한다[그림9-2].

산업지구에는 오염물질이 많아서 나무에 이끼가 자라지 못하고 나무 둥치는 그을음으로 새카맣다. 그래서 산업지구에서는 티피카 형태가 눈에 잘 띄고, 카르보나리아 형태는 어두운 배경을 바탕으로 쉽게 숨는다. 과학자들은 두 형태의 발생 빈도, 그들이 선호하는 서식지 현장, 새의 포식압 등을 조사한 결과, 두 형태가 시공간에 따라 다르게 분포하는 까닭은 새의 자연선택적 포식압에 차이가 있기 때문이라고 결론 내렸다. 과거 산업흑색증 연구들에 사용된 방법론에 이런저런 문제점이 있긴 있겠으나, 어쨌든 얼룩나방은 진화가 실시간으로 관찰된 고전적 사례임에 분명하다.

카르보나리아 형태가 보이는 흑색증의 유전적 메커니즘은 단순하다. 두 형태를 이종교배시켜 보면 알 수 있는데, 색상의 차이는 대부분 단 하나의 유전자에 의해 결정되며, 다만 흑색증의 정도를 결정하는 다른 유전자들이 몇 개 더 있을 뿐이다. 하지만 산업흑색증에 관련된 유전자의 정체가 정확히 무엇인지는 아직 밝혀지지 않았다. 이것이 밝혀진다면 150년 된 이야기가 훌륭하게 결말지어질 텐데 말이다. 얄궂은 일은 이후 공해방지법이 엄해져서, 그 자체야 긍정적인 발전이지만, 덕분에 카르보나리아 형태가 쇠락하여 앞으로

[그림9-2] **얼룩나방의 흑색증.** 밝은 형태는 검은 배경에서 확연하게 드러나 보이고(위), 흑색증 형태는 어두운 배경에서 숨은 듯 보인다(가운데). 밝지만 얼룩덜룩 무늬가 있는 형태는 이끼가 덮인 나무둥치에서 위장하기 좋다(아래). 사진_ 레이던 대학 토니 리버르트와 폴 브레이크필드.

수십 년 내에 완전히 사라질지 모른다는 것이다. 분자유전학자들이 시급히 서두를 필요가 있다.

그러나 그 밖에도 흑색증 관련 유전자들이 밝혀진 다른 종들이 있으므로, 우리는 그들에 집중하기로 하자.

재규어는 어떻게 무늬를 갖게 되었나

큰고양이과 동물의 흑색증은 잘 알려진 현상이다. 동물원 같은 곳에서도 어렵지 않게 검은 표범 등을 볼 수 있다. 아프리카 사바나에서는 검은 표범이 희귀하지만 동남아시아 정글에서는 오히려 흑색증 형태가 더 흔하다. 털색이 어두우면 먹잇감의 눈에 띄지 않는다는 식의 이점이 있을 것이다. 중앙아메리카와 남아메리카에 서식하는 재규어에도 검은 형태가 존재한다. 이런 흑색증 고양이과 동물들은 '검은' 색이긴 하지만 무늬 모양은 고스란히 갖고 있다[그림9-3]. 검은 색소는 원래의 황색 및 검은색 무늬 위에 덮인 것이지, 원래의 무늬 자체를 지운 것은 아니다.

포유류는 피부 및 모낭의 색소 세포에서 두 종류의 멜라닌을 생성한다. 유멜라닌과 페오멜라닌인데, 전자는 흑갈색을, 후자는 붉은 주황색(또는 노란색)을 모피에 입힌다. 색소의 양은 몇몇 단백질들의 통제를 받는다. 중추적인 역할을 하는 것으로 멜라노코르틴-1 수용체, 줄여서 MC1R이라 불리는 단백질이 있다. 이 단백질은 색소 세포의 세포막에 앉아서 일부분은 세포 바깥으로, 나머지 부분은 세포 안쪽으로 뻗는다. MC1R 단백질에 알파-멜라닌 세포 자극 호르

[그림9-3] 무늬가 있는 황색 재규어와 흑색증 재규어. 사진_ 낸시 밴더니, EFBC/FCC의 허가로 재수록.

몬(MSH)이라는 호르몬이 결합하면 색소 세포 안에서 일련의 사건들이 촉발되어 일어나기 시작하고, 그 결과 유멜라닌 합성 효소들이 생산된다. 수용체의 활동을 막는 아구티라는 단백질도 있는데 아구티가 결합할 때는 페오멜라닌이 생산된다. 그러므로 색소의 종류는 MC1R 단백질의 활약에 좌우되는 셈이다[그림9-4].

정상적인 황색 재규어와 흑색증 재규어의 MC1R 유전암호를 조사해본 결과, 모든 흑색증 재규어의 유전자에는 독특한 돌연변이가 있음이 발견되었다. MC1R 단백질에서 다섯 개의 아미노산을 없애고 하나의 아미노산을 교체시키는 돌연변이다. MC1R 돌연변이 유전자를 하나, 정상적인 MC1R 유전자를 하나 가진 재규어는 검은색이 된다. 흑색증이 우성인 것이다. 단백질의 돌연변이 형태가 정상

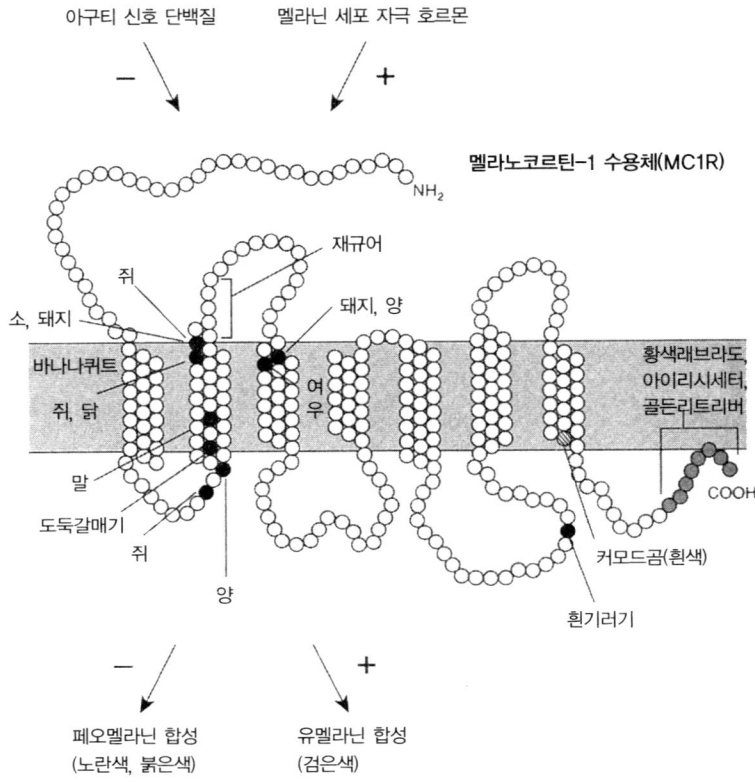

아구티 신호 단백질　　멜라닌 세포 자극 호르몬

멜라노코르틴-1 수용체(MC1R)

NH₂

재규어

쥐

소, 돼지

돼지, 양

바나나퀴트

쥐, 닭

여우

말

황색래브라도,
아이리시세터,
골든리트리버

도둑갈매기

쥐

COOH

양

커모드곰(흰색)

흰기러기

페오멜라닌 합성
(노란색, 붉은색)

유멜라닌 합성
(검은색)

[그림9-4] **포유류 및 조류의 흑색증은 멜라노코르틴-1 수용체 단백질의 변화와 관련이 있다.**
MC1R 수용체는 멜라닌 세포의 막에 걸쳐 있다. 수용체는 알파-멜라닌 세포 자극 호르몬의 자극
을 받으면 검은색 유멜라닌을 생성하고, 아구티 단백질의 억제를 받으면 페오멜라닌 합성을 시작
한다. 아미노산을 뜻하는 동그라미들 중 검은 것은 여러 종들의 흑색증 원인이 되는 부분이다. 한
편 커모드곰 및 여러 개들의 털색이 변하는 것은 수용체 분자의 끝부분에 변화가 있기 때문이다.
그림_ 리앤 올즈, 『유전학의 트렌드들』 19(2003), 585쪽에 수록된 M. 마제루스와 N. 먼디의 그림을 엘즈
비어 사의 허가로 재수록.

형태를 압도한다는 말이다. MC1R 단백질의 변화는 끊임없는 단백
질 활동을 야기하여 유멜라닌 합성을 지속시킨다. 다른 호르몬이나
억제자들의 존재도 아랑곳 않는다.

294

이제까지 얘기하면서, 단백질의 아미노산 서열 변화가(유전자 스위치의 변화가 아니라) 동물 생김새 차이의 원인이 된다고 한 것은 이번이 처음이다. MC1R이 변할 수 있는 것은 이 수용체가 거의 전적으로 색소 조절에만 사용되기 때문이다. 수용체의 활동이 변해도 다른 신체 기능에는 영향이 없다. 포유류는 여러 생리적 작용을 담당하는 전문적 기능들을 지닌 다섯 수용체를 가지고 있다. 멜라토코르틴-1 수용체도 그중 하나이며, 이들은 연관된 다른 호르몬족들과 밀접하게 반응한다. 그런데 다른 기능들은 건드리지 않고 색소 기능만 진화할 수 있었던 것은 왜일까? 색소 세포에서 MC1R의 발현이 조절되는 과정이, 바로 그런 단백질 구조가 진화했기 때문이다.

MC1R 돌연변이는 재규어 말고도 여러 종들의 흑색증의 원인이다. 가령 미국 남서부에서 남아메리카에 걸쳐 서식하는 작은 고양이과 동물 재규어런디도 MC1R 단백질에 변화가 있을 때 흑색증을 보인다. 다만 단백질 변화 위치만 재규어와 약간 다르다. 두 종류 고양이과 동물의 극적인 털색 변화가 동일한 한 단백질의 변화 때문인 것이다.

MC1R 돌연변이는 새의 흑색증도 일으킨다. 바나나퀴트는 카리브 제도에 널리 분포하는 새이다. 대부분의 바나나퀴트는 가슴에 밝은 느란색 깃털이 나 있고 눈 위쪽에 흰색 줄이 그어져 있다. 그런데 세인트빈센트그레나딘과 그레나다 일대 섬들에는 거의 새카만 흑색증 바나나퀴트들이 있다[그림9-5]. 이 흑색증은 MC1R 단백질에서 아미노산 단 하나가 바뀌어 일어나는 일이다. 흥미로운 점은 그 아미노산이 닭이나 쥐의 흑색증을 일으키는 아미노산과 같다는 사실이다. 야생 고양이류와 조류가 동일한 단백질에 독립적인 돌연변이를

[그림9-5] **바나나퀴트의 흑색증.** 사진_ 앤드류 맥콜.

일으켜 비슷한 진화적 변화를 낳았고, 가축 종에서도 그런 변화들이 일어나는 것이다. 그렇다면 진화는 반복될 수 있으며, 실제로 반복되는 셈이다. 특정 유전자의 수준에서, 나아가 단백질의 특정 아미노산 수준에서까지 말이다.

길들여진 종의 흑색증은 사람의 선택이 작용한 결과이다. 반면 야생 고양이들이나 바나나퀴트에 대해서는 어떤 선택압이 작용하여 흑색증이 등장한 것인지 알 수 없다. 육식동물이라면 사냥하는 동안 몸을 숨기기에 검은색이 좋을지 모르고, 바나나퀴트라면 고도가 다른 서식지를 선택하는 데 상관이 있을지도 모르겠다. 하지만 추측일 뿐이다. 그런데 흑색증이 선택압에 어떤 이익과 불이익을 갖는지 명확하게 밝혀진 사례가 한 가지 있다. 이 동물은 MC1R이 주연을 맡고 있는 흑색증 진화의 이야기를 놀라운 방향으로 꼬아놓았다.

바위주머니쥐 : 검게 칠하는 방법도 가지가지

미국 남서부 사막의 환경은 실로 다채로워서, 동식물이 적응해야 하는 조건도 다양하다. 그래서 이 너른 지역은 진화적 적응 현상을 이해하기 위한 훌륭한 실험실이나 마찬가지다.

애리조나 주 남서부 피나카테 일대에는 검은 바위들이 뒹구는 서식지가 있다. 백만 년 전쯤 흘러내린 용암으로 된 바위들이다. 이곳에는 케토디푸스 인테르메디우스라는 바위주머니쥐가 산다. 이곳뿐 아니라 다른 남서부 바위 서식지들에도 거주하는 종이다. 1930년대의 박물학자들은 용암석 지역의 쥐들은 보통 흑색증인 반면 주변 지역 밝은 모래땅에 사는 쥐들은 밝은 색임을 발견했다[그림9-6]. 서식지와 털색의 연관은 포식자, 주로 올빼미에 적응한 결과인 것 같다. 올빼미가 바위주머니쥐를 주식으로 삼는다는 사실은 잘 알려져 있고,

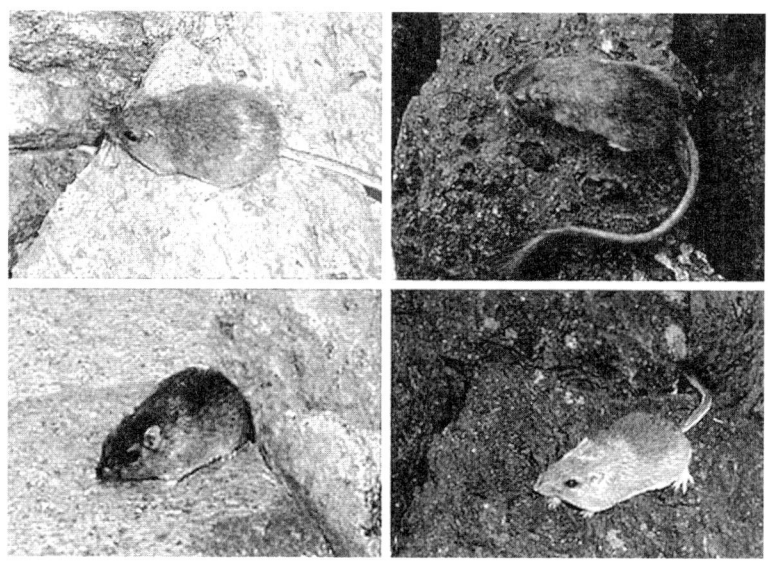

[그림9-6] **바위주머니쥐의 서식지와 털색 관계.** 바위 색이 밝은 곳에서는 밝은 털 쥐들이, 어두운 용암석 지역에서는 어두운 털 쥐들이 발견된다. 그래야 포식자로부터 몸을 지킬 수 있기 때문이다. 사진 _ 마이클 나흐만, 「미국과학자협회보」 100(2003), 5,268쪽 나흐만 공저 논문에서, 허가로 재수록.

올빼미가 짙은 색 쥐와 옅은 색 쥐를 구별한다는 사실도 실험으로 확인되었다. 심지어 밤에도 그랬다(사막은 하늘이 깨끗하기 때문에 바위나 땅에 달빛이 밝게 비친다). 다른 지역 쥐들의 분포를 관찰한 결과도 털색이 환경에 적응한 산물이라는 사실을 뒷받침했다.

애리조나 대학의 마이클 나흐만과 동료들은 쥐 흑색증의 유전적 메커니즘을 알아내기 위해 밝은 털 쥐와 어두운 털 쥐의 MC1R 유전자 서열을 비교해보았다. 그 결과 모든 어두운 쥐의 MC1R 유전자에 돌연변이가 네 군데 있다는 완벽한 상관관계를 밝혀냈다. 이 때문에 MC1R 단백질의 아미노산 네 개가 밝은 색 쥐 및 다른 종류 쥐들과 달라졌다. 흑색증 재규어, 재규어런디, 바나나퀴트와 마찬가지로 흑색증 쥐의 MC1R은 중단 없이 늘 활발하게 활동하여 검은 색소를 만들어내는 것이다. 유전자 증거, 털색이 다른 쥐들의 분포 상황, 기타 현장 증거 및 분자생물학적 증거들이 합쳐져서, 어떻게 동물의 외형이 자연환경의 선택압 아래에 진화하는지 생생하게 볼 수 있게 된 셈이다.

이 정도만 해도 만족스런 이야기이겠지만, 끝이 아니었다. 나흐만과 동료들은 다른 장소의 밝은 색, 어두운 색 바위주머니쥐들을 살펴보았다. 애리조나 서식지로부터 764킬로미터가량 떨어진 뉴멕시코 주 용암지대 쥐들에서 놀라운 사실이 발견되었다. 생태학적 이야기 줄거리는 같지만 유전적 메커니즘이 달랐다. 뉴멕시코의 어두운 쥐들은 MC1R 돌연변이를 지니지 않았다. 아구티 유전자에 돌연변이가 있어도 흑색증이 될 수 있는데(아구티는 MC1R을 억제하므로 억제자에 돌연변이가 일어나면 MC1R 활동이 활발해질 것이다), 그런 경우도 아니었다. 이는 MC1R나 아구티 외에도 흑색증을 일으키는 다른 유전자가 존재한다는 말이다. 동일한 종의 두 흑색증 개체군들이, 백만 년 전쯤 형성된 바위라는 엇비슷한 지형에 서식하는데, 흑색증 진화 방법은 서로 전연 다른 것이다. 진화가 꼭 정해진 유전적 경로를 따를 필요가 없다는 증거다. 한 종 내부에서도 말이다.

검은 표범, 흰 곰, 붉은 머리칼

표범 및 다른 야생 고양이과 동물들의 흑색증도 MC1R이나 아구티가 아닌 다른 유전자들의 돌연변이로 생겨난 것이다. 과학자들은 많은 종을 연구한 결과 털색에 영향을 미치는 유전자는 그 외에도 많으며, 그런 색소 유전자들이 어떤 조합을 이루느냐에 따라 상황이 달라진다는 것을 알게 됐다. 가령 황색래브라도, 골든리트리버, 아이리시세터 같은 개들이 노란 것은 MC1R 기능을 차단하는 돌연변이가 일어나서 나머지 유전자들끼리 노란색, 주황색, 붉은색 등의 털색을 결정했기 때문이다. 생물학자들은 흑색증과 털색에 관여하는 이 다른 유전자들을 찾아내려 노력 중이며, 종이나 품종 간 차이를 일으키는 특정 변화가 무엇인지 밝혀낼 수 있으리라 기대한다.

대개의 경우 MC1R을 활성화하는 돌연변이 때문에 흑색증이 나타나는 게 보통이지만, MC1R에 다른 돌연변이가 일어나서 특이한 색이 발생하는 사례도 있다. 북서 태평양 연안에 거주하는 흰색 '커모드' 곰, 일명 '스피릿 베어'는 한때 흑곰과는 별개의 종으로 여겨졌다. 하지만 알고 보니 색깔이 변한 흑곰에 불과했다[그림9-7]. 커모드 곰은 MC1R 유전자에 돌연변이가 있어서 수용체의 기능이 마비되었

[그림9-7] **커모드곰과 흑곰.** 사진 _ 찰리 러셀.

다. MC1R이 기능을 못하니 검은 색소가 만들어지지 않고, 흰 털을
갖게 된 것이다.

마지막으로 사람의 경우를 보자. 사람의 MC1R 돌연변이는 붉은
머리칼과 관련이 있다. 또 주근깨, 흰 피부, 햇살에 대한 민감성의
원인이 된다. 사람의 피부가 그을리는 것은 자외선 자극에 반응하여
유멜라닌이 생성되기 때문이며, 이는 알파-MSH가 MC1R을 자극해
서 생기는 결과다. 붉은 머리칼 사람들은 MC1R에 돌연변이가 있어
알파-MSH에 반응하는 능력이 감소된 것으로 보인다.

더욱 신기한 포유류 무늬의 진화: 줄무늬와 점무늬

이제까지 설명한 털이나 깃털 사례들은 색이 몸통 전체를 덮은

경우였다. 검은색, 흰색, 붉은색, 노란색 털이 진화한 것은 색소 유전자들의 돌연변이 결과로서, 주로 MC1R가 관련되어 있음을 보았다. 하지만 야생동물의 털이나 깃털 무늬에 하나 이상의 색들이 공간적으로 복잡하게 분포했을 때가 많다. 몸통 영역마다 다른 색이 나타나야 하는 만큼, 색소 유전자들의 발현 형태가 영역마다 달라야 한다는 뜻이다. 유전자가 한 장소에서는 선택적으로 발현하고 다른 장소에서는 발현하지 않으려면, 색소 유전자들의 발현 및 색깔 패턴을 통제하는 스위치들이 있어야 한다.

프유류의 색소 관련 스위치 연구는 이제 막 시작된 단계이다. 포유류의 털색 패턴 중 가장 흔한 것은 황갈색이나 갈색, 혹은 더 어두운 석 털이 등이나 옆구리에 나고, 배에는 밝은 색 털이 나는 모양이다. 야생 집쥐를 봐도 그런 식이다. 배와 등의 색을 다르게 만드는 데는 아구티 유전자의 역할이 크다. 배쪽 털 모닝에서 아구티 발현을 촉진하는 유전자 스위치가 있다. 아구티 단백질이 MC1R 활동을 가로막기 때문에 배쪽의 털색이 옅어지는 것이다.

단색이나 두 가지 색 털을 가진 포유류에 대해서는 어느 정도 알려진 바가 있는 셈이다. 그런데 더 신기한 무늬에 대해서는 어떨까? 얼룩말의 줄무늬 같은 것은? 내가 가장 좋아하는 글 중 하나인 고 스티븐 제이 굴드의 한 에세이에서, 굴드는 이런 질문을 던졌다. "얼룩말은 검은 줄무늬를 가진 흰 동물인가 아니면 흰 줄무늬를 가진 검은 동물인가?" 이 자연사의 수수께끼는 이후 오래도록 사람들의 입에 오르내렸다. 현재는 검은 몸통 / 흰 줄무늬 주장 쪽으로 추가 기운 상태다. 하지만 곧장 그 이야기를 하기 전에 다른 질문을 먼저 다뤄보자. "얼룩말의 줄무늬는 어떻게 생겼는가?"

답은 다소 허망하다. 책에 소개된 다른 연구들과는 달리, 우리는 이 질문에 대한 답을 거의 모르기 때문이다. 내가 알기로 얼룩말 배아에 대한 연구는 한 번도 이뤄진 적 없다. 하지만 다른 포유류들에 대한 파편적 정보들을 그러모아 시나리오를 작성해볼 수는 있다. 이를테면 배아에서 멜라닌을 만드는 세포들이 어떻게 발생하는지, 쥐나 말이나 다른 포유류의 털색 돌연변이는 어떻게 이뤄지는지, 얼룩말을 말과 교배한 잡종의 외모는 어떤지, 상이한 얼룩말 종간 혹은 종내 무늬 편차가 있는지 등에 대한 지식을 긁어 모으는 것이다.

줄무늬의 기원을 밝힐 단서로 중요한 것은 무늬를 이루는 색소인 멜라닌 세포의 기원이다. 멜라닌 세포는 척수 근처에 있는 신경릉에서 생겨난다. 신경릉 안에는 멜라닌 모세포라는, 멜라닌 세포의 전구물질이 들어 있다. 이들은 신경릉에서 나와 보통 척수에 수직 방향으로 이동한다. 세포들은 몇몇 유도 인자의 신호를 따라서 이동하는 것으로 보인다. 세포의 이동 경로는 척수가 있는 몸 뒤쪽에서 시작해 아래로 내려오므로 배와 가슴이 종착지가 된다. 따라서 멜라닌 세포 이동 속도를 늦추거나 이동을 방해하는 돌연변이가 있다면 배와 가슴 쪽은 하얗게 남을 것이다. 말의 배, 개의 가슴, 고양이의 배가 하얀 것은 이 때문이다.

그러면 얼룩말은? 검은 줄이 있는 부분은 분명 멜라닌 세포가 이동한 영역일 것이다. 하지만 알쏭달쏭한 것은 흰 줄 부위다. 멜라닌 세포가 아예 없는 지역일까(이동해오지 않았거나 죽어버렸거나), 아니면 멜라닌 세포는 존재하지만 색소 생성이 억제된 지역인 걸까? 흰 부분과 검은 부분의 차이가 멜라닌 세포의 이동 때문이든, 사멸때문이든, 억제 때문이든, 각각의 경우에 줄무늬를 이루는 특별한 조절 메커니즘이 존재할 것이다. 가령 이동 때문이라고 가정해보자. 우리는 척추동물의 신경관과 원체절에서 줄무늬 형태로 발현하는 신호전달 분자들이 많다는 사실을 잘 안다. 만약 멜라닌 모세포가 이동하다가 이들에게 막혀 흐름이 바뀌거나 차단된다면, 그 결과로 멜라닌 모세포가 줄무늬 형태로 자리 잡을 수 있겠다. 거꾸로 멜라닌 생성 억제자가 피부나 모낭에서 줄무늬 형태로 발현한다면? 그 경우에도 줄무늬가 생길 수 있다. 얼룩말은 보통 배가 하얗기 때문에 나는 줄무늬 중 하얀 부분은 멜라닌 세포가 존재하지 않는 지역이라고 생각하는 쪽이다. 물론 내 추측이 옳다 해도 멜라닌 세포가 존재하지 않는 이유에도 여러 가능성이 있을 수 있다. 정확한 발생학적 메커니즘은 아직 연구를 기다리는 질문으로 남아 있다.

자, 그래서 얼룩말이 검은 줄무늬의 흰 동물이란 말인가, 흰 줄무늬의 검은 동물이란 말인가? 결정에 도움이 될 만한 흥미로운 정보가 하나 더 있다. 줄무늬가 나타나야 할 부분에 흰 점이 뿌려진 얼룩말들이 아주 간간이 발견된다는 사실이다. 이것은 '기본' 털색깔이 검은색일 때 예측되는 현상이다. 하지만 나는 얼룩말 무늬에 반드시 '기본' 바탕색이 있어야 한다고는 생각하지 않는다. 게다가 2004년 3월에는 케냐 야생동물보호국이 완전히 하얀 얼룩말 망아지 탄생을 보고한 예도 있다. 발생학적 관점에서 보면 검은 줄무늬든 흰 줄무늬든 모종의 활동으로 인해 '그려진' 점에는 차이가 없다. 따라서 나는 얼룩말이란 검은 줄무늬와 흰 줄무늬를 함께 가진 동물이라고 하고 싶다.

멜라닌 모세포가 신경릉에서 나와 척추에 수직 방향으로 뻗어간다는 것을 보면, 발생 과정에는 언제든 줄무늬가 생겨날 가능성이 내재해 있다. 일반적으로 단색을 띠는 쥐나 말 등에서도 얼마든지 줄무늬 돌연변이가 일어날 수 있는 것이다. 게다가 말과 당나귀 등의 번식 역사를 보면 부분적으로 줄무늬를 가진 동물의 탄생 사례가 아주 많다. 얼룩무늬 같은 것 말이다. 다윈도 『종의 기원』에서 줄무늬 말과 당나귀에 대해 큰 관심을 기울였는데, 특히 잡종에 집중했다. 수컷 얼룩말과 암말을 교배시키면 잡종을 만들 수 있다. 이 잡종 후손은 보통 줄무늬를 가진다. 하지만 암컷이 배가 하얀 말일 경우, 잡종 후손의 줄무늬는 털색이 어두운 부분에 국한하여 생긴다. 흰 색소 유전자가 멜라닌 모세포의 이동에 영향을 미쳐 멜라닌 모세포가 이동할 수 있는 부분에만 줄무늬가 생긴다는 가설과 맞아 떨어지는 현상이다. 그런데 이보다 흥미로운 현상이 있다. 말-얼룩말 잡종은 부모보다 줄무늬 개수가 **많아진다**는 사실이다.

　이 점에 관심을 가진 조너선 바드는 현생 얼룩말 종들 사이에도 줄무늬 개수 차이가 있는 것을 떠올렸으며, 얼룩말 무늬에 대한 흥미로운 모델을 제시하기에 이르렀다. 바드는 그레비얼룩말의 줄무늬는 약 여든 개인 반면 산얼룩말은 약 43개, 일반 얼룩말은 25개에서 30개 정도임을 확인했다. 바드는 각 종의 발생 과정에서 멜라닌 세포의 이동 시작 시점이 다르기 때문에 줄무늬 개수가 다른 것이라고 주장했다. 바드가 주목한 점은 줄무늬 개수가 적으면 무늬 폭이 넓고, 개수가 많으면 무늬 폭이 좁다는 사실이다. 바드는 모든 초기 배아에서 줄무늬들이 발생하는 간격은 일정하지만(약 0.4밀리미터 간격으로 하나씩), 종마다 발생 시작 시점이 다르기 때문에 생기는 현상이라고 추측했다[그림9-8]. 무늬 발생이 일찍 시작될수록 무늬 폭

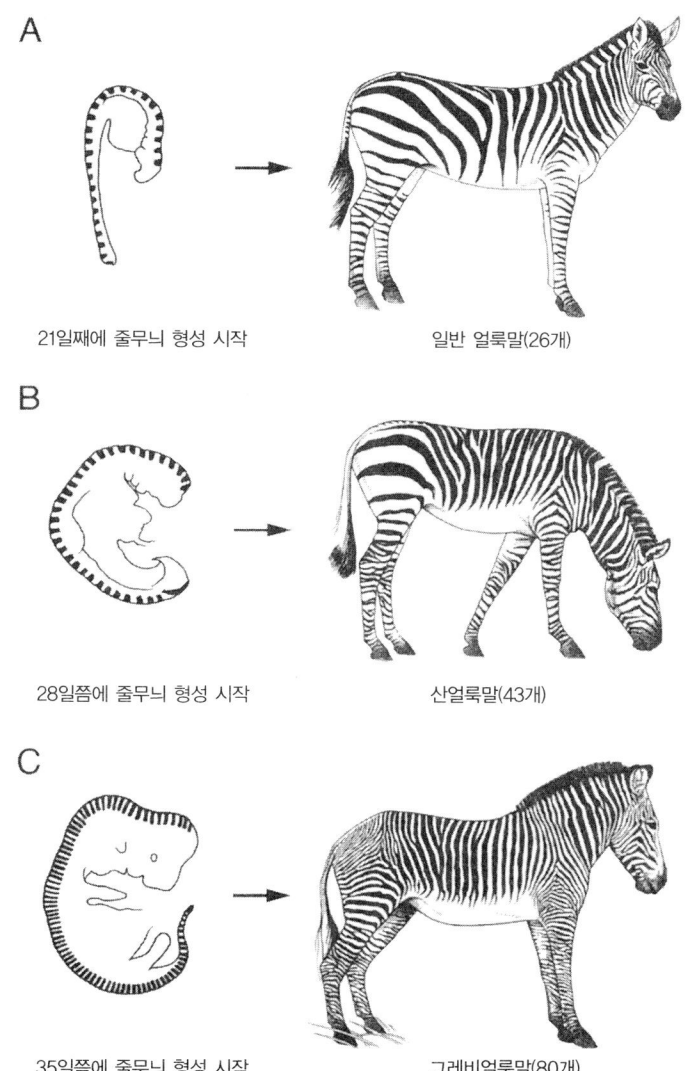

A

21일째에 줄무늬 형성 시작   일반 얼룩말(26개)

B

28일쯤에 줄무늬 형성 시작   산얼룩말(43개)

C

35일쯤에 줄무늬 형성 시작   그레비얼룩말(80개)

[그림9-8] **상이한 얼룩말 종들의 줄무늬 개수가 다른 것에 대한 조너선 바드의 설명 모형.** 바드는 모든 줄무늬가 일정한 간격을 두고 발생하되(세포 20개 단위로) 종마다(A, B, C) 형성 시작 시점이 다르다면, 그 결과 평범한 일반 얼룩말, 산얼룩말, 그레비얼룩말 사이에 줄무늬 개수와 폭이 달라질 것이라고 설명했다. 그림 _ 리앤 올즈, 『동물학회보』 183(1977), 527쪽에 실린 J. B. 바드의 그림을 참고로.

은 넓어지고 몸에 그려질 무늬의 개수는 줄어들 것이다. 거꾸로 무늬 발생이 늦게 시작되면 전체 배아의 크기에 비해 무늬 폭이 좁게 될 것이고, 당연히 더 많은 수가 그려질 것이다. 바드는 얼룩말-말 잡종의 무늬 개수가 많은 까닭도 잡종의 줄무늬 발생 시점이 부모에 비해 늦기 때문이라 설명했다(잡종은 부모보다 발생이 늦는 경우가 흔하기 때문에, 합리적인 추론이다).

바드의 모델에서 결정적인 요소는 줄무늬 형성 과정이 배아가 아주 작을 때 시작된다는 점이다. 실제로 털에 색소 착색이 시작되는 시점으로부터 6개월 전의 일이다. 이것은 나중에 덩치가 커질 동물의 무늬 형성에서 중요한 대목이다. 무늬 발생은 어느 정도의 거리에 걸쳐서 진행되는데, 그 거리는 세포들이 서로 떨어져 있으면서도 상호작용 가능한 최대 거리가 얼마냐에 달려 있다. 그런데 갓 태어난 새끼나 그보다 큰 얼룩말의 몸에서는 줄무늬 사이 간격이 너무 넓기 때문에 세포들이 다른 줄무늬 세포들과 소통할 수 없을 것이다. 그래서 동물 무늬는 아주 일찍 아웃라인이 정해지는 것이다. 눈에 보이지 않을 뿐 이미 확실히 자리 잡았던 설계가 나중에 커지는 것뿐이다.

종간 줄무늬 개수 차이가 실제로 줄무늬 형성 과정의 시작 시기 차이 때문이라면, 그것은 멜라닌 모세포 이동에 관여하는 유전자들이 활성화되는 시기가 달라졌기 때문일 것이다. 시기의 변이란 근본적으로 조절 과정의 변화이다. 따라서 줄무늬 개수 차이는 멜라닌 모세포의 이동 시기나 공간적 형태를 통제하는 유전자 스위치들에 진화적 변화가 일어난 탓일 것이다.

자, 얼룩무늬는 또 어떨까? 표범이 어떻게 얼룩무늬를 갖게 되었는지 알려드리고 싶은 마음이야 굴뚝같지만, 적어도 포유류에 있어서는 얼룩무늬에 대한 자료가 줄무늬에 대한 자료보다도 적어서 어쩔 수가 없다.

하지만 곤충의 얼룩무늬에 대해서는 어느 정도 알려져 있다. 어떻게 검은 점이며 줄무늬들이 만들어지는지 말이다. 내 연구실도 이 문제에 관심을 가져왔다. 예를 들어보자. 여러 초파리 종의 몸통과 부속지에는 다양한 검은 무늬들이 있다. 곤충에서 검은색을 띠는 것 역시 멜라닌 색소이다. 드로소필라 멜라노가스테르는 흉부와 복부에 무늬가 있고, 몸통의 강모들은 매우 어두운 색인 반면 날개는 투명하고 옅은 색이다.

다른 종은 어떨까? 검은 색소가 몸통 전체에 분포된 경우도 있고, 특정 위치에 한정된 경우도 있다. D. 비아르미페스라는 종의 수컷 날개에는 끝 쪽에 선연히 눈에 띄는 검은 점이 있다[그림9-9]. 점은 구어에 활용된다. 수컷은 암컷 앞을 뽐내며 오가다가 날개를 펼쳐 암컷이 점을 보도록 한다. 분명히 유혹 효과가 있는 것이다. 뭐, 취향은 저마다 다른 법이니까……

점이 없는 종이라 해도 검은 색소 생성 단백질은 날개의 모든 세포들에서 소량이나마 만들어진다. 다만 D. 비아르미페스의 경우 점 부분의 세포들이 이 단백질을 엄청나게 많이 만드는 것이다. 우리는 이 단백질이 초파리 날개 세포들에서 발현되는 방식을 통제하는 스위치에 진화적 변화가 일어난 탓이라고 생각한다. 색소 유전자들은 서로 다른 신체부속에서 서로 다른 식으로 발현하게 하는 스위치들을 지니고 있다. 스위치들이 독립적으로 작동하기 때문에 한 부속이

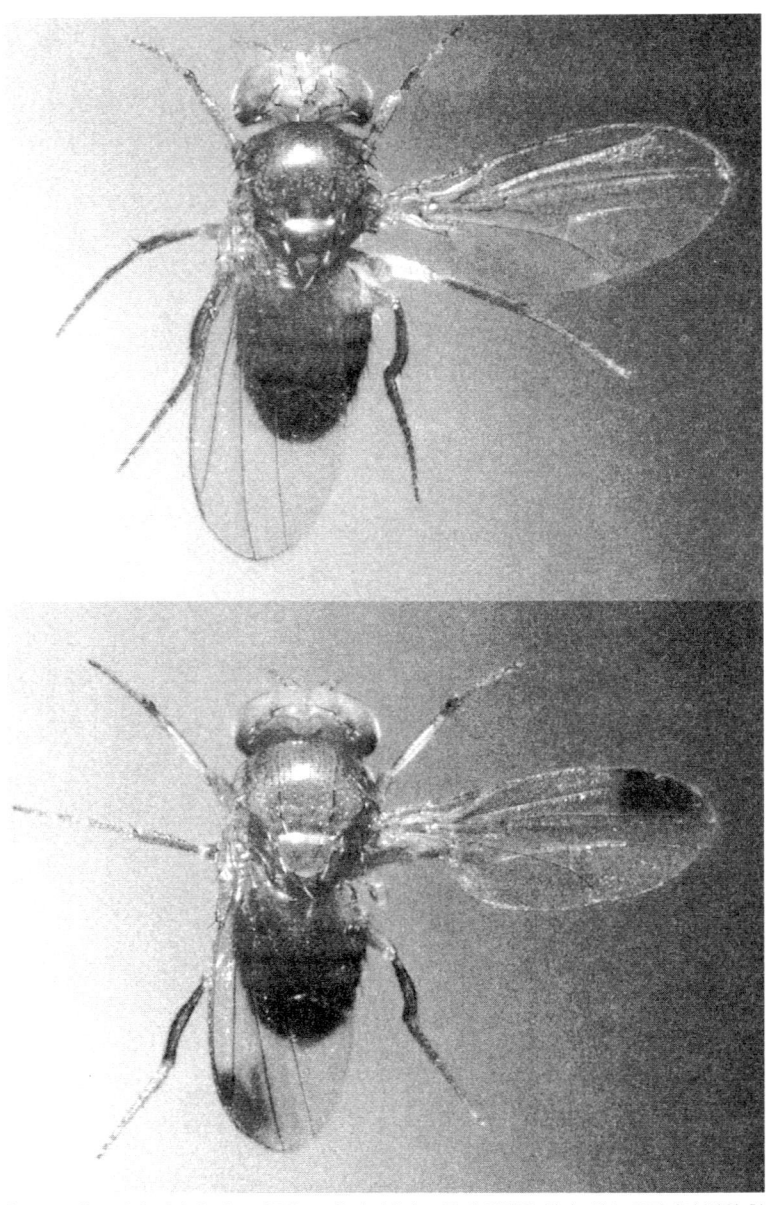

[그림9-9] **초파리 날개의 점.** 점들은 구애 과정에서 모종의 역할을 한다. 색소 유전자의 발현 형태가 종간 차이를 만든다. 사진 _ 니콜라스 곰펠.

다른 부속들에 전혀 영향을 주지 않은 채 새로운 형태로 진화할 수 있다. 나는 파리 연구 결과를 볼 때 새, 포유류, 어류, 뱀 등도 이처럼 착색 유전자들을 통제하는 스위치를 진화시킨 것이리라 추측한다. 동물의 몸 색깔이 다양한 것은 바로 그 스위치의 진화적 변화 때문일 것이라 생각한다.

선택, 유전자, 적합성: 얼마나 이득이 되어야 하는가?

앞의 두 장에서 우리는 나비의 눈꼴무늬, 흑색증 고양이과 동물들, 어둡고 밝은 색의 바위주머니쥐, 얼룩말의 줄무늬 등등에 자연선택이 작용한다는 주장과 근거를 살펴보았다. 초파리 날개 점의 경우는 성선택이 작용함을 보았다. 특정 색깔이나 무늬를 지니는 개체들이 과연 명백한 이점을 지녔다고 여길 만한 경우들이 있다. 하지만 그 개체들을 선호하는 방향으로 선택이 일어나려면, 이득이 얼마나 커야 할까? 1910년의 테디 루스벨트는 표범의 얼룩무늬나 얼룩말의 줄무늬가 어떤 이득을 준다는 것인지 도무지 이해하지 못했다. 내 짐작에 루스벨트는 하나의 무늬가 다른 무늬를 누르고 선택되려면 그 차이가 쉽게 눈에 띄거나 측정될 정도로 커야 한다고 생각했던 게 아닌가 싶다. 대개의 사람들이 그렇게 생각한다. 그렇다면 이 질문이 참 중요하다. 얼마나 큰 차이라야 의미가 있을까?

이것이 집단유전학의 영역이다. 집단유전학은 개체 사이의 편차와 그 유전적 원인을 진화 중에 특정 형태나 유전자들이 등장하는 빈도의 변화를 다루는 분야이다. '얼마나 큰 차이라야 의미가 있을까?'라는 질문에 단도직입적으로 대답하자면, 두 가지 형태 중 하나가 자연선택으로 상대적 성공을 거두는 데 필요한 차이의 크기는 놀랄 만큼 작다. 야생에서 거의 눈에 띄지 않거나 측정하기조차 곤란할 정도의 작은 차이라도 한 형태가 다른 형태에 비해 우위를 지니고 진화하기에는 충분하다.

집단유전학에는 돌연변이가 가져오는 이익이나 불이익이 개체군이나 종 내부에서의 운명과 어떤 관계를 맺는지 보여주는 공식들이 있다. 공식을 이용해 한 형태가 개체군을 장악하기 위해서는 얼마만큼의 이점을 드러내야 하는지 계산할 수 있다. 자, 어느 정도면 충분할까?

그전에 몇 가지 요소 및 개념들을 짚고 넘어가자. 어떤 형태가 더 '낫다'고 할 때, 그 정확한 뜻이 무엇인가? 그것은 '적합성'이라는 개념으로 설명된다. 생존력(한 개체가 얼마나 오래 살아남는가)과 생식력(한 개체가 얼마나 많은 후손을 낳는가)을 복합적으로 고려한 개념이다. 선택이 이루어져 새 돌연변이가 득세하기 위해서는, 돌연변이가 적합성 면에서 상대 우위를 제공해야 한다. 예를 들어보자. 돌연변이가 없는 개체들은 평균적으로 100마리의 후손을 낳는데 새로운 돌연변이를 지닌 개체들(가령 흑색증 나방이나 흑색증 바위주머니쥐)은 101마리의 후손을 낳는다고 하자. 상대적 적합성 차이는 1퍼센트에 불과하다. 공식에서는 이 수치를 선택계수 s라고 하여 0.01로 계산한다.

그렇게 사소한 차이가 의미 있을까? 1퍼센트의 이득이 계속 유지되는 한, 분명 의미가 있다. 개체군에서 돌연변이 빈도가 증가하는 속도는 개체군의 크기, 그리고 선택계수의 크기에 달렸다. 돌연변이가 개체군에 퍼지는 시간을 세대 단위로 계산하는 공식은 다음과 같다.

시간$=2/s$ $\ln(2N)$, $N=$개체군에 속한 개체들의 수, $\ln$은 자연로그

N은 10,000이라고 하자. 상당히 큰 개체군인 셈이고 합리적인 가정이다. 선택계수 s는 0.01이다. 그러면 결과는 $2/0.01$ $\ln(2 \times 10,000)=1,980$세대이다. 쥐나 나방이라면 약 2천 년 미만인 시간이다. 만약 $s=0.001$, 즉 단 0.1퍼센트의 이익밖에 없다 해도 2만 세대면 돌연변이가 자리 잡는 것이다. 매우 작은 이득만 있어도 지질학적 연대로 볼 때 짧은 시기 안에 돌연변이가 퍼질 수 있다는 결론이다. 선택계수가 반드시 작으라는 법도 없다. 영국 산업지구에서 흑색종 나방이 득세한 속도나 살충제 저항이 있는 곤충들이 나타난 속도를 보면 몇천 년이 아니라 고작 몇 년 안에 개체 빈도가 극적으로 높아졌다. 이때의 선택계수는 0.2에서 0.5 정도였던 것으로 추정된다. 꽤 높은 수치이며, 당연히 선택에 유리한 이점이 몹시 크다는 뜻이다.

선택압을 생각할 때는 적응적 돌연변이의 반대 경향도 함께 따져야 한다. 불이익을 주는 돌연변이가 사라지는 속도 말이다. 여기서 수학 얘기를 길게 할 생각은 없다. 돌연변이가 주는 불이익이 아무리 사소하다 해도 그것이 큰 개체군에 퍼질 가능성은 그야말로 너무나 작다는 사실을 지적하는 것으로 충분하다. 우리는 바위주머니쥐의 검은 털이나 흰 털이 어떤 이익이나 불이익을 주는지 생각할 때, 자연에서 찾아볼 수 없는 형태들도 함께 고려해야 한다. 가령 얼룩

무늬 바위주머니쥐 같은 것은 없다는 사실 말이다. 이런 돌연변이는, 실제로 발생한다 해도 밝거나 어두운 배경 어느 쪽에서도 쉽게 눈에 띌 것이다. 어쩌면 그런 돌연변이는 일어나는 것 자체가 불가능하기 때문에 현재 그런 형태가 존재하지 않는 것인지도 모른다. 하지만 나는 그렇다고는 생각하지 않는다. 그런 돌연변이 개체들이 등장할 수는 있지만, 너무나 불이익이 확실하기 때문에 야생에서 의미 있는 수만큼 번식하지 못한다고 보는 편이 옳다고 생각한다.

이 장을 닫기 전에 얼룩말 논쟁으로 돌아가자. 방금 얼룩 바위주머니쥐에 적용했던 논리를 얼룩말에 적용해보자. 줄무늬의 가치를 생각할 때, 왜 우리가 보는 얼룩말들은 하나같이 줄무늬를 지니는지 생각해보면 단서가 되지 않겠는가? 줄무늬가 별 의미 없는 것이라면, 어째서 줄무늬 없는 얼룩말은 존재하지 않는가? 사실인즉, 존재하기는 한다. 포유류의 경우 털색 돌연변이는 굉장히 흔한 현상이므로, 드물긴 해도 야생에서 극적인 돌연변이가 탄생하는 사례들이 있다(흰 호랑이라거나 점박무늬 얼룩말). 품종 개량자들은 자연적으로 일어나는 드문 변이들을 골라 오랜 세월 교배시킴으로써 새로운 종을 탄생시킨다. 얼룩말의 사촌인 말의 경우 여러 빛깔 털을 지닌 개체도 가끔 등장한다. 나는 아프리카 평원이라는 진화의 실험실이 줄무늬가 정말 중요한 속성이라는 사실을 우리에게 일깨워주는 것이라고 생각한다.

다만 줄무늬에 부여된 목적이 무엇인지 우리가 모를 뿐이다. 여러 이론들 중 마음에 드는 대로 골라 생각해도 무방하겠다. 잊지 말아야 할 점은 민무늬에 비해 줄무늬가 가지는 상대적 이점이 아주 사소하다 해도 줄무늬가 득세하기에는 충분하리라는 사실이다. 자연선택의 힘이(성선택도 포함한다) 어떤 형질을 획득하거나 유지하는 데 강한 영향을 발휘한다는 근본적 원칙은 모든 종의 진화에 공통으로 적용된다. 사람도 예외가 아니다. 또한 모듈성, 유전자 스위치, 형태 진화에 대해 이보디보가 우리에게 가르쳐준 근본적 교훈들 역시 종을 막론한 의미를 지닌다. 자, 그렇다면 이제 드디어 호모 사피엔스의 형성 및 이 종의 특징적인 속성들을 살펴볼 때가 되었다. 얼른 다음 장으로 넘어가자.

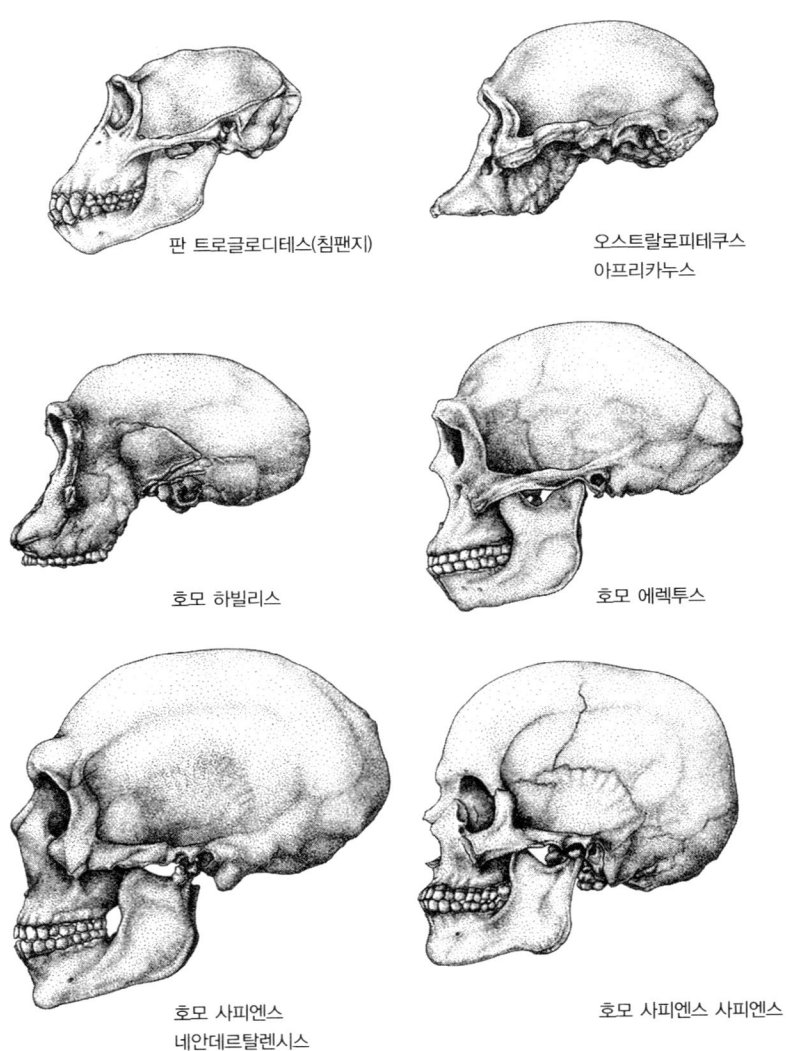

판 트로글로디테스(침팬지)

오스트랄로피테쿠스
아프리카누스

호모 하빌리스

호모 에렉투스

호모 사피엔스
네안데르탈렌시스

호모 사피엔스 사피엔스

사람과의 두개골 크기 및 형태 진화. 그림 _ 주보태니카(zoobotanica) 웹사이트 데보라 J. 마이젤스.

아름다운 마음 :
호모 사피엔스의 탄생

사람의 마음과 기타 고등동물들 마음의 차이는,
비록 엄청나긴 하지만, 정도의 차이이지 종류의 차이는 아니다.
:: 찰스 다윈, 『인간의 유래』(1871)

　전 세계를 도는 항해를 마치고 돌아온 다윈은 제니를 만나러 갔
다. 제니는 런던 동물원의 오랑우탄으로 영국에서 대중에게 공개된
최초의 유인원들 중 하나였다. 제니는 박물학자에게 깊은 인상을 주
었다. 다윈은 제니가 사육사와 상호작용하는 모습을 보고 깜짝 놀랐
으며, 제니의 쾌활함과 지능에 감탄했다. 제니는 어린아이 수준의
감정도 지닌 것처럼 보였다. 첫 만남 이후로 다윈은 자기 아이들을
비롯한 인간 아이들을 볼 때마다 비교영장류동물학자의 시선을 취
하게 되었다.
　유인원을 가까이서 접하는 것은 매혹적인 동시에 심란한 경험이

다. 빅토리아 여왕은 다른 오랑우탄을 본 뒤에(그 오랑우탄의 이름도 제니였다) 오랑우탄이 "왠지 소름끼쳤으며, 고통스럽고 부정하고 싶을 정도로 인간에 가까웠다"고 썼다.

침팬지, 오랑우탄, 고릴라의 얼굴에 나타난 표정, 버릇, 아름답고 재주 있는 손을 보면 우리는 거울을 보는 듯 느낀다. 그래서 자극적인, 또한 몇몇 사람들에게는 몹시 불편할 의문을 품게 된다. 인간과 짐승의 차이는 얼마나 되는가? 유인원들은 몸에 털이 없고 두 발로 걷는 방문객들을 보면서 무슨 생각을 할까? 진지하게 응시하는 고릴라의 눈동자 너머에는 어떤 생각이 있을까? 생태학적, 유전적 주사위가 어떤 우연을 낳았기에 우리가 지금 울타리 너머에서 안을 들여다보게 된 걸까? 어째서 거꾸로 되지 않았을까?

열네 살짜리 내 조카 케이티는 플로리다 주 탬파에서 유인원 전시회를 본 뒤에 아빠에게 물었다. "사람과 침팬지는 99퍼센트가 같다고 늘 말씀하셨잖아요. 그건 알겠는데, 그럼 왜 우리가 이렇게 **다른** 거예요?"

훌륭한 질문이다.

케이티는 사람과 침팬지의 DNA 염기서열이 99퍼센트 가까이 동일하다는, 그 유명한 수치를 말하고 있다. 이 장에서 나는 케이티의 질문에 답하기 위한 초석을 놓아보겠다. 다만 '초석'이라고 하는 데는 두 가지 이유가 있다. 첫째는 생물학이 이제 겨우 인간과 유인원의 유전자 차이에 대해 탐구하기 시작했기 때문이다. 이미 이뤄진 것보다 앞으로 이뤄질 발견들이 훨씬 많다. 둘째는 가령 유전자 발현 패턴의 시각화처럼 동물의 형태 진화에 대해 많은 정보를 주는 그런 종류의 자료들이 인간 배아에 대해서는 없다시피 해서이다.

심리학자 에리히 프롬은 이렇게 말했다. "사람은 자신의 존재를 풀어야 할 숙제로 생각하는 유일한 동물이다." 숙제의 해답이 여러 과학 영역을 아우르는 통합된 그림이어야 함은 물론이다. 고생물학이나 신경해부학처럼 인간의 역사 및 정신 재능의 생물학적 근거를 밝히려고 오래 노력해온 전통 분야는 물론이고, 새로 등장한 학제들, 가령 비교유전학이나 인간의학유전학이나 이보디보처럼 막 무대에 오른 학문들도 포함해야 한다.

약 6백만 년 전에 인간과 침팬지의 공통 선조로부터 우리가 갈라져 나오면서 생겨났던 형태와 기능의 변화는 인간의 발생과 유전자가 진화한 결과였다. 우리가 가장 관심을 쏟는 속성들, 가령 인간의 골격(이족보행, 사지의 길이, 손과 엄지, 골반, 두개골), 생활사(임신 기간, 늘어난 아동기, 수명), 무엇보다도 커다란 뇌, 말, 언어 등이 어떻게 진화했는지 살펴보다보면 생물학 최고의 수수께끼들에 부딪치게 된다. 특히 이보디보에게 주어진 수수께끼들이라 할 수 있을 것이다.

이 장에서는 인간의 형태 진화를 여러 시각에서 살펴볼 것이다. 화석 기록, 비교신경생물학, 발생학, 유전학 등의 시각에서 말이다. 그리고 네 가지 커다란 질문들을 탐구해볼 것이다.

1. 현대 인류로 이어진 과거의 종들에 일어났던 변화를 볼 때, 인간 진화의 실제 패턴은 어떠했는가?
2. 인간의 진화가 다른 포유류의 진화에 비해 특이한 면이 있었는가?
3. 우리의 뇌 어디에 인간의 고유 재능들이 간직되어 있는가?

4. 우리 DNA 어디에 인간을 다른 유인원들과 구별해주는 차이가 들어 있는가?

핵심 메시지는 다른 동물들의 형태 진화에서 알게 된 사실들, 즉 나비와 얼룩말, 초파리와 핀치, 거미와 뱀의 진화에서 배운 사실들이 인간의 형태 진화에도 그대로 적용된다는 점이다. 인간의 물리적 진화는 다른 종의 진화와 한 치도 다를 바 없었다. 직립자세, 커다란 뇌, 안쪽으로 접히는 엄지, 말, 언어 등 인간적 속성들의 진화는 기존 영장류나 대형 유인원 구조에서 발생학적 변화가 이루어져 나타난 결과였고, 수백만 년에 걸쳐 수많은 종분화 사건들을 거치며 누적된 결과였다. 우리와 현생 유인원들을 가르는 유전적 차이가 이제 막 속속 밝혀지고 있다.

조상을 찾아서

인간 형질의 기원을 조금이라도 이해하고자 한다면 우선 인간의 역사 및 주된 특징들을 정확히 파악해야 한다. 사람, 침팬지, 기타 현생 유인원들의 특징을 사진 찍듯 늘어놓고 그로부터 형태 차이의 원인을 추론할 수는 없는 노릇이다. 각각의 종은 최소한 6백만 년이나 어쩌면 그 이상 거슬러 올라가는 독립적 계통을 지녔다. 종 내부 또는 종간에 벌어진 변화의 크기, 속도, 순서를 이해하려면 전적으로 화석 증거에 의존하는 수밖에 없다. 다윈 이후 고생물학자들은 수 세대에 걸쳐 인간 기원의 역사를 밝히고자 분투해왔다.

인간 역사의 오래된 기록이 처음 공개된 것은 1856년의 일이다. 독일 네안데르탈 계곡의 한 석회암 동굴에서 진흙을 파던 일꾼들이 두개골 하나, 갈비뼈 몇 조각, 팔과 어깨뼈, 골반뼈 일부를 발견한 것이다. 처음에는 곰의 뼈라고 본 사람도 있었다. 하지만 불룩 솟은 두개골 눈 위 뼈와 다른 속성들을 관찰한 지역의 한 교사는 이것이 뭔가 특별한 자료일 것이라 짐작했다. 하지만 뭘까? 무수한 추측들 속에서 진실이 가려지기까지는 몇 년이 걸렸다.

해부학자 헤르만 샤프하우젠은 고대 유럽 야만인 중 한 계통의 뼈라고 결론 내렸다. 한 지도적인 독일 병리학자는 비정상적인 뼈 구조로 볼 때 구루병에 걸린 사람이었음에 분명하다고 선언했다. 또 다른 해부학자는 다리뼈가 굽은 것은 승마를 많이 해서 그런 것이므 로, 나폴레옹 군대와의 전투에서 치명적 상처를 입어 동굴로 기어들 어가 죽은 코사크족 군인의 뼈라고 주장했다.

그러나 토머스 헉슬리를 만족시키는 설명은 없었다. 다윈의 불독 이라는 별명으로 잘 알려진 헉슬리는 어떻게 죽어가는 사람이 동굴 안에서 20미터 넘게 기어 올라갈 수 있다는 것인지, 어째서 장비나 옷가지가 하나도 같이 발견되지 않은 것인지 납득할 수 없었다. 헉 슬리는 그럴 순 없다고 확신했다. 그는 이 골격이 유인원 같은 기묘 한 특징을 지녔음을 보았다. 인간과 같은 호모속이지만 다른 종인 것 같았다. 위대한 지질학자 찰스 라이엘은 근처에서 발견된 다른 뼈들이 멸종한 매머드 및 털코뿔소의 것이라 확인했다. 그러므로 '네안데르탈' 두개골은 엄청나게 오래된 것임에 분명하다고 했다 ([그림10-1]은 H. 네안데르탈렌시스와 H. 사피엔스의 두개골 속성을 비교한 것이다).

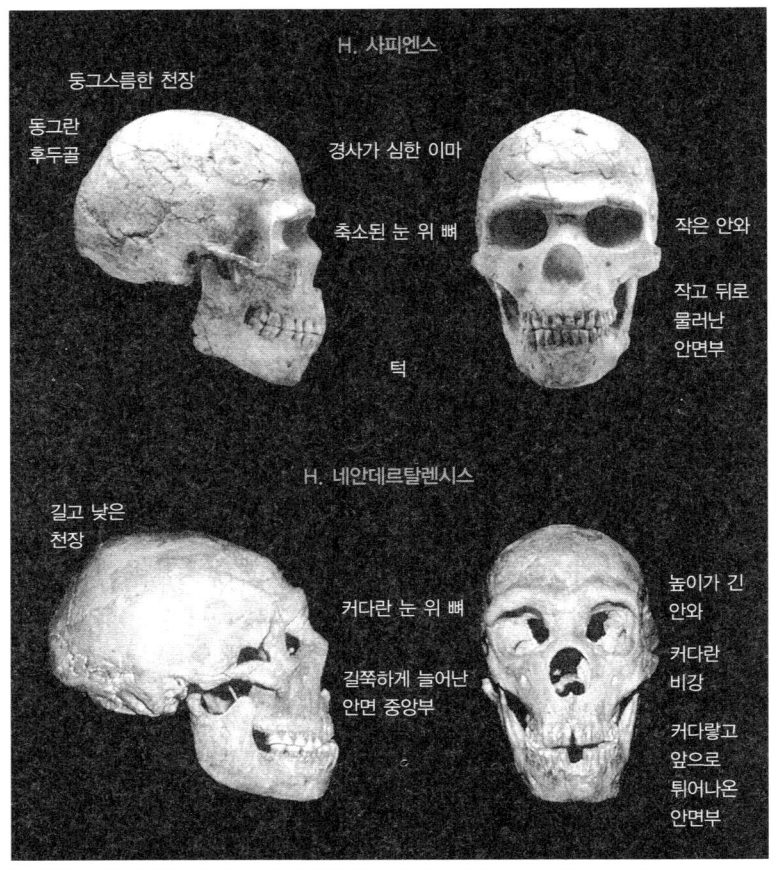

H. 사피엔스

둥그스름한 천장

동그란
후두골

경사가 심한 이마

축소된 눈 위 뼈

작은 안와

작고 뒤로
물러난
안면부

턱

H. 네안데르탈렌시스

길고 낮은
천장

커다란 눈 위 뼈

길쭉하게 늘어난
안면 중앙부

높이가 긴
안와

커다란
비강

커다랗고
앞으로
튀어나온
안면부

[그림10-1] H. **사피엔스**와 H. **네안데르탈렌시스 두개골 비교.** 두개골의 차이가 적혀 있다. 사진 _ 하버드 대학 인류학부 대니얼 리버만 박사.

이 뼈가 화석 인간의 것이라 인정된 시기는 그야말로 절묘했다. 이 뼈들이 널리 알려지고 연구된 시점은 마침 1859년에 출간된『종의 기원』을 둘러싸고 한바탕 소동이 일고 난 뒤였던 것이다. 사실 다윈은 저작에서 인간의 유래라는 주제에 대해서는 조심스럽게 피하는 모습을 보였다. 그저 "인간의 유래와 역사에 대해서 곧 밝혀질 것

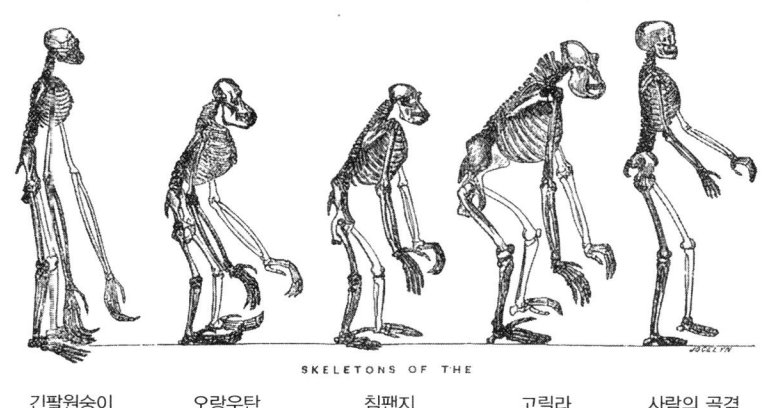

| 긴팔원숭이 | 오랑우탄 | 침팬지 | 고릴라 | 사람의 골격 |

[그림10-2] **유인원 및 인간의 골격 형태 진화.** T. H. 헉슬리의 『자연에서의 인간의 위치』(1863) 권두화.

이다"라고 썼을 뿐이다. 어쨌든 사람들이 가장 열성적으로 관심을 보인 것은 인간의 진화 문제였다. 그때나 지금이나 다를 바가 없다.

인간의 유래에 대해 터놓고 토론을 시작한 것은 헉슬리였다. 헉슬리의 뛰어난 책 『자연에서의 인간의 위치』(1863)는 인간의 유연관계가 어떤지 다루는 내용이다. 대형 유인원들과 인간의 골격 구조를 비교한 그림이 권두화로 실렸다[그림10-2]. 당시 『애서니엄』은 헉슬리와 지지자들을 조롱하며 말하기를, 그들은 인간의 나이가 '십만 년'이나 된다고 추정함으로써 인간의 고귀함을 땅에 떨어뜨릴 위인들이라고 했다. 역설적이게도 이것은 상당히 근접한 추측이었다. 현재까지 알려진 H. 사피엔스 화석 중 가장 오래된 것이 약 16만 년 전 것이기 때문이다.

이 고생물학의 황금기로부터 이미 오랜 세월이 흘렀다. 그동안 새로운 화석 기록들이 발견되어 우리의 지식을 넓혀주었는데, 가장

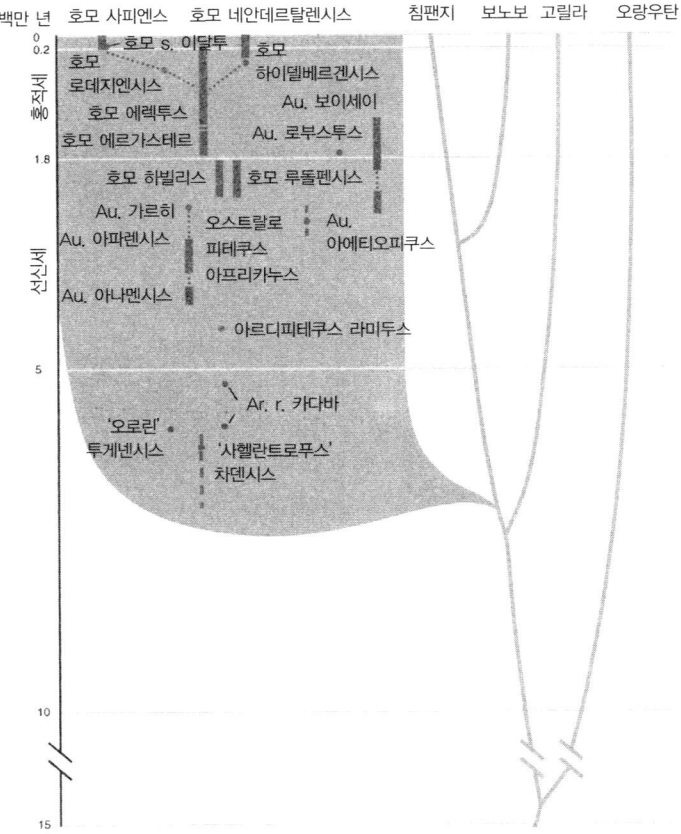

백만 년   호모 사피엔스   호모 네안데르탈렌시스   침팬지 보노보 고릴라   오랑우탄

호모 s. 이달투   호모
호모   하이델베르겐시스
로데지엔시스
Au. 보이세이
호모 에렉투스
Au. 로부스투스
호모 에르가스테르

호모 하빌리스   호모 루돌펜시스

Au. 가르히
오스트랄로   Au.
Au. 아파렌시스   피테쿠스   아에티오피쿠스
아프리카누스
Au. 아나멘시스

아르디피테쿠스 라미두스

Ar. r. 카다바

'오로린'
투게넨시스   '사헬란트로푸스'
차덴시스

[그림10-3] **사람과의 진화 계통수.** 여러 유인원들과 인간 화석 계통의 유연관계가 그려져 있다.
보수적으로 작성한 계통수로서, 학계에 제안된 모든 종들을 포함한 것은 아니다. 한 화석 계통이
존재한 역사적 기간은 진하게 칠해진 막대기로 표시되어 있다. 대략 6백만 년에 달하는 사람과 진
화 역사에 비하면 H. 사피엔스의 역사는 극히 일부에 불과하다. 그림_ 리앤 올즈, 팀 화이트 박사와
버나드 우드 박사의 자료와 조언을 바탕으로.

주목할 만한 몇몇 발견들은 불과 지난 몇 년 사이에 등장했다. 현재
까지 발굴된 화석들을 죽 늘어놓고 보면 사람과(hominid) 진화에 크
게 세 가지 문제가 존재함을 알 수 있다('사람과'라는 용어는 인간과
아프리카 유인원들을 한데 부르는 것이고, '사람족hominin'은 인간과

유인원에서 갈라져 나온 고대의 인간 선조들만을 일컫는 용어이다). 첫째, 사람족 계통과 유인원들의 차이는 무엇인가? 둘째, 현생인류(호모 사피엔스)와 과거 사람종들의 차이는 무엇인가? 셋째, 사람족과 침팬지의 마지막 공통 선조는 어떤 특징을 지니고 있었는가?

최근 20년간, 많은 사람족 종들이 새로 확인되었다. 제안 상태인 것까지 포함하면 더 많다. 화석이 기존 종의 변형태냐 아니냐, 오랜 시간 진화하여 형태학적으로 다른 모습이 된 '시간종'이냐 아니냐 등 해석에 따라 다소 차이는 있지만, 대체로 지금으로부터 6백만 년 또는 7백만 년 전까지의 역사 중에 15에서 20가지 사람족 종들이 존재했던 것으로 여겨진다. 〔그림10-3〕은 보수적으로 그려본 사람과의 계통수이다(보수적이라 한 까닭은 그림에 나타난 것 외에도 별도의 분류군으로 제안된 화석들이 더 있기 때문이다. 그들의 지위에 대해서는 아직 합의된 바가 없다). 사람족으로서 가장 오래된 종은 사헬란트로푸스 차덴시스이다. 최근에야 발견된 이 종은 뇌 크기가 침팬지만 하지만 치아와 안면 구조는 사람을 닮았다. 사람족 진화 계통수의 빈 부분이 점차 채워져 침팬지와 사람이 갈린 것으로 보이는 지점 가까이 거슬러 올라갈수록, 계통수 뿌리쯤에는 유인원과 흡사한 종들이 많을 것이 분명하다. 사람족 계통은 그들로부터 등장하였을 것이다.

신체 화석이나 두개골이 보존된 종이 그리 많지 않기 때문에, 우리가 모든 해부구조에 대해 흡족할 만큼 확실한 결론을 내리기는 힘들다. 하지만 사람족 형질 진화의 어떤 추세들이 다른 유인원들과 구별되는지 파악할 만큼의 자료는 있다. 사람의 진화에서 관심을 가질 만한 형태학적, 발생학적 특징들은 다음과 같다.

- 상대적 뇌 크기
- 상대적 사지 길이
- 두개골 크기와 모양
- 몸통과 흉부의 모양
- 길어진 엄지와 짧아진 네 손가락
- 작은 송곳니
- 작아진 저작기관들
- 긴 임신 기간 및 수명
- 척추에 바로 얹혀 있는 두개골
- 신체의 털 감소
- 골반의 부피
- 턱끝의 유무
- S자 모양 등뼈
- 뇌 내부의 구조

여기에 도구 같은 인류학적 증거들을 더하면, 개개 종의 능력 및 행동을 유추할 수 있다. 또 특정 인지기술이나 운동기술 등이 얼마나 진화한 상태인지도 짐작할 수 있다. 도구 사용은 250만 년 전의 호모 하빌리스에서부터 뚜렷이 등장한다.

일반적으로 최근의 종일수록 몸이 크고, 뇌의 상대 크기가 크고, 몸통에 비해 다리의 길이가 긴 편이고, 이빨이 작다. 반대로 과거의 종일수록 뇌와 몸 크기가 작고, 다리가 몸통에 비해 짧은 편이고, 이빨이 크다. 그런데 우리는 변화에 얼마만큼의 시간이 걸렸는가, 얼마나 큰 규모의 특징 변화인가, 변화가 일어나는 동안 얼마나 많은 종들이 관여하였는가 하는 점들을 늘 유념하여 생각해야 한다. 사람족 진화 계통수의 가지가 정확히 어떻게 뻗어왔든, 변화는 장구한 시간과 많은 종들에 걸쳐 전면적으로 일어났던 일이다. 우리 종의 역사는 사람족 진화의 전체 역사에 비할 때 너무나 작은 부분에(약 3퍼센트) 지나지 않는다는 점을 명심해야 한다. 우리가 관심을 가질 만한 대부분의 물리적 진화는 H. 사피엔스의 등장 이전에 벌어졌다.

사람을 특징짓는 주요한 물리적 형질들 중에는 단독 변화가 아닌 게 많다. 즉 골격과 근육 구조가 동시에 진화한 변화들이었다. 가령 이족보행을 생각해보자. 이족보행을 위해서는 척추, 골반, 발, 사지의 균형이 함께 진화해야 했다. 덕분에 자유로워진 손은 새 재주들을 익히는 방향으로 진화해갔다. 침팬지도 필요하면 두 발로 걸을 수 있다. 하지만 걷는 모양새가 사람과는 전혀 달라서, 무릎 관절을 완전히 펴 다리를 쭉 뻗지 못한다.

초기 사람족들이 이족보행을 했으리란 가설은 골격 형태를 살펴보고 내린 결론이다. 그런데 압도적인 증거는 따로 있다. 탄자니아의 라에톨리라는 고고학 발굴지에서 1976년에 발견된 증거이다. 당시 고인류학자 앤드류 힐은 참으로 영장류다운 일에 몰두하고 있었다. 동료에게 코끼리 똥을 던지며 놀고 있었던 것이다. 그러다가 우연히 사람족의 발자국 화석을 발견하게 되었다. 화산재 지층 위로 무려 24미터나 이어진 발자국이었다[그림10-4]. 이 놀라운 발자국을 남긴 사람은 최소한 두 명인 것 같았는데, 한 명은 크고 한 명은 작았다. 그들은 350만 년 전에 당시 막 땅을 뒤덮은 재 위를 걸었던 것이다. 그 후 발자국은 힐이 발견하기까지 숨겨져 있었다. 메리 리키의 발굴진이 그곳을 열어 조사하기 시작했다. 과거 그 시점에 그 장소에 거주했다고 알려진 사람족 종은 오스트랄로피테쿠스 아파렌시스밖에 없었다. 머리가 작고 직립보행하는 종으로서 도널드 요한슨이 에티오피아에서 발견한 '루시'라는 이름의 화석 때문에 유명해진 종이다.

이족보행 및 그에 수반되는 각종 속성들은 사람 계통의 비교적 초기에 생겨난 변화다. 하지만 큰 뇌는 그렇지 않았다. Au. 아파렌시스나 Au. 아프리카누스 같은 오스트랄로피테쿠스속의 뇌 부피는 약 $450 \sim 500cm^3$였으므로 침팬지(약 $400cm^3$)에 비해 그리 크다고 할 수 없다. 뇌와 몸 크기가 극적으로 커진 것은 지난 2백만 년에 걸친 호모속의 역사에서였다[그림10-5]. 하지만 그 또한 단순하고 점진적인 증가는 아니었다. 오히려 홍적세 초기에 한 번(180만 년 전), 그

[그림10-4] **고대 사람족의 발자국.** 화산재 지층에 난 이 발자국은 오스트랄로피테쿠스 아파렌시스 성인과 청소년의 것으로 추정된다. 1976년에 탄자니아 라에톨리에서 발견되었다. 사진_ 캘리포니아 대학 버클리 캠퍼스의 피터 존스와 팀 화이트.

리고 홍적세 중기에 또 한 번(60만 년 전에서 15만 년 전 사이), 뇌의 절대적 크기가 급격히 증가한 사건들이 있었던 것으로 보인다. 두 사건 사이에 약 1백만 년의 격차가 있고, 그 사이는 상대적으로 변화가 없는 정체기였다.

우리 뇌는 이 기간 중에 왜 갑자기 커졌을까? 여러 이론이 있다. 여기서는 그중 한 가지, 기후 변화에 대한 적응이라는 설만 소개하겠다. 이 이론을 고른 까닭은, 외부적 힘들이 진화 속도에 영향을 미

사람족 종들의 뇌와 신체 크기 진화[a, b]			
종	추정 연대(백만 년 전)	신체 크기(kg)	뇌 크기(cm³)
호모 사피엔스	0~0.2	53	1355
호모 네안데르탈렌시스	0.03~0.3	76	1512
호모 하이델베르겐시스	0.3~0.4	62	1198
호모 에렉투스	0.2~1.9	57	1016
호모 에르가스테르	1.5~1.9	58	854
호모 하빌리스	1.6~2.3	34	552
파란트로푸스 보이세이	1.2~2.2	44	510
오스트랄로피테쿠스 아프리카누스	2.6~3.0	36	457
오스트랄로피테쿠스 아파렌시스	3.0~3.6	자료없음	자료없음
오스트랄로피테쿠스 아니멘시스	3.5~4.1	자료없음	자료없음
아디피테시스 라미두스 카다바	5.2~5.8	자료없음	자료없음
샤헬란트로푸스 차덴시스	6~7	자료없음	320~380

a: 확인된, 혹은 제안된 모든 종들의 목록은 아니다. 종들의 연대나 관계에 대해서는 풀리지 않은 문제들도 있다.
b 참고자료 부분을 살펴보라.

[그림 0-5] 오래된 종에서 최근 종으로 올수록 몸과 뇌 크기가 증가하는 일반적 경향이 있다. 신체 화석이나 완전한 두개골 자료가 없는 종들도 있다.

친다는 견해가 갈수록 널리 인정받고 있는데 그 시각을 잘 보여주는 설명이기 때문이다. 약 230만 년 전, 전 지구적 기후 변화가 발생하여 더 춥고 건조한 기후가 되었다. 덕분에 아프리카의 숲들이 줄어들고 건조한 사바나가 생겼다. 대형 유인원들은 보다 안전한 우림 서식지에 머물렀지만 사람족들은 변화무쌍한 서식지에 적응하고 나섰다. 그로부터 또 한참 상대적으로 안정된 시기가 지나고, 70만 년 전쯤 다시 한번 지구 기후가 변했다. 6,500만 년 전에 공룡이 멸종한 이래 그 어떤 시기보다도 평균 온도가 낮아진 것이다. 온도가 수차례 급작스레 요동쳤고 고작 몇 년 만에 커다란 변화가 벌어지기도 했다. 기후 변화는 식량 조달 가능성, 물, 수렵, 이주 등등에 영향을 미쳤을 것이므로, 그처럼 끝없이 변하는 조건에 보다 잘 적응하는 사람족들이 선택되었을 것이다. 기후가 변하는 동안 사람의 뇌 크기는 대략 두 배가 되었다. 백만 년, 아마도 약 5만 세대에 걸친 일이었다. 확실히 인상적이지만 갑작스런 변화라고는 할 수 없다.

네안데르탈인의 몸과 뇌가 현생인류보다 컸다는 점이 또 재미있다. 우리는 왜 우리가 성공했는지, 왜 우리 사촌은 후손을 남기지 못한 채 3만 년 전에 사멸하고 말았는지 알지 못한다. 또렷한 물리적 증거가 없다. 현생인류와 네안데르탈인의 계통은 H. 사피엔스가 등장하기 한참 전인 50만 년 전쯤에 이미 분리되었다. H. 네안데르탈렌시스는 H. 사피엔스의 유전자풀에 아무 기여도 하지 않았다. 이 사실을 결정적으로 증명한 연구는 유전학이 고인류학에 얼마나 큰 기여를 할 수 있는가 보여준 사례였다. 당시 뮌헨 대학에 있던 스반테 파보와 동료들은 네안데르탈인 표본 뼈에서 DNA 서열을 추출하는 데 성공했고, 이 서열을 비교해본 결과 네안데르탈인의 가지는 사람족의 계통수에서 사멸해버렸다는 것이 증명되었다.

호모 사피엔스와 네안데르탈인은 같은 시간대에 같은 지역에서 살았다. 두 종이 동시에 거주했음을 보여주는 유적지들이 여러 군데 있다. 두 종 모두 도구를 썼고, 불을 피웠고, 문화와 언어와 자기 인식 능력을 지녔다는 증거가 있다. 그러나 살아남은 것은 한 종뿐이었다. 현생인류가 결국 네안데르탈인의 영역까지 넘겨받을 수 있었던 이유, 그 지적 우월성이 무엇이었든 간에, 신경해부학적 측면에서 보기에는 몹시 사소하고 제대로 확인하기도 어려운 것일 터이다. 이에 비해 사람족의 뇌 발생과 진화를 대형 유인원들과 비교하는 문제는 한결 쉽게 다뤄볼 만하다.

아름다운 마음의 탄생

후대로 오며 두드러지게 커진 사람족의 뇌는 단지 인지 능력이 커질 가능성만을 열어주었을 뿐이다. 절대적인 뇌 크기가 크다고 반드시 더 많은 능력을 갖게 되는 건 아니다. 보다 합리적인 기준은 신체 무게에 대비한 상대적 뇌 크기이다. 뇌는 에너지 소비 면에서 엄청나게 비싼 기관이라, 성인 인간이 소모하는 에너지의 25퍼센트를 사용한다(유아의 경우 60퍼센트이다). 홍적세에 사람의 뇌 크기가 커졌다는 것은 다른 포유류나 영장류의 상대적 뇌 크기 비율에 비해 뚜렷하게 증가했다는 뜻이다. 고래나 돌고래 등은 사람보다 뇌가 훨씬 크지만, 몸무게에 대한 비율로 볼 때는 인간이 그들보다 15 내지 20배 크다. 신경해부학자들이 풀어야 하는 숙제는 인간 고유의 능력을 염두에 둘 때 뇌 크기 증가의 어떤 측면들이 가장 의미 있는가 하는 문제이다.

IBM의 컴퓨터 과학자 에머슨 퓨는 이것이 얼마나 힘든 과제인지 다음처럼 설명한 바 있다. "사람의 뇌가 상당히 단순하여 우리가 충분히 이해할 수 있을 정도라면, 거꾸로 우리는 너무나 단순한 존재들이라 그것을 이해하지 못할 것이다." 생물학이 넘어야 할 높은 산들 중 두 가지를 꼽으라면 뇌를 이해하는 것, 그리고 행동의 생물학적 근거를 이해하는 것이다.

학자들은 뇌의 특정 영역들이 시각, 운동, 인지 기능에서 각기 어떤 역할을 담당하는지 연구해왔다. 포유류 및 영장류를 대상으로 하였으며 물론 사람도 포함되었다. 우리 뇌의 제일 위쪽에는 대뇌피질이 있다. 뇌 대부분을 덮고 있는 신경 조직층이다. 그 층 한쪽에 여섯 겹으로 이루어진 신피질이 있는데, 이는 포유류들만 갖고 있는 구조이다. 사람의 피질은 몇 개의 엽으로 나뉜다. 뇌 표면에 난 울룩불룩한 홈과 둔덕을 기준으로 임의로 나눈 것이다. 신경생물학자들은 어느 엽이 어떤 기능을 수행하는지 확인하고자 노력해왔으며, 비교적 성공을 거둔 편이다[그림10-6]. 전두엽은 사고, 계획, 감정에 관계하며, 두정엽은 고통, 촉감, 미각, 온도, 압력 감지와 수학 및 논리 작업에 관계한다. 측두엽은 주로 청각에 관계하지만 기억이나 감정 처리에도 관여한다. 후두엽은 시각 정보 처리에 관계하며, 변연엽은 감정, 성적 행동, 기억 처리에 관계한다.

피질 중 최초로 기능이 확인된 영역은 폴 브로카가 발견한 지점이다. 1861년, 뇌졸중을 겪은 후 '탠'이라는 단어밖에 말하지 못하게 된 한 환자의 뇌를 점검하던 브로카는 전두엽의 한 부분이 손상

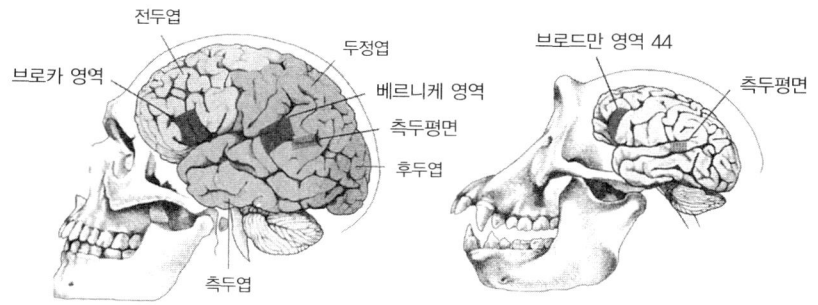

전두엽
두정엽
브로드만 영역 44
브로카 영역
베르니케 영역
측두평면
측두평면
후두엽
측두엽

[그림10-6] **사람과 침팬지 뇌의 주된 물리적 경계들.** 사람 뇌 측두평면의 브로카 영역과 베르니케 영역은 언어 기능에 관계한다. 침팬지의 구조에 대해서도 해부학적으로 연구되었다. 그림_ 리앤 올즈.

된 것을 발견하고 그곳이 언어 영역이라고 결론 내렸다. 이후 브로카의 관찰을 뒷받침하는 증거들이 쏟아져 나왔다. 정상인이 말하는 동안 뇌를 영상 촬영한 결과도 있다. 브로카 영역이 밝혀진 이래 비교신경해부학자들은 인간 재능의 진화에 핵심적인 영역들이 또 어디 있을지 찾고자 노력했다. 그런데 뇌 구조를 비교함으로써 내릴 수 있는 주된 결론은 내가 앞서 여러 차례 강조했던 이야기들의 주제와 일맥상통한다. 나비 날개 무늬나 거미의 방적돌기, 곤충의 날개 등이 어떻게 발명되었는가 하는 이야기 말이다. 한마디로 현재의 구조는 훨씬 앞서 벌어졌던 많은 발명들의 누적 결과라는 사실이다. 물론 포유류의 뇌는 그전의 뇌들보다 낫지만, 초기 영장류의 뇌는 포유류가 닦아둔 기반을 정교하게 다듬은 것이며, 유인원과 인간의 뇌 진화는 그렇게 발전한 영장류의 토대 위에서 이뤄진 것이다.

초기의 발명들 중 가장 중요한 것을 꼽자면, 당연히 포유류의 신피질 발명이다. 신피질은 뇌의 처리 능력을 배가시켰을 뿐 아니라 특정 기능들을 담당하는 하위 구조로 전문화할 길을 열어주었다. 포유류의 뇌 크기가 서로 다른 것은 뇌의 모든 부분들이 일정한 비율로 커지거나 작아진 탓이 아니다. 오히려 뇌는 '모자이크' 식으로 진화했다. 뇌의 하위 부분들은 서로 협력을 주고받긴 하되, 기본적으로는 독자적으로 진화해온 것이다. 가령 텐렉(벌레를 먹고 사는 작은 포유류 식충동물)의 뇌 중 신피질을 제외한 부분은 마모셋(영장류이다)의 뇌보다 훨씬 크지만, 마모셋의 신피질은 텐렉보다 열 배 이상 크다[그림10-7]. 이것은 영장류에 보편적인 현상으로서, 영장류의 신피질은 다 이렇게 확장되어 있다. 영장류가 아니지만 몸무게가 비슷한 다른 포유류와 비교할 때 신피질이 평균 2.3배가량 크다. 영장류는 또 후각에 대한 의존을 버리고 시각에 훨씬 의존하는 방향으로 변이했는데, 이에 맞게 피질 영역들의 크기도 상대적 변이를 겪었다.

영역 간 비율의 변이 외에, 새로운 중심지들이 진화한 변화도 있다. 영장류의 뇌에 새롭게 등장한 영역으로서 시각적으로 인도되는 운동 활동을 조정하는 영역이 있다. 손을 뻗고, 물건을 쥐고, 물체를

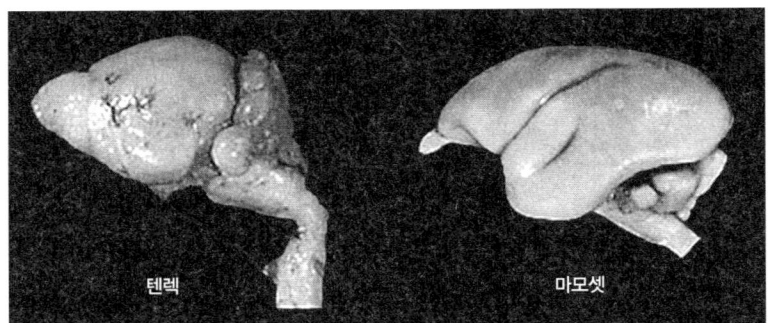

텐렉   마모셋

[그림10-7] **포유류 뇌 영역의 진화.** 곤충을 주식으로 하는 포유류 텐렉은 영장류인 마모셋보다 훨씬 작은 대뇌피질을 갖고 있다. 뇌 영역들의 크기에 상대적 변이가 생기는 것은 전문화와 결부된 일반적인 현상이다. 사진_ 캐럴 디작과 월리 워커, 위스콘신 대학의 위스콘신 비교 포유류 뇌 수집품 중에서.

조작하는 일은 영장류의 생활에서 중요한 활동이다. 이처럼 시각의 도움을 받는 움직임 중에는 배쪽 전운동 영역이라는 부분이 활성화된다. 흥미로운 사실은 이런 작업을 지켜보는 원숭이의 뇌에서도 이 영역이 활성화된다는 것이다. 따라서 영장류의 운동 조절 영역은 시각적 관찰을 통한 학습에 핵심적인 역할을 하는 게 아닌가 생각된다.

인간의 진화에서는 말과 언어가 엄청나게 중요했다. 그래서 이 능력들의 기원을 밝히는 일은 줄곧 더없이 중차대한 관심사였다. 사람 뇌의 브로카 영역은 영장류로 따지면 전운동 영역 부분에 위치하고 있으며, 말과 언어에 전문화된 영역인 듯하다. 초미의 관심사는 이런 활동을 담당하는 뇌 영역들이 인간에게만 존재하는가 하는 점이다. 브로카 영역을 해부학적으로 관찰할 때 눈에 띄는 점은 좌반구의 브로카 영역이 우반구 브로카 영역보다 크다는 사실이다. 잘 알려져 있다시피 말을 주로 통제하는 것은 좌반구이다. 브로카 영역이 비대칭적인 것도 좌반구가 말에 전문화된 점을 반영하는 것이라 해석된다. 좌반구는 또 사람들이 주로 오른손잡이가 되도록 오른손의 움직임을 통제하는데, 손동작 역시 인간의 의사소통에서 중요하다. 두번째로 확인된 언어 영역은 베르니케 영역으로서, 측두엽에 있다[그림10-6]. 베르니케 영역 내부에 측두평면이라는 지점이 있는데, 이 지점은 언어 및 동작 의사소통과 음악 재능에 관계하는 듯하다. 두 재능 역시 좌반구의 지배를 받는 일이다. 대부분의 사람은 베르니케 영역 역시 좌반구 쪽이 두드러지는 해부학적 비대칭을 보인다. 좌반구 쪽이 우반구보다 갈라진 틈이 더 뒤쪽까지 멀리 나 있다.

그런데 이런 해부학적 비대칭은 대형 유인원들에게서도 확인되었다. 인간의 전문성을 담당하는 해부학적 영역들이 인간과 대형 유인원의 공통 선조에서 이미 결정되었다는 뜻이다. 또 인간에게 잡힌 유인원들의 의사소통이 좌반구의 지배를 받는다는 연구 결과도 있다. 의사소통을 가능케 하는 해부학적 구조들이 사람족 이전에 이미 자리 잡았다는 가설을 지지하는 증거일 것이다. 하지만 보다 많은 수의 표본을 대상으로 한 최근 연구는 이 가설에 부정적이다.

또한 해부학적 비대칭이 말이나 손을 쓰는 데 필수 조건은 아니라는 점도 최근에 밝혀졌다. 만 명 중 1명꼴로 신체 내부 장기들의 좌우 구조가 역전된 사례가 있는데('좌우 바뀜증'이라 한다), 그런 사람들도 대체로 기능에는 문제가 없다. 뇌 영상 촬영을 통해 확인한 결과 좌우 바뀜증 사람은 전두엽과 측두평면의 좌우 비대칭도 역전되어 있었다. 그러나 이들 역시 언어 능력은 주로 좌반구의 지배를 받았으며 대개 오른손잡이였다. 오랫동안 알려져온 뇌의 두 가지 해부학적 비대칭 구조들이 말과 언어 기능 발생에 필수 조건은 아님을 알 수 있다.

과학자들은 인간의 뛰어난 기능을 설명해줄 다른 영역들이 있을까 하여 사람과 유인원의 뇌를 꼼꼼하게 비교했다. 계획, 조직적 행동, 인성, 기타 '고등' 인지 처리에 관련된 뇌 영역들에서 반드시 사람과 유인원의 차이가 있으리라는 가설은 아주 오래된 생각이다. 자, 이 속성들은 주로 전두피질이 담당하는 것들이다. 그런데 인간의 전두피질이 침팬지보다 크기는 하지만, 비율로 볼 때 엄청나다고 할 정도는 아니다. 그러면 사람을 동물과 구별해주는 요인들은 훨씬 미묘한 무언가라고 봐야 할까? 아마 그럴 것이다. 인간의 진화 내용은 뇌의 '미시구조'에 담겨 있을 가능성이 높다. 가령 피질 영역들 간의 상호연결, 국지적 배선 회로의 설계구조, 피질 내에서 뉴런의 배치 같은 측면들 말이다. 일례로 측두평면의 수직 뉴런 기둥들의 차원은 침팬지와 사람 사이에 차이가 상당하다. 인간 선조 뇌의 몇몇 전문 영역들이 발생할 때 뉴런들의 수, 배치, 연결이 진화적으로 조정된 것, 그것이야말로 인간 능력의 기원을 낳은 길이었을 것이다. 신경생물학자들은 현재 여러 고해상도 기술들을 동원하여 유인원과 인간 뇌 사이에 어떤 미세한 차이점들이 있는지 열심히 찾고 있다.

도자이크 식으로 이루어진 인간의 진화

현생인류, 과거의 사람족, 대형 유인원들의 신체 형태가 다른 것은 이들의 발생 과정에 진화적 변화가 일어났기 때문이다. 변화의 성격을 이해하기 위해 과학자들은 인간과 침팬지의 성장 및 성숙 속도를 상세하게 연구했다. 화석 자료에서도 몇 가지 추론을 이끌어낼 수 있었다.

침팬지와 사람의 발생에서 근본적인 차이는 두개골의 성장 및 성숙 속도가 상대적으로 다르다는 점으로, 이 사실은 오래전부터 알려져왔다. 인간 아기의 두개골은 침팬지 아기에 비교할 때 덜 성숙한 편이다. 물론 사람의 두개골과 뇌가 훨씬 더 많이 성장한다. 사람의 두개골 성숙 속도는 침팬지에 비해 엄청나게 늦어서, 처음에는 침팬지 두개골 크기가 더 크다. 결국 침팬지와 사람의 두개골은 거의 같은 크기까지 자라지만 얼굴 크기 및 뇌 용적은 상당히 다르다. 두개골의 상대적 성숙 속도에 변이가 있었다는 것은 발생에서 시기적 변이가 있었다는 뜻이다.

사람족 화석을 연구한 과학자들은 그 밖에도 발생에 여러 시기적 변이가 있었음을 밝혀냈다. 화석 이빨의 법랑질 형태를 조사한 고생물학자들은 오스트랄로피테쿠스속 및 초기 호모속의 치아 형성 기간이 현생인류보다 짧았다고 결론 내렸다. 치아 발달 단계는 어린이의 발달 단계 및 상대적인 성적 성숙 정도를 잴 수 있는, 믿을 만한 척도이다. 화석 자료에 따르면 현생인류에게서 나타나는 늦은 치아 발달은 뇌 크기 변화나 신체 비율 변화 같은 사건들보다 뒤늦게 진화했다고 한다. 반면 이족보행 자세와 관련된 모든 골격 변화는 뼈 및 근육 구조 변화로 생긴 것으로서, 두개골의 성숙 속도 감소와는 독립적으로, 그보다 앞서서 일어났다. 그러므로 사람족의 진화는 대개 모자이크 식으로 일어났다고 볼 수 있다. 각각의 형질은 사람족 역사에서 서로 다른 시기에, 서로 다른 속도로 진화했던 것이다.

이보디보를 통해 인간 진화를 이해하려는 우리에게, 진화가 모자이크 식으로 일어났다는 것은 어떤 의미일까? 이는 서로 다른 구조들의 발생이 장구한 시간에 걸쳐 조각조각, 비선형적으로 진화했음을 뜻한다. 화석 자료로도 알 수 있듯 인간 형태는 한순간 갑작스럽게 이뤄진 게 아니다. 인간의 역사는 뇌 크기, 신체 비율, 두개골 크기, 임신 기간, 청소년 발달 기간 등에 벌어진 질적인 변이들이 수만 세대 동안 축적되어 이뤄진 것이다. 게다가 인간 형질의 변화 속도는 비슷한 시기에 나란히 진화하던 다른 포유류의 변화 속도에 비해 그다지 특별하지도 않았다. 가령 화석 말들도 신체 크기나 기타 특징들에서 사람과 비슷한 변화 속도를 보였다.

무수한 증거들을 종합할 때 인간의 형태 진화가 다른 동물들보다 특별하다거나 비전형적이었다고 할 근거는 없다. 그렇다면 동물의 형태 진화에 대해 알려진 사실들이 일반적으로 사람에게도 적용된다고 볼 수 있을 것이다. 실제로 우리는 침팬지와 유전적으로 무척 가까우며, 나아가 영장류들은 유전적으로 다른 포유류들과 상당히 가깝다. 다시 이 익숙한 한 가지 결론으로 귀결하게 된 셈이다. 동물과 인간을 이루는 유전자 집합은 엇비슷하다는 것, 그래서 크든 작든 형태의 차이는 분명히 유전자들이 사용되는 방식에 있다는 것이다. 물론 사용되지 않는 방식에 있다고도 말할 수 있을 것이다.

98.8퍼센트 역설과 호모 사피엔스의 탄생

인간의 진화 과정에서 발생학적, 물리적 변화가 가능했던 궁극적 원인은 유전자에 있다. 우리 DNA 어딘가에 유인원이나 초기 사람족과 우리를 다르게 만들어주는 무언가가 있는 건 틀림없다. 그렇다면 핵심적인 질문들은 다음과 같다.

* 의미 있는 차이점들이 얼마나 많이 존재하는가?
* 차이점들이 유전자 어디에 있는가?
* 그들이 형태의 차이에 어떻게 기여하였는가?

좋은 소식은 이제 과학자들이 사람, 침팬지, 쥐의 게놈 서열 전체를 해독해냈다는 것이다.

나쁜 소식은 간단히 산수를 해보면 알게 된다.

사람의 DNA 서열에는 약 30억 개의 염기쌍이 있다. 그중 98.8퍼센트가 침팬지의 DNA 서열과 동일하다. 차이는 1.2퍼센트에 불과하다. 지구상에 존재하는 동물들 중에 인간과 DNA 서열 차이가 가장 적게 나는 동물이 침팬지다. 하지만 고작 1.2퍼센트라 해도 염기쌍으로 말하면 3천6백만 개다. 인간과 침팬지는 약 6백만 년 전에 공통 선조로부터 갈라져 나왔으므로 차이 중 절반은 침팬지 특유의 것(침팬지의 계통에서 일어난 것)이고 나머지 절반은 인간 특유의 것(인간 계통에서 일어난 것)이라 가정해도 좋겠다. 그러면 공통 선조에서 인간이 갈라져 나온 이래 변화를 일으킨 염기쌍이 약 천8백만 개라는 계산이 나온다(논의의 편의를 위해 숫자를 단순화시켜 말하고 있다. 염기의 삭제나 삽입, DNA 조각들의 드나듦에 대해서는 고려하지 않았다).

변화한 부분 전부가 의미 있을까? 아니면 일부는 잡음에 불과할까? 천8백만 개의 차이 중 어느 부분이 진화에 기여했는지, 어떻게 알 수 있을까?

물론 유전자 돌연변이가 모두 의미 있는 것은 아니다. 유전암호에는 중복이 많기 때문에 특정 염기가 바뀌어도 단백질에 영향이 없는 경우도 있다. 이러한 '조용한' 치환은 시간이 갈수록 누적된다. 이들을 없앨 조금의 선택압조차 존재하지 않기 때문이다. 게다가 우리 DNA 중 암호나 조절 기능에 할당된 것은 5퍼센트에 불과하기 때문에, 나머지 방대한 양의 DNA 서열에서 일어난 돌연변이들은 거의 아무 영향을 미치지 못한다. 또한 연관관계가 없는 두 사람이 드러내는 차이는 평균적으로 약 3백만 개 염기쌍으로 빚어지는 것이라는 사실도 고려해야 한다. 절대 수치로 보면 엄청난 양처럼 느껴지지만 전체 DNA 염기쌍의 0.1퍼센트일 뿐이다. 그만큼의 유전자 차이를 갖고 있는데도 모든 사람은 같은 종에 속한다. 이것은 염기쌍 수백만 개 정도의 차이는 별 게 아닐 수도 있다는 뜻이다. 그러니 사실상 인간의 형태를 빚어낸 유전자 변화의 규모가 얼마나 되는지 아무도 모르는 셈이다. 나는 약 만 개 단위의 변화일 것이라 추측한다. 과학자들이 당면한 과제는 정말 중요한 차이들이 뭔지 가려내는 일이다.

침팬지와 인간의 차이를 깊게 분석하기 전에 이 역설과 그 해답의 의미에 대해 좀더 생각해보자. 인간의 게놈을 다른 포유류, 가령 쥐와 비교해보면 몇 가지 깨닫는 바가 있다. 쥐는 설치류이다. 설치류와 영장류는 아주 오래전, 아마도 7천5백만 년 전쯤에 갈라졌다. 쥐의 뇌는 몹시 작다. 쥐도 신피질에서 정보 처리를 하지만, 신피질 크기는 영장류에 비해 훨씬 작고, 두말할 것도 없이 인간에 비하면 없는 것이나 마찬가지인 정도이다. 그런데도 인간과 쥐의 게놈을 비교하면 인간 유전자의 99퍼센트가량이 쥐에 대응물을 갖고 있으며, 그 반대도 마찬가지다. 사실 인간 유전자의 96퍼센트는 염색체에서의 순서 하나 안 틀리고 그대로 쥐 염색체에도 있다. 엄청나게 유사하다고 볼 수 있는 것이다. 이것은 7천5백만 년에 달하는 포유류의 진화에서, 그리고 최소한 5천5백만 년에 달하는 영장류의 진화에서, 사람과 쥐가 본질적으로 거의 동일하게 조성된 동일한 유전자들을 간직해왔음을 뜻한다. 유전자 개수 및 조직의 차이는 사람과 영장류의 기원에 그다지 큰 역할을 하지 못한 셈이다.

유전자의 수나 구성이 문제가 아니라면, 대체 무엇으로 쥐와 사람의 현격한 차이를 설명할 수 있을까? 물론 쥐와 사람의 유전자들이 만들어내는 단백질의 종류도 서로 다르긴 하다. 평균적으로 30퍼센트 정도 차이를 보인다. 하지만 이제까지의 논의를 염두에 둘 때, 단백질 구성의 차이가 대부분의 형태 차이를 설명해준다고 볼 수 있을까?

나는 일반적으로 그렇게 설명할 수 없다고 생각한다. 내 견해는 인간을 대상으로 한 직접 실험 자료가 아니라 다른 종들에 대한 지식에 기반한다. 그래도 나는 몇 가지 증거들을 볼 때 내 결론이 틀림없이 타당하다고 생각한다. 첫째, 신체 내 단백질 중 대부분은 형태에 영향을 미치지 않고 생리학적 역할들을 수행할 뿐이다. 후각, 면역, 재생산 등 생리 작용에 관계하는 단백질들이 서로 흥미로운 차이를 보여줄지 모르나, 그것이 쥐와 사람의 생김새가 다른 이유는 안 된다. 둘째, 툴킷 단백질은 신체에 존재하는 단백질 중 극히 일부에 불과하기에 하나의 툴킷 단백질이 발생 과정에서 여러 가지 역할들을 맡는 게 보통이므로, 눈에 띌 만큼 크게 바뀌기가 어렵다(돌연변이가 여러 기능들에 몽땅 영향을 미칠 것이기 때문이다). 대신, 앞서 보았듯 동물 형태의 수많은 차이들을 담당하는 것은 유전자 스위치의 변화이다. 사람의 진화는 주로 크기, 모양, 미세 구조, 발생 시기의 진화이기 때문에, 논리적으로 봤을 때 사람의 경우에도 스위치 진화가 가장 중요했다고 할 수 있다. 사람 몸의 모든 것은 포유류나 영장류의 원형에 대한 변형태이다. 따라서 나는, 유전자 증거들을 점검해봤을 때 내릴 수 있는 결론은, 영장류와 대형 유인원과 사람의 진화는 유전자가 암호화한 단백질의 변이가 아니라 유전자 통제 방식의 변화에서 빚어진 것이라 본다.

내가 이 결론을 내린 최초의 사람은 아니다. 30년 전에 이뤄진 고전적 연구에서, 메리 클레어 킹과 앨런 윌슨은 침팬지와 사람의 단백질 서열이 거의 동일하다는 것을 보여주었으며, 따라서 진화적 차이는 유전자 조절방식의 변화에 있을 것이라고 결론 내린 바 있다. 1960년대와 1970년대에 등장한 일군의 탁월한 생물학자들, 라이너스 폴링, 에밀레 주커칸들, 에릭 데이비슨, 로이 브리튼, 프랑수아 자콥 등도 동일한 결론에 다다랐다. 하지만 당시에는 유전자 스위치의 논리나 기능에 대해 알려진 바가 하나도 없었으며 발생 통제에 관여하는 유전자가 하나도 밝혀지지 않았던 때다. 이제 이보디보와 비교유전학의 증거들이 쌓이며, 비로소 과거의 추론들이 옳은 궤도에 있었던 것임이 증명되었다.

그런데 사람의 유전자 스위치를 연구하는 게 훨씬 중요함에도 불구하고 다른 종에 비해 연구하기가 훨씬 까다로워 문제다(살아 있는 인간 배아에서 기능을 연구할 수 없기 때문이다). 인간 스위치들의 진화적 변화를 추적하는 일은 몹시 힘든 도전이다. 그러나 과학자들은 다양한 방면으로 노력하고 있으며, 인간 진화의 면면에 원인이 되거나 관련이 있는 단백질 암호 서열의 차이를 밝혀내는 작업도 현재는 훨씬 쉬워졌다. 자, 우리는 인간의 진화에 영향을 준 유전자를 두 가지만 살펴보자. 특정 유전자가 인간적 속성의 진화에 결부되어 있다는 결론을 내리기까지 얼마나 까다로운 탐정 작업이 필요한지 보여주는 사례들이다. 그렇지만 이 이야기들은 과학자들이 관련성을 밝히는 방법을 소개하는 대표 사례들로 이해해야 한다. 새로 만든 유전자 망원경에 처음 포착된 별들로 간주해야 한다. 이들이 인간적 특징의 진화를 모조리 설명하는 유전적 원인일 리는 없고, 가장 중요한 원인이라고도 할 수 없기 때문이다.

사람의 턱 근육 진화

사람과 유인원, 사람과 오스트랄로피테쿠스속 같은 초기 사람족을 구분하는 특징으로 사람의 턱 근육 크기가 줄어들었다는 점이 있다. 짧은꼬리원숭이나 고릴라 같은 현생 영장류들은 커다랗고 강력한 턱 근육으로 음식을 부순다. 영장류의 두개골을 보면 하악골을 들어 올리는 근육인 측두근이 두개골 옆면을 거의 다 덮고 있다. 그에 비해 사람의 측두근은 무척 작아진 상태다[그림10-8].

턱 근육 크기 변화가 어떤 유전적 요인에 의해 일어났는지 단서를 밝힌 사람은 펜실베이니아 대학의 한젤 슈테드만과 그의 동료들이다. 그들은 인간 유전자 중 미오신 중사슬 16(줄여서 MYH16)이라는 단백질을 만드는 부분에 돌연변이가 일어나 단백질 대부분이 엉망이 된 것을 발견했다. 미오신 중사슬은 수축할 때 힘을 내는 근육섬유의 일부로서 중요한 역할을 맡는 단백질이다. 이 단백질이 없거

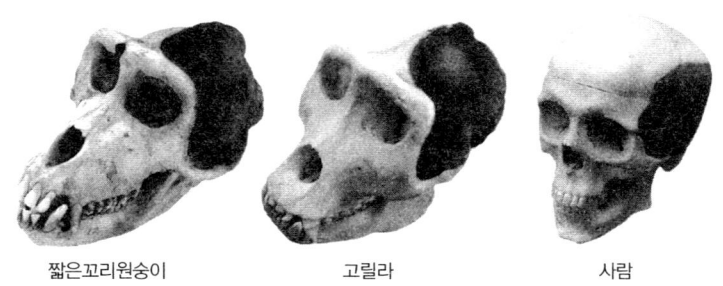

짧은꼬리원숭이   고릴라   사람

[그림10-8] **영장류 턱 근육 구조의 진화.** 짧은꼬리원숭이와 고릴라는 두개골 옆면이 넓다. 이곳에 측두근이 붙어 있다. 커다란 턱을 제대로 움직여서 씹는 압력을 내려면 이처럼 넓은 면적이 필요하다. 사람의 경우 측두근이 훨씬 작아졌다. 이 속성에 관련된 돌연변이로 최소한 한 가지는 확인되었는데, 근섬유 단백질에 일어난 돌연변이다. 사진_ 한젤 슈테드만 박사, 『네이처』 428(2004), 415쪽에 실린 것을 허가로 재수록.

나 변형되면 보통 근섬유의 크기가 축소된다.

MYH16은 특정 근육들에서만 발견되는 전문화된 미오신이다. 짧은꼬리원숭이의 경우 MYH16은 측두근과 그 옆에 있는 또 하나의 근육에서만 만들어지고, 다른 근육들에서는 만들어지지 않는다. 사람의 MYH16 유전자도 측두근에서 발현하긴 한다. 그러나 유전자에 돌연변이가 일어났기 때문에 단백질의 기능이 방해를 받는다. 사람의 측두근 근섬유 크기는 짧은꼬리원숭이의 8분의 1에 불과하다. 이런 유전적, 해부학적 증거를 볼 때 MYH16 단백질의 비활성화는 어떤 식으로든 사람족 진화의 특정 시기에 측두근 감소에 영향을 미쳤을 것이다.

그 유전자 변화는 언제 발생했을까? 사람과 침팬지의 계통이 분리된 뒤에 일어난 일임은 분명하다. 침팬지의 MYH16 유전자는 돌연변이가 아니라 정상 크기 MYH16 단백질을 생성하기 때문이다(다른 유인원과 원숭이들도 마찬가지다). 인간 유전자의 변화 규모를 다른 종 유전자와 비교해본 결과, 펜실베이니아 연구진은 비활성화 돌연변이가 210만 년 전에서 270만 년 전쯤에 일어났으리라 추정했다. 놀랍게도 호모속의 기원으로 추정되는 시기와 아슬아슬하게 일치하는 시점이다.

턱 근육 구조가 축소하는 방향으로 진화했다는 것은 단지 음식 씹는 방식이 바뀌었다는 의미만 갖지 않는다. 근육 구조는 뼈의 성장에도 지대한 영향을 미치며, 실험에 따르면 턱 근육 성장은 두개 안면 골격의 크기와 모양에 상당한 영향을 준다. 턱 근육이 축소되어 하악에 가해지는 힘이 줄어들면 두개골 뼈들이 받는 압력도 줄어들 것이다. 그러면 두개는 더욱 얇아지고 커질 수 있다. 따라서 턱 근육 변화 및 이에 따른 두개골 속성 변화는 초기 호모속에서 뇌가 커진 현상을 설명하는 한 요인일 수 있다. 게다가 턱 근육 축소 덕분에 하악을 보다 정교하게 통제할 수 있게 되었을 텐데, 이는 말을 하는 데 있어 중요한 조건이다.

참으로 흥미롭기 그지없는 상호연관 관계이다. 하지만 이 해부학적 변화들을 단 한 가지 돌연변이로 설명하려는 실수를 저질러서는 안 되겠다. 이전까지 나름의 기능을 해왔던 MYH16 유전자를 비활성화시킨 일은 분명 주목할 만한 변화였다. 하지만 비활성화 돌연변이라는 유전적 변화가 측두근 축소 현상에 앞서 이뤄진 것인지, 순차적이거나 병렬적인 여러 변화들 중 하나로 나란히 이뤄진 것인지, 그도 아니면 측두근에서 MYH16 단백질의 역할이 더 이상 필요하지 않게 된 연후에 일어난 마지막 변화인지, 우리는 알지 못한다. 내 생각을 말하자면 나는 이것이 유일하고도 결정적인 진화적 계기였다고 단언하기는 힘들다고 생각한다. 이유는 뒤에 설명하겠다. 사실 인간 진화에 관련된 어떤 유전자에 대해서도 그런 식으로 단언하기는 힘들다. 이제 소개할 사례도 그렇다. 인간의 언어 진화에 관련된 유전자들이 다음 순서이다.

말에 영향을 미치는 유전자의 진화

사람의 진화를 설명해줄 유전자를 찾는 연구자들에게 한 가지 다행스런 점이 있다면, 지구상에는 현재 약 60억에 달할 정도로 많은 인간들이 있으며, 그들은 몸의 기능이 시원치 않을 때 기꺼이 제 발로 병원을 찾아간다는 사실이다. 덕분에 가령 10억 명 중 한 명꼴로 일어나는 극히 드문 돌연변이조차 학계에 보고되곤 한다. 매우 드물고도 정보 가치가 있는 돌연변이 중 한 가지로, 삼대에 걸쳐 심각한 언어장애를 지녔던 한 가족이 있었다. 문제가 된 사람들의 상태에서 흥미로운 점은 언어장애의 원인이 말에 관련된 근육 손상이 아니라 언어 처리를 담당하는 신경회로 손상이라는 점이었다. 최첨단 뇌 영상기술을 동원한 결과 환자들 뇌의 여러 영역에서 비정상적인 부분이 감지되었다. 이들이 조용히 있을 때(생각만 할 때), 소리 내어 말할 때 각각 뇌자기 공명영상을 찍어보았더니 브로카 영역을 비롯한 언어 관련 영역들의 활동이 현저히 저하된 상태였다. 환자들은 문장을 말하는 법을 배우고 계획하고 수행하는 데 관련된 신경망에 손상이 있는 듯했다.

결국 이 가문의 증상이 어떤 유전자의 돌연변이 때문인지 밝혀졌다. FOXP2라 불리는 유전자다. FOXP2 단백질은 전사인자로서, DNA에 결합하여 다른 유전자들의 발현을 조절하는 툴킷 단백질이다. 이 가문이 겪은 돌연변이는 FOXP2의 아미노산 하나를 바꾸는 것인데, 그 때문에 FOXP2 단백질의 기능이 막힌 것으로 보인다. 환자들은 정상적인 FOXP2 유전자를 하나 더 갖고 있기 때문에 FOXP2 기능이 완벽히 차단된 건 아니었다. 언어장애가 온 것은 제대로 기능하는 FOXP2 단백질의 총량이 감소했기 때문이지, 아예 없어졌기 때문은 아니었다. 여기까지 읽은 독자의 마음에 제일 먼저 든 생각은 FOXP2가 인간에 고유한 새로운 유전자인가 아닌가 하는 점일 터이다.

바라건대 책을 꼼꼼히 읽은 독자라면 답을 추측할 수 있어야 한다. 답은 아니오, 이다. FOXP2는 인간만이 가지고 있는 독특한 것이 아니다. 여러 영장류, 설치류, 한 종류의 조류가 이 유전자를 갖고 있는 것으로 확인되었다. 인간 툴킷 유전자들의 전형적인 상황이다. 인간 툴킷 유전자들 중 다수가, 전체는 아니지만, 다른 종에도 대응물이 존재한다. 사실 인간 FOXP2 단백질의 아미노산 716개 중 4개만이 쥐의 FOXP2 단백질과 다를 뿐이다. 오랑우탄과는 3군데, 고릴라 및 침팬지와는 고작 2군데가 다르다. 여타 단백질들의 아미노산 서열 편차를 감안할 때 이는 아주 작은 차이라 할 수 있다. 포유류의 진화에서 FOXP2 단백질 서열을 보전해야 할 절박한 압력이 작용했다는 뜻이다.

FOXP2 유전자의 진화가 말과 언어의 등장에 주요한 역할을 했을까? 참으로 대답하기 어려운 문제다. 인간 FOXP2의 변화는 MYH16 유전자의 비활성화 돌연변이보다도 사소한 규모이다. 그런데 어떤 유전자가 최근의 진화에서 주요한 역할을 했는지 확인하는 방법이 하나 있다. 이른바 '선택적 싹쓸이'라 불리는 현상이 관찰되는지 아닌지 살펴보는 것이다. 자연선택이 유용한 돌연변이를 택하고 나면 DNA 서열의 변이 형태에 흔적이 남는다. 원래 기다란 DNA 서열에 나타나는 변이는 시간이 감에 따라 더 많이 누적되는 법이다. 자연선택이 작용하여 특정 변이만 유독 선호하지 않는 한 말이다. 일단 특정 변이 형태가 선택되면 전반적인 변이 규모가 줄어드는, 이른바 '싹쓸이'가 일어난다. 한 유전자가 이웃 유전자들에 비해 변이 정도가 적다고 확인될 때, 유전학자들은 그 유전자가 선택적 싹쓸이를 겪었다고 추정한다. 인간 FOXP2 유전자좌의 선택적 싹쓸이 정도는 어떤 유전자보다도 확연하다. 이것은 우리 종이 진화하던 중 언젠가, 그러니까 지난 20만 년 중의 한 시점에 FOXP2 유전자의 돌연변이 형태가 선호되기 시작함으로써 호모 사피엔스 종 전체로 퍼져나갔다는 뜻이다.

FOXP2의 변화 중 어떤 점이 말의 진화에 기여했을까? 사람과 침팬지의 FOXP2 단백질 암호 차이는 두 군데에 불과하다. 이들이 역할을 했을 가능성도 있다. 그러나 FOXP2 주위의, 암호를 갖지 않은 DNA들을 비교하면, 차이점이 수백 군데로 늘어난다는 것을 염두에 두어야 한다. 즉 FOXP2 발현의 위치와 정도에 영향을 미치는 스위치 및 조절 영역 DNA들도 고려해야 하는 것이다. 현재의 기술로는 어느 영역의 변화가 인간 진화에 보다 의미 있는지 콕 집어 말하기 어렵다. 하지만 나더러 돈을 걸라면 암호가 없는 영역에 걸겠다. FOXP2 유전자의 스위치들을 다듬는다면 신경망 형성 시에 FOXP2가 발현하는 형태를 미세 조정할 수 있을 것이기 때문이다. FOXP2는 발생 중인 인간의 뇌 여러 부분에서 발현하는 것으로 알려져 있다. 쥐의 뇌에서도 상응하는 부분에서 발현한다. 그러니 FOXP2는 포유류의 뇌 발생에 널리 영향력을 갖고 있다고 보아야 한다. 아직 FOXP2가 발생에 담당하는 역할이 무엇인지는 정확히 밝혀지지 않았지만, 아마도 뇌의 하위영역들이 형성되고 서로 연결되는 방식에 영향을 미치는 듯하다. 거듭 강조한바, 툴킷 단백질 자체를 변화시키면서 단 한 가지 기능, 또는 한 가지 종류의 기능들에만 영향이 미치도록 하기는 무척 어렵다. 그래서 나는 대신 FOXP2 유전자를 통제하는 스위치들이 진화함으로써 뇌 영역들의 미세한 차이가 진화했다고 생각한다.

복잡하고도 미묘한, 인간 진화의 유전적 기초

FOXP2와 MYH16의 발견은 과학계 및 의학계 사람들에 일대 흥분을 불러 일으켰다. 대중 매체도 마찬가지였다. 하지만 그들이 턱 근육 및 두개안면 형태의 발생과 진화의, 또한 말과 언어의 진화의 모든 것을 설명하는 주인공일까? 전혀 그렇지 않다. 이것은 시작일 뿐이다. FOXP2와 MYH16의 발견 및 그들의 역할을 제대로 된 맥락 속에서 음미하기 위해서, 우리는 과학자들이며 매체들이 오래도록 지녀온 편견을 벗어야 한다. 진화가 하나의 극적인 돌연변이로 단숨에 벌어지리라 상상하는 편견 말이다. 말과 언어, 기타 복잡한 인간 형질들의 기원도 그러했으리라 상상하는 사람들이 있다. 또한 몇몇 형질의 진화는 그야말로 '급격'했으리라 생각하는 사람도 종종 있다. 하지만 앞서보았듯, 뇌 크기, 골격 구조, 치아 발달, 두개골 모양 등의 속성들은 수만 세대를 거치며 진화한 것이다. 형태와 기능의 엄청난 도약, 또는 인간 형질의 기원을 하나의 극적인 돌연변이로 설명할 이유는 어디에도 없는 것이다. 과학적으로도 근거가 없는 태도이다.

특정 형질의 진화에 기여한 유전자 수, 그리고 유전자 각각의 상대적 효과를 한데 일컫는 말로서 '유전자 아키텍처(genetic architecture)'라는 용어가 있다. 신체 크기나 특정 구조의 개수처럼 정량적인 속성들을 수십 년 연구한 과학자들은 종내 편차나 종간 차이는 각각 비교적 작은 효과를 일으키는 유전적 차이들이 무수히 모여 이뤄진 결과라 생각하게 되었다. 형질의 진화적 변화는 수많은 유전자들의 변화를 통해서 조금씩 서서히 진행된다는 것이다. 사람의 형질 진화에 대한 유전자 아키텍처도 이와 다를 까닭이 없다. 실제로 사람의 형질 편차를 연구해본 결과, 키나 신체 크기, 기타 정량적 특징의 편차에는 수많은 유전자들이 동시에 관계하고 있다. 우리는 MYH16 비활성화가 측두근 진화의 첫 단계로 일어난 현상인지, 아니면 MYH16의 기능이 필요 없어진 뒤 마지막으로 일어난 현상인지 알지 못한다. 아마 오랜 시간에 걸쳐 변화를 일으킴으로써 턱 근육 축소에 기여한 다른 유전자들도 아주 많을 것이다. 이와 비슷하게, FOXP2도 언어 진화의 여러 축들 중 하나에 불과할 가능성이 높다. 언어라는 인간의 재능이 진화한 데에는 이밖에도 여러 유전자들의 진화적 변화가 선택된 덕이 있을 것이다. 아니, 보다 구체적으로 말하면 그 유전자들의 스위치 변화가 선택된 덕이다. 우리가 FOXP2에 대해 알게 된 것은 엄청난 행운이었다. 십억 분의 일꼴로 일어나는 돌연변이가 유전자 쌍 중 한쪽에만 존재해도 임상적으로 탐지될 수 있기에 가능한 일이었다. 우리가 MYH16에 대해 알게 된 것도 이 유전자의 비활성 상태를 확인하기가 비교적 쉬웠기 때문이다. 인간 진화의 역사를 마저 완성하기 위해서는 아직 발견하고 연구해야 할 유전자들이 많고, 이들 대부분은 위의 두 유전자들보다 훨씬 감지하기 미묘한 효과와 역사를 지니고 있을 것이다.

FOXP2나 MYH16 같은 사례들이 한참 더 있을 것이기에, 우리는 화석이든 뇌의 영역이든 특정 유전자든 새로운 발견이 이뤄졌을 때 그것을 인간 진화의 수수께끼를 풀어줄 '바로 그 한 가지' 해답으로 믿고자 하는 마음을 다스려야 한다. 오히려 대부분의 발견은 보다 복잡한 모자이크를 그리기 위한 하나의 조각이다. 현재 고생물학은 사람족 진화의 복잡한 그림을 그려가고 있다. 이전 사람들이 생각했던 것보다 훨씬 많은 종들이 발견되었고, 하나의 먼 조상으로부터 현생인류로 곧장 내려오는 단 하나의 직선이 있기보다는 도중에 끊어진 무수한 가지들이 존재한다는 것도 알게 되었다. 사실 인간과 침팬지 계통이 갈라지는 부분에 가까운 화석들이 점점 더 많이 발견됨에 따라, '바로 그' 조상을 찾았다는 주장은 어느 것이든 일단 의심해볼 필요가 있다. 한편 비교신경생물학은 이제 인간의 재능을 설명하고자 할 때 한결 섬세한 부분들을 살펴볼 필요가 있다. 인간의 뇌에 두드러진 해부적 특징들이 첫인상보다 훨씬 오래된 역사를 갖고 있으며 전적으로 인간에만 관여하는 것이 아니라는 게 밝혀졌기 때문이다. 또한 인간을 정의하는 특징들, 가령 이족보행, 골격 형태, 두개안면 형태, 뇌 크기, 언어 등의 진화가 손에 꼽을 만한 몇 가지 주요 유전자들이 선택된 결과가 아니라는 것도 거의 확실하다. FOXP2와 MYH16은 수수께끼를 풀 조각들 중 최초로 확인된 녀석들일 따름이며, 그들이 가장 중요한 조각이라거나 가장 큰 조각이라고 믿을 까닭도 없다. 결론적으로, 사람족의 진화는 어떤 그림일까? 무수한 세대에 걸친 기나긴 시간 동안, 무수한 유전자들이 제각기 변이를 일으키고, 그들이 선택되고, 따라서 형태의 크기나 모양이나 조직 구성 등에 자그만 차이들이 무수히 일어남으로써 전체가 구성된 모자이크일 것이다.

새로운 발견을 지나치게 단순화하지 말라고 굳이 짚어두는 것은 발견이 가져올 흥분을 억누르고 싶어서가 아니다. 인간 진화의 물질적 기반을 해독함에 있어 그보다 더 큰 주제들이 잘못 이해되어 위기에 처할 가능성이 있기 때문이다. 진화생물학은 탄생 순간부터 엄청난 저항을 겪은 학문이다. 핀치, 나방, 초파리 같은 확실하기 그지

없는 자료에 기반해 끌어낸 기초 개념들조차 널리 받아들여지기까지 상당한 고난을 경험했다. 인간 진화에 대한 설명이 앞으로 개정을 거듭하리라 보는 사람들도 있다. 지난 백 년간 고인류학의 경험을 보면 알 수 있듯, 새로운 자료들이 속속 추가될 가능성이 높기 때문이다. 진화과학을 반대하는 자들은 과학자들이 조심스럽게 표현한 달들을 끌어다 제멋대로 활용하곤 한다. 진화 이론에 의심의 여지와 불확실성이 존재하는 증거라고 주장하며 나아가 진화론을 가르쳐선 안 되는 근거라고까지 말한다. 대중 기사를 작성하다보면 단순화 경향은 어쩔 수 없을 것이다. 하지만 그럼으로써 진화의 패턴과 메커니즘에 담겨 있는 보다 복잡하고도 미묘한 진실들이 왜곡될 수 있다는 점을 늘 유념해야 한다.

이보디보의 발견들은 새롭고도 강력한 방식으로 보편적인 진화의 과정에 대해, 특정 진화적 사건들에 대해 설명해주었다. 이보디보는 진화생물학의 기반을 확장하였고, 우리가 생각하는 방식을 바꾸었으며, 진화생물학의 보고방식, 교육방식, 토론방식을 바꾸는 계기가 되었다. 이제 마지막 장에서는 통합 진화 이론 속에서 이보디보가 차지하는 위치, 학생들에게 진화생물학을 가르칠 때 이보디보가 수행해야 할 역할, 그리고 진화 이론을 두고 지칠 줄도 모르고 벌어지는 사회적 공방의 최전선에서 이보디보가 맡아야 할 역할을 살펴보자.

기하학적인 아름다움과 다양성을 보여주는 조개껍질들. 사진_ 제이미 캐럴.

최고로 **아름답고**
무수히 다양한 형태들

모든 것은 변화의 산물임을 명심하라.
자연이 가장 즐기는 일은 기존의 형태들을 바꾸는 것,
그리고 그와 엇비슷한 새로운 형태들을 만들어내는 것이라는 사실에 익숙해져라.

: 마르쿠스 아우렐리우스 안토니우스 황제

다윈은 『종의 기원』의 초판을 이런 문장으로 맺었다. 아마 생물학 역사상 가장 널리 인용된 글일 것이다.

생명은 최초에 단 한 가지, 혹은 소수의 몇 가지 형태로 숨결이 불어넣어져 여러 가지 능력을 지니게 되었다는 시각, 우리 행성이 불변의 중력법칙에 따라 돌고 돌기를 반복하는 동안, 그토록 단순한 한 시작으로부터 최고로 아름답고 무수히 다양한 형태들이 진화했고 지금도 진화하고 있다는 생명관은 실로 장엄한 것이다.

다윈이 이 대목을 쓰기까지는 20여 년의 세월이 필요했다. 그런데 1842년에서 1844년 사이에 완성된 미발표 초고들을 보면 이 대목의 문장들이 더 길고, 내용도 상당히 다르다. 1842년의 문장은 아래와 같다.

성장, 융합, 재생산의 능력을 지닌 생명은 최초에 고작 하나 혹은 소수의 몇 가지 형태로 물질에 숨결이 불어넣어졌는데, 우리 행성이 불변의 법칙들에 따라 돌고 돌기를 반복하는 동안, 그토록 단순한 한 기원으로부터, 미세한 변화들이 점진적으로 선택되는 과정을 통해 최고로 아름답고 무수히 다양한 형태들이 진화해왔다는 생명관은 실로 단순하고도 장엄한 것이다.

다윈은 1844년에도 몇몇 단어들을 놓고 선택을 다듬었다. 하지만 가장 큰 변화는 『종의 기원』이 출간을 앞두고 있던 1859년에 가해졌다. 다윈은 '미세한 변화들이 점진적으로 선택되는 과정을 통해'라는 대목을 들어내고 다른 부분도 압축하여 보다 간결하고 시적인 리듬이 있는 문장으로 만들었다.

내가 결론에 해당하는 마지막 장의 주제로 택한 '최고로 아름답고 무수히 다양한 형태들'이라는 표현은 판본에 상관없이 고스란히 유지된 부분이다. 이 문구는 이보디보라는 새로운 과학의 핵심을 더없이 잘 보여준다. 이 장에서는 이보디보가 이룬 발견 및 관점이 어떻게 생명에 대한 진화적 시각의 위엄을 넓혔는지, 다윈이 말한 무수한 형태들이 어떻게 진화했고 진화하고 있는지, 진화 이론의 기틀을 어떻게 확장하고 깊게 하였는지 살펴보겠다.

완벽하게 적절한 단어들로 설명할 수 있으면 좋으련만, 내 출판사는 20년이나 기다려주진 않을 것이고, 어쨌거나 내게는 다윈의 글처럼 대가다운 산문으로 새로운 학문의 핵심을 포착할 능력이 없다. 그럼에도 용기를 내어 이보디보의 영향과 중요성을 네 가지 요점으로 정리해보고자 한다. 요약 및 결론이 될 것이다.

첫째, 나는 현재진행형인 진화 이론의 통합에서 이보디보가 제3막에 해당한다고 믿는다. 이보디보는 현대적 종합에서 결정적으로 누락되었던 부분, 즉 발생학의 관점을 제공하였을 뿐 아니라 그것을 고생물학처럼 전통적인 요소들 및 분자유전학과 결합시켰다. 이보디보의 몇몇 발견은 누구도 예측하지 못한 내용이었고, 이보디보의 증거는 유례없는 깊이와 질을 자랑하며 이전까지 풀리지 않았던 문제들을 해결하는 데 기여했다. 이보디보는 혁명적 성격을 지녔다고 봐도 좋을 것이다.

둘째, 이보디보는 진화 원칙들을 보다 효율적인 방식으로 가르칠 수 있게 한다. 형태 진화의 드라마에 집중하고, 어떻게 발생 및 유전자의 변화가 진화의 근간이 되는지 묘사하다 보면, 생명의 통일성과 다양성 아래에 숨은 심오한 원칙들이 쉽게 드러난다. 게다가 배아에서 우전자가 발현하는 형태는 시각적으로 또렷한 그림이고, 서로 다른 종의 툴킷 유전자 집합 목록은 구체적으로 적시할 수 있는 내용이므로, 이런 것들을 들어 설명하면 이전의 추상적인 접근법보다 훨씬 효율적으로 진화의 개념들을 가르칠 수 있다.

셋째, 이보디보는 진화의 과정과 원칙들을 몹시 실체적인 방식으로 드러내고 설명하므로, 진화생물학 교육을 두고 벌어지는 사회적 투쟁의 선봉에서 중요한 역할을 맡을 수 있다.

마지막으로, 진화생물학의 중요성은 그저 철학적인 수준을 넘어선다. 우리 인간을 포함하여 자연에 존재하는 무수히 다양한 형태들의 운명은 우리 인간이 진화에 어떤 영향을 미칠 것인가 하는 점을 깊이 이해할 때 보장될 것이다.

보다 현대적 종합의 초석인 이보디보

> 내가 보기에 발생학은 형태의 변화를 지지하는 가장 강력한 사실들이 담긴 학문인데, 내 책을 평하는 사람들 중 그 점을 언급하는 사람은 내가 보기에 아무도 없습니다.
> — 찰스 다윈, 아사 그레이에게 보낸 편지에서, 1860년 9월 10일

위의 인용문을 보면 발생학은 언제나 진화 및 공통 선조 이론을 지지하는 중추적인 요소였다는 것을 알 수 있다. 다윈 이후 백 년 이상 학자들의 주된 도전과제는 배아의 변화가 **어떻게** 일어나는지 설명하는 것, 어떻게 그로부터 성체의 형태들이 생겨나는지 설명하는 것이었다. 현대적 종합 이론은 진화 이론이라는 건물에 유전학을 덧붙였다. 하지만 당시의 유전학자들은 대개 종내 작은 변이들을 연구하는 데 갇혀 있었고, 유전자가 어떻게 형태에 영향을 미치는지 알기는커녕 유전자(DNA)의 화학적 조성이 무엇인지조차 알지 못했다. 현대적 종합이 이룬 최고의 성취는 이른바 대진화라 불리는 고생물학적 관점, 즉 종 상위 수준의 진화와 이른바 소진화라 불리는 유전학적 관점, 즉 종 내부의 변이라는 양자를 화해시킨 일이다.

종합 이론은 종내 변이를 낳는 작은 유전적 변화들을 일으키는 자연 선택이 장구한 기간 적용될 경우, 화석 기록에 드러나는 대규모 형태 변화가 가능해진다고 주장했다. 과학자들의 동의가 뒷받침되긴 했으나, 사실 그것은 추정에 가까웠다. 누구도 정말 대규모 변화를 통제하는 유전자 메커니즘이 종내 변이에 영향을 미치는 유전자 메커니즘과 동일한지, 혹은 다른지 알지 못했다. 유전자가 어떻게 형태에 영향을 미치는지, 어떤 유전자들이 형태 진화와 관련이 있는지, 유전자의 변화들 중 어떤 종류가 진화에 책임이 있는지 아무도 몰랐다. 게다가 DNA 및 단백질의 구조가 알려진 뒤에도 현대적 종합 이론의 창시자 및 지지자들의 시각에는 오류가 있었다. DNA 및 단백질 서열은 무작위적 돌연변이와 자연선택에 의해 변화하므로, 유연관계가 가까운 종들에서만 상동 유전자들이 발견되리라 기대했던 것이다.

3장부터 10장까지 소개한 내용의 대부분이 불과 지난 20년 안에 발견된 것이다. 생물학자들은 이 발견들로부터 얻은 통찰 덕분에 진화 과정의 이해에 존재했던 엄청난 간극을 메웠으며, 나아가 형태가 진화하는 방식에 대한 기존의 관점을 완벽히 재고하게 되었다. 원시 좌우대칭동물로부터 호모 사피엔스에 이르기까지 다양한 동물 형태들의 진화에 오래된 툴킷 유전자들이 쓰인다는 사실, 동일한 툴킷으로부터 차이가 생겨난다는 사실을 앞서 보았다. 그렇다면 새로이 등장한 증거들이 어떻게 주요 진화 개념들을 확장시키고, 명료하게 하고, 재구성하였는지 다시 한번 요약해 살펴보자.

변형을 겪으며 유전되어온 계통에 대하여

동물계를 만드는 도구들은 오래된 것들이다.

이보디보가 최초로 이룬, 그리고 아마도 가장 충격적인 발견은 모든 동물을 만드는 유전자들이 동일한 기원을 지녔다는 사실이다(3장 및 6장 참조). 그토록 상이한 형태의 동물들이 그토록 유사한 툴킷 단백질들로 만들어진다는 사실은 누구도 예상치 못한 일이었다. 이 혁명적 발견의 의미는 거대하고도 다층적이다.

무엇보다도 이것은 다윈의 가장 중요한 개념 중 하나, 즉 모든 형태들은 하나의 (혹은 소수의) 공통 선조로부터 유래했다는 생각을 뒷받침하는, 결정적이고 새로운 증거이다. 발생을 조절하는 유전자 툴킷이 동물에 공통이라는 점은 동물군 사이에 깊은 연관이 존재함을 보여준다. 극단적으로 상이한 외형만 볼 때는 깨닫지 못했던 점이다.

둘째, 눈이나 심장이나 사지처럼 동물들이 각기 독립적으로 이뤄낸 발명으로 보였던 기관이나 구조들이 사실 공통 유전자 요인들의 통제를 받아 만들어진 것임이 밝혀짐으로써, 복잡한 구조의 발생에 대한 기존의 시각이 완전히 달라졌다. 여러 종류의 눈이나 사지나 심장은 매번 무로부터 새롭게 발명된 것이 아니었다. 공통의 마스터 유전자 하나, 혹은 공통의 유전자들이 어떤 오래된 조절 체계를 이리저리 변형시킴으로써 다양하게 탄생한 것이다(3장). 공통의 조절 체계 중에는 모든 좌우대칭동물들의 공통 선조(원시좌우대칭동물)로까지 역사가 거슬러 올라가는 것도 있으며 그 이전 형태들에까지 닿는 것도 있다(6장).

셋째, 툴킷의 역사가 이처럼 오래된 것을 볼 때 이 유전자들의 발명 자체가 진화의 촉진제는 아니었다. 좌우대칭 툴킷은 캄브리아기 이전에 이미 존재했고(6장), 포유류의 툴킷은 제3기에 포유류가 급속히 다양해지기 전에 이미 존재했으며, 사람의 툴킷은 유인원 및 기타 영장류들이 등장하기 훨씬 전부터 존재했다(10장). 유전자들 자체가 진화의 '운전사'는 아니었다는 뜻이다. 유전자 툴킷은 가능성을 나타낸다. 잠재력을 실현한 것은 생태 환경의 힘이었다.

복잡성과 다양성에 대하여

동물 설계 및 진화에 나타나는 대규모 추세들은 공통의 기반을 갖고 있으며, 게놈 '암흑물질'의 성격 덕분에 가능한 변화들이다.

나는 동물의 모듈 식 구성이 중요하다고 상당히 강조했다. 연속 반복 부속들과 이들이 점차 전문화되는 진화 경향을 설명했다(1장). 모듈성은 복잡성을 구축하고 다양성을 만들어내는 열쇠다. 동물의 복잡성은 얼마나 많은 종류의 물리적 부속들(세포들, 기관들, 부속지들)이 존재하느냐에 달려 있다. 복잡성은 시간에 따라, 특히 몇몇 동물군에서 두드러지게 증가해왔다. 그것은 반복된 부속들을 전문화하고 새로운 종류의 부속을 만들어내는 작업이었다. 절지동물과 척추동물의 복잡성 증가는 비슷한 방식으로 진행되었다. 연속 반복 구조들마다 혹스 유전자들의 발현 형태가 달랐기 때문에 절지동물 및 척추동물 구조의 형태와 기능이 차별화되었다. 이 동물군들이 성공한 것은 혹스 유전자 발현을 통제하는 체계가 무척 유연하여, 하나의 구조가 다른 구조들을 건드리지 않고 진화할 수 있었기 때문이다.

어떻게 이런 독립성, 나아가 복잡성과 다양성이 얻어졌을까? 유전자 스위치의 속성을 이해함으로써 해답에 대한 통찰을 얻을 수 있었다(5장). 하나의 유전자는 독립적으로 활동하는 무수히 많은 스위치들의 통제를 받을 수 있으며, 실제로 그러하다. 따라서 하나의 스위치에 일어난 돌연변이가 다른 스위치들, 또는 그 유전자가 만드는 단백질의 기능에는 전혀 영향을 주지 않으면서 자연선택될 수 있다. 스위치의 진화적 변화는 여러 형태 변화들을 설명해준다. 대규모 신체 구조 차이의 근원인 혹스 유전자 발현 지역 이동(6장), 여러 동물이 가진 동일 구조에 각기 미세한 차이가 있는 것(7장과 8장), 새로운 무늬 요소들이 등장하고 변형되는 것(8장) 등을 설명한다. '무수한' 형태들(즉 다양성)이 탄생할 수 있었던 결정적 요인은 조절 신호 및 스위치들을 조합하는 방식이 셀 수 없이 많기 때문이다. 스위치는 입력신호를 통합할 때 삼차원 공간, 세포 및 조직의 정체성, 상대적 발생 시점 등을 모두 고려하여 출력을 낳는다. 이 변수들 중 하나만 달라져도 스위치에 들어가는 신호를 더하거나, 빼거나, 미세 조정할 수 있다. 게다가 진화 과정에서 스위치의 수가 늘어나거나 줄어들 수도 있다. 스위치에 영향을 미치는 툴킷 단백질의 수는 유한하지만 조합 가능성은 무궁무진하여 거의 무한에 가깝다.

이런 잠재력을 현실화한 것이 바로 자연선택이다. 가능한 모든 경로가 탐험된 것은 아니며, 가능한 모든 형태가 만들어진 것도 아니다. 그런데도 현존하는 나비의 날개 무늬는 만 7천 가지가 넘어 우리 눈을 즐겁게 한다. 포유류의 크기, 모양, 무늬는 어마어마하게 다양하다. 해양 동물들의 신체나 껍질 모양은 기하학적이며 다채롭다. 딱정벌레의 종수는 30만 가지가 넘는다. 한 추론에 따르면 수백만 가지 현생 동물종은 과거 5억 년간 진화했던 10억 이상의 형태들 가운데 약 1퍼센트에 지나지 않는다. 우리는 몹시 다양한 동물군들이 오래전에 멸종한 사실을 알고 있다. 공룡, 삼엽충, 기괴하고 경이로운 캄브리아기 동물들, 십여 종류의 사람족들이 그랬다. 이 복잡성과 다양성을 낳은 것이 바로 무수히 늘어선 유전자 스위치들에 작용하는 유전자 툴킷의 무한한 조합 능력이었다.

참신함에 대하여

기존의 유전자와 구조들이 혁신의 수단을 제공한다.

앞서 보았듯, 곤충과 익룡과 새와 박쥐가 '날개' 유전자들을 발명한 것은 아니었으며(7장), 나비가 '눈꼴무늬' 유전자를 발명한 것도(8장), 인간이 '이족보행' 유전자나 '언어' 유전자를 발명한 것도 아니었다(10장). 이들 동물군에 일어난 모든 혁신은 기존의 구조를 재편하고 오래된 유전자들에게 새로운 재주를 가르친 결과였다.

유전자 차원에서 일어난 혁신의 핵심은 툴킷 유전자들의 다기능성에 있다. 툴킷 유전자들이 여러 기능을 한데 취할 수 있는 까닭은 무수히 다양한 유전자 스위치들이 서로 다른 시기와 장소에서 사용되도록 작용하기 때문이다. 그래서 가령 디스탈리스 같은 하나의 단백질이 한때는 사지 형성을 촉진하고, 다른 때는 눈꼴무늬 발생을 촉진할 수 있다. 물론 양쪽에서 만들어지는 단백질에는 하등의 차이가 없다. 기능의 차이는 오로지 서로 다른 맥락에 활동하는 서로 다른 스위치들의 활약에 달렸다.

한편 해부학적 차원에서 보면, 진화적 구조 변이를 이해하는 핵심 단어는 다기능성과 중복성이다. 절지동물이 좋은 예였다. 가령 섭식 같은 하나의 기능이 여러 부속지들 중 일부로 이동하면 다른 부속지들이 자유로워지고, 그러면 그들이 걷거나 수영하거나 하는 다른 활동에 맞게 전문화했다. 수생 절지동물 선조의 아가미 분지 역시 비슷한 과정을 거쳐 새서, 폐서, 기관, 방적돌기, 날개로 변하였다.

이보디보 덕분에 우리는 외형만 보고는 연관이 있는지 없는지 알수 없거나 잘못 판단하기 일쑤였던 형태들 사이에 연속성이 있음을 알게 되었다. 이보디보는 구조들 사이의 발생학적 유사성을 드러내었기 때문에 형태만 보고 판별할 때보다 훨씬 객관적일 수 있는, 새로운 증거들을 준 셈이다. 참신함의 진화에 대한 이보디보의 통찰은 다윈의 생각을 지지하는 것이다. 사람들이 가장 받아들이기 어려워한 개념들 말이다.

참신한 구조들의 역사를 짚어보노라면 어떻게 혁신과 확장의 주기를 거쳐 '무수히 다양한 형태들'이 진화하였는지, 그 경로도 알 수 있다. 새로운 구조는 새로운 생활방식을 가능하게 한다. 곤충의 날개는 잠자리와 하루살이, 나비와 딱정벌레, 벼룩과 파리 등의 진화로 이어졌다. 다음에는 그들 각각이 나름대로 날개나 신체 설계를 변형시킴으로써 혁신과 확장 주기를 통한 군 내부의 발전을 이루었다. 나방과 나비들은 인편 착색 체계를, 딱정벌레는 딱딱한 껍데기를, 파리는 세련된 균형기관으로서의 뒷날개를 탄생시켰다.

그런데 어째서 기존의 신체부속이나 유전자들을 활용하는 것이 혁신으로 가는 최단 경로일까? 이것은 확률의 문제다. 기존의 구조 및 유전자에서 변이가 일어날 가능성은 완전히 새로운 구조나 유전자가 솟아날 가능성보다 높다. 변이의 종류가 풍부하므로 자연선택이 작용할 대상들도 많아진다. 프랑수아 자콥이 우아한 비유로서 묘사했듯, 자연은 청사진에 따라 작업하는 기술자라기보다 주어진 재료들을 갖고 뚝딱거리는 땜장이에 가깝다. 날개는 아무것도 없는 데서 처음부터 발명된 게 아니라 아가미 분지나 (곤충의 경우) 앞다리가 변형하여(세 차례나 그랬다) 생겨났다. 진화의 추이를 들여다보면 진화가 가장 손쉽게 찾을 수 있는 길, 따라서 가장 자주 택해진 길을 걸어왔음을 알게 된다.

이보디보는 진화가 반복될 수 있으며, 실제로 반복된다는 것을 보여주었다. 구조 및 패턴 차원뿐 아니라 개별 유전자 차원에서도 그렇다. 진화가 가장 가능성 있는 경로를 따르는 법이라면, 즉 기존의 구조 및 유전자들을 활용하는 법이라면, 비슷한 선택압에 직면했을 때 서로 다른 종이라도 얼마든지 동일한 적응 경로를 걸을 수 있다. 갑각류의 섭식 부속지 진화(6장), 큰가시고기의 배지느러미 축소(7장), 기타 척추동물의 사지 축소 등의 사례들에서 확인한 바다. 또 서로 다른 종들이 동일한 유전자에 돌연변이를 일으켜 털이나 깃털의 흑색증을 일으킨 예도 보았다. 심지어 유전자 내에서 돌연변이가 일어난 위치까지 동일한 경우도 있었다(9장).

이처럼 진화가 반복되어 일어난 사례들을 보면, 어째서 사람들이 진화 과정에서 무작위적 돌연변이가 수행하는 역할을 이해하는 데 어려움을 겪었는지 알 만도 하다. 어떻게 '무작위적 과정'으로부터 참신성과 복잡성이 등장하는지 이해하지 못하는 사람들이 많았다. 핵심은 두 가지 단계를 확실히 구분하는 것이다. 돌연변이로 인해 유전적 변이가 일어나는 것은 실제 전적으로 무작위적인 과정이다. 반면 변이들 중 어느 것을 존속시키고 어느 것을 버릴지 결정하는 일은 무작위적이지 않은, 강력한 선택적 과정이다. 동물 게놈에는 염기쌍이 수천만 개 또는 수십억 개 있고, 무작위적 복제 오류나 물리적 손상으로 돌연변이를 일으킬 가능성은 모든 염기쌍에 동일하다. 하지만 그 모든 가능한 돌연변이들 중 극히 일부만이 포유류의 털을 생존 가능한 수준에서 바꿀 수 있으며, 큰가시고시의 가시를 끔찍한 부수적 피해 없이 축소할 수 있는 것이다. 동물의 개체군 규모가 크다면, 그리고 장구한 시간이 있다면, 아무리 드문 돌연변이라도 확률상 한 번은 일어나게 된다. 일단 그런 돌연변이가 일어나면 돌연변이가 일으키는 형질의 긍정적 변화가 선택될 것이고, 돌연변이는 갈수록 널리 개체군에 번지게 된다.

자크 모노의 역작 『우연과 필연』의 제목은(그리스 철학자 데모크리투스의 금언, '우주의 삼라만상은 우연과 필연의 열매이다'에서 딴 것이다) 진화에서 무작위성과 선택이 어떻게 상호작용하는지 아름답게 표현한 말이다. 진화는 정말 우연의 산물일지 모른다. 하지만 무작위로 이루어지는 돌연변이라는 복권 중에서도 어떤 숫자나 조합은 생태학적 필요라는 조건을 남보다 잘 충족시킨다. 그들이 거듭 생겨나 거듭 선택되는 것이다.

바위주머니쥐의 사례도 있었다. 하나의 종이 비슷한 해답을 찾는 과정조차 여러 경로일 수 있음을 보여주었다. 또 익룡, 새, 박쥐는 모두 앞다리를 날개로 진화시켰지만 각자의 방법이 근본적으로 달랐다. 비슷한 생태학적 요구와 기회가 주어지면 비슷한 적응이 선택된다. 하지만 발생학적 해법들의 세부 면면은 다를 수 있다.

이보디보는 변화의 기저 원인인 유전학적, 발생학적 메커니즘을 밝힘으로써 상이한 동물군들의 진화 경로를 비교하고 대조할 수 있게 해주었다. 나비의 베이츠 의태, 나방의 흑색증, 나아가 핀치의 부리 크기 및 모양 진화처럼 오래된 수수께끼들이 이제 풀리게 되었다. 곧 우리는 자연선택의 고전적 사례들을 보다 상세하게 그리게 될 것이며, 어떻게 변이가 발생하고 선택되는지 더욱 깊이 이해하게 될 것이다.

대진화와 소진화에 관하여
종에 적용되는 것은 계에도 적용된다.

현대적 종합 이론을 구축한 과학자들은 개체군이나 종 하위 개체 수준에서 작동하는 메커니즘으로 기나긴 지질학적 시대에 걸쳐 나타나는 대규모 진화적 변화를 설명할 수 있다고 주장하였다. 그들은 그런 식으로 진화의 여러 원칙들을 한데 묶었다. 그런데 지난 백 년간 몇몇 학자들이 주장한 바대로 극히 드물고 특별한 돌연변이 때문에 형태 변화가 일어나는 것이라면, 가령 호메오 유전자의 특별한 변화 등으로만 가능한 것이라면, 위와 같은 추정은 신빙성이 떨어진다. '바람직한 괴물'에 대한 기대는 현대적 종합이 이뤄진 이래 반세기 내내 끈질기게 학계를 맴돌았다. 그것을 부숴버린 것이 이보 디보이다.

호메오 유전자 및 그들이 통제하는 형질의 진화는 물론 중요한 현상이다. 하지만 개체군 내부에서 흔히 일어나는 여타 돌연변이나 변이들에 비해 이렇다 하게 다른 점이 있는 건 아니다. 혹스 유전자 및 여타 툴킷 유전자들이 5억 년 가까이 고스란히 보전된 것을 감안하면, 다른 분자들을 유지할 필요성만큼이나 이 단백질들을 유지할 필요성도 컸다는 것을 알 수 있다. 진화적 땜질은 유전자 자체나 단백질 대신 스위치에 가해졌다. 혹스 마스터 유전자의 스위치들에서부터 사소한 색소 효소들의 스위치까지, 스위치들이 변함으로써 형태의 진화가 일어났다. 기나긴 세월 내내 툴킷과 구조가 연속성을 유지해왔다는 것은 대규모 변화를 설명하는 데 반드시 드물거나 특별한 메커니즘을 생각할 필요는 없다는 뜻이다. 이제야말로 소규모 변이가 대규모 진화로 이어지는 외삽 가설이 정당화되었다. 진화론 특유의 말투로 맺자면, 이보디보는 소진화를 크게 엮은 산물이 대진화라는 것을 밝혀주었다.

이보디보와 진화 교육

역사에 대해선 잘 몰라
생물학에 대해선 잘 몰라
과학책에 대해서도 잘 몰라
— 샘 쿡, 허브 앨퍼트, 루 애들러, 〈경이로운 세상〉(1960)

오늘날 진화 교육은 두 가지 난제를 안고 있다. 하나는 이 학문이 여러 학제를 아우르며 성장하는 방대한 주제라는 문제다. 다른 하나는 특히 미국에서 몇몇(전체는 아니다!) 종교의 종파들이 쌍수를 들어 반대하고 나선다는 문제다. 우선 이보디보가 대중의 진화 이론 이해를 도울 수 있는 방법을 알아보고, 다음으로 반대에 대처하는 문제를 다루도록 하겠다.

일반적으로 미국인들의 진화에 대한 이해는 다른 나라 사람들에 비교할 수 없이 처량한 상태다. 21개 나라 또는 지역을 대상으로 환경 및 과학 상식을 조사해본 결과, 미국은 인간 진화 항목에서 압도적인 꼴찌를 차지했다. 응답자들은 "다음 표현이 얼마나 사실이라고 생각하십니까? 인간은 이전의 다른 동물종으로부터 발달한 것이다" 같은 질문들에 4점 척도로(1은 분명히 사실이다, 2는 아마도 사실이다, 3은 아마도 사실이 아니다, 4는 절대로 사실이 아니다) 답해야 했는데, 각 나라 응답자들의 점수는 옆의 표와 같다.

미국인들의 점수 결과에서 밝은 면을 찾자면, 더 이상 떨어질 데가 없다는 것이다.

1996년에 미국 국립과학위원회가 수행한 다른 조사에 따르면, "최초의 인간은 공룡과 동시대에 살았다"는 명제가 참이냐는 질문에 미국인 응답자 52퍼센트가 그렇다(32퍼센트)와 모르겠다(20퍼센트)라고 답했다.

만화영화 〈고인돌 가족 플린스톤〉이 사람들의 마음에서 점수를 딸 때, 다윈, 헉슬리, 그리고 세계에서 가장 부유하고 강력하

	나라 또는 지역	평균값
1	동독	1.86
2	일본	1.89
3	체코	2.04
4	서독	2.08
5	영국	2.18
6	불가리아	2.28
7	노르웨이	2.43
8	캐나다	2.45
9	스페인	2.45
10	헝가리	2.50
11	이탈리아	2.51
12	슬로베니아	2.51
13	뉴질랜드	2.54
14	이스라엘	2.66
15	네덜란드	2.67
16	아일랜드	2.70
17	필리핀	2.75
18	러시아	2.80
19	북아일랜드	2.99
20	폴란드	3.06
21	미국	3.22

고 기술 지향적인 국가의 교육 체계는 한 점도 따지 못한 형국이다.

내 생각에 이러한 치욕적인 무지는 미국의 건국 과정이나 헌법의 내용, 서구 문명의 뿌리를 전혀 모르는 것에 비견할 만한 수준이다. 이런 지식들은 소위 기초 교양으로 여겨지는 것으로서 여러 학년에 걸쳐 반복적으로 교육된다. 생물학과 지구과학도 마찬가지다. 그리고 진화야말로 생물학과 지구과학의 기본 틀을 제공하는 개념인 것이다. 그런데도 통계 결과는 참혹하다.

상황이 정말로 나쁘다는 점은 과학 및 수학 교양을 조사한 각종 통계 수치들이 잘 말해주고 있으며, 책임은 여러 분야들이 공유해야 할 것이다. 이른바 과학문맹이라는 문제와 원인을 연구하는 조직, 혹은 그런 주제를 다룬 책들이 수도 없이 많다. 그래서 나는 여기서 비난의 화살을 겨누는 일은 하지 않겠다. 어쨌든 유일한 해결책은 교육뿐이다. 전 단계의 교육을 담당하는 교사들 및 생물학자들이 상황을 개선하기 위해 어떤 노력을 할지, 특히 진화 교육을 어떻게 하면 좋을지 얘기해보자.

우선 진화는 생물학의 한 주제에 불과한 것이 아님을 극력 강조해야 한다. 진화는 생물학이라는 분야 전체의 기틀이다. 진화 없는 생물학은 중력 없는 물리학이다. 중력 이론 없이 관찰과 측정만으로 우주의 구조, 행성과 달의 궤도, 조수의 운동을 설명할 수 없듯, 수천 가지 자그만 사실들을 쌓아 올리기만 해서 인간의 생물학적 속성이나 지구의 생물다양성을 설명할 수는 없다. 모든 교양과정이나 교과서들은 사건들을 한데 묶는 중심주제로서 진화를 다루어야 한다.

어떤 과학 내용을 가르칠 것인가 하는 면에서라면, 이보디보가 새롭고 구체적이고 설득력 있는 자료들을 풍성하게 제공할 수 있다.

현대적 종합 이래, 진화를 해설하는 사람들은 대부분 소진화 메커니즘에 초점을 맞추었다. 생물학을 배우는 수백만 명의 학생들이 '진화는 유전자 발생 빈도의 변화이다' 같은 (집단유전학에서 온) 개념을 공부했다. 이것이 흥미로운 주제일까? 이런 개념에 초점을 맞추면 유전자에 대한 추상적 묘사와 수학으로 이어질 뿐, 나비나 얼룩말, 오스트랄로피테쿠스나 네안데르탈인의 참모습은 사라지고 만다.

형태의 진화는 생명의 이야기에서 주가 되는 드라마이다. 화석 기록을 보아도 그렇거니와 현생 종들의 다양성을 고려해도 그렇다. 그러니 그런 이야기를 가르치자. '유전자 빈도의 변화' 대신 '형태의 진화는 발생 과정의 변화에서 온다'고 가르치자는 것이다. 물론 이것은 다윈-헉슬리 시대로 돌아가는 것처럼 보일 것이다. 진화 이론의 중심에 발생학이 놓였던 시기로 말이다. 그렇지만 이처럼 발생학적 접근을 통해 진화를 가르치면 몇 가지 이점이 있다.

첫째, 한 세대가 어떻게 알에서 성체까지 복잡성을 만들어내는지 이해하면, 훨씬 기나긴 시간에 걸쳐 발생 과정 중의 작은 변화들이 축적되었을 때 다양한 형태들이 생겨나리라는 점도 그리 어렵지 않게 이해할 수 있다.

둘째, 이제 우리는 발생 과정의 통제방식을 꽤 속속들이 알고 있다. 툴킷 단백질들이 형태를 그려내는 방법, 모든 동물에 공통의 툴킷 유전자들이 있다는 사실, 형태의 차이는 툴킷 유전자들이 사용되는 방식의 차이라는 사실 등을 말해줄 수 있다. 변형(혹은 발생)을 통한 계통의 승계라는 원칙은 누구라도 수긍할 만큼 확실하다.

셋째, 엄청나게 현실적인 이점인데, 이보디보는 몹시 시각적으로 표현된다. 4장에서 인용했던 '백문이 불여일견'이란 중국 속담은 홀륭한 교육 원칙이다. 학습은 문자에 시각적 요소들이 더해질 때 더 잘 이뤄진다. 학생들에게 배아, 혹스 복합체, 줄무늬, 얼룩무늬, 기타 동물 형태 형성에 관련된 온갖 영광스런 장면들을 보여주자는 것이다. 진화 개념을 저절로 익히게 될 것이다.

네번째 장점은 유전학을 고생물학의 강력한 증거들에 한 발 가깝게 끌어들인다는 것이다. 공룡과 삼엽충은 아이들이 진화를 생각할 때 자동으로 떠올리는 대표 동물들이며, 화석을 만져본 사람들은 대단한 흥미를 느낀다. 캄브리아기에서 현재로 이어지는 연속적 역사 중간중간 이러한 고대 세계의 경이들을 잘 배치하면 생명의 역사는 한층 구체적인 것으로 느껴진다. 모든 학생들이 화석을 접할 수 있도록 반복 지도 학습안을 짠다면, 정말 훌륭한 수업이 될 것이다.

추가로 몇 가지 일반적 제안들을 덧붙이고자 한다. 간혹 자연선택이란 기껏 '그렇고 그런' 적응 현상에 불과한 것처럼 설명하는 사람들이 있다. 가령 핀치의 부리는 식량의 종류에 알맞게 변화했고, 나방은 오염 때문에 검어졌다는 식이다. 나는 작은 선택들이 수백 수천 세대에 걸쳐 꾸준히 모였을 때 얼마나 대단한 힘을 발휘하는지, 그 내용이 더 널리 가르쳐지고 이해되어야 한다고 생각한다. '적자생존'이란 문구는 여기저기서 들리지만 사람들은 고작 검투사의 대결 같은 것을 떠올리는 듯하다. 실은 아무리 작은 규모라도 전반적인 생존과 생식력에 영향을 미치는 차이들은 선택되게 마련이라는 사실을 지적하는 문구인데 말이다. 유리한 돌연변이는 개체군에 확산되게 마련이라는 사실은 쉽게 설명되고 재현될 수 있는 진실이며, 진화에 시간 축이 필요하다는 점을 잘 말해주는 사실이다.

마지막으로, 대학에서도 심리학이나 서양 문명사 등의 교양과목을 가르치는 것처럼 필수과목으로 진화적 생명 관점을 가르쳐야 한다. 그러나 태산 같은 사실들을 외우고 나열하라고 하기보다는 진화의 역사, 주된 특성과 개념들, 기본 증거들에 대한 이해를 강조해야할 것이다. 라틴어 분류명을 외우라고 다그치는 것보다 이렇게 하는 편이 한결 올바른 정보를 가진 시민들, 나아가 제대로 된 교사를 길러낼 것이다. 지금 아이들은 작은 것에 신경이 팔려 큰 그림은 놓친 채 지루함에 하품하고 있다. 진화 이야기라는 극적인 드라마는 학생들의 흥미를 일깨울 것이다.

특히 미국에는 진화 교육의 내용이나 교수법 외의 장애물이 하나더 있다. 다음 대목에서 살펴볼 내용이다. 그렇지만 설령 나서서 반대하는 세력이 없다고 해도 우리는 지금보다 나은 교육을 제공해야하며, 충분히 그럴 수 있다.

이보디보와 진화론 / 창조론 싸움

어떤 문제에 대해 확신한다면 반드시 한쪽 편을 들라. 그러지 않고 승리하는 것은 염치없는 일이다.

— 요한 볼프강 폰 괴테, 『프로필레아』(1798)

『종의 기원』 초판 이후 재판이 발간되기까지 그 짧은 기간 동안, 다윈은 앞서 본 유명한 맺음 문구에 단어 몇 개를 삽입하였다. '신에 의해'라는 문구를 집어넣어 '최초에 신에 의해 단 한 가지, 혹은 소수의 몇 가지 형태로 숨결이 불어넣어졌다'로 고친 것이다. 다윈은 후에 식물학자 J. D. 후커에게 보낸 편지에서 이렇게 한 것을 후회한다고 말했다. "하지만 저는 대중의 의견을 좇아 모세5경 식의 창조에 관한 표현을 쓴 것을 뉘우칩니다. 사실 제 말의 의도는 정체가 전혀 알려지지 않은 어떤 과정으로 생명이 '등장했다'는 뜻이었습니다."

단어를 삽입한 것은 비평가들을 만족시키기 위해서였으며, 진화 개념을 보다 받아들이기 쉬운 것으로 만들기 위해서였다. 한편으론 다윈의 진정한 종교적 입장이 무엇일까 하는 궁금증을 불러일으키는 역할도 했다. 화해의 상징이라 할 만한 이 문장, 그리고 다윈이 신앙에 대해 말하기 꺼려했다는 점을(개인적으로 주고받은 편지나 미발표 노트 등에 어느 정도 종교에 대한 견해가 드러나 있긴 하다) 바탕으로 진화와 종교를 화해시키려 한 사람들도 있다.

무수한 과학자들과 온갖 종파들이 조화를 추구해왔다. 가령 1996년에 교황 요한 바오로 2세는 인간의 신체는 자연적 과정으로 진화했다고 보는 것이 가톨릭의 입장이라고 밝혔다. 나아가 덧붙이기를 진화에 대한 증거가 갈수록 쌓여서 이제는 '가설 이상'의 수준에 다다랐다고 했다(요한 바오로 2세가 전임 교황들에 비해 확실하게 진화를 인정한 편이긴 해도, 알고 보면 그 입장은 로마가톨릭교회가 오래전부터 주장해온 것이다. 나도 톨레도의 세인트 프란치스코 드 살 고등학교의 사제 선생님들에게서 다윈과 진화를 처음 배웠다). 단일 종파로 세상에서 가장 큰 기독교 단체의 수장이 한 말이라는 점, 또한 가톨릭은 과학의 진보를 받아들임에 있어 악명 높을 정도로 늑장을 부린 편이라는 점을 고려할 때, 교황의 발언은 드디어 오랜 투쟁 끝에 진화가 받아들여지는 전환점에 해당하는 것인지도 모르겠다. 그러나 생물학적 진화라는 현실을 명시적으로 받아들이는 종파가 있는가 하면, 성경 구절을 문자 그대로 이해하는 근본주의자들(여기서는 이들을 '창조론자'라 부르기로 하겠다)은 아직도 진화과학에 거세게 반대하며 공립학교에서의 진화 교육을 방해할 요량으로 법 제정을 추진한다.

괴테는 "활동적이되 무지한 자처럼 나쁜 것은 없다"고 했다. 과학계와 교육계가 물리쳐야 하는 것이 바로 이런 길 잃은 영혼들의 주장이다. 여기서 내 입장을 똑똑히 밝히고 싶다. 나는 진화 및 과학 교육을 가장 잘 수행하는 방법은 과학적 방법론과 지식을 촉진하는 것이지, 종교적 견해들을 공격하는 것은 아니라고 믿는다. 후자는 비생산적이고 무익한 싸움이다. 하지만 나는 또 믿는다. 이미 여러 종파들이 결론 내렸듯, 종교를 가장 잘 추구하는 방법은 종교의 가르침과 신학을 촉진하고 진화시키는 것이지, 과학을 공격하는 것이 아니다. 후자는 틀림없이 패배하는 전략이다.

신학과 과학의 관계에 관심을 두고 있는 조직인 존 템플턴 재단의 사무국장 찰스 하퍼는 최근 『네이처』에 이렇게 썼다. "과학 지식이 쌓여감에 따라 과학적 이해의 '틈새'에 입각한 종교적 공약들은 움츠러들 수밖에 없다. 그 틈새들이 결국 메워질 것이기 때문이다. 현재 진화과학과 싸우고 있는 기독교인들도 결국에는 진지하게 그것을 받아들일 필요가 있을 것이다." 하퍼의 말이 옳다. 배아, 유전자, 게놈에 대한 이해가 유례없이 진작되는 오늘날, 화석 기록마저 끊임없이 확장되어 가는 오늘날, 틈새들은 빠르게 사라지고 있다.

그런 틈새에 바탕을 두어 잘못된 신념을 구축한 사례로 생물학자 마이클 베히를 들 수 있다. 베히는 1996년에 『다윈의 블랙박스』라는 책을 냈다. 신용 있는 과학자가 이런 책을 썼으니, 창조론자들이 하느님의 선물처럼 여긴 것도 무리가 아니다. 하지만 책은 공허한 주장에 바탕을 두고 있다. 살아 있는 세포는 환원 불가능한 복잡성을 지니는 개체라는 것이 베히의 주된 논점이다. 베히는 생물학에 의존하여 복잡한 현상을 분자 수준 과정들로 환원하는 어려운 작업은 반드시 실패한다고 말한다. 그러나 결국 베히는 비관적인 예측을 늘어놓았던 숱한 거짓 예언자들의 대열에 가담한 것뿐이다. 그들의 예언은 생명과학이 끊임없이 혁명을 만들어내는 과정에서 모두 반증되어 잊혀졌다.

스와스모어 대학 생물학자이자 뛰어난 발생생물학 교재를 쓴 저자이며 발생학과 진화생물학 역사에 대해서도 통달한 스코트 길버트는 베히의 입장이 무엇인지, 왜 그것이 실패에 불과한지 이렇게 요약했다. "창조론자들이 보기에, 과학자들은 진화론과 유전학의 종합으로도 어떻게 몇몇 어류가 양서류로 변했는지, 어떻게 몇몇 파충류가 포유류로 변했는지, 어떻게 몇몇 유인원이 인간으로 변했는지 설명하지 못하고 있다…… 베히는 이처럼 유전학을 동원해서도 새 분류의 탄생을 설명하지 못하는 무능력을 가리켜 '다윈의 블랙박스'라고 부른다. 베히는 블랙박스를 열면 신성의 증거가 있을 것이라고 기대한다. 하지만 사실은 다르다. 다윈의 블랙박스 속에 있는 것은 다른 종류의 유전학, 즉 발생유전학일 뿐이다."

지난 20년간 발생유전학은 복잡성의 형성과 다양성의 진화를 새로이 이해할 수 있게 해주었다. 창조론자들은 그것을 보지 않겠다고 무작정 거부하고 있다. 그토록 확연한 증거를 어떻게 기꺼이 무시하거나 기각할 수 있을까? 솔직히 말해서 나는 현실을 부정하는 사람들의 심리 상태를 이해할 수 없다. 하지만 싸움에 질 위기에 처한 사람들이 현실을 받아들이지 않고자 막나가는 정치적 수사적 전략을 취한다는 것은 알고 있다. 창조론자들의 경우에는 다음과 같은 주장을 고수하는 것이다.

1. 진화는 **그저** 하나의 이론일 뿐이다. 공정성의 원칙에 입각하여 그와 동등하게 취급해야 마땅한 다른 이론들(창조론 혹은 지적설계론)이 많이 있다.

또는 이런 주장이다.

2. 진화는 과학자들이 이어나가는 사기 주장, 혹은 나쁜 과학이다. 성경과학협회 이사장 이언 테일러는 교황의 선언에 대해 이렇게 발언했다. "교황의 그 선언으로, 로마가톨릭교회는 인류가 키워낸 가장 커다란 기만행위를 한층 더 받아들이게 된 것이다……마이클 베히 박사처럼 자신의 일에 충실한 정직한 과학자들은…… 예를 들어 살아 있는 세포의 복잡성은 환원 불가능하기 때문에 우연에 기반한 진화란 절대 불가능하다는 사실 등을 강력하게 지적해왔다."

또는 이런 주장이다.

3. 진화의 전체 메커니즘이 어떤 것이지, 혹은 서로 다른 힘들이 상대적으로 얼마나 기여를 했는지에 대해서는 과학자들 사이에도

이견이 분분하다. 확실하게 합의된 바도 없다. 과학자들은 생명 역사의 모든 세부사항들을 알지 못한다. 이처럼 불확실성이 존재한다는 것이야말로 의심의 증거가 된다. 진화는 허약한 이론이고, 따라서 학생들에게 가르쳐선 안 될 이론이다.

진화가 기만이라고? 부정직한 과학자들이 충동질하는 것이라고? 창조론자들은 열정에 사로잡힌 나머지 자신들이 따라야 할 계율 중 한 가지를 깜박 잊은 듯하다. 네 이웃에 대하여 거짓 증거하지 말지니라, 하는 계명 말이다.

창조론자들과의 계속되는 싸움에 분통이 터지긴 하지만, 현재 과학계는 그 어느 때보다 잘 단합되어 있으며 싸움에 임할 준비가 되어 있다. 하지만 무지와의 싸움은 간단히 끝날 성질의 것이 아니다. 헨리 데이비드 소로가 말했듯, 그것은 기나긴 여정이다.

잘못된 견해를 가진 사람의 생각을 그의 생애 내에 바로잡아주기란 참으로 어렵다. 차라리 과학의 발전은 원래 느린 것이라 생각하며 위안하는 편이 낫다. 그는 진실을 믿지 않았지만 그의 손자들은 믿을지 모른다. 지리학의 경우를 떠올려보라. 화석이 유기물질이라는 것을 사람들에게 입증하는 데만 백 년이 걸렸으며, 그것들이 노아의 방주 시대에 생긴 것이 아님을 입증하는 데 그 후 백 년하고도 오십 년이 더 걸렸다.

과학과 과학자들만이 진화 개념을 발전시키고자 노력하는 것은 아니다. 신학자들도 있다. 조지타운 대학의 존 호트 같은 신학자들은 과학의 진화적 관점을 현대 신학에 짜 넣을 필요성을 주장해왔다. 호트는 진화를 뒷받침하는 과학 증거가 압도적인 수준이라고 판단하며, 성경 문헌은 "과학이 등장하기 전 시대에 작성된 것이므로, 그 직접적인 의미를 21세기 과학의 형식 속에 그대로 펼치려 해서는"(창조론자들의 요구처럼 말이다) 안 된다고 지적한다. 호트는 이렇게 썼다.

아직도 우리가 다윈 이전 세계가 아니라 다윈 이후 세계에 산다는 사실을 받아들이지 않는 신학자들이 많다. 현재의 진화하는 우주는 대부분의 종교 사상들이 태어나고 자란 과거 세계의 모습과는 다르다는 점을 인정하지 않는다. 오늘날의 지적 토양에서 우리 신학이 살아남으려면, 신학은 진화적 용어들을 새롭게 표현할 방법을 알아야 한다. 다윈 이후 시대에 살며 신을 생각하는 우리가 아우구스티누스, 토마스 아퀴나스, 또는 우리 조부모나 부모와 똑같은 생각을 할 수는 없다. 오늘날 우리는 신학의 모든 면을 진화적 용어로 다시 읽어낼 수 있어야 한다.

호트는 고통, 자유, 창조 같은 신학적 주제들에 진화가 어떤 의미를 지니는지 고민하고 있는 것이다. 다윈 역시 그런 문제들을 고민했다. 호트는 말하기를 진화 없는 창조라는 견해는 창백하고 메마른 세계를 낳을 것이라 했다. '진화가 만들어낸 그 모든 드라마, 다양성, 모험, 강렬한 아름다움'이 없는 세계이리라는 것이다. 호트는 이렇게 말했다. "생기 없는 조화로움은 존재하겠지만, 수십억 년에 걸쳐 진화가 현실로 만들어낸 그 모든 참신함, 대조, 위험, 격동, 장엄

함은 없을 것이다.”

　전통 신학과는 달라도 한참 다를지라도 호트의 메시지는 논리적이다. 신학은 정말 진화해야 한다. 아니면 시대에 뒤떨어진 것이 될 터이기 때문이다. 교회 주일학교에서 화석, 유전자, 배아를 (긍정적으로) 토론하는 날이 오는 것, 그것이야말로 진정한 혁명일 것이다.

최고로 위기에 처한 무수히 다양한 형태들

　진화적 관점을 대중이 받아들이느냐 마느냐는 순전히 철학적이기만 한 문제가 아니다. 깊은 과거로부터 현재에 이르는 우리 행성의 전 역사를 이해하는 것은 우리 행성을 현명하게 관리하고, 인간 사회를 잘 보전하는 데 필수적인 조건이다.

　호모 사피엔스와 그들의 문화 및 기술의 진화는 지구의 생물다양성에 엄청난 영향을 미쳐왔고, 현재도 미치고 있다. 농경이 정착되기 전, 전 세계 인구는 약 1천만 명이었으리라 추정된다. 기원후 1년에 인구는 3억 명이 되었고 산업혁명의 도래와 함께 눈부신 가속을 시작하여 1800년 무렵에는 10억에 다다랐다. 현재의 인구는 60억이며 향후 50년간 90억까지 가파르게 오르리라 예상된다. 고작 1만 년만에 천 배가 증가하는 것이다.

　최근처럼 갑작스런 증가를 맞기 전에도 인간과 그 문화는 정착지에 늘 극적인 영향을 미쳤다. 인간의 유해한 영향을 잘 보여주는 장소로 내가 꼽는 곳은 오스트레일리아 노던 주 카카두 국립공원이다. 내가 지구상에서 가장 좋아하는 장소이기도 하다. 카카두는 대단히 다양한 식물상과 동물군을 보여주는 곳인 동시에 인간의 정주 역사가 중단 없이 가장 길게 이어져온 장소이다. 그곳 오스트레일리아 원주민들의 암벽화는 세계에서 가장 오래된 것들 중 하나다. 공원 북쪽 우비르 지역에는 멀게는 4만 년에서 2만 년 전에 그려진 암벽화들도 있고 극히 최근에 그려진 암벽화들도 있다. 가장 큰 암벽화 회랑의 서쪽면 꼭대기 돌출부에는 타일러사인을 그린 그림이 있다 [그림11-1]. 육식 유대류동물로서 반디먼즈랜드호랑이, 또는 태즈메이니아늑대라 불리기도 하는 동물이다. 이 동물이 노던 주 및 오스트레일리아 본토에서 사라진 지는 한참 되었고, 현재는 어느 곳에서도 찾아볼 수 없다. 최후의 타일러사인은 1936년에 태즈메이니아의 한 동물원에서 죽었다. 본토의 타일러사인들이 멸종한 것은 원주민들이 오스트레일리아로 오면서 데려온 들개 때문일 것이다. 카카두의 암벽화는 이 특별한 장소에서 과거에 어떤 생명들이 번성했는지 말해준다. 야생의 생명들, 그리고 우리 종의 과거 일원들을 떠올리게 한다.

전 세계 어디에서든 인간이 정주한 곳에서는 비슷한 이야기가 생겨났다. 프랑스의 동굴벽화는 멸종한 들소와 코뿔소를 보여주고, 마오리 원주민들이 멸종시킨 뉴질랜드의 날지 못하는 큰 새 모아는 뼛조각만으로 남았으며[그림11-2], 선원들이 멸종시킨 모리셔스 섬의 새 도도는 그림으로만 전해지고[그림11-2], 최후의 자이언트나무늘보와 털매머드는 고대 아메리카 인디언들의 손에 사라졌다. 얼룩말의 네 가지 종 혹은 아종 중 하나인 쿠아가[그림11-3]는 다윈이 태어날 때만 해도 생존했으나 다윈이 죽을 무렵에는 야생에서 자취를 감췄다.

그런데 현재의 대량 멸종 추세를 떠올리면 이런 사례들은 아무것

[그림11-1] **멸종한 타일러사인.** 위는 노던 주 아넴랜드 서쪽에 있는 원주민 암벽화이다. 본토에서는 오래전에 멸종한 줄무늬 육식 유대류 타일러사인을 그린 것이다. 아래는 한 박물학자가 태즈메이니아늑대(타일러사인)를 그린 것이다. 20세기 초까지만 해도 태즈메이니아에는 이들이 살고 있었다. 사진_ 케임브리지 대학 크리스토퍼 치펀데일 박사.

도 아니다. 서식지의 대규모 파괴, 수질과 토질의 저하, 대기 오염, 우림과 산호초의 소실 탓에 전 지구적인 생물다양성 파괴가 진행되고 있다. 아마존의 나비와 앵무새는 베이츠가 보았을 때처럼 수가 많지도 다양하지도 못하다. 다윈이 지금 갈라파고스를 방문한다면 어떤 섬에서는 제도의 상징인 갈라파고스거북은 물론이고 큰땅핀치와 뾰족부리땅핀치까지 멸종하고 없는 것을 보게 될 것이다. 지칠 줄 모르는 인간의 공세 앞에서 자연의 형태들은 더 이상 무한히 다양하지 않다. 최고로 아름다운 것들이 살아남는 것도 아니다.

나는 과학이 세상의 모든 문제를 풀어주리라고 기대할 만큼 순진한 사람은 아니다. 그러나 과학을 무시하고 과학적 사실들을 부정하

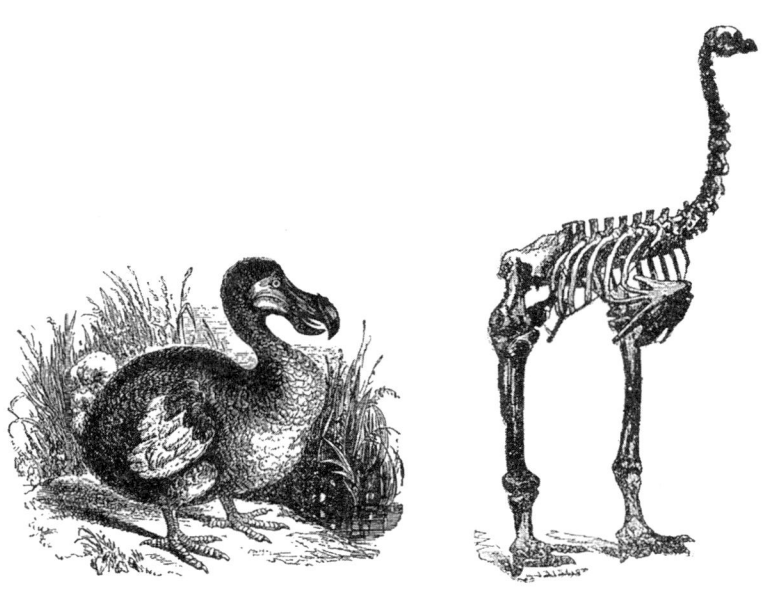

도도   다리가 짧은 모아의 골격

[그림11-2] **도도와 모아.** 각기 모리셔스 섬과 뉴질랜드 섬에 살았던 이 새들은 인간의 손에 멸절되었다.

는 것은 분명히 재앙을 초래하는 일이다. 헉슬리가 왕립연구소 강연에서 했던 말을 떠올려보자. 생물학 최초의 혁명이 막 도래하던 그때, 헉슬리는 진행 중인 위대하고도 고귀한 사고의 재편 활동에서 영국이 어떤 역할을 맡을지 생각해보라고 촉구했다.

영국은 이 속에서 한 역할을 맡을 수 있을까요? 그것은 청중 여러분이, 대중이, 과학을 어떻게 다루느냐에 달려 있습니다. 과학을 귀히 여기고, 존중하고, 모든 분야의 인간 사고에 충실하고도 확실하게 과학의 방법론들을 적용하여 따른다면, 영국인들의 미래는 과거보다 위대할 것입니다. 과학을 잠재우고 짓누르려는 사람들의 말

[그림11-3] **쿠아가.** 이 얼룩말 종 혹은 아종은 1800년대 말에 멸종했다.

을 듣는다면, 두려운 일이지만 우리 후손은 안개 속으로 사라진 아서 왕처럼 영국의 영광이 흐려지는 것을 보게 될 것입니다.

지금 우리 손에 놓인 것은 영국의 영광이나 미국의 영광이 아니다. 자연의 영광이다. 생물학을 깊이 이해해갈수록 그것을 즐기거나 그것으로부터 배우는 일은 적어진다니, 참으로 비극적인 아이러니 아니겠는가? 우리 시대의 유산은 무엇이 될까? 자연을 귀히 여기고 보호하는 것? 아니면 나비나 얼룩말이나 그 밖의 동물들이 타일러사인이나 모아나 도도처럼 전설 속으로 사라지게 하는 것?

자료 및 참고문헌 |

(우리말 번역본이 있는 경우는 번역서의 제목을 병기했고, 그렇지 않은 경우 원제와 원명만을 기록했다 / 옮긴이)

이 책에서 논한 여러 발견과 발상들은 수많은 과학자들의 노력의 결실이다. 일반인들에게 널리 읽히도록 쓴 책이므로, 이야기에 관련된 모든 연구 내용을 일일이 거론하지 않았으며, 본문 중에 각주를 쓰지도 않았다. 그래서 여기에서 내가 참고했던 책과 논문들을 짧게 소개하려 한다. 관심 있는 독자가 특정 주제에 대해 더 찾아보고 싶을 때 참고할 자료도 몇 적었다. 논문의 제목까지는 밝히지 않았다. 어느 잡지에 실렸는지 정확한 위치를 적었으니 관심 있는 분들은 얼마든지 찾아보실 수 있을 것이다.

서론: 나비, 얼룩말, 그리고 배아

다윈, 베이츠, 월리스의 여행을 자극한 동기가 무엇이었으며 그 여행이 어떠했는지는 그들의 자서전이나 수많은 전기 자료들을 통해 알 수 있다. 나는 다윈의 『비글호 항해기 *Voyage of the Beagle*』(1839년 첫 출간, 이후 수많은 판본이 있음)와 H. W. 베이츠의 『*Naturalist on the River Amazons*』(London : John Murray, 1863)를 참고하였다. 베이츠의 생애에 대해서는 1988년에 Penguin Nature Library로 출간된 베이츠의 책 페이지 vii~ xviii에 A. 셔머토프(Shoumatoff)가 쓴 서문을 보면 된다. 다음 책은 다윈의 삶에 대한 각종 자료와 통찰을 풍부하게 제공한다. A. Desmond and J. Moore, 『*Darwin : The Life of a Tormented Evolutionist*』 (London : Michael Joseph, 1991). 베이츠와 월리스가 나누었던 우정, 그리고 어떻게 그들이 함께 아마존까지 가게 되었는지에 대해서는 아무리 짧은 전기에라도 반드시 소개되어 있다.

과학의 미학적 측면을 지적한 필자는 수도 없이 많다. 그중에서도 나는 로버트 루트-번스타인(Robert Root-Bernstein)의 탁월한 책 『*Discovering : Inventing and Solving Problems at the Frontiers of Scientific Knowledge*』(Cambridge, Mass. : Harvard University Press, 1989)를 강력히 권한다. 그의 논문도 참고하라. "The Sciences and Arts Share a Common Creative Aesthetic", 『*The Elusive Synthesis : Aesthetics and Sciences*』, ed. A. Tauber, pp. 49~82 (Netherlands : Kluwer Academic Publishers, 1996). 발생생물학자이자 과학사학인 스코트 길버트는 매리온 테이버(Marion Taber)와 함께 쓴 다음 논문에서 발생학의 미학적 측면에 대해 깊게 다루었다. "Looking at Embryos : The Visual and Conceptual Aesthetics of Emerging Form", 『*The Elusive Synthesis*』, pp. 125~151. 길버트와 테이버가 발탁한 여러 연구들 중에서도 파울 바이스의 다음 논문은 특별한 미학적 기여를 한 것으로 보인다. "Beauty and the Beast : Life and the Rule of Order" 『*Scientific Monthly*』 81(1955), pp. 286~299.

다윈이 진화 개념들을 형성하면서 발생학을 중심에 놓았다는 것은 『종의 기원 *The Origin of Species*』을 볼 때 분명하다. 다윈의 서신들을 보아도 분명한 사실로서, 프랜시스 다윈이 엮은 『*The Life and Letters of Charles Darwin*』을 참고하라. 토머스 H. 헉슬리 역시 『*Evidence as to Man's Place in Nature*』(1863)에서 배아와 발생을 중요한 진화의 증거로 들었다.

현대적 종합 이론의 주요 요소들은 다음과 같은 집단유전학 및 진화 관련 책들에 잘 다뤄져 있다. Ronald A. Fisher, 『*The Genetical Theory of Natural Selection*』(Oxford : Clarendon Press, 1930); J. B. S. Haldane, 『*The Causes of Evolution*』(London : Longman, Green, 1932); Theodosius Dobzhansky, 『*Genetics and the Origin of Species*』(New York : Columbia University Press, 1937). 분류학에 대해서는 다음을 참고하라. Ernst Mayr, 『*Systematics and the Origin of Species*』(New York : Columbia University Press, 1942). 고생물학에 대해서는 다음을 참고하

라. George Gaylord Simpson, 『*Tempo and Mode in Evolution*』(New York : Columbia University Press, 1944). 줄리언 헉슬리의 『*Evolution : The Modern Synthesis*』(London : Allen and Unwin, 1942)는 유전학, 분류학, 고생물학, 식물학의 요소들을 잘 통합해 보여주었다.

현대적 종합 이론의 영향과 부족한 점에 대해 분석한 사람들도 많은데, 특히 스티븐 제이 굴드와 나일즈 엘드리지가 두드러진다. 그들이 각각, 혹은 함께 쓴 글들로 다음 자료들을 참고하라. N. Eldredge and S. J. Gould, "Punctuated Equilibria : An Alternative to Phyletic Gradualism", 『*Models in Paleobiology*』, ed. T. J. M. Schopf, pp. 82~115(San Francisco : Freeman, Cooper, 1972); S. J. Gould and N. Eldredge, "Punctuated Equilibrium Comes of Age", 『*Nature*』 366(1993), pp. 223~227; N. Eldredge, 『*Unfinished Synthesis : Biological Hierachies and Modern Evolutionary Thought*』(Oxford : Oxford University Press, 1986); S. J. Gould, 『*The Structure of Evolutionary Theory*』(Cambridge, Mass. : Harvard University Press, 2002). 굴드가 발생학과 진화 과정의 관계에 대해 처음으로 분석한 것은 그의 걸작 『*Ontogeny and Phylogeny*』(Cambridge, Mass. : Belknap Press, 1977)에서였다.

굴드의 대작이 나오기 백 년 전, 러디야드 키플링은 『바로 그 이야기들*Just So Stories*』(New York : Doubleday, 1902)을 펴냈다. 이 열 가지 이야기들은 이제 온라인에서도 쉽게 찾아볼 수 있다.

진화발생생물학의 등장을 전문가나 학생을 위해 연대기별로 정리한 최초의 책은 이것이다. Rudy A. Raff and Thomas C. Kaufman, 『*Embryos, Genes, and Evolution : The Developmental-Genetic Basis of Evolutionary Change*』(New York : Macmillan, 1983). 이 책은 이후 수십 년간 생산적으로 추구될 여러 질문들을 소개했고 방향을 안내했다. 최근의 책들로는 다음이 있다. R. A. Raff, 『*The Shape of Life*』(Chicago : University of Chicago Press, 1996); J. Gerhart and M. Kirschner, 『*Cells, Embryos, and Evolution*』(Medford, Mass. : Blackwell Science, 1997); E. H. Davidson, 『*Genomic Regulatory Systems : Development and*

Evolution』(San Diego : Academic Press, 2001) ; A. Wilkins, 『*The Evolution of Developmental Pathways*』(Sunderland, Mass. : Sinauer Associates, 2001) ; S. Carroll, J. Grenier, and S. Weatherbee, 『*From DNA to Diversity : Molecular Genetics and the Evolution of Animal Design*』, 2nd ed. (Medford, Mass. : Blackwell Science, 2005).

1. 동물의 구조 : 현재의 형태, 고대의 설계

플로리다 화석 동물군에 대한 훌륭한 개론서이자 어떻게 그들을 찾느냐까지 소개하는 책이 있다. Mark Renz, 『*Fossiling in Florida : A Guide for Diggers and Divers*』(Gainesville : University Press of Florida, 1999). 마크는 화석 탐색 체험도 주선하고 있다(Fossilx@earthlink.net으로 연락하라). 내 가족에게 플로리다 강바닥에서 화석을 찾는 법, 그리고 찾아낸 것의 정체를 확인하는 법을 알려주어서 참으로 감사하다.

모듈성과 구조의 연속 반복성에 대해서는 다음 책에서 소개된다. W. Bateson, 『*Materials for the Study of Variation*』(London : Macmillan, 1894). 윌리스턴의 법칙은 다음 책에 설명되어 있다. S. W. Williston, 『*Water Reptiles of the Past and Present*』(Chicago : University of Chicago Press, 1914). 모듈성, 상동성, 연속 상동성의 중요성을 다룬 최근 논문으로는 다음을 참고하라. G. P. Wagner, 『*American Zoologist*』 36(1996), pp. 36~43 ; G. P. Wagner, 『*Evolution*』 43(1989), pp. 1157~1171.

2. 괴물, 돌연변이 그리고 마스터 유전자

사이클로파민의 발견 및 그것을 베라트룸 칼리포르니쿰 꽃과 연관 지어 외눈증을 소개한 논문은 다음이다. R. F. Keeler and W. Binns, 『*Teratology*』 1(1968), pp. 5~10.

영원이나 개구리 배아, 닭 사지에서 형성체의 활동을 확인한 고전적 실험

사례들은 어느 발생생물학 교과서에도 나와 있다. 두 권만 소개하겠다. Scott F. Gilbert, 『*Developmental Biology*』, 7th ed.(Sunderland, Mass. : Sinauer Associates, 2003); L. Wolpert et al., 『*Principles of Development*』, 2nd ed.(Oxford : Oxford University Press, 2002). 슈페만과 그 학생 힐데 만골트의 실험은 다음에 설명되어 있다. H. Spemann, 『*Embryonic Development and Induction*』(New Haven : Yale University Press, 1938). 존 W. 손더스와 그 동료 M. T. 게셀링의 실험은 다음에 설명되어 있다. R. Fleischmajer and R. E. Bilingham eds., 『*Epithelial Mesenchymal Interactions*』(Baltimore : Williams and Wilkins, 1968), pp. 78~97. 나비 날개 눈꼴무늬 형성체 실험이 처음 소개된 논문은 여기 있다. H. F. Nijhout, 『*Developmental Biology*』 80(1980), pp. 267~274.

'바람직한 괴물'이라는 용어가 처음 쓰인 것은 다음 책이다. Richard Goldschmidt, 『*The Material Basis of Evolution*』(New Haven : Yale University Press, 1940). 1982년판 책에는 굴드가 서문을 썼는데 viii~xlii에 이 용어의 개념이 잘 소개되어 있다. 이에 대한 굴드의 생각을 더 보려면 다음을 참고하라. "Helpful Monsters", 『*Hen's Teeth and Horse's Toes*』(New York : W. W. Norton, 1983), pp. 187~198.

다지증의 의학적 묘사, 그리고 통계적 발생 빈도에 대해서는 다음 자료들을 참고했다. W. F. Bakker et al, 『*Electronic Journal of Hand Surgery*』, November 11, 1997, 온라인에서 검색, L. G. Biesecker, 『*American Journal of Medical Genetics*』 112(2002), pp. 279~283. 다지증을 가진 개인들의 일화는 다음을 참조했다. BaseballLibrary.com에서 안토니오 알폰세카, Wikipedia.org에서 역사적 인물들, melungeanhealth.org에서 터키 다지증 마을의 자료를 얻었다. 인간의 발생학적 기형에 대한 온갖 환상적인 사례들을 보려면 다음 책을 참고하라. A. M. Leroi, 『돌연변이 *Mutants : On Genetic Variety and the Human Body*』(New York : Viking Press, 2003).

호메오 돌연변이에 대한 자료는 어마어마하게 많다. 위에서 언급한 발생학 교과서들에도 짧게 소개되어 있을 것이고, 굴드의 "Helpful Monsters" 에세이에도 나와 있다. 파리의 발생이라는 맥락에서 호메오 돌연변이를 더 상세하게 소개한 책은 다음과 같다. Peter Lawrence, 『*The Making of a Fly*』(Cambridge, Mass. : Blackwell Science, 1992).

3. 대장균에서 코끼리까지

DNA의 구조로부터 유전암호의 해독까지 분자생물학의 기원을 소개한 책, 또한 대장균의 락토오스 대사를 통제하는 유전논리를 발견한 자콥과 모노의 작업을 소개한 책으로는 아주 훌륭한 것이 있다. Horace Freeland Judson, 『*The Eighth Day of Creation : The Makers of the Revolution in Biology*』(New York : Simon and Schuster, 1979; reprint, with an updated preface, New York : Cold Spring Harbor Laboratory Press, 1996). 이 책은 과학 저술 전체를 통틀어 가장 잘 씌어졌고 가장 철저하게 조사된 책 중 하나이다.

유전정보의 암호와 해독에 대한 설명은 대부분의 대학 수준 생물학 교과서에 나와 있다. 온라인에서 'DNA, RNA, 단백질'이라고 검색하기만 해도 그림이 곁들여진 짧은 소개들이 줄줄이 나온다. 베타-갈락토시다아제 생산 통제 과정도 대부분의 유전학 및 분자생물학 교과서에 나온다. 논문들을 모은 다음 책도 참고할 수 있다. J. H. Miller and W. S. Reznikoff, eds., 『*The Operon*』(Cold Spring Harbor, N. Y. : Cold Spring Harbor Laboratory Press, 1978).

나는 자크 모노와 프랑수아 자콥의 다음 책들을 참고했다. J. Monod, 『우연과 필연 *Chance and Necessity*』(New York : Alfred A. Knopf, 1971); F. Jacob, 『생명의 논리, 유전의 역사 *The Logic of Life*』(New York : Pantheon, 1974); F. Jacob, 『내 마음의 초상 *The Statue Within : An Autobiography*』(New York : Basic Books, 1988). 프랑수아 자콥은 최근 들어 호메오박스 이야기까지 담아서 유전학 및 발생 생물학의 발전에 대한 책을 쓰기도 했다. F. Jacob, 『파리, 생쥐, 그리고 인간 *Of Flies, Mice, and Men : On the Revolution in Modern Biology by One of the Scientists Who Helped Make It*』(Cambridge, Mass. : Harvard University Press, 1998).

안테나피디아와 바이소락스 복합체에 대한 주요 논문은 다음과 같다. E. Lewis, 『*Nature*』 276 (1978), pp. 565~570; B. Wakimoto and T. Kaufman, 『*Developmental Biology*』 81 (1981), pp. 51~64. 호메오박스는 독립적으로 연구하던 두 실험실에서 동시에 발견되었다. 하나는 톰 카우프먼(Thom Kaufman)이 이끄는 인디애나 대학 실험실이고, 다른 하나는 발터 게링이 이끄는 바젤 대학 실험실이었다. 다음 책과 논문에서 발견에 얽힌 이야기를 들을 수 있다. Peter Lawrence, 『*The Making of the Fly*』(Medford, Mass.: Blackwell Science, 1992); W. Gehring, 『*Master Control Genes in Development and Evolution : The Homeobox Story*』(New Haven: Yale University Press, 1999); W. McGinnis, 『*Genetics*』 137 (1994), pp. 607~611. 일차 자료는 다음과 같다. M. P. Scott and A. J. Weiner, 『*Proceedings of the National Academy of Science, USA*』 81 (1984), pp. 4,115~4,119; W. McGinnis et al., 『*Nature*』 308 (1984), pp. 428 ~433. 호메오 영역과 다른 박테리아 및 효모의 조절 단백질 유사성에 대한 논문은 이것이다. A. S. Laughon and M. P. Scott, 『*Nature*』 310 (1984), pp. 25~31. 다른 동물들의 호메오박스 유전자 발견에 대해서는 다음에 나와 있다. W. McGinnis et al, 『*Cell*』 37 (1984), pp. 403~408. 호메오박스를 로제타석에 비유한 표현은 다음 논문에 등장한다. Jonathan Slack, 『*Nature*』 310 (1984), pp. 364 ~365. 스티븐 제이 굴드가 호메오박스의 의미에 대해 논평한 것은 다음에 등장한다. S. J. Gould, 『*Natural History*』 94 (1985), pp. 12~23.

혹스 유전자가 복합체로 조직되어 있다는 것, 그들이 척추동물 체축을 따라 발현한다는 것은 다음 논문들에서 알려졌다. D. Duboule and P. Dollé, 『*EMBO Journal*』 8 (1989), pp. 1,497~1,505; A. Graham, N. Papalapov, and R. Krumlauf, 『*Cell*』 57 (1989), pp. 367~378.

초파리의 아이리스 유전자와 쥐의 스몰아이 유전자, 인간의 아니리디아 유전자가 상동하다는 것을 밝힌 논문은 다음이다. R. Quiring et al, 『*Science*』 265 (1994), pp. 785~789. 아이리스와 스몰아이 유전자가 파리의 다른 부위들에서 눈 조직을 유도한다는 것은 다음 논문에서 밝혀졌다. G. Halder, P. Callaerts, and W. Gehring, 『*Science*』 267 (1994), pp. 1,788~1,792. 이 작업에 대한 논평은 다음을 참고하라. S. J. Gould, 『*Natural History*』 103 (1994), pp. 12~20. 리처드 도킨스(Richard Dawkins)도 다음 글에서 눈의 진화에 대해 엄청나게 훌륭한 설명을 보여주었다. R. Dawkins, "The Forty-Fold Path to Enlightenment", 『*Climbing Mount Improbable*』(New York : W. W. Norton, 1996), pp. 138~197.

디스탈리스 유전자와 그 상동 유전자들이 여러 종류 부속지 형성에 쓰인다는 사실은 다음 논문으로 알려졌다. G. Panganiban et al., 『*Proceedings of the National Academy of Science, USA*』 94 (1997), pp. 5,162~5,166. 틴먼 및 NK2 호메오박스 유전자들이 파리 및 척추동물 심장 형성에서 맡은 역할의 의미에 대해서는 다음에 잘 소개되어 있다. R. Bodmer and T. V. Venkatregh, 『*Developmental Genetics*』 22 (1998), pp. 181~186.

동물 간의 진화적 거리에 대한 에른스트 마이어의 견해는 다음에 나와 있다. E. Mayr, 『*Animal Species and Evolution*』(Cambridge, Mass. : Harvard University Press, 1963), p. 609. 스티븐 제이 굴드의 코멘트는 다음에 있다. S. J. Gould, 『*The Structure of Evolutionary Theory*』(Cambridge, Mass. : Harvard University Press, 2002), p. 1,065.

초파리 배아의 형태를 조각하는 유전자들을 찾아낸 뉘슬라인-폴하르트와 위샤우스의 선구적 연구가 처음 발표된 것은 다음 자료에서이다. 『*Nature*』 287 (1980), pp. 795~801. 몇 년 뒤에 초파리의 헤지호그 유전자가 분리되었고, 그 직후 척추동물의 상동 유전자도 확인되었다. 소닉 헤지호그 단백질이 닭 사지에서 ZPA의 활동을 모방한다는 것이 알려진 논문은 다음이다. R. Riddle et al., 『*Cell*』 75 (1993), pp. 1,401~1,416. 소닉 헤지호그의 돌연변이를 사람의 다지증과 연결시킨 논문은 다음이다. L. Lettice et al., 『*Proceedings of the National Academy of Science, USA*』 99 (2002), pp. 7,548~7,553.

소닉 헤지호그 유전자의 돌연변이로 외눈증이 유도된다는 것은 다음 논문에서 보고되었다. C. Chiang et al., 『*Nature*』 383 (1996), pp. 407~413. 몇몇 종류의 암은 신호전달 경로에 있는 다른 유전자들에 돌연변이가 생겨서 발생한다는 관찰이 여기에 결합됨으로써 사이클로파민을 화학요법 치료제로 시험해 본다는 발상이 생겨났다. 다음을 참고하라. J. Taipale et al., 『*Nature*』 406 (2000), pp. 1,005~1,009; A. E. Bale, 『*Nature*』 406 (2000), pp. 944~945.

4. 아기 만들기: 부품은 유전자 2만 5천 개, 약간의 조립 필요함

이 장의 제목이 된 말장난은 다음 글에서 빌려온 것이다. S. Gilbert and M. Taber, "Looking at Embryos : The Visual and Conceptual Aesthetics of Emerging Forms", 『*The Elusive Synthesis : Science and Aesthetics*』 ed. A. Tauberg, pp. 125 ~151 (Netherlands : Kluwer Academic Publishers, 1996). 길버트와 테이버에 따르면 1992년에 잭슨 연구소가 '쥐 게놈 백과사전' 소프트웨어를 처음 선보였을 때 '온전한 쥐 한 마리'라는 광고 문구 뒤에 괄호를 열어 '약간의 조립 필요함' 이라고 적었다고 한다. 분해한 닭을 다시 조립하는 법을 얘기했던 파울 바이스 의 일화도 길버트와 테이버의 글에서 가져왔다.

발생학을 지도 제작에 비유한 것은 다음 책의 아이디어이다. Stephen S. Hall, 『*Mapping the Next Millennium : The Discovery of New Geographies*』 (New York : Random House, 1992), pp. 193~214. 홀은 책 전반에 걸쳐 과학에서 지 도 제작이 얼마나 핵심적인 역할을 맡는지 강조한다. 유전학과 발생학 분야에 대한 그의 표현도 나무랄 데가 없다.

배아 발생 과정 전반에 대해서라면 위대한 발생생물학자들이 일반인을 위 해 서술한 다음 두 책이 있다. Lewis Wolpert, 『하나의 세포가 어떻게 인간이 되 는가 *Triumph of the Embryo*』(New York : Oxford University Press, 1991); Enrico Coen, 『*Art of the Genes : How Organisms Copy Themselves*』(Oxford : Oxford University Press, 1998). 전자는 배아와 구조 형성의 핵심 단계들을 간 결하고 명료하게 요약해 전달한다. 후자는 발생학과 예술을 결합하는 독특한 시각을 통해 어떻게 형태들이 암호화되고 드러나는지 논의한다.

운명 지도 제작은 모든 발생생물학 교과서에 소개되어 있다. 2장의 참고자료로 말했던 교과서들에도 나온다. 운명 지도 제작의 목표, 전략, 신기법에 대해서 훌륭하게 다룬 최근의 논문으로는 다음이 있다. J. D. W. Clarke and C. Tickle, 『Nature Cell Biology』 1 (1999), pp. E103~109. [그림4-1]과 [그림4-2]는 위의 여러 자료들, 그리고 다음 책의 부록 삽화로 출판되었던 폴커 하르텐슈타인(Volker Hartenstein)의 그림들을 참고한 뒤 단순화한 것이다. M. Bate and A. Martinez-Arias, eds., 『The Development of Drosophila melanogaster』(Cold Spring Harbor, N. Y. : Cold Spring Harbor Laboratory Press, 1993).

툴킷 유전자 발현에 대한 묘사는 내 연구실의 작업, 여러 일차 자료들, 영상 자료를 제공해준 동료들에게서 얻은 정보, 여러 교과서들을 참고한 것이다. 모든 발생생물학 교과서들에 대부분의 정보가 비교적 상세히 소개되어 있다. 다음도 참고하라. Peter Lawrence, 『The Making of the Fly』(Cambridge, Mass. : Blackwell Science, 1992); Sean B. Carroll, J. Grenier, and S. Weatherbee, 『From DNA to Diversity : Molecular Genetics and the Evolution of Animal Design』, 2nd ed. (Medford, Mass. : Blackwell Science, 2005). 전자는 파리 배아에서 발현하는 유전자들을 꼼꼼히 다루었고, 후자는 파리와 척추동물들을 형성하는 단계를 설명하였다. 특정 주제에 대해 깊이 다루는 논문들은 다음과 같다. 척추동물 초기 배아에 대해서, E. M. De Robertis et al., 『Nature Reviews Genetics』 1 (2000), pp. 171~181; 척추동물의 체절 형성에 대해서, O. Pourquie, 『Science』 301 (2003), pp. 328~330; 척추동물 사지의 형성에 대해서, F. Moriani and G. R. Martin, 『Nature』 423 (2003), pp. 319~325; 후뇌의 형성에 대해서, C. B. Moens and V. E. Prince, 『Developmental Dynamics』 224 (2002), pp. 1~17.

외측 억제 기법 소개는 강모나 깃털 아체의 위치 등 여러 사례들로부터 일반화한 것이다. 이 개념을 상세히 다루고 여러 사례들을 소개한 논문이 있다. H. Meinhardt and A. Gierer, 『BioEssays』 22 (2002), pp. 753~760. 이 저자들의 웹사이트에는 일정 간격을 띄고 주기적으로 나타나는 무늬의 생성에 관한 훌륭한 교습 자료와 애니메이션이 올려져 있다. www.eb.tuebingen.mpg.de/dept4/meinhardt/home.html.

프랑수아 자콥이 장 페랭을 인용한 대목은 다음 에세이에 등장한다. "Evolution and Tinkering", 『*Science*』 196 (1977), pp. 1,161~1,166. 장 페랭은 콜로이드와 브라운 운동에 대한 연구를 인정받아 1926년에 노벨 물리학상을 수상한 과학자이다. 페랭은 『*Les Atomes*』(1913)라는 매우 대중적인 책을 쓴 적 있는데, 인용문은 이 책에서 딴 것이다.

5. 게놈의 암흑물질: 유전자 사용 설명서

내가 '암흑물질'에 대해 처음 알게 된 것은 브라이언 그린의 책 『엘러건트 유니버스 *The Elegant Universe*』(New York : W. W. Norton, 1999)에서였다. 미시로부터 거시에 이르기까지 전 우주의 구조를 설명하는, 매우 흡인력 있는 책이다. 또한 마틴 리스의 훌륭한 책 『여섯 개의 수 *Just Six Numbers : The Deep Forces That Shape the Universe*』(New York : Basic Books, 2001)도 도움이 되었다. 추가로 다음을 참고하라. Dennis Overbye, "From Light to Darkness : Astronomy's New Universe", 『*The New York Times*』, April 10, 2001 ; Vera Rubin, 『*Scientific American Presents*』 9, no. 1 (1998), pp. 106~110.

유전자 스위치의 속성에 집중한 책들도 여럿 있는데, 두 권을 소개하겠다. Mark Ptashne, 『*A Genetic Switch*』, 2nd ed.(Cambridge, Mass. : Blackwell Science, 1992) ; Eric H. Davidson, 『*Genomic Regulatory Systems : Development and Evolution*』(San Diego : Academic Press, 2001). 이미 고전이 된 전자는 짧고 화보가 많은 책으로서 유전자 스위치에 대해 하나하나 알려주는 교본이다. 특히 박테리오파지에 초점을 맞추었지만 보다 복잡한 유기체들에 대한 사례도 몇 등장한다. 후자는 좀 단계가 높은 교과서로서 보다 복잡한 동물 유전자 스위치들의 논리와 작동에 대해 설명한다.

우리 게놈 내에서 '쓰레기' DNA의 양이 얼마나 되며 조절 유전자 분량이 얼마나 되는지는 인간 게놈 서열에 대한 각종 연구들을 보고 계산했다. 특히 쥐 등 다른 종과의 비교는 다음에 실린 쥐 게놈 분석 컨소시엄의 결과를 참고했다.

『*Nature*』420 (2002), pp. 520~562.

　유전자 스위치가 줄무늬 및 세포 집합들의 위치에 관여하는 방식에 대해서는 다음 자료들을 참고하라. D. Stanojevic, S. Small, and M. Levine, 『*Science*』 254 (1991), pp. 1,385~1,387; S. Small, A. Blair, and M. Levine, 『*EMBO Journal*』 11 (1992), pp. 4,047~4,057; G. Vachon et al., 『*Cell*』 71 (1992), pp. 437~450; J. Jiang and M. Levine, 『*Cell*』 72 (1993), pp. 741~752; S. Gray, P. Szymanski, and M. Levine, 『*Genes and Development*』 8 (1996), pp. 1,829~1,838; S. Gray and M. Levin, 『*Genes and Develoment*』 10(1996), pp. 700~710; P. Szymanski and M. Levine, 『*EMBO Journal*』 14 (1995), pp. 2,229~2,238; J. Cowden and M. Levine, 『*Developmental Biology*』 262 (2003), pp. 335~349. 특정 툴킷 단백질이 결합하는 표지서열에 대해서는 위의 자료 외에도 다음을 참고했다. S. Jun et al., 『*Proceedings of the National Academy of Science, USA*』 95 (1998), pp. 13,720~13,725. S. Knirr and M. Frasch, 『*Developmental Biology*』 238 (2001), pp. 13~26; S. C. Ekker et al., 『*EMBO Journal*』 13 (1994), pp. 3,551~3,560.

　튜링 식의 패턴 형성에 관한 사례들은 다음 책들에 소개되어 있다. S. Kauffman, 『*The Origins of Order*』(Oxford : Oxford University Press, 1993); P. Ball, 『*The Self-Made Tapestry : Pattern Formation in Nature*』(Oxford : Oxford University Press, 1999). 두 책의 파리 발생 분석 내용을 비교해보면 흥미롭다. 카우프먼이 보다 길고 복잡하게 설명하지만 개별 줄무늬를 이루는 스위치들의 발견에 대해서는 언급하지 않고 있다(출간 몇 년 뒤에 이루어진 발견이기 때문이다). 볼(P. Ball)은 훨씬 간략하고 명료하게 설명하는데 어떻게 스위치들이 모호한 패턴을 또렷한 패턴으로 바꾸어놓는지 해설하였다. 그런데 연산 모형을 연구하는 과학자들은 아직 패턴 형성에 있어 유전자 스위치들이 갖는 역할의 중요성에 대해서 충분히 인식하지 못하는 듯하다. 일례로 다음 책을 보라. S. Wolfram, 『*A New Kind of Science*』(Champaign, Ill. : Wolfram Media, 2002). 컴퓨터 모니터 위에서 패턴들을 생성하는 단순한 법칙들이 생물학의 패턴들도 생성할 것이라는 그릇된 믿음이 자꾸만 강조되고 있다.

EMP5 유전자의 스위치에 대해서는 스탠퍼드 대학 데이비드 킹슬리(David Kingsley) 박사와의 개인적 토론에서 정보를 얻었으며, 다음 논문도 참고하였다. F. J. Di Leone et al., 『*Proceedings of the National Academy of Science, USA*』 97 (2000), pp. 1,612~1,617. 혹스 단백질 및 다른 툴킷 단백질들이 어떻게 동물 신체의 모듈들을 차별화하는가에 대해서는 다음 논문에 잘 요약되어 있다. S. D. Weatherbee and S. B. Carroll, 『*Cell*』 97 (1999), pp. 283~286.

6. 동물 진화의 빅뱅

캄브리아기 대폭발에 대해 전적으로, 혹은 부분적으로 다룬 책 중 일반 독자들이 읽을 만한 훌륭한 것들이 몇 권 있다. S. J. 굴드의 『생명, 그 경이로움에 대하여 *Wonderful Life : The Burgess Shale and the Nature of History*』(New York : W. W. Norton, 1989)는 캄브리아기의 현상을 대중들에게 널리 알린 최초의 책이다. 사이먼 콘웨이 모리스의 『*The Crucible of Creation : The Burgess Shale and the Rise of Animals*』(New York : Oxford University Press, 1998)는 그 화석들을 다루었던 지도자격 고생물학자의 시각에서 이야기를 들려주며, 다른 캄브리아기 발굴지들에 대한 해석과 통찰을 포함한 면에서 좀더 최신이라 할 수 있다. 앤드류 H. 놀(Andrew H. Knoll)의 『생명 최초의 30억 년 : 지구에 새겨진 진화의 발자취 *Life on a Young Planet : The First Three Billion Years of Evolution on Earth*』(Princeton : Princeton University Press, 2003)는 캄브리아기까지 포괄하는 생명 최초의 역사를 빠짐없이 그렸다. 지질학, 지구화학, 고생물학을 통합한 멋진 책이다. 데렉 E. G. 브릭스(Derek E. G. Briggs), 더글러스 H. 어윈(Douglas H. Erwin), 프레더릭 J. 콜리어(Frederick J. Collier)의 『*The Fossils of the Burgess Shale*』(Washington, D.C. : Simithsonian Institution Press, 1994)은 버제스 화석들을 잘 소개한 괜찮은 카탈로그이다.

원시좌우대칭동물에 대한 최초의 묘사는 다음 논문에 등장한다. E. M. De

Robertis and Y. Sasai, 『Nature』 380 (1996), pp. 37~40. 원시좌우대칭동물을 다룬 추가 자료들은 다음과 같다. De Robertis, 『Nature』 387 (1997), pp. 25~36; C. B. Kimmel, 『Trends in Genetics』 12 (1996), pp. 329~331; N. Shubin, C. Tabin, and S. Carroll, 『Nature』 388 (1997), pp. 639~648; D. Arendt and J. Wittbrodt, 『Philosophical Transactions of the Royal Society of London』 B 350 (2001), pp. 1,545~1,563; D. Arendt, U. Technau, and J. Wittbrodt, 『Nature』 409 (2001), pp. 81~85; A. H. Knoll and S. B. Carroll, 『Science』 284 (1999), pp. 2,129 ~2,137; D. H. Erwin and E. H. Davidson, 『Development』 129 (2002), pp. 3,021 ~3,032; A. Peel and M. Akam 『Current Biology』 18 (2003), pp. R708~710.

인간의 계통에 대한 다윈의 발언은 그가 1860년 1월 10일에 찰스 라이엘에게 보냈던 편지에서 인용한 것으로, 다음 책에 실려 있다. 『The Life and Letters of Charles Darwin』, ed. F. Darwin, vol. 2 (London : John Murray, 1887).

엽족동물의 진화에 대해서 참고한 논문은 이것이다. G. E. Budd, 『Lethaia』 29 (1996), pp. 1~14. 스웨덴 웁살라 대학의 그래엄 버드(Graham Budd) 박사와의 개인적 대화로도 도움을 얻었다.

루이스의 '새로운 유전자' 가설은 다음 논문에 등장한다. E. B. Lewis, 『Nature』 276 (1978), pp. 565~570. 유조동물의 혹스 유전자에 대해서는 다음을 참고하라. J. K. Grenier et al., 『Current Biology』 7 (1997), pp. 547~553. 절지동물의 혹스 지역 이동에 대한 자료는 이미 방대하며 점차 늘고 있다. 주요한 것들은 다음과 같다. M. Averof and M. Akam, 『Nature』 376 (1995), pp. 420~423; S. B. Carroll, 『Nature』 376 (1995), pp. 479~485; M. Averof and N. H. Patel, 『Nature』 388 (1997), pp. 682~687; C. L. Hughes and T. C. Kaufman, 『Development』 129 (2002), pp. 1,225~1,238; N. C. Hughes, 『BioEssays』 28 (2003), pp. 386~395.

하이코우이키티스의 상세한 묘사는 다음에 있다. D. G. Shu et al., 『Nature』 421 (2003), pp. 526~529. 두색동물 혹스 유전자에 대한 분석은 J. Garcia-Fernandez and P. W. Holland, 『Nature』 370 (1994), pp. 563~566; 다묵장어와

먹장어의 혹스 유전자에 관해서는 H. Ecriva et al., 『*Molecular and Biological Evolution*』 19 (2002), pp. 1,440~1,450; C. Fried, S. J. Prohaska, and P. F. Stadler, 『*Journal of Experimental Zoology Part B Molecular and Developmental Evolution*』 299 (2003), pp. 18~25; 상어의 혹스 유전자에 대해서는 C. -B. Kim et al., 『*Proceedings of the National Academy of Science, USA*』 97 (2000), pp. 1,055~1,060; 척추동물의 혁신을 다룬 부분은 S. M. Shimeld and P. W. Holland, 『*Proceeding of the National Academy of Science, USA*』 97, pp. 4,449~4,452; (2000), G. P. Wagner, C. Amemiya, and F. Ruddle, 『*Proceedings of the National Academy of Science, USA*』 100 (2003), pp. 14,603~14,606. 서로 다른 척추동물에서 혹스 유전자의 발현에 대해서는 다음에 나와 있다. A. C. Burke et al., 『*Development*』 121 (1995), pp. 333~346; M. J. Cohn and C. Tickle, 『*Nature*』 399 (1999), pp. 474~479. 척추동물 혹스 유전자 스위치의 진화에 대해서는 다음이 소개한다. H. -G. Belting, C. Shashikant, and F. H. Ruddle, 『*Proceedings of the National Academy of Science, USA*』 95 (1998), pp. 2,355~2,360.

캄브리아기 생태의 역할에 대해서는 앞서 말한 놀의 책 『생명 최초의 30억 년: 지구에 새겨진 진화의 발자취 *Life on a Young Planet : The First Three Billion Years of Evolution on Earth*』을 참고하라.

7. 작은 혁명들: 날개, 그리고 그 밖의 혁명적 발명

나이프와 포크, 종이 클립의 역사에 대해서는 다음에 나와 있다. A. B. Duthie, 『*Journal of Memetics-Evolutionary Models of Information Transmission*』 8 (2003), available at http://jom-emit.cfpm.org/2004/vol8/duthie_ab.html; H. Petroski, 『포크는 왜 네 갈퀴를 달게 되었나 *The Evolution of Useful Things*』 (New York : Vintage Books, 1992). 다윈이 다기능성과 중복성의 중요성을 강조한 부분은 『종의 기원』 6장인 "이론의 어려움 Difficulties of the Theory"에서이다.

이분지형 부속지의 구조 및 중요성에 대해서는 굴드의 『생명, 그 경이로움에 대하여 *Wonderful Life : The Burgess Shale and the Nature of History*』에 길게 소개되어 있고, 그 기원에 대해서는 다음 논문들이 다루었다. G. E. Budd, 『*Lethaia*』 29 (1996), pp. 1~14; N. Shubin, C. Tabin, and S. Carroll, 『*Nature*』 388 (1997), pp. 639~648. 디스탈리스 사지 형성 유전자가 절지동물과 유조동물 사지에서 발현하는 형태에 대해서는 다음에 소개된다. G. Panganiban et al., 『*Science*』 270 (1995), pp. 1,363~1,366; Panganiban et al., 『*Proceedings of the National Academy of Sciences, USA*』 94 (1997), pp. 5,162~5,166.

수생 선조의 아가미 분지가 진화하여 곤충 날개가 되었다는 증거는 다음에 제시된다. M. Averof and S. M. Cohen, 『*Nature*』 385 (1997), pp. 627~630. 곤충 날개 개수의 진화 시나리오는 S. B. Carroll, S. D. Weatherbee, and J. A. Langeland, 『*Nature*』 375 (1995), pp. 58~61; 화석 증거는 J. Kukalova-Peck, 『*Journal of Morphology*』 156 (1978), pp. 53~126.

거미의 방적돌기, 폐서, 호흡 기관이 선조의 아가미 분지에서 진화했다는 증거는 W. G. M. Damen, T. Saridaki, and M. Averof, 『*Current Biology*』 12 (2002), pp. 1,711~1,716; 거미의 서로 다른 혹스 지역에 대해서는 W. G. M. Damen et al., 『*Proceedings of the National Academy of Sciences, USA*』 95 (1998), pp. 10,665~10,670; A. Abzhanov, A. Popadic, and T. C. Kaurman, 『*Evolution and Development*』 1 (1999), pp. 77~89; 울트라바이소락스 단백질의 통제 하에 있는 곤충의 뒷날개 진화에 대해서는 S. D. Weatherbee et al., 『*Current Biology*』 11 (1999), pp. 109~115.

척추동물 사지가 뭍에서, 다시 물로 돌아가 어떻게 적응하였나 하는 상세한 설명은 다음 책을 참고하라. Carl Zimmer, 『*At the Water's Edge : Macroevolution and the Transformation of Life*』(New York : Free Press, 1998). 사우립테리스, 아칸토스테가, 툴레르페톤, 기타 화석들에 대한 묘사는 E. B. Daeschler and N. Shubin, 『*Nature*』 391 (1998), p. 133; M. I. Coates, J. E. Jeffrey, and M. Rut, 『*Evolution and Development*』 4 (2002), pp. 390~401; 절지동물 진화와 혹스

유전자에 대해서는 P. Sardino, F. van der Hoeven, and D. Duboule, 『*Nature*』 375 (1995), pp. 678~681 ; N. Shubin, C. Tabin, and S. Carroll, 『*Nature*』 388 (1997), pp. 639~648 ; M. Kmita et al., 『*Nature*』 420 (2002) : 145~150.

척추동물 날개들의 서로 다른 진화에 대해 이야기한 것이 다음 책이다. Pat Shipman, 『*Taking Wing : Archeopteryx and the Evolution of Bird Flight*』(New York : Simon and Schuster, 1998). 뱀의 사지 축소에 대한 발생학적 설명은 M. J. Cohn and C. Tickle, 『*Nature*』 399 (1999) : 474~479 ; 큰가시고시의 가시 축소 진화에 대해서는 M. D. Shapiro et al., 『*Nature*』 428 (2004), pp. 717~723 ; 예외적으로 온전하게 보전된 큰가시고기 화석에 대해서는 M. A. Bell, J. V. Baumgartner, and E. C. Olsen, 『*Paleobiology*』 11 (1985), pp. 258~271.

3. 나비는 어떻게 점박무늬를 갖게 되었나

이 장 앞머리의 인용문은 꽤 자주 여기저기 등장하는 것이지만, 사실 모노가 한 정확한 표현은 아니다. 모노는 『우연과 필연 *Le Hasard et la Nécessité*』 (Paris : Editions du Seuil, 1970)에서 이렇게 썼다. "Hasard capté, conserve, reproduit per la machinerie de l'invariance et ainsi converti en ordre, régle, nécessité." (p. 128) 모노의 글을 영어로 옮긴 번역가 오스트린 웨인하우스는 "hasard capté"를 "날개에 붙들린 무작위성randomness caught on the wing"이라고 옮겼지만, 보다 직역하자면 "포착된 우연(혹은 무작위성)chance (or, randomness) captured"이라고 할 것이다. 스튜어트 카우프먼이 처음으로 『혼돈의 가장자리 *At Home in the Universe*』(New York : Oxford University Press, 1995)에서 모노가 "날개에 붙들린 우연"(p. 71)이라 말했다고 인용했으며, 인용문을 "진화는 날개 끝에 붙들린 우연이다"(p. 97)라고 확장시키기도 했다. 아름다운 문장이고, 인용할 만한 가치도 있지만, 모노나 모노의 번역가는 그런 표현을 한 적이 없다.

베이츠의 수집품에 대한 통계는 그의 책 『*Naturalist on the River Amazons*』

(London : John Murray, 1863)에 나온다. 베이츠가 다윈에게 보낸 편지 중 내가 인용한 것은 1861년 3월 28일의 편지이다. 베이츠의 의태에 관한 논문에 다윈이 열성적인 지지를 보낸 것은 1862년 11월 20일의 편지로, 다음 책에 실려 있다. 『The Life and Letters of Charles Darwin』, ed. F. Darwin, vol. 2 (London : John Murray, 1887) 다윈이 베이츠의 책을 칭찬한 서평은 다음에 실려 있다. 『Natural History Review』 3 (1863). 나비에 대해 인용한 모든 문장은 『Naturalist on the River Amazons』에 있는 것이다. 나보코프에 대해서 더 알고 싶으면 다음 책을 참고하라. K. Johnson and S. Coates, 『나보코프 블루스 Nabokov's Blues : The Scientific Odyssey of a Literacy Genius』(Cambridge, Mass. : Zoland, 1999).

나비 날개 무늬에 대한 가장 종합적인 분석은 다음 책을 보면 된다. H. Frederick Nijhout, 『The Development and Evolution of Butterfly Wing Patterns』 (Washington, D. C. : Smithsonian Institution Press, 1991). 내가 날개 무늬의 구조 및 다양성에 대해 한 여러 이야기들은 이 책을 바탕으로 한 것이다. 인편 발생에 관여하는 툴킷 유전자에 대해서는 다음을 보라. R. Galant et al., 『Current Biology』 8 (1998), pp. 807~813.

발생 중인 날개의 점무늬에서 디스탈리스 유전자가 발현하는 것을 발견한 내용은 S. B. Carroll et al., 『Science』 265 (1994), pp. 109~114 ; S. B. Carroll, 『Natural History』, February 1997, pp. 28~37 ; 서로 다른 종에서 디스탈리스 발현을 비교한 연구는 P. M. Brakefield et al., 『Nature』 384 (1996) : 236~242 ; 눈꼴무늬의 바깥쪽 고리를 만드는 툴킷 단백질은 C. R. Brunetti et al., 『Current Biology』 11 (2001), pp. 1,578~1,585.

마른 낙엽 사이에 숨을 때 축소된 눈꼴무늬가 하는 역할은 A. Lytinen et al., 『Proceedings of the Royal Society of London』 B 271 (2004), pp. 279~283 ; 서로 다른 온도에서 길러진 나비들의 디스탈리스 발현에 대해서는 P. M. Brakefield et al., 『Nature』 384 (1996), pp. 236~242 ; 스포티 돌연변이에 대해서는 P. M. Brakefield and V. French, 『Acta Biotheoretica』 41 (1993), pp. 447~468 ; 서로

다른 크기의 눈꼴무늬를 가진 두 계통의 나비를 만드는 데 인위 선택을 활용한 연구는 A. F. Monteiro, P. M. Brakefield, and V. French, 『Evolution』 48 (1994), pp. 1,147~1,157; 나비 날개 무늬 진화에 관한 최근 연구들을 종합적으로 요약한 것은 P. Beldade and P. M. Brakefield, 『Nature Reviews Genetics』 3 (2002), pp. 442~452.

타이거호랑나비의 의태에 대해서는 J. M. Scriber, R. H. Hagen, and R. C. Lederhouse, 『Evolution』 50 (1996), pp. 222~236; 헬리코니쿠스속 나비의 의태를 다룬 자료는 많지만 그중에서도 J. Mallet and M. Joron, 『Annual Rev. Ecol. Syst.』 30 (1999), pp. 201~233.

9. 검게 칠해요

휴 B. 코트의 연구에 대해 더 알고 싶으면 다음을 참고하라. 『The Royal Engineers Journal』 52 (1938), pp. 501~517; 『Looking at Animals : A Zoologist in Africa』(New York : Charles Scribner Sons, 1975).

흑색증에 대한 폭넓은 논의는 다음 책을 참고하라. M. Majerus, 『Melanism : Evolution in Action』(Oxford : Oxford University Press, 1988). 얼룩나방의 산업 흑색증을 생물학적으로 점검해본 최근 논문은 다음과 같다. B. N. Grant, 『Evolution』 53 (1999), pp. 980~984; J. Mallet, 『Genetics Society News』 50 (2003), pp. 34~38. 후자의 논문은 다음 책에 대한 대답이기도 하다. J. Hopper, 『Of Moths and Men : Intrigue, Tragedy, and the Peppered Moth』 (New York : Fourth Estate, 2002).

포유류의 흑색증에 대한 훌륭한 리뷰로는 다음이 있다. M. E. N. Majerus and N. I. Mundy, 『Trends in Genetics』 19 (2003), pp. 585~588. 일차 자료들로는, 우선 재규어와 재규어런디를 다룬 E. Eizirik et al., 『Current Biology』 13 (2003), pp. 448~453; 바나나퀴트를 다룬 E. Theron et al., 『Current Biology』 11 (2001), pp. 550~557; 바위주머니쥐를 다룬 M. Nachman et al.,

『*Proceedings of the National Academy of Science, USA*』100 (2003), pp. 5,268
~5,273; 커모드곰을 다룬 K. Ritland et al., 『*Current Biology*』11 (2001), pp.
1,468~1,472가 있다. 미국 남서부 사막지대 바위주머니쥐를 다룬 현장 연구 자
료는 다음이 있다. L. Dice and P. M. Blossom, 『*Studies of Mammalian Ecology
in Southwestern North American with Special Attention for the Colors of Desert
Mammals*』(Washington, D. C. : Carnegie Institution of Washington, 1937), pub.
No. 485; L. R. Dice, 『*Contributions from the Laboratory of Vertebrate Biology*』
(University of Michigan) 34 (1947), pp. 1~20.

굴드가 얼룩말에 대해 한 이야기는 『*Hen's Teeth and Horse's Toes*』(New
York : W. W. Norton, 1983), pp. 355~365와 366~375에 나와 있다. 바드의 분
석은 다음에 실려 있다. J. L. Bard, 『*Journal of Zoology*』(London) 183 (1977),
pp. 527~539.

유리한 돌연변이가 개체군에 퍼지는 속도를 계산하는 공식, 또는 불리한 돌
연변이가 개체군에서 사라지는 확률을 계산하는 공식은 대부분의 집단유전학
교과서들에 나와 있다. 일례로 다음을 참고하라. W. -H. Li, 『*Molecular
Evolution*』(Sunderland, Mass. : Sinauer Associates, 1997).

10. 아름다운 마음: 호모 사피엔스의 탄생

오랑우탄을 본 다윈의 반응은 A. Desmond and J. Moore, 『*Darwin : The Life
of a Tormented Evolutionist*』(New York : Warner, 1997); 빅토리아 여왕이 제니
에 대해 일기에 쓴 내용은 R. A. Keynes, 『*Annie's Box*』(London : Fourth
Estate, 2001); 인용된 에리히 프롬의 문장은 Erich Fromm, 『*Man for Himself*』
(New York : Rinehart, 1947)를 참조했다.

인간 진화의 물리적, 유전적 역사에 대한 폭넓은 개요는 다음 책에 잘 나와
있다. J. Klein and N. Takahata, 『*Where Do We Come From? The Molecular
Evidence for Human Descent*』(Berlin : Springer-Verlag, 2002). 이 책에서 논의

된 몇몇 주제는 다음 논문에서도 다루어진다. S. B. Carroll, 『*Nature*』 422 (2003), pp. 849~857.

최초의 네안데르탈인 발견에 대한 이야기는 R. McKie, 『*Dawn of Man : The Story of Human Evolution*』(London : Dorling Kindersley, 2000); 네안데르탈인에 대한 최초의 의미 있는 해석은 T. H. Huxley, 『*Evidence as to Man's Place in Nature*』(1863). 헉슬리의 책을 평한 『*Athenaeum*』의 기사는 1863년 2월 28일자에 실렸다. 가장 오래된 호모 사피엔스 표본은 다음 논문이 다루고 있다. T. D. White et al., 『*Nature*』 423 (2003), pp. 742~747.

[그림10-3]과 [그림10-5]에 나타난 데이터들은 여러 자료를 모은 것이다. 사람족 종의 수나 정체성을 둘러싼 여러 고생물학자들의 상이한 의견을 청취했다. 나는 모든 그림을 포함하기보다는 보수적인 그림을 만들어냈다. 상이한 견해들에 대해서는 다음을 참고하라. B. Wood, 『*Nature*』 418 (2002), pp. 133~135; T. White, 『*Science*』 299 (2003), pp. 1,994~1,996.

라에톨리의 발자국 추가 정보는 N. Agnew, 『*Scientific American*』 279 (1998), pp. 51~54; 화석 뇌 크기 자료는 R. B. Ruff, E. Trinkhaus, and T. Holliday, 『*Nature*』 387 (1997), pp. 173~176; G. Conroy et al., 『*American Journal of Physical Anthropology*』 13 (2000), pp. 111~118; P. Brunet et al., 『*Nature*』 418 (2002), pp. 145~151; B. Wood, 『*Science*』 284 (1999), pp. 65~71. J. M. 올먼(J. M. Allman)의 『*Evolving Brains*』(New York : Scientific American Library, 1999)는 영장류 및 인간의 뇌 구조와 진화, 행동, 기후 변화에 대해 많은 정보를 제공한다. 뇌의 모자이크 식 진화는 다음을 참고하라. R. A. Barton and P. Harvey, 『*Nature*』 408 (2000), pp. 1,055~1,058; W. de Winter and C. E. Oxnard, 『*Nature*』 409 (2001), pp. 710~714a; D. A. Clark, P. P. Mitra, and S. S. H. Wang, 『*Nature*』 411 (2001), pp. 189~193.

네안데르탈인의 DNA에 관한 최초의 연구는 이 논문이다. M. Krings et al., 『*Cell*』 90 (1997), pp. 19~30. 다음도 참고하라. D. Serre et al., 『*Public Library of Science/Biology*』 2 (2004) : 0313~0317.

에머슨 퓨의 말은 다음에서 인용했다. Emerson Pugh, 『*The Biological Origin of Human Values*』(New York : Basic Books, 1977).

대형 유인원의 뇌에 드러난 해부학적 비대칭은 C. Cantalupo and W. D. Hopkins, 『*Nature*』 414 (2001), p. 505; 이에 대한 강력한 반대 의견은 C. C. Sherwood et al., 『*The Anatomical Record Part A*』 271 (2003), pp. 276~285. 좌우 바뀜증 환자들에 대한 연구는 다음을 참고하라. D. Kennedy et al., 『*Neurology*』 53 (1999), pp. 1,260~1,265; S. Tanaka et al., 『*Neuropsychologia*』 37 (1999), pp. 869~874.

인간 DNA 염기서열의 진화에 관한 산술적 내용은 전체 인간 염기서열 정보 및 침팬지의 염기서열 정보에서 끌어냈다. 일례로 다음을 참고하라. S. B. Carroll, 『*Nature*』 422 (2003), pp. 849~857. 쥐와의 비교를 가능하게 한 쥐 염기서열 컨소시엄의 결과는 『*Nature*』 420 (2002), pp. 520~562; 업데이트된 내용은 2004년 1월, 미국 콜로라도 주 브레킨리지의 에릭 랜더(Eric Lander) 박사가 제기한 바 있다.

인간과 침팬지의 차이를 다룬 고전적 자료는 M. -C. King and A. C. Wilson, 『*Science*』 188 (1975), pp. 107~116; 기타 초창기의 견해들로는 E. Zuckerkandl and L. Pauling, 『*Evolving Genes and Proteins*』, ed. V. Bryson and J. H. Vogel, pp. 97~166 (New York : Academic Press, 1965); R. J. Britten and E. H. Davidson, 『*Quarterly Review of Biology*』 46 (1971), pp. 111~138.

미오신 유전자 돌연변이를 인간 턱 근육 구조 축소와 연관 지은 논문은 이 것이다. H. Stedman et al., 『*Nature*』 428 (2004), pp. 415~418.

언어 장애와 연관된 FOXP2 유전자의 발견은 C. S. L Lai et al., 『*Nature*』 413 (2001), pp. 519~523; 장애를 가진 환자들의 영상 촬영은 F. Liégeois et al., 『*Nature Neuroscience*』 6 (2003), pp. 1,230~1,236; FOXP2 서열의 분자적 진화는 W. Enard et al., 『*Nature*』 418 (2002), pp. 869~872; FOXP2의 인간 뇌에서의 발현은 C. S. Lai et al., 『*Brain*』 126 (2003) : 2,455~2,462; FOXP2의 쥐 뇌에서의 발현은 K. Takahashi et al., 『*Journal of Neuroscience Research*』 73

(2003), pp. 61~72 ; R. J. Ferland et al., 『*Journal of Comprehensive Neurology*』 460 (2003), pp. 266~279.

유전자, 경험, 인간 행동의 전반적인 내용은 다음 책을 참고하라. M. Ridley, 『본성과 양육 *Nature via Nurture : Genes, Experience, and What Makes Us Human*』(New York : HarperCollins, 2003).

11. 최고로 아름답고 무수히 다양한 형태들

『종의 기원』의 출간 이전 문장들은 다음 책에 나온다.『*The Foundations of the Origin of Species : Two Essays Written in 1842 and 1844 by Charles Darwin*』 ed. Francis Durwin (Cambridge : Cambridge University Press, 1909).

진화가 다양한 수준에서 반복되는 경향이 있다는 또 다른 견해로, 다음 책을 참고하라. Simon Conway Morris, 『*Life's Solution : Inevitable Humans in a Lonely Universe*』(Cambridge : Cambridge University Press, 2003).

진화에 대한 대중의 이해를 보여주는 자료는 다음을 참고하라. G. Bishop, 『*The Public Perspective*』 9 (1998), pp. 39~44. 진화 교육의 상황에 대한 추가의 정보는 전미과학교육센터의 웹사이트(www.natcenscied.org)에서 찾아볼 수 있다.

『종의 기원』 여러 판본들 사이의 변화에 대한 자세한 정보는 다음 책에 나와 있다. Morse Peckham, ed., 『*The Origin of Species by Charles Darwin : A Variorum Text*』(Philadelphia : University of Pennsylvania Press, 1959). 교황 요한 바오로 2세의 진화에 대한 발언과 여러 개인들의 반응은 E. C. Scott, 『*The Quarterly Review of Biology*』 72 (1997), pp. 401~406; 찰스 하버의 코멘트는 『*Nature*』 411 (2001), pp. 239~240. M. 베히의『다윈의 블랙박스 *Darwin's Black Box : The Biochemical Challenge to Evolution*』(New York : Free Press, 1996)에 대한 비판 및 발생유전학을 활용한 진화 교육을 구장한 스코트 길버트의 의견은 다음 논문에 나와 있다. 『*Nature Reviews Genetics*』 4 (2003), pp. 735~741.

소로가 오랜 투쟁에 대해 말한 것은 1849년 작 『*A Week on the Concord and Merrimack Rivers*』에서다. 존 F. 호트의 견해는 『과학과 종교, 상생의 길을 가다 *Science and Religion : From Conflict to Conversation*』(New York : Paulist Press, 1995)에서 땄다. 호트의 글 요약본은 다음 웹사이트에서도 볼 수 있다. www.aaas.org/spp/dser/03_Areas/evolution/perspective/Haught_1995.shtml.

인구 증가 및 그 역사에 대한 통계는 미국 인구통계국(www.prb.org)에서 얻었다.

타일러사인에 대한 이야기는 다음 책에 나온다. D. Owen, 『*Thylacine : The Tragic Tale of the Tasmanian Tiger*』(Crows Nest, NSW : Allen and Unwin, 2003). 멸종에 대한 추가 정보는 다음 책들을 참고하라. E. O. Wilson and F. M. Peter, eds., 『*Biodiversity*』(Washington, D.C. : National Academy Press, 1988); E. O. Wilson, 『생명의 다양성 *The Diversity of Life*』(New York : Penguin, 1992).

헉슬리가 왕립연구소에서 1860년 2월에 가진 연설 내용은 다음 책에 실려 있다. A. Desmond and J. Moore, 『*Darwin : The Life of a Tormented Evolutionist*』(New York : Warner, 1991), p. 489.

| 감사의 말 |

어느 저자나 그러하겠지만, 이 책을 쓰는 작업은 내게는 사랑스런 노동이었다. 내가 다른 작가들보다 조금 더 운이 좋았던 점이 한 가지 있다면, 나의 노동이 아내 제이미 캐럴(Jamie Carroll)의 도움 덕분에 가능하였으며 크게 수월해졌다는 것이다. 아내는 예리한 비판과 격려를 뒤섞어 책의 탄생을 종용했고, 대단한 노력과 예술적 재능을 부어 책의 형태를 잡아주었으며, "여보, 이 인용문·단락·문단·장·제목·그림 등등에 대해서 어떻게 생각해?"라는 무수한 질문에 참을성 있게 견뎌주었고, 정직한 대답을 해줌으로써 독자들의 혼란과 고통을 미리 줄이는 역할을 맡아주었다. 이보다 너그러운 동지, 무언가를 창조하기에 안성맞춤인 이토록 포근한 가정, 피할 수 없는 우여곡절을 뚫고 나가게 해주는 아내의 유머감각은 어디서도 다시 찾기 힘들 것이다.

자료를 조사하고 책을 쓰는 과정에서 내 사랑하는 가족은 여러모로 도움을 주었다. 자연사에 대한 사랑으로 뭉친 우리 가족은 정글, 늪, 질척한 강, 무수한 박물관들을 즐겁게 유람했다. 내 아들 윌과

패트릭은 현장에서 화석을 찾거나 박물관에서 주요한 동물들을 찾는 걸 도와주었고, 양아들 조시 클라이스(Josh Klaiss)는 중요한 그림 자료들을 여러 개 만들어주었다.

누이 낸시에게도 감사한다. 나는 거의 십 년 가까이 낸시와 함께 다윈, 헉슬리, 라이엘, 기타 그 동시대 과학자들의 삶을 공부하고 토론해왔다. 형제들에게도 감사한다. 피터는 늘 큰 그림을 보도록 충고해주었으며 인간 진화에 대해 많은 토론을 함께 해주었다. 짐의 격려도 말할 수 없이 고맙다.

어머니 조앤 캐럴과 돌아가신 아버지 J. 로버트 캐럴에게도 감사한다. 부모님은 아이들이 흥미를 자유롭게 추구하도록 아끼지 않고 격려해주셨다. 설사 그 결과 집에서 뱀을 키우게 되는 한이 있어도 말이다.

책의 삽화들을 그리는 일은 수고로운 작업이었다. 제이미, 조시, 리앤 올즈(Leanne Olds)가 그림이나 표를 그려주었다. 리앤은 다른 자료들에서 얻은 그림들을 다시 그리거나 편집해주기도 했다. 오랫동안 나와 함께 연구해온 스티브 패독은 컬러 그림 자료들을 종합하고 배열해주었다. 그들이 그림 하나하나에 쏟아 부은 정성에 몹시 감사한다. 결과는 흥분될 정도로 만족스러웠다.

그림 자료의 대부분은 전 세계의 과학자 동료들이 내게 보내준 것이며, 그들의 현장 연구 및 실험실 연구의 결실이다. 알베르트 아인슈타인이 한 아래 말이 내 마음을 잘 말해준다.

하루에 백 번쯤, 나는 내 내적인 삶과 외적인 삶 모두가 살았거나 죽은 다른 사람들의 노동 위에 구축된 것임을 스스로에게 환기시킨다. 그리고 내가 받았고 지금도 받고 있는 것을 그대로 돌려주려면 전력을 다해 노력해야 할 것이라고 다짐한다.

—「나는 세상을 어떻게 보는가」,
『생각과 의견 *Ideas and Opinions*』(1954) 중에서

나는 아인슈타인이 일구었던 땅보다 훨씬 넓고 다양한 공동체에 빚을 지고 있다. 고생물학자, 유전학자, 발생학자, 진화생물학자 등이 포함된 어마어마하게 큰 생물학자들의 공동체가 개인으로서나 집단으로서 노력을 아끼지 않았던 덕에 내가 이 책을 쓰는 행운을 누릴 수 있었다. 내 앞 세대를 살았던 거인들도 몇 명 있지만, 이 책에 소개된 발견들을 이룬 것은 대부분 현세대의 과학자들이다. 책을 위해 귀중한 자료들을 제공해준 여러 동료들, 그리고 수년에 걸쳐 나와 함께 전문 지식과 의견을 나눠온 동료들에 진심으로 감사를 표한다.

나는 참 대단한 직업을 갖게 되었다고 생각한다. 그 어떤 사람들보다도 엄격한 직업윤리로 무장한 재능 있고 열정적인 사람들을 도처에서 만날 수 있으니 말이다. 특히 지난 20여 년간 나와 힘을 합쳐 연구한 사람들에게 많은 빚을 졌다. 내 실험실이 성공을 거둔 것은 많은 학생들, 연구자들, 기술자들이 창의성을 발휘하며 헌신해준 덕이다. 나는 그들에게 가르친 것보다 배운 것이 훨씬 많다. 나는 또 자유롭게 연구 주제를 선정하는 보기 드문 행운을 누렸는데, 하워드 휴즈 의학연구소(Howard Hughes Medical Institute), 전미과학재단(National Science Foundation), 밀워키 재단(Milwaukee Foundation)의 쇼(Shaw) 학자 지원 프로그램에서 너그러이 재정적

지원을 해주었기 때문이다.

내가 학자로서 성숙해가던 시절, 내게 자유와 격려를 동시에 준 몇몇 탁월한 선생님들이 계셨다. 그 시절 덕분에 나는 과학자로서 빠르게 성장할 수 있었고, 지금 이 책에서 꽃 피운 결실의 씨앗을 심고 키울 수 있었다. 사이먼 실버(Simon Silver), 오웬 섹스턴(Owen Sextom), 제임스 존스(James Jones, 세인트루이스의 워싱턴 대학), 윌리엄 드울프(William Dewolfe) 박사(베스 이스라엘 자선병원), B. 데이비드 스톨라(David Stollar) 박사(나의 박사논문에 조언을 주셨다), 카를로스 손넨셰인(Carlos Sonnenschein)과 애나 소토(Ana Soto, 터프츠 대학), 매튜 스코트(Mattew Scott) 박사(박사과정의 조언자로 현재 스탠퍼드 대학에 계신다)께 내게 특별한 기회 및 지혜를 나눠주신 데 대해 감사드린다.

마지막으로 출판계에서 새로 만난 두 분의 조언자들에게 인사하고 싶다. 그들이 없었으면 이 책은 발생하지도, 진화하지도 못했을 것이다. 내 대리인인 루스 갈렌(1마일을 4분에 주파하는 총알 탄 사나이!)은 적확한 조언, 거침없는 비판, 한없는 격려를 주었다. 편집자 잭 렙첵은 이보디보에 대한 뜨거운 열정, 그리고 사람들에게 이 이야기를 반드시 들려주어야 한다는 신념을 안고서 책의 시작을 불 지펴주었으며, 내가 글을 쓰는 과정에서 들쑥날쑥한 말들을 가지런히 정렬하는 데 큰 도움을 주었다.

"다윈이 오늘날 전 세계의 수많은 과학자들 가운데 한 명을 골라 하룻밤의 대화를 나눈다면, 션 캐럴만큼 적당한 사람은 없을 것이다."

과학철학자 마이클 루즈(Michael Ruse)의 말이다. 단순히 션 캐럴이 뛰어난 생물학자이기 때문이 아니다. 캐럴은 파리나 나비의 날개라는 작은 대상을 놓고 실험하는 과학자이다. 그런 그가 다윈에게 오늘날의 생물학이 총체적으로 얼마나 발전한 상태인지 고해바칠 인물로 거론된 까닭은, 진화발생생물학이라는 영역의 연구를 하고 있기 때문이다.

줄여서 '이보디보'라 불리는 진화발생생물학은 이름 그대로 진화생물학과 발생생물학의 통합을 꾀하는 연구이다. 한때 에른스트 헤켈이 '개체발생은 계통발생을 반복한다'고 주장하여 두 분야가 다른 옷을 걸친 하나의 연구로 여겨진 적도 있었지만, 생물학이 발전하면서 그것은 옛말이 되었다. 가령 한 인간의 발생이 어류에서 영장류로 이어지는 위계적 계통 진화 과정을 답습한다는 식의 강력한 주장은 실제로 옳은 말이 아니다. 어쨌든 보통 사람들이 학교에서 배운 대로 헤켈의 말을 사실로 외우고 있는 동안, 생물학은 진화 이론과 유전학을 하나로 묶은 이른바 '현대적 종합'의 토대 위에서 다양한 방향으로 뻗어나갔고, 덕분에 대학 학제에도 '무슨무슨' 생물학이라는 이름의 과들이 우수수 생겨났다. 그러나 이 과정에서 발생학은 핵심적인 요소가 아니었다.

이보디보는 다시 발생학을 진화 이론 및 현대 생물학의 중심에 놓고 탐구하고자 한다. 시작은 이랬다. 세포 발생 시에 발현하여 신체 설계에 영향을 미치는 Hox(혹스) 유전자가 1980년대에 발견되었는데, 그 유전자가 모든 동물에 공통으로 존재한다는 사실이 뒤이어 알려진 것이었다. 진화는 무한한 다양성을 향해 가는 과정이므로 천차만별인 동물 형태들의 제작 메커니즘 사이에는 상당한 차이가 있으리라는 가정에 어긋나는 발견이었을 뿐 아니라, 그렇다면 공통의 도구를 활용하는 동물들이 서로 다른 존재가 되는 것은 도구가 어떻게 사용되느냐에 달린 것 아닌가 하는 새로운 통찰을 준 발견이었다.

이로써 과학자들은 발생 중에 어떤 유전자들이 어떻게 활동하는지, 상동 유전자들이 서로 다른 종에서 얼마나 다르게 (혹은 비슷하게) 행동하는지, 새로운 형태(즉 종)가 등장할 때는 발생 중에 어떤 변화가 일어난 탓인지 등을 연구하기 시작했다. 이런 질문들은 궁극에는 진화 이론에서 묻는 질문들과 나란히 간다. 이를테면 어떤 유전자의 돌연변이가 새로운 종을 낳는가, 캄브리아기 대폭발 같은 혁명적 창조는 어떻게 가능했는가, 침팬지와 유전자의 99%가 동일한 우리가 어떻게 인간이 되는가 등의 질문이다.

이보디보는 유전학, 세포생물학, 분자생물학 등을 분류학, 집단

유전학, 고생물학, 생태학 등에 결합시켜 새로운 각도에서 진화를 이해하고자 하는 것이다. 어떻게 하나의 근원으로부터 이토록 무수히 다양한 종들이, 형태들이, 무늬들이 생겨났는지 알아보는 것이다. 다윈이 말한 자연선택이라는 외부적 요소에 짝이 될 생명 내부적 요소들을 이제야말로 과학자들이 본격적으로 캐기 시작한 것이다. 당연히 다윈이 뛸 듯이 기뻐하며 듣고자 할 이야기이다.

그런데 사실, 위의 복잡한 말들은 이 책을 설명하는 데 있어 아무것도 아니다. 책을 읽기에 앞서, 혹은 읽으면서 이보디보가 어떻게 생겨난 학문이며 왜 각광을 받는지, 그런 것들을 알아야 할 필요는 전혀 없다. 션 캐럴이 다윈에게 생물학의 상태를 보고할 인물로 적합한 세번째 이유는, 차근차근 설명하는 데 남다른 능력이 있는 선생님이기 때문이다.

이 책의 본문에는 주석이나 별도의 용어 풀이가 없다. 저자가 처음부터 교양 수준의 생물학적 지식만을 지닌 평범한 독자를 대상으로 썼기 때문이다. 평이한 표현으로 풀다 보니 오히려 이야기가 길어지지 않았나 생각될 정도로 친절하다.

설명을 그저 따라가다 보면 독자는 저절로 이보디보의 관심사와 현황에 대해 알게 된다. 큰 얼개를 제시하기 위해 저자가 부득이 빠뜨린 세부사항들이 많을 테지만, 일반인이 읽을 책으로서는 최고로 꼼꼼한 수준의 글쓰기를 달성하지 않았나 싶다. 모듈성, 조절 인자의 중요성 등 이보디보가 밝혀냈거나 강조하는 개념들을 잘 이해하면 앞으로의 생물학을 파악함에 있어서도 큰 도움이 될 게 분명하다. 저자가 스티븐 J. 굴드에 대한 존경을 여러 차례 표현하고 있지만 결국 이보디보를 통해 내린 결론은 굴드와 반대 방향인 것, 즉 생명의 테이프를 되감으면 거의 비슷한 상황이 다시 벌어질 가능성이 크다고 생각하는 것 등 앞으로 활발한 논의의 대상이 될 주제들도 여럿 보인다. 생물학에 관심 있는 독자에 반드시 권하고 싶은 이유이다.

옮기면서 저자의 구상에 발맞추고자 최대한 어렵지 않은 용어들을 채택하려 했다. 다만 널리 통용되는 우리말 번역어가 없는 경우에 어쭙잖은 새 말을 지어내느니 한자어를 택하였다(가령 자각 autopod 등). 라틴어 학명이나 유전자명 등은 그대로 적었다. 이런 점들과 그 밖의 번역상의 문제가 훌륭한 텍스트를 읽는 데 눈에 걸리지 않기만을 바란다.

옮긴이 김명남

KAIST 화학과를 졸업하고 서울대 환경대학원에서 환경 정책을 공부했다. 인터넷 서점 알라딘 편집팀장을 지냈고, 지금은 전문 번역가로 활동하고 있다. 옮긴 책으로는 『일렉트릭 유니버스』, 『세상에서 가장 아름다운 실험 열 가지』, 『문학은 어떻게 내 삶을 구했는가』, 『우리 본성의 선한 천사』, 『블러디 머더—추리 소설에서 범죄 소설로의 역사』, 『우리는 언젠가 죽는다』, 『소름』, '마르틴 베크' 시리즈 등이 있다.

이보디보, 생명의 블랙박스를 열다

1판 1쇄 | 2007년 7월 23일
1판 3쇄 | 2018년 12월 17일

지은이 | 션 B. 캐럴
옮긴이 | 김명남

펴낸곳 | 도서출판 지호
출판등록 | 2007년 4월 4일 제2018-000061호
주소 | 서울시 서대문구 증가로19길 10, 203호
전화 | 02-6396-9611
팩스 | 02-6488-9611
이메일 | chihobook@naver.com

ISBN 978-89-8909-029-7